DER ALTBAU

OTFRIED RAU · UTE BRAUNE

DER ALTBAU

RENOVIEREN · RESTAURIEREN · MODERNISIEREN

VERLAGSANSTALT ALEXANDER KOCH

ISBN 3-87422-600-X

Satz und Druck:
Karl Weinbrenner & Söhne,
Leinfelden-Echterdingen
Reproduktionen:
Walter Huber, Ludwigsburg
Bindearbeiten:
Heinr. Koch, Tübingen

Bestellnummer: 600

Dieses Buch ist all denen gewidmet, die Pflege und Erneuerung alter Bauten mit Liebe und Passion betreiben, die bereit sind, Qualität vor Quantität zu setzen und das Detail lieben, die kooperativ sind, indem sie sorgfältig die neuen technischen und funktionalen Anforderungen an das Gebäude mit der gegebenen Gestalt und der Planungsabsicht ihres Vorgängerkollegen abstimmen.

Teil B Praktische Durchführung

In ganz Europa schlug der letzte Krieg unersetzbare Lücken in die gewachsene historische Bausubstanz. Kaum minderen Schaden richtete der Neubauboom der letzten 3 Jahrzehnte an. „Flächensanierungen" führten zur Zerstörung ganzer Stadtteile und ihrer gewachsenen sozialen Strukturen. „Neu" war das Synonym für wertvoll – „alt" für wertlos.
Hand in Hand dazu ging wertvolle handwerkliche Tradition im Umgang mit alter Bausubstanz verloren. Quantität stand vor Qualität.
In den letzten Jahren ist ein Sinneswandel eingetreten, und es wächst das Bewußtsein für Wert, Charme und Atmosphäre alter Bausubstanz. Gerade die junge Generation hat die hohe Wohnqualität alter Häuser entdeckt in ihrer Vielfalt, ihrem Einfallsreichtum und ihrer Eigenwilligkeit. Altbaugebiete sind begehrte Wohnstätten geworden.
Architekten und Bauherren sind oft ratlos, weil sie Neubaumaßstäbe und -erfahrungen an die Altbauinstandsetzung anlegen. Altbauerneuerung hat ihre eigenen Gesetze, die es wieder zu entdekken gilt.
Wir wollen mit diesem Buch einen Beitrag dazu leisten, daß wertvolle Bausubstanz erhalten wird, indem wir an alte Materialien erinnern, ihre Verarbeitungstechniken ins Gedächtnis zurückrufen und Erfahrungen weitergeben in den wichtigsten Fragen der Modernisierung mit Fingerspitzengefühl.
Wir hoffen, daß immer mehr Architekten Feuer fangen für die reizvolle und aufregende Aufgabe des Restaurierens und Erhaltens.

Ute Braune
Otfried Rau

Entwicklungstendenzen

Noch im Jahre 1950 wurde der Großteil des Baumarktes durch Neu- und Wiederaufbauten abgedeckt. Heute nimmt der Sektor Altbau regional schon mehr als 40% ein (Bundesarbeitskreis Altbauerneuerung, 1982). Die Zeichen der Zeit deuten darauf hin, daß in Zukunft der Neubauanteil noch weiter zurückgehen wird. Es ist deshalb höchste Zeit, daß Hochschulen und Fachhochschulen ihre Ausbildungsprogramme auf diese Entwicklung ausrichten.

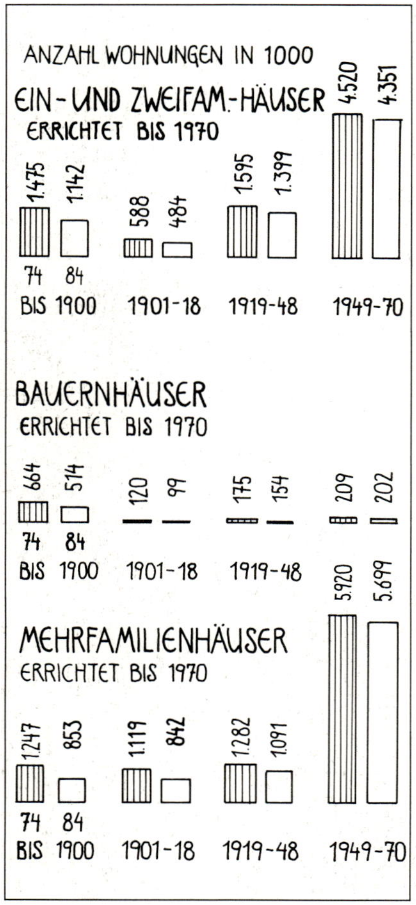

Hierfür genügt nicht die Umstellung von Lehrplänen, sondern die Berufung von Fachleuten aus dem Gebiet der Altbauerneuerung. Die Ausbildung muß praxisorientiert sein. Werkstoff- und Gefügelehre sollen nicht nur theoretisch gelehrt, sondern auch manuell unterrichtet werden, da eine genaue Kenntnis des Aufbaus und der Eigenschaften der Altbaumaterialien und ihrer Verhaltensweise Grundlage für eine sachgerechte und schadensfreie Instandsetzung ist.
Das überbrachte Berufsbild und Selbstverständnis des Architekten muß grundlegend überprüft werden (Architekt = genialer Künstler, Universalmensch, großer Gestalter und Stratege der Baustelle, guter Kaufmann und Organisator). Mehr Bescheidenheit ist zu wünschen. Im Umgang mit Altbauten sind vorrangig ganz andere Fähigkeiten gefragt wie: Einordnen, sensibles Hinhören und Geöffnetsein für die Hinweise auf den Gestaltungswillen des Erbauers.
Hier gilt es, nicht um jeden Preis sein eigenes Werk (Denkmal, Aquisitionsprojekt) zu errichten. Im historischen Raum kann zuviel eigener Gestaltungswille zur Zerstörung des Gebäudes führen. Dahinter verbirgt sich zugleich oft eine unbewußte Mißachtung der Fähigkeiten des Baumeisters bzw. Architekten vergangener Zeiten und eine Unterschätzung der Verantwortung, die uns bei der Betreuung solcher Bauwerke übertragen wird. In der Regel ist die gestalterische, handwerkliche und bauphysikalische Qualität der Altbauten bei weitem höher einzuschätzen als die der meisten Bauten nach dem Zweiten Weltkrieg. Es liegt somit nahe, zuerst einmal die eigenen Fähigkeiten, Erfahrungen und Ideen nicht höher einzuschätzen als die des Kollegen aus der Vergangenheit.
Wir brauchen uns nur vor Augen zu führen, wie empfindlich wir mit Recht reagieren, wenn unsere Bauten aus dem gleichen Unverständnis heraus verstümmelt oder verändert werden, ohne sich in die Grundprinzipien der Gestaltung, die dem Gebäude zugrunde liegen, einzufühlen.

Einführung

Zielsetzung und Inhalt des Buches

In dieses Buch fließen die Erfahrungen einer 20jährigen Praxis mit Altbauten ein.
Wir berichten aus der Praxis für die praktische Alltagsarbeit.
Wir wollen Anregungen geben, die alltäglich bei der Planung und an der Baustelle auftretenden Probleme sachgemäß anzugehen und zu lösen.
Wir haben uns bemüht, die technischen Details im Zusammenhang zum Gesamtgebäude und seiner Umgebung zu sehen und deshalb im Sinne einer notwendigen ganzheitlichen Betrachtung die Aspekte der Gestaltung, der Baugeschichte, der Materialkunde und der Restaurierung bei historischen Bauten mit einfließen zu lassen, weil wir der Auffassung sind, daß man der Aufgabenstellung der Altbauerneuerung und Restaurierung mit rein technischem Handbuch nicht gerecht werden kann.
Es ist somit das Grundanliegen dieses Buches, die Einheit von Detail und Gesamtgestalt, von Farbe, Form und Material und des Gesamtwerkes mit dem schöpferischen Engagement des Erbauers vor Augen zu führen und somit das Teil nicht ohne das Ganze zu sehen.

Teil A behandelt die spezielle Problemstellung der Althauserneuerung mit grundsätzlichen Aussagen über die wichtigsten materialtechnischen, bauphysikalischen, baubiologischen, energietechnischen, baurechtlichen und finanzierungstechnischen Fragen.

In Teil B werden planerische und ausführungstechnische Fragen angesprochen und an Beispielen praktische Hinweise für Konstruktion, Material und Verarbeitung gegeben.
Es wird nach Bauteilen vorgegangen, und es werden jeweils folgende Gesichtspunkte berücksichtigt:

- Grundsätze
- Bauunterhaltung und Schadensvorbeugung
- Schäden und Schadensbeseitigung
- Bauliche Veränderungen.

Wo nötig werden Ausschreibungstexte genannt, z. B. werden Mischungsverhältnisse, Vorgehensweisen und sonstige spezielle Empfehlungen gegeben. Die wichtigsten regionalen bau- und handwerksgeschichtlichen Unterschiede werden berücksichtigt.
Es werden ausschließlich altbauspezifische Probleme angesprochen.
Aus diesem Grund wird die Abgrenzung zwischen Alt- und Neubau dort vorgenommen, wo neue Materialien und Techniken vorrangig die Bausubstanz bestimmen.

Teil A

Grundsatzfragen der Altbauerneuerung

Schadensvorbeugung

Wir behandeln in allen Sachbereichen bewußt den Aspekt der Schadensvorbeugung vor der Frage der Schadensbeseitigung. Eine regelmäßige Überprüfung bestehender Bausubstanz und die routinemäßige Beseitigung von Schadensursachen sind die beste Gewähr zur Vermeidung von Schäden. Es ist beinahe in Vergessenheit geraten, daß ein Haus ebenso seinen „Service" braucht wie ein Auto. Die Beseitigung von Schadensursachen ist eine Aufgabe, die vor allem in jedem Spätherbst nach Laubfall und vor dem Frost vorgenommen werden muß. Verstopfte Dachrinnen und Regenfallrohre, schadhafte Kehlen, Schäden in der Dachfläche oder schadhafte Dach- und Kaminanschlüsse, um nur einige Punkte zu nennen, sind Schadensursachen, die bei regelmäßiger Reparatur nur geringe Unterhaltungskosten beanspruchen.

Verschleppt man jedoch diese Bauunterhaltungsmaßnahmen, entstehen unweigerlich beträchtliche Schäden an der Bausubstanz, die in keinem Verhältnis stehen zu den ersparten Unterhaltungskosten.

In der Zeit der Neubauhochkonjunktur hatte sich bis vor wenigen Jahren die Wegwerfmentalität auch in der Architektur breit gemacht. Alt war in jeder Hinsicht zugleich minderwertig bzw. nur Neues war gut. Das Bewußtsein, etwas Neues zu besitzen, hielt nur wenige Jahre an. Unterhaltung war kleingeschrieben und die gesamte Neubauarchitektur wurde in erster Linie nach quantitativen Gesichtspunkten betrieben. Gestalt und Detail der Häuser zerfielen, die Kunst des Fügens geriet bei Handwerkern und Architekten in Vergessenheit.

Fehlende Bauunterhaltung führt zu Bauschäden, und diese veranlassen Neubauarchitekten zu der Feststellung, daß sich die Instandsetzung von Altbauten in der Regel nicht lohne. Die meisten Kosten von Instandsetzungsmaßnahmen, die heute an alter Bausubstanz vorgenommen werden müssen, beruhen ursächlich auf mangelnder Überwachung der Schadensursachen und ihrer Beseitigung.

Regelmäßige Beseitigung von Schadensursachen ermöglicht einen ruhigen, quasi natürlichen Alterungsprozeß der Gebäude. Grundlegende Bauunterhaltungsmaßnahmen, etwa an Fassaden, können auf diese Weise auf Zeiträume von 30 bis 50 Jahren, je nach Material, beschränkt bleiben.

Manche Stadtverwaltungen, Bauträgergesellschaften oder Stadtbauämter führen deshalb z. B. Erinnerungsbücher, in denen jährlich für alle Liegenschaften der Nachweis der Rinnenreinigung erbracht werden muß. Anderenorts werden Listen zur systematischen Begehung von Bauwerken in regelmäßigen Abschnitten angewandt.

Die volkswirtschaftliche Bedeutung geregelter Schadenskontrolle ist überhaupt nicht zu unterschätzen. Ein Beispiel soll dies verdeutlichen.

Schadensursache: *Schadhafte Dachdeckung im Traufbereich. Aus dieser Ursache können entstehen:*

1. Durchfeuchtung des Gebälks am Dachfuß sowie der Deckenbalken und des Außenmauerwerks.

2. Schwammbefall.

3. Zerstörung des Holzwerks, Durchfeuchtung des Deckenputzes, Herabbrechen von Deckenteilen.

4. Zerstörung der Zugwirkung von Deckenbalken (Sparrendach) und Zerstörung des Binderauflagers.

5. Verschiebung des Dachstuhls auf beiden Seiten des Daches im Schadensbereich.

6. Herausdrücken des Bruchsteinmauerwerks an den gleichen Stellen.

7. Zerstörung von Außen- und Innenputz incl. Anstrich sonstiger Bauteile.

8. Verletzung der Dachhaut durch Verschiebung des Dachstuhls.

1 Defekte Rinne führt zu Durchfeuchtungsschäden.

2 Folgeschäden durch schadhaften Dachfuß.

Die Schadensfolge dieses, aus der Praxis gegriffenen Beispiels betrug weit über 100000 DM. Der Preis für die ursprüngliche Reparatur hätte maximal 400 DM betragen. Die Voraussetzung zur Verhütung eines solchen Schadens ist die Früherkennung und Beseitigung seiner Ursachen.

Erhaltung

Die Entscheidung, Erhaltung oder Abbruch, wurde und wird immer noch häufig unbegründet zugunsten des Abbruchs getroffen. Die Regel sollte aber sein: im Zweifelsfall Erhaltung! Selbst wenn die Instandsetzung und Modernisierung eines Bauwerkes bei sinnvoller Vorgehensweise etwa so teuer oder teurer kommen als Abbruch und Neubau eines Gebäudes zusammengerechnet, müssen noch andere Gesichtspunkte ins Kalkül gezogen werden, bevor man sich für Abbruch statt Bewahrung entscheidet.

□ Ist das Gebäude bewohnt?

□ Liegt ein in die Umgebung eingebundenes wertvolles städtebauliches Ensemble vor?

□ Liegen baugeschichtliche oder kulturgeschichtliche Gründe zur Erhaltung vor?

□ Liegt eine erhaltenswerte baubiologische Substanz vor?

Einem Kostenvergleich muß also auch immer ein Wertvergleich gegenüberstehen.

Hier wurden nach dem Kriege nicht wiedergutzumachende Fehler begangen. Die Zerstörung wertvoller Bausubstanz in den letzten 30 Jahren in unseren Städten und vor allem in den letzten 10 Jahren auf dem Lande, ist schmerzhafter und umfassender als die des letzten Weltkrieges. Mit jedem Gebäude, das wir zerstören, zerstören wir zugleich eine gestalterische Idee mit allen Detailideen, den Geist des Ortes und des Gebäudes sowie das Ergebnis handwerklichen und eventuell künstlerischen Schaffens vieler Menschen.

Diese Mißachtung des Schaffens, Fühlens, Denkens und Gestaltens von Generationen vor uns, straft uns mit einer langen Reihe seelenloser Städte und Dörfer. In der Gestalt der Architektur spiegelt sich der Geist der Gesellschaft. Dies sollten wir bedenken, bevor wir verändern oder zerstören. Wir müssen uns die aufrichtige, mutige Frage stellen: sind wir und unsere Auftraggeber in der Lage, etwas dem Bestehenden Gleichwertiges zu schaffen. Oder zerstören wir nur, weil wir es bequemer finden, Neues zu bauen, oder der Bauherr das so will, oder das Honorar höher ist, weil die Neubauabteilung unserer Baugesellschaft nicht ausgelastet ist oder um Arbeitsbeschaffungsprogramme zu erfüllen oder ähnliches?

4 Erhaltung oder Abbruch – können wir Gleichwertiges schaffen?

3 Abgewitterte Lehmgefache – Zerstörung durch mangelnde Unterhaltung.

Verstümmelung von Altbauten

Die Beziehung vieler Bauherren zu ihrem Haus entspricht reinem Zweckdenken. Ein Haus muß nicht schön sein, sondern pflegeleicht bzw. die Vorstellung von Schönheit wird immer mehr an Zweckmäßigkeitsgesichtspunkten orientiert.

Fachwerkfassaden werden verkleidet oder Werksteinfassaden von allen Gesimsen und Gestaltungselementen „befreit" und ebenfalls mit „preiswerten" Asbestzement- oder Kunststoff-Fassaden versehen; feuchte Sockel mit Keramik in Zementmörtel eingeschlossen und Holzsprossenfenster durch angeblich leichter zu pflegende, einscheibige Fenster ersetzt. Und das zur gleichen Zeit, in der andere Bauherren aus nostalgischen Gründen Brettfachwerk vor Hohlblockfassaden hängen.

Wieviele Häuser täglich in Deutschland auf diese Weise zerstört werden, ist kaum zu ahnen. Die Industrie rührt eifrig die Werbetrommel für ihre Produkte. Verkauf um jeden Preis ist vielfach die Devise, ob bewährt oder nicht, ob bauphysikalisch sinnvoll oder nicht. Die meisten Renovierungen dieser Art laufen übrigens ohne Architekten ab. Verkleidete Fassaden sind häufig ohne Hinterlüftung ausgeführt. Mangelnde Luftzufuhr, Trockenfäule oder Durchfeuchtung und Fäulnis sind die Folgen. Das Verwenden falscher Anstrichmittel ist ebenso in dieses Sündenregister einzureihen wie z. B. das Aufbringen von Kunststoff-Dämmputzen auf mineralische Untergründe, Dampfsperren im Dachraum, falsche Bedachungsmaterialien usw.

Auf Atmung angewiesene Fassaden werden hinter wenig- bis nichtdiffusionsfähigen Baustoffen versteckt. Häuser, die nicht atmen, sterben langsam. Das Raumklima von Altbauten mit hoher Wärmespeicherfähigkeit der Wände und Aufnahmekapazität für Feuchtigkeit (Feuchtigkeitshaushalt) wird durch die Verwendung nicht

5 Verdrängt . . .

6 . . . verstümmelt . . .

7 . . . erschlagen.

mineralischer Werkstoffe zerstört. Die daraus entstehenden Bauschäden sind allenthalben zu sehen und viele, die meisten, treten erst Jahre nach der Verursachung zutage.

Die allgemeine Verwirrung und Inkompetenz selbst bei Architekten ist groß. Im Glauben, zweckmäßig, pflegearm und preiswert zu renovieren, werden die Wurzeln für schwerwiegende Bauschäden gelegt, die zu beheben erfahrungsgemäß sehr teuer kommt. Leider sind viele Handwerker immer noch bereit, Arbeiten auszuführen, die nach den Regeln der Baukunst unkorrekt sind, oder gar zum Gegenteil dessen führen, was erreicht werden soll. Ein Beispiel: Die nicht hinterlüftete Kunststoff-Fassade. Die Wände und die Wärmedämmung werden von innen durchfeuchtet, die Wärmeleitfähigkeit steigt und der Energieverlust wird größer als vorher. Im Altbau haben wir es nahezu ausschließlich mit natürlichen Baustoffen zu tun, und diese dürfen in der Regel nur mit dampfdiffusionsfähigen („atmenden") mineralischen Baustoffen ergänzt oder erneuert werden.

Der volkswirtschaftliche Schaden, der durch verantwortungsloses Vertreiben und unfachkundiges Anwenden und Verarbeiten von Baustoffen entsteht, ist groß und sollte mit der gleichen Aufmerksamkeit staatlicherseits verfolgt werden wie die Kontrolle von Lebensmitteln und Medikamenten.

Dieses Buch will helfen, den Weg zu finden zu einem neuen Bewußtsein im Umgang mit dem überlieferten baulichen Erbe.

Geschichtliches zur Denkmalpflege

„Denkmalschutz ist die Gesamtheit aller Maßnahmen zum Schutz künstlerisch wertvoller und kulturgeschichtlich bedeutsamer Kunstdenkmäler der Vergangenheit vor Zerstörung, Verfall, Verunstaltung oder Entfernung aus dem ursprünglichen Zusammenhang" (dtv-Lexikon 1977). Die Denkmalpflege hat ihren Ursprung Anfang des 19. Jahrhunderts und konzentrierte sich zu Beginn ausschließlich auf die Restaurierung und Rekonstruktion historischer Bauten. Bis 1900 bewegten sich die Aktivitäten im mehr oder weniger puritanisch historisierenden Rahmen. In den 20er Jahren zum Beispiel fand die Freilegung des Speyerer Doms von umliegenden Bauten und später dazugekommenen Einbauten statt. Auch die nahezu vollständige Rekonstruktion des Kölner Domes, die 1842 bis 1890 durchgeführt wurde, ließ aus dem Mittelalter lediglich den Turm und einen Teil des Chores stehen.

Ab 1900 wurden stilnachahmende Rekonstruktionen in der Regel durch die Denkmalpflege verworfen. Das Augenmerk richtete sich mehr auf die Erhaltung historischer Kunstdenkmäler. Seit 1945 und vor allem nach Inkrafttreten der neuen Denkmalschutzgesetze wurde der Begriff des Denkmalschutzes und dessen, was unter Denkmal zu verstehen ist, weiter gefaßt und verstanden. So wurden in den letzten Jahren ganze Siedlungen, wie zum Beispiel Westhausen von Ernst May aus dem Jahre 1928 unter Denkmalschutz gestellt. Die Bundesländer führen Denkmalschutzbücher oder -listen, in denen die denkmalschutzwürdigen Bauten eingetragen werden. Diese Eintragung oder auch lediglich die Erwähnung in einem der baugeschichtlichen Standardwerke wie im Dehio bestätigen das jeweilige Gebäude vor dem Gesetz als Baudenkmal und verpflichten die Hausbesitzer dazu, bei der Instandsetzung, Veränderung oder Unterhaltung Ausführungsart, Material und Oberflächengestaltung mit den Denkmalschutzbehörden abzustimmen. Andererseits hat der Besitzer eines solchen Hauses neuerdings auch vor allem steuerliche Vorteile, die jedoch aus Unkenntnis der Hausbesitzer oft nicht wahrgenommen werden.

Dieser oder jener mag auch die Eintragung scheuen in der Befürchtung, daß der Staat sich zwar ein Mitspracherecht sichert, aber höhere Kosten meistens nicht zu zahlen bereit ist, die aus den Auflagen in der Ausführung entstehen. Auch heute noch wird eigentlich nur der gefördert und begünstigt, der soviel Geld verdient, daß er von Steuerbegünstigungen Gebrauch machen kann. Die Regel ist jedoch der finanzschwache, arme Hausbesitzer, der sich aus Angst vor Mehrkosten oder aus Unwissenheit um seine Verpflichtung drückt, die Denkmalschutzbehörde einzuschalten, und vollendete Tatsachen schafft. Daß oft die erhaltenden Maßnahmen im Sinne der Denkmalpflege gar nicht teurer sein müssen, wird in diesem Buch noch näher erläutert.

1 Denkmal – nicht immer so eindeutig.

A 2 KULTURHISTORISCHE ASPEKTE DER BAUERHALTUNG

Kein Denkmal, aber erhaltenswert

Auch heute ist die Abneigung gegen die Denkmalschutzbehörde zuweilen nicht unbegründet. Sind doch in der Regel Denkmalschützer keine Architekten, sondern Historiker, Archivare, Archäologen, Restauratoren. Das liegt daran, daß der Denkmalschutz sich nur zum Teil mit Architektur beschäftigt. Bodendenkmäler, Kunstwerke, alte Bücher, Hausgerät, Kleidung, ja alles, was der Mensch in historischer Zeit um sich hatte, gehört in den Bereich Denkmalschutz. Darin liegt der erste Konflikt, der in der Praxis zwischen Denkmalpfleger, Architekt und Bauherr auftritt. Die Instandsetzung und Modernisierung eines Gebäudes ist eine komplexe Aufgabe. Neue Funktionen, statische Probleme, Wünsche des Bauherrn, energietechnische, bauphysikalische, konstruktive und gestalterische Fragen und nicht zuletzt die Finanzierung stehen oft gegen eine dogmatische Haltung des Denkmalpflegers. Und das bekommen oft gerade die Architekten zu spüren, die sich engagiert für die Erhaltung von Bauten einsetzen. Die Einsicht in alle Zusammenhänge des Bauwerks und die kollegiale Bereitschaft zur Zusammenarbeit sind Vorbedingung für eine allen Seiten gerecht werdende Lösung.

Dieses Buch möchte Interesse wekken für die Erhaltungswürdigkeit vieler Bauten, die sich nicht rühmen können, jemals Einzug in die erlauchte Schar eingetragener Denkmäler zu halten.

Häufig ist es dem Fingerspitzengefühl des Architekten überlassen, Erhaltenswertes vom Wertlosen zu unterscheiden, und zwar mit der gebührenden Achtung vor diesem.

Die meisten Bauten, die wir in der Praxis instandsetzen sollen, sind im Sinne der Denkmalpflege unbedeutend. Oft sind es in ihrem Reichtum an Ideen schöne Bauten, die niemals Einzug nehmen in die Denkmalschutzliste, aber die meisten sind es wert, von uns beachtet und liebevoll behandelt zu werden.

2 Kein Denkmal, aber eindeutig erhaltenswert.

Die Individualität der alten Bausubstanz ist an sich schon unersetzbar. Es gibt viele lebendige Altbauten, deren Erhaltung und Pflege lohnt. Deshalb sollte der musealen Denkmalpflege immer mehr eine lebendige Bauerhaltung gegenüberstehen. Vielleicht würde dann der Konflikt zwischen Denkmalpfleger und Architekt am ehesten abgebaut werden. Man kann ein Haus durch Restaurieren töten und durch einen übertriebenen Gestaltungswillen zerstören.

3 Versetztes Fachwerkhaus – vor dem Verheizen gerettet.

4 Mit jedem Haus zerstören wir zugleich ein Stück kulturhistorische Überlieferung.

A 3 HISTORISCHE BAUMATERIALIEN
1 Allgemeines

Grundsätze In viel stärkerem Maße als heute wurden bei historischen Bauten lokal vorhandene, bodenständige Materialien verwendet – aus Kostengründen, denn Transport war teuer. Dieses ökonomisch bedingte Verhalten führte zu weitreichenden gestalterischen Konsequenzen. In Verbindung mit einer dem vorhandenen Material, der Witterung und dem umgebenden Gelände angepaßten Form der Baukörper entstanden landschaftsgebundene Bauweisen, die sich zum Teil bis heute erhalten haben.

Im Zuge der Industrialisierung ging mit der billigeren Massenproduktion die Verdrängung handwerklicher Herstellung und örtlicher Baustoffproduktion Hand in Hand. Diese Entwicklung bedingte auch einen radikalen Umdenkungsprozeß. Ererbtes Gut, das jahrhundertelang hoch geschätzt und gepflegt wurde, war auf einmal „überholt" und damit wertlos. Neues zu besitzen, schien ein Wert an sich, Konsumlust und Wegwerfmentalität verdrängten auch in der Beziehung Mensch – Haus überlieferte Wertstrukturen.

Heute, nachdem die großen Kahlschlagaktionen in Stadt und Land unzählige, oft wertvolle Einzelgebäude und gewachsene Siedlungskerne unwiederbringlich zerstört haben, deutet sich in letzter Minute allmählich eine Wende an. Handwerkliche und gestalterische Qualität von Altbauten finden wieder stärkere Beachtung.

Weniger bewußt wird im allgemeinen mit den vorgefundenen historischen Baumaterialien umgegangen. Jedoch ist gerade die Kenntnis ihrer speziellen Materialqualitäten Voraussetzung für ein sachgerechtes Abwägen erforderlicher Einzelmaßnahmen bei einer Sanierung. (Zusammenstellung der Naturmaterialien und ihrer Anwendungsbereiche s. Kap. A 3./7)

Die vorgefundenen Baustoffe und Techniken sind zum Teil aus dem heutigen Bauen völlig verschwunden.

1 Holz und Naturstein sind verbreitete Materialien in der Alpenregion.

Kenntnisse und Umgang mit ihnen sind daher längst nicht mehr traditionell überliefertes Wissen bei Handwerker und Architekt. Sie müssen zum Teil neu erworben und häufig vom Architekten neu an den Handwerker herangetragen werden. Der Planer ist dabei vor das Problem gestellt, vorhandene Materialien, die zum Beispiel Beschädigungen aufweisen oder die den neuen energietechnischen Anforderungen nicht gerecht werden, materialgerecht zu ergänzen oder eventuell durch geeignete neue Baustoffe zu ersetzen.

2 Material, Form und Farbe – Einordnung in die Landschaft ist nicht mehr gefragt.

Material und Einsatzbereich

3 Burgruine in Bruchsteinmauerwerk.

5 Feldscheune in Schichtmauerwerk.

7 Kunstvolle Werksteinarbeit in Buntsandstein.

Der lokal anstehende Naturstein wurde für Fundamente, Sockel, Keller und Formteile verwendet, auch Außenmauern, Treppen und Bodenbeläge innen und außen wurden daraus hergestellt.
Die Verarbeitung erfolgte als Bruchstein oder steinmetzmäßig bearbeitet (Werkstein). Speziell dafür geeignete Steinplatten fanden auch als Dachdeckungsmaterial Verwendung.

Die wichtigsten natürlichen Bausteine werden nach ihrer Entstehung in drei Gruppen eingeteilt:

Gruppe 1: Erstarrungsgesteine, die bei Eruptionen aus schmelzflüssigem Magma erstarren. (Zum Beispiel Granit, Syenit, Diorit, Grabbo, Basalt, Bims.)
Gruppe 2: Sedimentgesteine, die durch Ablagerung von verwittertem Gesteinsmaterial entstehen. (Zum Beispiel Sandstein, Kalkstein, Tonschiefer, vulkanische Tuffe, Dolomit, Alabaster [Gips].)

Gruppe 3: Umwandlungsgesteine entstehen aus anderen Gesteinen durch Temperatur- und Druckeinwirkung in der Erdkruste. (Zum Beispiel Gneis, Marmor, Quarzit, Phyllit, Glimmerschiefer, Chloritschiefer.)

Natursteinbauteile weisen eine hohe Dauerhaftigkeit auf, sofern sie nicht durch fehlerhafte Konstruktion, Vernachlässigung der Bauunterhaltung, Verwendung falscher Oberflächenmaterialien oder durch gewaltsame Beschädigungen angegriffen werden. (S. Kap. B 2.2)

4 Mauerwerk aus Basaltsäulen in natürlicher Fünfeckform.

6 Verzahnte Eckquaderung.

8 Historischer Bildstock aus Buntsandstein.

Materialschäden und ihre Ursachen

9 Schadhafte Mauerabdeckung führt zum Eindringen von Feuchtigkeit.

Häufigste Schadensquelle ist das Eindringen von Feuchtigkeit in den Stein durch ausgewaschene Fugen, fehlende Mauerabdeckungen oder Bruchstellen – je nach Witterungsbeständigkeit des Steines auch durch mangelhaften Oberflächenschutz. Es entstehen Absprengungen durch die Volumenvergrößerung des Wassers beim Gefrieren.
Hohe Temperaturdifferenzen, vor allem bei starker Sonneneinstrahlung auf Teile des Bauwerks, führen zu Spannungen, besonders an Gebäudekanten. Dabei können in schwach dimensionierten Bauteilen Risse auftreten.
Im Werkstein verankerte Eisenteile verursachen durch die Verwendung falschen Füllmaterials (z.B. Zementmörtel statt Blei) Rostbildung und führen so zu Absprengungen.
Durch Einwirkung von Feuer entstehen starke Spannungen, die Aufbau und Gefüge des Steins angreifen.
Die chemische Zerstörung wird bei fehlendem Oberflächenschutz im wesentlichen durch die im Zuge der Luftverschmutzung stark säurehaltigen, aggressiven Niederschläge verursacht. Im Stein vorhandene Bindemittel werden dabei angegriffen und chemisch umgewandelt. Dieser Vorgang ist mit einer Volumenvergrößerung verbunden (Sprengwirkung). Gelöste Salze können auch zu Ausblühungen führen, die den Stein von außen und innen zerstören.
Unsachgemäße Behandlung von Naturstein kann folgende Schäden anrichten:
- Verwendung ungeeigneter Putze und Fugenmörtel (Feuchtigkeitsstau und Spannungsrisse, durch die Regenwasser eintritt) – (s. Kap. B 2.3./2)

11 Steinzerstörung durch mit der Feuchtigkeit aufsteigende Salze.

12 Schutzschicht der Oberfläche durch Sandstrahlen zerstört.

10 Absprengung durch falsch angebrachtes rostendes Eisen.

- Anwendung hautbildender porenverschließender Anstriche fördert die Steinauflösung (mangelnde Diffusionsfähigkeit und schlechte Austrocknung)
- Abstrahlen mit Sandstrahlgebläse und Reinigen mit Stahlbürsten zerstört die Oberfläche und bietet Angriffspunkte für die Verwitterung
- Ausblühungen durch unzureichendes Nachspülen bei der Oberflächenreinigung mit säurehaltigen Mitteln.

(Angaben zur Behandlung von Natursteinfassaden s. Kap. B 2.3./3)

Material und Einsatzbereiche

Holz – meistens aus den umliegenden Wäldern – wurde vorwiegend als Wand- und Deckenbaustoff eingesetzt sowie für die Dachkonstruktion, die Fenster und den Innenausbau. In einigen Gegenden war die Verwendung als Deckungsmaterial (i. allg. Schindeln) und Wandverkleidung (Schindeln, Brettschalung) üblich.
Neben der leichten Bearbeitung, des geringen Gewichts und der guten Tragfähigkeit (Druck, Zug, Biegung) besitzt Holz eine relativ gute Wärmedämmung und Dampfdiffusionsfähigkeit. Wegen seiner Anfälligkeit für Fäulnis, Pilzbefall und Schädlinge erfordert es einen konstruktiv einwandfreien Einbau, bei dem ein möglichst ungehinderter Luftaustausch stattfinden kann (konstruktiver Holzschutz). (S. Kap. B 3.2 „Holzschutz".)
Holz quillt und schwindet quer zur Faserrichtung bei Temperatur- und Feuchtigkeitseinwirkung. Dies muß konstruktiv berücksichtigt werden. Ein gelungenes Beispiel hierfür sind die allseitig gelenkig gelagerten Lehmstakungen als Gefachmaterial im Fachwerk. Hier sind Bewegungen der Konstruktion möglich, ohne zu Zwängungen bzw. Rissen innerhalb der Gefache zu führen (s. Kap. B 2.2 „Außenwand").
Für konstruktive Hölzer wurde früher vor allem Kernholz, z. B. von Eiche oder Kiefer verwendet, das aufgrund verschiedener Holzinhaltsstoffe eine erhöhte natürliche Resistenz gegen atmosphärische Einflüsse, Pilz- und Insektenbefall aufweist.

13 Eckausbildung in Holz gefügt.

15 Eichenfachwerk, gepflegt und unterhalten, überdauert Jahrhunderte.

14 Alte Handwerkstechniken werden nur noch von wenigen beherrscht.

Materialschäden und ihre Ursachen

Schäden am Bauholz entstehen in erster Linie durch unsachgemäßen Einbau, ständigen Feuchtigkeitsanfall und mangelnde Durchlüftung. Die hierbei auftretende Dauerfeuchte des Holzes führt nicht nur zu Fäulniserscheinungen, sondern bietet auch idealen Nährboden für Pilz- und Insektenbefall (s. Kap. B 3.2 „Holzschutz").

18 Fäulnis unter absperrenden Anstrichen.

19 Absperrende Putze auf Fachwerkflächen begünstigen Zerfallserscheinungen des Holzes.

16 Brüstungsriegel sind häufig durch hinter die Fensterbekleidung eindringende Feuchtigkeit verfault.

Absperrende, geschlossenporige Oberflächenanstriche führen zu Haarrissen bei Bewegungsspannungen des Holzes. Das hierin eindringende Wasser kann nur schwer verdunsten und begünstigt Fäulnis und Schädlingsbefall.
Luftabschluß (Wandverkleidungen innen und außen mit mangelhafter Durchlüftung, Vormauerungen, Verputzen mit Putzen geringer Diffusionsfähigkeit) führt beim Holz auf Dauer zu Zerfallsprozessen.

20 Luftumspültes Holz überdauert auch unbehandelt.

17 Ausgewitterte Holzstöße durch mangelhaften Oberflächenschutz (an der Wetterseite).

Beständigkeit chemisch unbehandelten Kernholzes gegen Pilzbefall bei hohem Feuchtegehalt, Erdkontakt u. a.
[nach Scholz]

Klasse*	Zeitdauer	Resistenz	Holzart
2	= 20 Jahre	resistent	Eiche, Robinie
3	= 15 Jahre	mäßig resistent	Kiefer, Lärche
4	= 10 Jahre	wenig resistent	Fichte, Tanne
5	= 5 Jahre	nicht resistent	Ahorn, Birke, Buche, Esche, Hainbuche

* Dauerhaftigkeitsklassen nach DIN 68 364 E, Mai 1978

Material und Einsatzbereich

Lehm und Ton

Als Ton bezeichnet man die Verwitterungsrückstände tonerdehaltiger Silikate, besonders der Feldspate. Lehm ist ein durch Eisenverbindungen gelb bis braun gefärbter sandhaltiger Ton. Er zählt zu den ältesten Wand- und Deckenbaustoffen.
Luftgetrocknete Handstrich-Lehmsteine wurden in Kalk- oder Lehmmörtel vermauert, selbsttragend oder als Ausfachung bei Fachwerk verwendet, Strohhäcksel-Lehm-Gemisch zum Bewurf von Weidengeflecht bei Fachwerkgefachen.
Lehm hat die Eigenschaft, bei Austrocknung sehr stark zu schwinden. Lehmwände sind feuchtigkeitsgefährdet und müssen daher vor Regen geschützt werden. Sie gelten als feuerbeständig und weisen eine relativ gute Schall- und Wärmedämmung auf.
In Verbindung mit einem hochdiffusionsfähigen Putz- und Anstrichsystem leisten sie eine ideale Hautfunktion und gelten nach der Überlieferung als entgiftend für bakterienangereicherte Raumluft [Lit. Bielenberg]. Diese Eigenschaften dürfen bei Renovierungsarbeiten auf keinen Fall durch Aufbringen ungeeigneter Putze, Anstriche und Verkleidungen vernichtet werden. Eine gute Verträglichkeit besteht dagegen mit Kalk, Ziegel und Holz.
In gebrannter Form als Ziegel erhöht sich die Tragfähigkeit erheblich und das Material wird feuchtigkeitsbeständig.

21 Strohhäcksel-Lehm-Gemisch von Hand auf Weidengeflecht in den Fachwerkgefachen aufgetragen.

22 Mauerwerk aus ungebrannten Lehmsteinen mit Kalkmörtel verputzt.

Ziegel

Gebrannter Ton ist der älteste, künstlich hergestellte Werkstoff (erste Ziegel in ägyptischen Bauwerken schon 3500 v. Ch.).
Im deutschsprachigen Raum wurde der Massivbau von den Römern eingeführt. Er verdrängte seither in steigendem Maße die ursprüngliche Holz- bzw. Holz-Lehm-Bauweise.
Der Einsatz des Ziegels als Wand- oder Dachbaustoff ist lokal unterschiedlich durch das Rohstoffvorkommen geprägt. So wird im gesamten norddeutschen Bereich bei keinem oder nur geringem Natursteinvorkommen der Ziegel als universeller Wandbaustoff und als Deckungsmaterial eingesetzt.
Dachziegel wurden noch bis etwa Mitte des letzten Jahrhunderts in örtlichen Ziegeleien als Handstrichziegel hergestellt. Diese Ziegel weisen eine erstaunliche Haltbarkeit auf. Durch in der Dachfläche eingestreute sogenannte „Feierabendziegel“ mit eingeritzter Jahreszahl und zum Teil Namen des Handwerkers lassen sie sich genau datieren. (Alter bis zu 300 Jahre ist keine Seltenheit.)
Ziegelmauerwerk wurde zum Schutz vor Witterungseinflüssen in der Regel verputzt. Bei Sichtmauerwerk finden sich häufig teilweise kunstvolle Schmuckformen (Anordnung, Fugenverlauf, Vorsprünge). Für Ziegelsichtmauerwerk werden frostsichere Klinker (bis zur Sintergrenze gebrannt) verwendet.

23 Klinker als Baumaterial und Gestaltungselement.

24 Geschlämmte Ziegelwand – die Struktur des Mauerwerks bleibt sichtbar.

Materialschäden und ihre Ursachen bei Ziegeln

Materialschäden treten bei Brennfehlern (Schwachbrand, Schwundrisse) auf oder aufgrund schädlicher Beimengungen. Gips, Chloride und andere Salze führen zu Ausblühungen. Kalksteinstücke und Mergelknollen sind Ursache für Absprengungen. Große Gesteinströmmer, z. B. Quarz, bewirken Haarrisse durch Ausdehnung beim Brennen.

Die Haltbarkeit von Dachziegeln ist außerdem abhängig von einer ausreichenden Luftumspülung (vermeidet Temperaturspannungen und Feuchtigkeitsstaus). Rißbildung und Abplatzungen führen hier zu Undichtigkeiten und machen den Ziegel unbrauchbar. Zerfallserscheinungen treten in erster Linie an den Nasen auf. Abrutschen ist die Folge.

Je nach Qualität sind in der Regel 30 – 60 % der Ziegel eines ca. 250 Jahre alten Daches aus z. B. handgestrichenen Biberschwänzen wiederverwendbar.

26 Neueindeckung unter Verwendung alter handgestrichener Biberschwanzziegel verschiedener Formate.

25 Durch mit der Feuchtigkeit aufsteigende Salze zerstörtes Ziegelmauerwerk.

27 Rundbogenfenster in Ziegelmauerwerk auf Schalung gemauert.

Material und Einsatzbereich

Wand und Decke

Gehäckseltes Stroh diente als Zuschlagsstoff für Strohlehmfüllungen in Fachwerkgefachen und Lehmschlag in Holzbalkendecken. Es wirkt als Armierung und Dämmung.

Dach

Dachhaut und Wärmedämmung in einem bieten Dacheindeckungen aus Reet oder langstieligem Stroh, das früher häufig aus dem sogenannten Hackwald (erste Einsaat nach der Rodung) gewonnen wurde und aufgrund des besonders nahrhaften Bodens eine höhere Haltbarkeit und Festigkeit aufweist. Deckungen dieser Art haben eine Lebensdauer von ca. 30 Jahren und bieten hohe Wärmedämmung und gute Dampfdiffusionsfähigkeit. Wegen der relativ hohen Brandgefahr wurde die Stroh- oder Reetdeckung im letzten Jahrhundert auch im ländlichen Bereich von der Ziegeldeckung verdrängt. Neuere Forschungen haben jedoch zu Imprägniermitteln geführt, die die Brennbarkeit dieses Materials sehr stark reduzieren, ohne optisch in Erscheinung zu treten.

28 Reeternte – gebündelt für die Dachdeckung.

Materialschäden und ihre Ursachen

Strohbeimengungen des Lehms unterliegen keiner spürbaren Alterung, solange die Lehmfüllungen vor Durchfeuchtung geschützt werden.

Dach

Schäden an Stroh- oder Reetdächern, die vor der natürlichen Alterung des Materials eintreten (Verfaulen, Moosbildung) sind zum Teil auf fehlende Besonnung und Durchlüftung sowie eventuell eindringendes Wasser an fehlerhaften Anschlüssen zurückzuführen.

29 Reetgedecktes Dach mit Froschmaulgauben.

30 Neues Reetdach auf altem Speicher ohne Blechanschlüsse und Regenrinnen.

31 Defekte Deckenfüllung aus Stroh-Lehm in Holzbalkendecke.

32 Unter abgewittertem Putz wird der Gefachaufbau aus Stroh und Lehm sichtbar.

Kalk

Klassisches Bindemittel ist der Kalk. Er wird aus Kalkstein, Dolomitstein oder Kalksteinmergel durch Brennen unter der Sintergrenze hergestellt.
Je nach Art des Abbindeprozesses unterscheidet man:

Luftkalke (auch Kalkstein bzw. Dolomitstein) = gelöschte Kalke
- Erhärten nur an der Luft durch Aufnahme von Kohlendioxyd (Carbonatbildung)
- bei starken Mauern – teils noch aus dem Mittelalter – im Innern Abbindeprozeß mangels Luftzutritt noch nicht abgeschlossen
- enthalten wasserlösliche Bestandteile, daher auswaschungsgefährdet
- „historischer" Kalk, in der Regel holzkohlegebrannter Sumpfkalk (mindestens 4 Jahre eingesumpft), wurde als Mauer- und Putzmörtel verwendet (geschmeidiger Mörtel, gut zu verarbeiten, genügend elastisch).

Hydraulisch erhärtende Kalke (aus Kalkmergel)
- Erhärten je nach Gehalt an hydraulischen Bestandteilen oder -zusätzen nach gewisser Lagerungs- bzw. Abbindezeit auch unter Wasser
- höhere Festigkeit als Luftkalke
- Bildung wasserunlöslicher Hydrate
- wurden zum Beispiel von den Römern für betonartige Gußmauern (opus cæmentitium) verwendet.

Bei Bedarf wurden dem Kalk Zuschlagsstoffe zugesetzt:
- Zur Härtung und höheren Wischfestigkeit z.B. Caseinbildner (Molke, Quark)
- für bessere Wetterbeständigkeit auch Kali-Wasserglas oder Leinöl (führt zu Verseifung)
- Alkalicaseine als wetterbeständiger Außenanstrich nur auf frischem Kalkputz (Kalkalbuminatbildung).

Anwendungsbereich
In Altbauten wurde mit Kalkmörtel (Löschkalk) als Mauermörtel, Innen- und Außenputz, sowie als Anstrichmittel gearbeitet. In historischen Innenräumen sollte auch heute in der Regel Sumpfkalk verwendet werden.
Die desinfizierende Wirkung vom Kalk wird bei seinem Einsatz im Stallbau (Anstrich) sowie als Zusatz für Schüttmaterial in Deckenfüllungen oder Lehmestrichen (Mäuseabwehr) genutzt.

Materialschäden
Die Verwendung von Luftkalkmörtel für nichtisolierte Natursteinfundamente und Kellermauern führt im Laufe der Jahre zur Auswaschung der Mörtelfugen durch Bodenfeuchtigkeit und Oberflächenwasser und damit zu Setzungs- und Zerfallserscheinungen (s. Kap. B 2.1 „Bauteile im Erdreich").
In den letzten Jahren äußerten viele Seiten Bedenken gegen die Verwendung von reinem Kalkputz an Außenwänden, da der stark gestiegene SO_2-Anteil der Luft besonders in industrienahen Bereichen zu stark saurem Niederschlagswasser führt, das eventuell den Putz angreifen könnte. Dies gilt jedoch hauptsächlich für die Verwendung nichthydraulischer Kalke.

33 Alter Mauermörtel aus Luftkalk wird durch aggressives Niederschlagswasser ausgewaschen.

Gips

Gips wurde vorwiegend für Stuckarbeiten und Innenputz (auch in Verbindung mit Kalk) verwendet.
Stuckgips wird aus Gipsstein $CaSO_4$ durch Brennen bei 120 bis 190 °C hergestellt. Er bindet schnell ab. Putzgips ist höher gebrannt als Stuckgips (bis 780 °C). Der Abbindevorgang läuft langsamer ab. Das Versteifen des Gipses ist ein Kristallisationsvorgang, die Wiederaufnahme des beim Brennen ausgetretenen Kristallwassers.

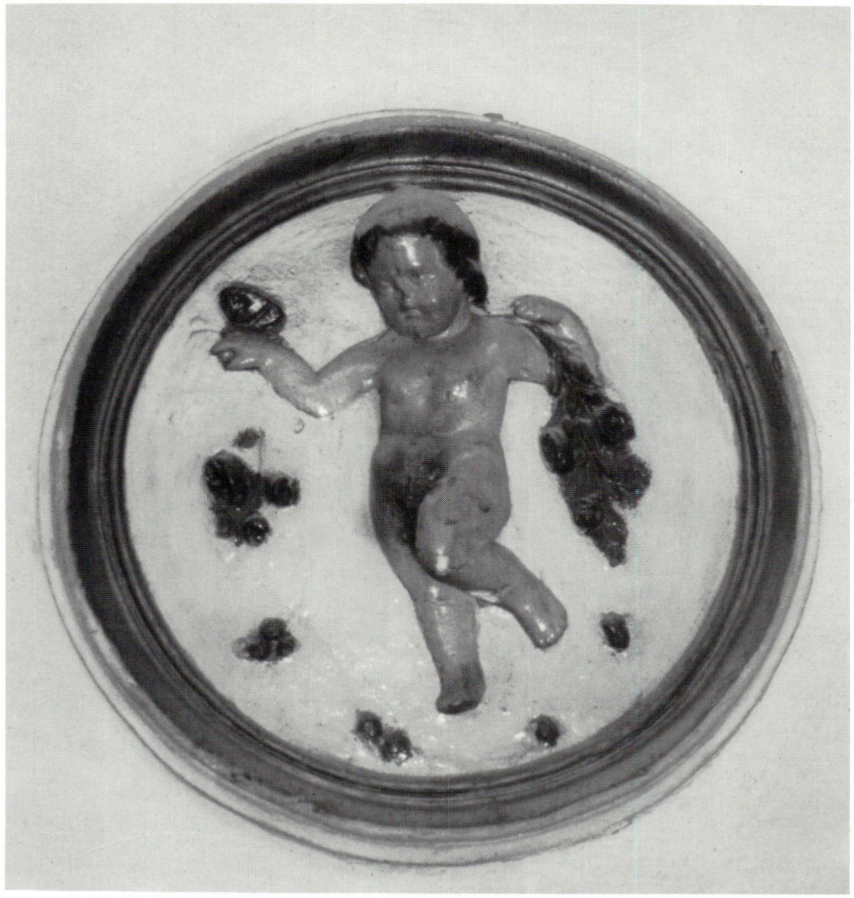

34 Wanddekor aus Stuckgips Ende des 19. Jahrhunderts.

Leinölfirnis

Leinöl wird durch Pressung aus den Samen des Flachses gewonnen.

- Firnis entsteht durch Verkochen mit Bleiglätte (ermöglicht Trocknung = Verharzung)
- erhärtet nur unter Luftzufuhr
- Trocknungsbeschleunigung durch Zusatz von Sikkativ (Leinölseifen oder Harzseifen in Terpentinöl gelöst). Nur bei Innenanstrichen sinnvoll
- Verbesserung der Wetterfestigkeit durch Zusatz von 10% Standöl (durch Erhitzen eingedickt)
- filmbildender Anstrich, reduziert die Diffusionsfähigkeit des Untergrundes.

Anwendungsbereich

Anwendung auf Fachwerkbalken und Holzschindeln (Feuchtegehalt unter 12–15%!), auf angewittertem Zinkblech, im Innenbereich auf Holz und offenporigen Plattenbelägen (mit Terpentin verdünnt); an stark bewitterten Fassaden weniger geeignet, wird ausgewaschen; eingebrannt als Schutzanstrich für Eisenteile.

Material	Zusammensetzung und Entstehung	historischer Anwendungsbereich	bauphysikalische Eigenschaften	baubiologische Bewertung	Besonderheiten	auftretende Schäden
Naturstein Unterteilung nach Entstehung:	• Mineralgemenge	• Bruchstein oder Werkstein	differierend je nach Entstehungsart: • Wärmeleiter • langsame Austrocknung nach Wasseraufnahme • Wärmespeicher	• geringe oder gar keine Dampfdiffusion • kühles, zum Teil feuchtes Raumklima ohne kurzzeitige Schwankungen • je nach Gesteinsart und Herkunft teilweise radioaktiv	• i. a. hohe Druckfestigkeit (bis zu 4 000 kp/cm²) • geringere Biegezugfestigkeit	• Witterungsschäden (Frostsprengung, Winderosion) • Wasserschäden (Bindemittelerweichung, Ausblühung) • Bildung von Mauersalpeter u. a. bei kalkhaltigen Gesteinen durch Ammoniak und Humussäuren • Ausblühungen und Zerstörung des Steingefüges durch schwefelsäurehaltigen Niederschlag aus Rauchgasen • Brandeinwirkung • Sprengwirkung durch rostende Dübel und Klammern • Absprengungen durch ungeeignete Mörtel und Putze
Erstarrungsgestein	• erstarrtes schmelzflüssiges Magma	• Gründungen • Mauern • Gewölbe und Bögen • Werksteinteile wie Gewände, Stützen, Säulen, Stufen u. a. • Bodenbeläge, Pflaster, Deckenschüttung				
a) Tiefengesteine: Granit, Syenit	• langsame Abkühlung, körnig bzw. grobkörnig, keine Schichtung					
b) Ergußgesteine: Basalt, Bimsstein, Tuffe	• schnelle Abkühlung, feinkörnig oder glasiert, auch Lockerprodukte					
Sedimentgestein	• Ablagerungen a. d. Erdoberfläche aus Zerstörung anderer Gesteine					
a) klastische Sedimente: Sandsteine, Tonschiefer, Ton, Lehm, Schotter, Kies	• Verwitterungsrestbildungen, Trümmergestein (physikal. Zerstörung, Zerkleinerung)	• Gründungen • Mauern • Gewölbe, Bögen • Werksteinteile • Dachdeckung • Bodenbeläge, Platten • Wand- und Deckenfüllungen				
b) chemische und organische Sedimente: Kalkstein, Dolomit, Anhydrit, Gips, Bitumen, Harze	• Verwitterungsneubildungen (chem. Zersetzung und Umwandlung mit teilweise hohem Gehalt an Organismen)	• Putz, Stuck • Anstriche	• z. T. hygroskopisch			
Umwandlungsgestein Kristalline Schiefer (Gneis, Ton-, Chlorit-, Glimmerschiefer)	• Umwandlung von Gefüge oder Mineralbestand durch Temperatur- oder Druckveränderung in der Erdkruste	• Dachdeckung • Bodenbeläge • Wandverkleidungen	• siehe oben			• Materialalterung (Nagelbrüchigkeit)

A3 HISTORISCHE BAUMATERIALIEN
7 Naturmaterialien und ihre Anwendungsbereiche

Material	Zusammensetzung und Entstehung	historischer Anwendungsbereich	bauphysikalische Eigenschaften	baubiologische Bewertung	Besonderheiten	auftretende Schäden
Holz	• Zellulose als Gerüstsubstanz, Lignin als Kittsubstanz. Farb-, Gerb- und Imprägnierstoffe (Wachse, Harze)		• wärmedämmend • diffusionsfähig	• Feuchtigkeitspuffer • wärmedämmend • atmungsaktiv • frei von schädlichen Ausdünstungen (unbehandelt) • geringer Energiebedarf • elektrisch neutral • bei vorbeugender Schädlingsbekämpfung giftfreie Produkte bevorzugen	• Dimensionsänderungen durch Wärme- und Feuchtigkeitseinfluß • Feuerwiderstand je nach Querschnittsstärke • anfällig für Fäulnis, Pilz- und Schädlingsbefall • gute Witterungsbeständigkeit des Kernholzes verschiedener Holzarten (s. Tabelle für Materialien) • hohe Biegezugfestigkeit • diffusionsfähige i.a. offenporige Oberflächenbehandlung bevorzugen	• Fäulnis • Pilzbefall (Hausschwamm, Porenschwamm, Bläuepilze, Keller- oder Warzenschwamm) • Insektenbefall (Bockkäfer, Nagekäfer, Ameisen) • Verkohlen bzw. Abbrennen durch Feuereinwirkung
Weichholz z. B. Fichte, Tanne, Kiefer, Lärche	• In der Regel schnellwüchsige Nadelhölzer	• Dachkonstruktion • Balkendecken • Fußbodendielen • Wand- und Deckenverkleidungen innen • Wandverkleidungen und Dachdeckungsmaterial außen (Lärche, Fichte, Kiefer) • Blockbauten • Bohlenständerbauten • Fenster und Türen • Putzträger				
Hartholz z. B. Eiche, Buche	• meist Laubhölzer, oft enge Jahresringe (langsamer Wuchs)	• Fachwerkkonstruktionen (Eiche) • Balkendecken (Eiche) • Dachstuhl (Eiche) • Treppenstufen (Buche) • Holzvertäfelungen • Parkett (Eiche) • Fenster (Eiche)			• sehr gute Witterungsbeständigkeit (Eiche)	• kein Hausbockbefall (Eiche)
Lehm	• magerer sandhaltiger Ton • Verwitterungsrückstand tonerdehaltiger Silikate • durch Eisenverbindungen gelb bis braun gefärbt	• Lehmsteine • Lehmwände (Stampflehm) • Lehmbewurf bei Fachwerkausfachungen (Strohhäcksel-Lehmgemisch) • Lehmschlag bei Holzbalkendecken • Lehmestrich als Fußboden in Keller, Küche, Stall und Nebenräumen	• gute Schalldämmung • mittlere Wärmedämmung (je nach Strohgehalt) • Dampfdiffusionswiderstand gering • hygroskopisch • nicht brennbar	• atmungsaktiv • entgiftende, luftreinigende Wirkung • geringer Energiebedarf • nicht radioaktiv • elektrisch neutral	• in ungeschützter Form nicht witterungsbeständig • schrumpft bei Austrocknung nach Verarbeitung (um so stärker je tonhaltiger)	• Aufquellen bis zur Auflösung bei Feuchtigkeitsanfall • mechanische Beschädigungen • Feuchtigkeitsschäden unter nicht ausreichend diffusionsfähigen Putzen und Anstrichen • in feuchtem Zustand frostempfindlich

Material	Zusammensetzung und Entstehung	historischer Anwendungsbereich	bauphysikalische Eigenschaften	baubiologische Bewertung	Besonderheiten	auftretende Schäden
Ton	• Verwitterungsrückstand tonerdehaltiger Silikate • erhärtet durch Brennen					
Ziegel	Brenntemperatur: 900–1 100 °C	• Wandbaustoff außen und innen • Dachdeckungsmaterial	• witterungsbeständig • geringer Diffusionswiderstand • sehr gute Austrocknung • gute Wärmespeicherung	• elektrisch neutral • atmungsaktiv • wärmespeichernd • gute Austrocknung	• Handstrichziegel erhalten (lebhafte Struktur und Farbe, gute Haltbarkeit, wenn aussortiert)!	• Brennfehler (Schwachbrand, Risse, Deformierung) • Ausblühungen durch schädliche Beimengungen (Kalkknollen) oder nachträgliches Einspülen von Kalk (aus Mörtel), Salzen
Klinker, Steinzeug, Steingut	1 150–1 300 °C	• Wandbaustoff außen • Boden- und Wandplatten	• geringe Wasseraufnahme • Diffusionsfähigkeit geringer als Ziegel		• auch glasiert	
feuerfeste Steine (Schamotte)	1 300–1 800 °C	• Schornsteinzüge • off. Kamine • Kachelöfen • Ofenauskleidungen	• sehr gute Wärmespeicherung	• neutral	• feuerfest	• Spannungsrisse in eingebautem Zustand (bei zu sprödem Material)
Stroh langstielig oder als Strohhäcksel	• trockene, fruchtentleerte Stengel des Getreides • Abfallprodukt des Getreideanbaus	• Dachdeckung (nur noch selten) • Häckselbeimischung im Strohlehmbewurf der Fachwerkausfachungen • Strohwickel bei Lehmfüllungen in Holzbalkendecken	• gute Wärme- und Schallisolation • hohe Dampfdiffusionsfähigkeit	• elekt. neutral • atmungsfähig • wärmedämmend	• Lebensdauer ca. 25 bis 30 Jahre • keine Zinkrinnen und -bleche verwenden	• Fäulnis • Bemoosung • Durchfeuchtung • evtl. Mäusefraß
Reet	• getrocknete grasähnliche Pflanzen von sumpfigem Standort	• Dachdeckungsmaterial vor allem im norddeutschen Bereich	• gute Wärmedämmung • geringer Dampfdiffusionswiderstand		• Lebensdauer ca. 30–60 Jahre • keine Zinkrinnen und -bleche verwenden	

7 Naturmaterialien und ihre Anwendungsbereiche

Material	Zusammensetzung und Entstehung	historischer Anwendungsbereich	bauphysikalische Eigenschaften	baubiologische Bewertung	Besonderheiten	auftretende Schäden
Kalk	• Kalziumverbindung					
kohlensaurer Kalk	• natürlich verbreitet als Kalkstein, Kreide, Marmor, Kalkspat usw.	• Mauersteine • Friese, Plastiken • Bodenbeläge • Wandbeläge				
gebrannter Kalk Untergliederung nach Abbindeprozeß:	• Kalkstein unter der Sintergrenze gebrannt (1 000–1 400 °C) • porös, bröcklig, saugt Wasser an		• stark hygroskopisch (ungelöscht) • hohe Diffusionsfähigkeit	• wirkt desinfizierend (Anstrich in Ställen) • wirkt ausgleichend auf die Raumfeuchte	• starke Ätzwirkung	• Sprengwirkung ungelöschter Kalkbrocken
a) Luftkalk, Stückkalk (ungelöscht), Sumpfkalk, Weißkalk, Dolomitkalk, Weißkalkhydrat, Dolomitkalkhydrat	• aus Kalkstein • erhärtet durch Aufnahme von Luftkohlensäure • Löschvorgang: gebrannter Kalk + Wasser – Kalziumkarbonat	• Mauermörtel • Putzmörtel innen und außen • Schlämmen und Anstriche • Zuschlagstoff bei Deckenfüllungen und Lehmböden (Mäuseabwehr)			• ohne härtende Zuschlagstoffe bzw. Anstriche nicht witterungsfest • wischfest durch Caseinbildner (Molke, Quark)	• ausgewaschene Fugen, vor allem bei Fundamenten und Sockelmauerwerk durch Grundfeuchte und Oberflächenwasser
b) hydraul. erhärtender Kalk, Wasserkalk, hydraulischer Kalk, hochhydraulischer Kalk, Traßkalk	• aus Kalkmergel • erhärtet nach Lagerzeit auch unter Wasser (wasserunlösliches Kalzium-Silikat)	• Bindemittel für römisches Gußmauerwerk (opus cæmentitium)	• diffusionsfähig		• witterungsbeständig • auch für Fundament- und Sockelbereiche geeignet	

Material	Zusammensetzung und Entstehung	historischer Anwendungsbereich	bauphysikalische Eigenschaften	baubiologische Bewertung	Besonderheiten	auftretende Schäden
Gips	• kristallisierendes, wasserhaltiges Kalziumsulfat in Tonen und Mergel oder in Hohlräumen von Salzgebirgen zu finden • Entzug des Kristallwassers durch Brennen, Wiederaufnahme und Erhärten bei Verarbeitung mit Wasser		• kapillar-intensiv • hohe Wasseraufnahme • schnelle Feuchtigkeitsabgabe	• Pufferwirkung zum Ausgleich der Raumfeuchte • bei chemisch hergestelltem Gips Radioaktivität	• nur als Innenputz oder -stuck verwenden • nicht mit Eisen oder Stahl in Verbindung bringen (Korrosionsgefahr) • hohe Feuerschutzwirkung	• Schäden durch starke Dauerfeuchtigkeitsaufnahme auf Wänden mit z. B. aufsteigender Grundfeuchte oder Schlagregendurchfeuchtung (Zerfall)
Stuckgips (schnell bindend)	Brenntemperatur: • 80–300 °C	• Stuckarbeiten an Wänden und Decken				
Putzgips (langsam bindend)	• bis 780 °C	• Innenputz (Decke und Wand)				
Leim Haut- und Knochenleime Stärkeleime Caseinleime		• Anstrichmittel auf Tapeten und Putzen • wetterbeständiger Anstrich (nur auf frischem Kalkputz)		• evtl. Nährboden für Bakterien	• wasserlöslich • Anwendung nur auf trockenem Untergrund in trockenen Räumen • durch Verbindung mit Kalkhydrat wasserbeständig	• nicht wischbeständiger Anstrich bei zu geringem Leimzusatz z. T. Zersetzung durch Feuchtigkeit
Leinöl	• aus Leinsamen (Flachs) durch Pressung		• bremst die Dampfdiffusion	• schadstofffreier, wasserabweisender Schutzanstrich	• erhärtet nur unter Luftzufuhr • filmbildend • Anwendung nur auf trockenem Untergrund • Außenanstrich ohne Sikkativ	• Kleben der Oberfläche • Reißen des Anstrichs • Auswaschen des Anstrichs • Blasenbildung, Verstokken von Holz
Leinöl-Firnis	• Verkochen mit Bleiglätte	• Anstriche auf Holz, Sandstein, keram. Platten, Zinkblech • eingebrannt als Schutzanstrich für Eisenteile				

Grundsätze

Häuser sind Lebensraum, Wohn- und Arbeitsumwelt, in der wir durchschnittlich bis zu 90% unserer Zeit verbringen. Wirtschaftlichkeit, technische und funktionale Optimierung können daher nicht die einzigen Kriterien bei der Planung einer Baumaßnahme sein. Erneuerungsmaßnahmen am Altbau sollten sich nicht nur an der vorhandenen Bausubstanz, sondern auch an den biologischen Grundbedürfnissen der Nutzer orientieren:

- Schutz vor Kälte, Nässe, Wind
- Feuerstelle, Essenszubereitung
- Sicherheit, Rückzugsbereich, Geborgenheit
- Leben in der Gemeinschaft.

Diese haben sich über die Jahrhunderte – im Gegensatz zu den Ansprüchen an Ausstattung und Komfort – kaum geändert. Ihre Erfüllung beeinflußt Lebensqualität, Gesundheit und Wohlbefinden und ist Grundvoraussetzung jeder sinnvollen Sanierungsmaßnahme. Technische Forderungen haben sich an diesen Vorgaben zu orientieren.

In der rapide angestiegenen Bautätigkeit der letzten Jahrzehnte gerieten diese Erkenntnisse in Vergessenheit, wurden oft negiert und als „überholt" abqualifiziert.

Die Devise „neu = gut" hat nicht nur zu unzähligen schadensträchtigen Neubauten, sondern auch zu einer Verstümmelung von Altbauten geführt.

Alte Häuser sind in der Regel mit ihrer natürlichen Umgebung gebaut, nicht gegen sie. Nicht wissenschaftliche Erkenntnisse waren die Ursache dieser Verhaltensweise, sondern jahrhundertealte, überlieferte Erfahrung mit Klima und Material sowie bei dem Großteil der Altbauten die Verwendung lokal vorhandener Materialien; aus Kostengründen, denn Transport war teuer.

„Bauen bedeutet immer steuernd in das kybernetische System eingreifen, das der Mensch mit seiner Umwelt bildet. Dieses System ist komplex, die Gefahr von Fehlsteuerungen entsprechend groß" [Dietrich].

1 Schutz und Geborgenheit im Einklang mit der Natur.

Wissenschaftliche Beweise für die Auswirkungen auf den lebenden Organismus wurden erstmals durch Bielenberg in den 60er Jahren erbracht. Im Wohnungsbau gewinnen diese Erkenntnisse jedoch erst in den letzten Jahren an Boden und stehen seither im Kreuzfeuer heftiger Kritik.

Hauptangriffspunkte sind baubiologische Materialbeurteilung und Meßmethodik (Mutung von Erdstrahlung und Wasseradern durch Wünschelrutengänger). Seit dem Altertum werden jedoch nicht nur diese subjektiven Meßmethoden von Standorten herangezogen, sondern schon früh vertraute man dem tierischen Instinkt, der manche Ruheplätze bevorzugte und andere konstant mied, oder der medizinischen Kontrolle von Versuchstieren (Leberuntersuchung von Weidevieh vor Siedlungsgründung oder Hausbau bei den Römern).

Die Beurteilung der Verträglichkeitsgrenze bei Schadstoffemissionen oder Strahlenbelastungen durch Bau-

materialien ist ein komplexes medizinisches Problem, dessen Erforschung sicher noch in den Anfängen steckt, zumal die Toleranzschwelle eventuell auch noch individuell variiert. Baubiologische Forderungen sind hier Teil einer umfassenden Gesundheitsvorsorge. Dabei sollten nicht nur der Krankheitszustand, sondern schon mögliche, geringfügige Störungen des menschlichen Wohlbefindens Beurteilungsgrundlage sein.
Wir sehen in der Baubiologie einen integralen Grundauftrag des Bauens.
Hier liegt eine Herausforderung für jeden Einzelnen, eine Chance zu einem Umdenkungs- und Wandlungsprozeß. In diesem Prozeß können wir von den vorhandenen Altbauten lernen.
Sensibler Umgang mit dem vorhandenen Material- und Formengefüge sollte sich lebendig ergänzen mit neuen Erkenntnissen aus Wissenschaft, technischer und wirtschaftlicher Entwicklung.
Hierzu ein Zitat von Kükelhaus: „Wir sind herausgefordert, jene Regeln, Bedingungen und Normen neu zu entdecken, deren Erfüllung, Wahrung und Wahrnehmung die aufgelöste Einheit von Mensch und Natur wieder herstellt."

Begriffsbestimmung

Baubiologie wird definiert als die Lehre von den ganzheitlichen Beziehungen zwischen Wohnumwelt und Lebewesen.
Diese Definition begreift Baubiologie als Teilgebiet einer umfassenden Ökologie (Ökologie = Wissenschaft von den Wechselbeziehungen der Organismen mit ihrer belebten und unbelebten Umwelt).
Baubiologische Betrachtungsweise geht davon aus, Erkenntnisse aus dem bautechnischen, biologischen und geisteswissenschaftlichen Bereich zusammenzufassen. Die „etablierten" Wertmaßstäbe: technischer Fortschritt und Perfektion sowie maximaler Komfort treten zurück gegenüber den biologischen Gesetzmäßigkeiten des menschlichen und tierischen Organismus. Die gesundheitliche Wirkung gebauter Umwelt wird zum Qualitätsmaßstab.
Hier wird der elementare gesamtverantwortliche Aspekt des Planers angesprochen, eine Aufgabe, die über das Bauschaffen der letzten Jahrzehnte weit hinausgeht, bei dem nicht mehr gesundheitliche und ethische Forderungen an die Wohn- und Arbeitsumwelt, sondern die bautechnisch „mängelfreie" Übergabe zur Zielsetzung geworden war.
Ein Umdenkungsprozeß wird spürbar, stärker noch beim Nutzer als beim Planer, der alarmiert von Pressemeldungen über weitreichende gesundheitliche Schäden bei der Verwendung bestimmter Baustoffe mit neuen Fragen und Anforderungen an den Planer herantritt.
Baubiologische Betrachtungsweise fördert eine radikale Umorientierung des Planers. Er dringt dabei in Bereiche vor, die weder seiner Ausbildung noch seinem bisherigen Fachverständnis nach mit dem heute praktizierten und gelehrten Bauwesen zu tun haben.
Dies war jedoch nicht immer so. Der römische Baumeister Vitruv charakterisiert in seinen „10 Büchern über Architektur", 25 v. Ch., die Anforderungen an einen idealen Baumeister so: „So muß er sowohl talentvoll sein als gelehrig für die Wissenschaft, denn weder Talent ohne Wissenschaft, noch Wissenschaft ohne Talent kann einen vollendeten Künstler schaffen; auch soll er stilistisch gebildet sein, kundig des Zeichnens, geschult in der Geometrie, in der Optik nicht unwissend und in der Arithmetik unterrichtet, er soll mehrfache geschichtliche Kenntnisse besitzen, die Philosophen fleißig gehört haben, sich auf Tonkunst verstehen, der Heilkunde nicht unkundig sein, mit den Entscheidungen der Rechtsgelehrten vertraut sein, die Sternkunde und die Gesetze des Himmels kennengelernt haben."
Historische Bauten sind zum Teil noch aus dem Geist heraus erstellt. Beim Umgang mit ihnen gilt es, wachsendes Verantwortungsbewußtsein zu entwickeln, das nicht nur die gestalterischen, konstruktiven und bauphysikalischen, sondern auch die gesundheitlichen, körperlich-psychischen Wirkungen baulicher Maßnahmen einschließt.
Baubiologie im Altbau bedeutet daher in erster Linie: Die uns überlieferte Qualität der Substanz erkennen, bewahren und weiterentwickeln und sie nicht durch Leichtfertigkeit oder Unkenntnis zerstören.

Standortfragen

Für die Wahl des Standortes herausragender historischer Einzelbauten wie Kultstätten oder Kirchen sowie bäuerlicher Anwesen in der freien Landschaft, aber auch der Siedlungskerne späterer Wohnstädte spielten wahrscheinlich nicht nur Geländeformation und vorhandene Verkehrswege eine Rolle, sondern auch sogenannte geobiologische Standortfaktoren wie

- Erdgitterzonen
- geologische Verwerfungen
- unterirdische Wasseradern.

In ihren Wirkungsbereichen ist das natürliche elektromagnetische Feld der Biosphäre, das gebildet wird aus kosmischer Einstrahlung und Erdausstrahlung thermischer Neutronen im Rahmen radioaktiver Zerfallsprozesse der Erdkruste, verändert in Intensität und Frequenz [Lit. König, Endrös u. a.].

Die bauphysikalische und gesundheitliche Bedeutung für den menschlichen und tierischen Organismus wird durch neuere Forschungen in wachsendem Maße bestätigt. Dabei sind geringere Feldstärken offensichtlich biologisch erheblich wirksamer als hohe Feldstärken, da sie vermutlich in die Zellsteuerungsprozesse eingreifen.

„Es ist daher anzunehmen, daß radiästhetisch festgestellte Reizzonen negative Wirkungen auf lebende Organismen ausüben können und auf diese Weise der Standort des Schlafplatzes oder des Arbeitsplatzes einen maßgebenden Einfluß auf das Krankheitsgeschehen im menschlichen Körper hat." [Ottel]

Aus diesen Gründen erscheint es geboten, bei Modernisierungs- und Umbaumaßnahmen vor allem im Wohnbereich die Grundrißneuplanung auf die geobiologische Standortsituation abzustimmen und sogenannte geopathische Zonen im Schlafbereich zu meiden.

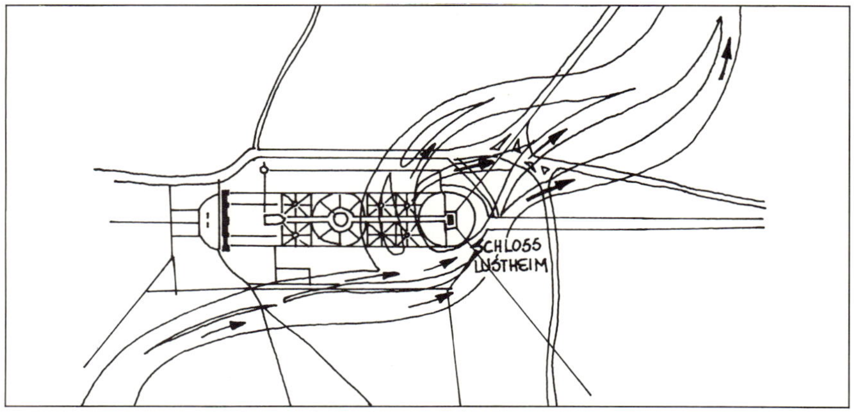

2 Historisches Lustschloß Lustheim in Oberschleißheim, umflossen von unterirdischen Wasseradern, Abbildung nach Endrös.

3 Schräg- und Drehwuchs bei Obstbäumen über unterirdischen Wasseradern.

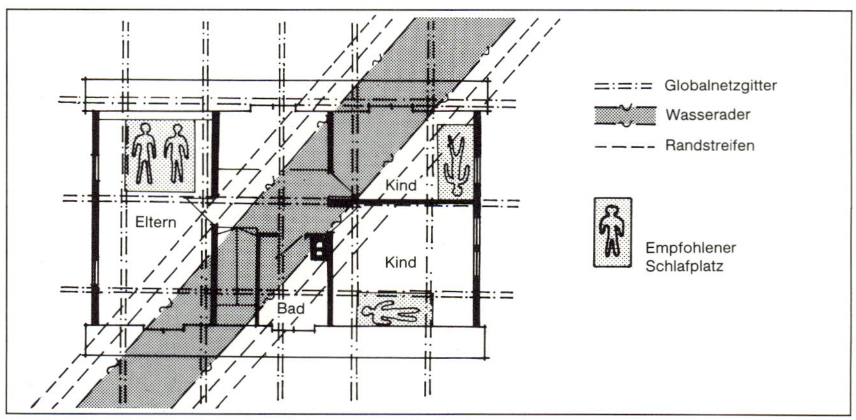

4 Neuorientierung eines Grundrisses unter Freihaltung der geplanten Schlafstätten von Wasseradern und Globalnetzgitterstreifen.

Material und Bauweise

Altbauten unterscheiden sich in Material und Konstruktion in der Regel von heutigen Neubauten. Ihre Herstellung wurde geprägt durch Baustoffe und Techniken, die aus dem derzeitigen Bauen zum Teil verschwunden sind. Es wurden hauptsächlich lokal verfügbare Materialien vegetativen und mineralischen Ursprungs verwandt, wie z.B. Naturstein, Lehm, Ziegel, Kalk, Holz, Stroh und Reet.
Die positiven Eigenschaften dieser Baustoffe, z.B. weitgehende Schadstoffreiheit, Hygroskopizität, keine elektrostatische Aufladung der Oberfläche, Diffusionsfähigkeit, geringe Radioaktivität usw. sowie ihre handwerkliche Bearbeitung, tragen zu einer in der Regel hohen baubiologischen Qualität bei Altbauten bei.
Beim Bauschaffen der letzten Jahrzehnte stand die Entwicklung neuer Baustoffe, Konstruktionsprinzipien und Fertigungsmethoden im Vordergrund. Statt handwerklicher Qualität waren rationelle Fertigung, preisgünstige und „pflegeleichte" Stoffe gefragt. Bewertung und Prüfung im Rahmen bauaufsichtrechtlicher Zulassungsverfahren beziehen sich noch immer auf die bautechnischen und physikalischen Kriterien. Tests zu gesundheitlichen Auswirkungen finden in der Regel nur bei aufgetretenen Schädigungen statt und haben keinerlei vorbeugenden Charakter.
Als Kriterien für eine Beurteilung der baubiologischen Qualität eines Baustoffs gelten:

- Erstellung mit geringem Energiebedarf aus möglichst naturbelassenen Ausgangsmaterialien
- möglichst geringe Umweltbelastungen bei Herstellung und Verarbeitung
- frei von radioaktiver Eigenstrahlung
- Dämmwirkung und geringe Oberflächenwärmeleitfähigkeit
- Diffusionsfähigkeit (Gasaustausch)
- Hygroskopizität
- Feuchtegehalt und Trocknungsdauer
- Absorption, Desorption, Regenerationsfähigkeit
- Ausscheidung toxischer Dämpfe und Gase
- Einfluß auf den Hautwiderstand
- Durchlässigkeit für terrestrische und kosmische Mikrowellenstrahlung
- akustische Eigenschaften.

5 Lokal vorhandene natürliche Materialien als Baustoff.

6 Versuch einer Fassadengestaltung mit modernen Industrieprodukten.

Eine komplexe Beurteilung von Baustoffen wird erst dann allgemein möglich werden, wenn baubiologische Materialdaten in gleichem Maße in die Produktbeschreibungen Eingang finden wie technische und bauphysikalische Werte.
Nachfolgende Grundsätze zur Materialauswahl und -behandlung sollten bei Sanierungsmaßnahmen aus baubiologischer Sicht Beachtung finden.

1. Trockenheit

Wichtigste Voraussetzung für gesunde wohnliche Räume ist die Trockenheit der umfassenden Bauteile.

2. Wandbaustoffe

Von den „historischen" Wandbaustoffen sind Lehm, Strohlehm und Holz in ihrer biologischen Wirksamkeit als besonders günstig zu betrachten. Für die bauphysikalische Beurteilung z.B. von Strohlehm (Wärmedämmung, Schalldämmung) liegen noch keine ausreichend gesicherten Zahlen vor. Vermutlich liegen die Werte (bei trokkener Wand) günstiger als bisher angenommen. In diesem Zusammenhang soll darauf hingewiesen werden, daß z.B. die Ergänzung beschädigter Lehmgefache, die rechtzeitige Putzausbesserung auf Lehmsteinen usw. Maßnahmen sind, die auch heute noch handwerklich durchführbar wären und mit geringem Aufwand einen Aufbau von hoher baubiologischer Qualität erhalten. Gleiches gilt für Lehmdecken. Durch baubiologisch unbedenkliche Zusatzmaßnahmen kann eine befriedigende Wärme- und Schalldämmung erzielt werden.
Lehmwände müssen vor Durchfeuchtung geschützt werden. Eventuell erforderliche Zusatzdämmung sollte mit stark diffusionsfähigen Stoffen als Außendämmung erfolgen.
Putz und Anstrich müssen die Atmungsfähigkeit der Wand gewährleisten und genügend Elastizität aufweisen (s. Kap. B2.3 „Fassade").

Holzwände (aus langfasrigem Weichholz, z.B. beim Bohlenbau im Schwarzwald und in der Alpenregion, sowie auch Hartholz – Eiche – bei Fachwerkkonstruktionen im mittleren und nördlichen Deutschland) haben relativ hohe Oberflächentemperaturen, sind hygroskopisch und regulieren damit die Raumfeuchte. Sie sind diffusionsfähig und absorbieren in gewissem Grad unangenehme Gerüche. Holz leitet den elektrischen Strom nicht und ist bei entsprechender Oberflächenbehandlung antistatisch. Holz ist brennbar, jedoch weisen tragende Holzbauteile mit entsprechendem Querschnitt eine hohe Feuerwiderstandsdauer auf.
Ziegel werden aus Ton oder tonigen Lehmen durch Brennen hergestellt. Sie besitzen eine feinporige Struktur mit kapillarer Wirksamkeit. Dies bewirkt einen geringen Dauerfeuchtigkeitsgehalt und eine schnelle Austrocknung des Materials. Die hohe Wärmespeicherfähigkeit des Ziegels wirkt ausgleichend auf die Raumtemperaturverhältnisse.
Die Radioaktivität von Ziegeln ist abhängig von der Zusammensetzung des Tones und ist im allgemeinen gering.
Historische Ziegelaußenwände bestehen meistens aus eventuell noch handgestrichenen Vollziegeln mit einer Wandstärke von 37,5 bis 50 cm. Bauliche Zusatzmaßnahmen sind bei ihnen in der Regel nicht zu empfehlen (s. Kap. B 3.1 „Wärmeschutz").
Auf die Verwendung diffusionsfähiger mineralischer Putze und Anstrichmittel ist ggf. zu achten.
Natursteinwände besitzen eine hohe Wärmeleitfähigkeit. Je nach Material wirken sie als Dampfbremse oder gar Dampfsperre. Sie trocknen langsam und schlecht aus. Bei Granit, Quarziten, Gneis und anderen muß mit einer hohen radioaktiven Eigenstrahlung gerechnet werden.
Außenwände aus Naturstein sollten an ihrer Innenseite einen wärme- und feuchtigkeitsausgleichenden Aufbau erhalten.
Kalk ist klassisches Bindemittel, Putz- und Anstrichmaterial. Durch seine alkalischen Eigenschaften wirkt er keimtötend. Dies kann bei Wandanstrichen und als Beigabe in Lehmestrich oder Schüttungsmaterial zur Mäuseabwehr genutzt werden.

3. Dachdeckung
Die Dachdeckung weist lokaltypische Unterschiede in Material und Deckungsart auf.
Die baubiologisch günstigste Deckung ist die Stroh- oder Reetdeckung. Wärmedämmung, Dampfdiffusion, Schadstoffreiheit usw. zählen zu ihren positiven Eigenschaften.
Holzschindeln und Dachziegel weisen die unter Holz bzw. Ziegel genannten Materialvorzüge auf. Eine Wiedereindeckung mit neuen Holzschindeln bzw. ein Umdecken alter Ziegeldächer unter Verwendung der alten, noch intakten Ziegel ist dringend anzustreben. (S. auch Kap. A3 „Historische Baumaterialien".)
Betondachstein und Asbestzementplatten werden derzeit baubiologisch ungünstiger bewertet, vor allem über ausgebauten Dachgeschossen ist durch geeignete Detailausbildung die Gefahr von Schwitzwasserbildung zu vermeiden.
Schiefer als Deckungsmaterial gilt als baubiologisch unbedenklich und ist der Verwendung von Asbestzementplatten vorzuziehen.

4. Oberflächenbehandlung
Bei Anstrichen zur Oberflächenbehandlung ist darauf zu achten, daß die Dampfdiffusionsfähigkeit der Bauteile nicht gestört wird, elektrostatische Aufladungen und die Ausdünstung toxischer Dämpfe und Gase vermieden werden. Aus den genannten Gründen kann für Holzoberflächen z.B. die Behandlung mit pigmentiertem Leinölfirnis oder Bienenwachsprodukten (im Innenraum) empfohlen werden, für Putzflächen, z.B. Kalkfarbenanstriche oder rein mineralische Anstrichsysteme (alkalisch, keimtötend).

5. Wärmedämmung
Bei einer angestrebten Verbesserung der Wärmedämmung sollten sich Architekt und Bauherr soweit wie möglich über Dämmstoffe informieren: über ihre gesundheitliche Unbedenklichkeit, hohe Dampfdiffusionsfähigkeit, elektrisch neutrales Verhalten, keine radioaktive Eigenstrahlung. Je nach Anwendungsbereich könnte aus baubiologischer Sicht z.B. Kork als Platten oder Schrot (Bindemittel beachten), Kokosfasermatten und -filze, Weichfaserplatten (bindemittelfrei), Holzwolle-Leichtbauplatten (magnesitgebunden, nicht zementgebunden) und Kalziumsilikat-Dämmplatten empfohlen werden.
Es sind nichtmetallische Putzträger (z.B. Jutegewebe) zu bevorzugen.
Dampfsperrende Kaschierungen aus Metallfolien sind abzulehnen, da sie das Elektroklima des Raumes beeinflussen und den Gasaustausch unterbinden.
Zusammenfassend gilt es, bei der Erneuerung von Altbauten die positiven Eigenschaften des vorgefundenen Materials zu nutzen (z.B. Schadstofffreiheit, Diffusionsfähigkeit, elektrisch neutrales Verhalten), sie nicht leichtfertig durch falsche Behandlung zunichte zu machen (z.B. Oberflächenversiegelung, giftige und sperrende Anstriche, falsche Anordnung von Dämmschichten), sondern sie materialgerecht zu ergänzen, um heutigen Anforderungen z.B. an die Wärmedämmung möglichst gerecht zu werden.
Stets muß ein sorgfältiges Abwägen zwischen den zu erwartenden, vermeintlichen Verbesserungen und den daraus resultierenden Beeinträchtigungen erfolgen.

Heizung und Raumklima

Bei „Heizung“ denken wir zu allererst einmal an ihre Funktion als Wärmespender. Die biologische Bedeutung für den Organismus bleibt weitgehend unberücksichtigt. Dabei ist in unseren Breitengraden das Raumklima mindestens etwa die Hälfte des Jahres durch die Heizung geprägt.

Zu einer Vertiefung dieses Themas wird auf die im Anhang genannte Literatur verwiesen. Hier kann das Thema nur in den wesentlichen Punkten angerissen werden:

- Bei einer komplexen baubiologischen Betrachtung der Heizung muß davon ausgegangen werden, daß unsere gesamten Lebensfunktionen als Reizbeantwortung angelegt sind. Eine zu starke Minimierung der Reize (Schonklima) führt zu einer reduzierten Abwehrlage des Organismus. Aus diesem Grunde erscheint es notwendig, das allgemein angestrebte Ideal des Behaglichkeitsklimas in allen Räumen zu überprüfen und durch ein eingeschränktes Reizklima mit nach Raumfunktionen stark differenzierten Raumtemperaturen zu ersetzen.
- Die für den Organismus am besten zu verwertende Wärme ist die Strahlungswärme, da sie tiefer in die Haut eindringt als Konvektionswärme. Bei einem hohen Strahlungsanteil der Heizwärme kann die Raumlufttemperatur – bei gleichem Behaglichkeitsempfinden – geringer sein als bei einer Konvektionsheizung. Dies ermöglicht auch eine wesentliche Heizkostenersparnis.
- Die Raumluftfeuchte sollte über 40% betragen. Zu geringe Luftfeuchte kann zu Krankheitserscheinungen, vor allem der Atemwege führen, Staubgehalt und elektrostatische Aufladungen nehmen bei sinkender Luftfeuchte ebenfalls rapide zu.
- Die Auswirkung auf die Luftionisation der Raumluft als Stimulanz für Stoffwechsel, Kreislauf, Nerven- und Drüsensystem, Atmung, Gasaustausch und Immunreaktion des Organismus stellt einen weiteren möglichen Beurteilungsfaktor für die „biologische Qualität“ eines Heizsystems dar.
- Aus energietechnischer Hinsicht sollte die geplante Heizungsanlage mit möglichst hohem Wirkungsgrad arbeiten. Werte bis über 90% sind möglich.

<u>Für die Altbauerneuerung folgt aus dem oben Genannten:</u>

1. Vorhandene Kachelofenheizungen überprüfen, eventuell sanieren bzw. erneuern.
2. Die Einbaumöglichkeit von Kachelofenzentralheizungen bei kompakten Grundrissen und Einfamilienhäusern prüfen.
3. Beim Einbau von Zentralheizungen sparsamste Rohrführung anstreben, Ringleitungen vermeiden, keine Verlegung von Heizleitungen unter Schlafplätzen (dies ist besonders beim Einbau von Fußbodenheizungen zu beachten!).
4. Elektrostatische Aufladungen vermeiden durch Verwendung antistatischer Oberflächenmaterialien sowie durch Herstellung einer ausreichenden relativen Luftfeuchte und geringer Luftzirkulation.

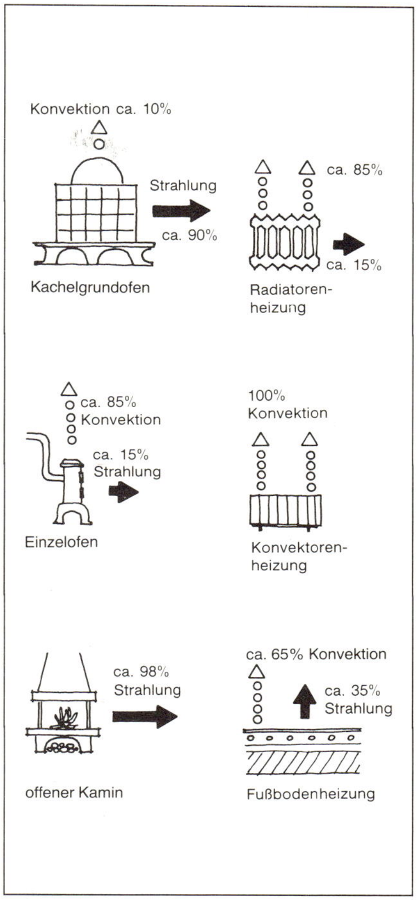

8 Anteil der Strahlung und Konvektion bei verschiedenen Heizsystemen.

7 Kachelgrundofen als Heizung mit hohem Strahlungsanteil.

9 Moderner Kaminofen mit hohem Strahlungsanteil der Heizenergie.

Elektroinstallation

Die Erde befindet sich in einem andauernden energetischen Wechselspiel. Dabei wirken natürliche und technische (vom Menschen erzeugte) elektrische, magnetische und elektromagnetische Feldkräfte, Mikrowellenstrahlung und Luftionisation auf Organismen und beeinflussen die Steuerungsvorgänge organischer Systeme. (Zahlreiche Forschungsergebnisse aus dem biologischen und medizinischen Bereich.) [König, Lit. A4–17]
So wurden z. B. in den folgenden Bereichen Auswirkungen untersucht und bestätigt:

- □ Veränderung der Wachstumsprozesse
- □ Veränderung der Puls- und Atemfrequenz
- □ Veränderung von Sauerstoffaufnahme und -verbrauch
- □ Beeinflussung von Zellatmung und oxidativen Stoffwechselvorgängen
- □ Beeinflussung der Immunreaktion des Organismus
- □ Psychische Veränderungen durch Einwirkungen eines Zehn-Hertz-Impulsfeldes.

Will man diese Dinge nicht unbeachtet lassen, empfiehlt es sich:

- die Wirksamkeit natürlicher elektrophysikalischer Parameter in Gebäuden möglichst wenig zu reduzieren
- die Ausbreitung künstlich erzeugter elektromagnetischer und anderer Felder möglichst gering halten, um von ihnen ausgehende Störungen der Lebensprozesse zu vermeiden. (Besondere Bedeutung ist hierbei der Wirksamkeit des 50-Hz-Wechselfeldes der Stromversorgung beizumessen.)

In Altbauten wurden zum Zeitpunkt ihrer Erbauung bzw. Elektrifizierung nur relativ wenige Leitungen verlegt. Dabei trifft man häufig auf mangelhaft isolierte oder nicht ausreichend geerdete Kabel, Schalter und Brennstellen. Eine solche Installation ist nicht nur in baubiologischer Hinsicht, sondern auch sicherheitstechnisch als bedenklich zu betrachten.
Bei ihrer Erneuerung sollten im Sinne der Prophylaxe die folgenden baubiologischen Forderungen beachtet werden:
1. Leitungsführungen sollten mit abgeschirmten Kabeln oder in geerdeten ferromagnetischen Panzerrohren erfolgen.
2. Netzfreischalter können dafür sorgen, daß die einzelnen Stromkreise nur bei Bedarf unter Spannung stehen (Dauerbetriebsspannung auf den Kabeln 6 V).
3. In Bereichen dauernden Aufenthalts sollte die Verkabelung nicht als Ringleitung ausgeführt werden, sondern sternförmig mit separater Raumversorgung.
4. Die Verwendung von Staberdern ist der von Banderdern vorzuziehen. (Vagabundierende Kriechströme)
5. Vorhandene Dachständeranschlüsse sind durch Erdverkabelung zu ersetzen, um die großflächige Ausbreitung elektromagnetischer Felder zu vermeiden.

10 Erdverkabelung ist der Stromversorgung über Dachständer vorzuziehen.

11 Abgeschirmte (verbleite) Schalterdosen mit abgeschirmten Kabeln.

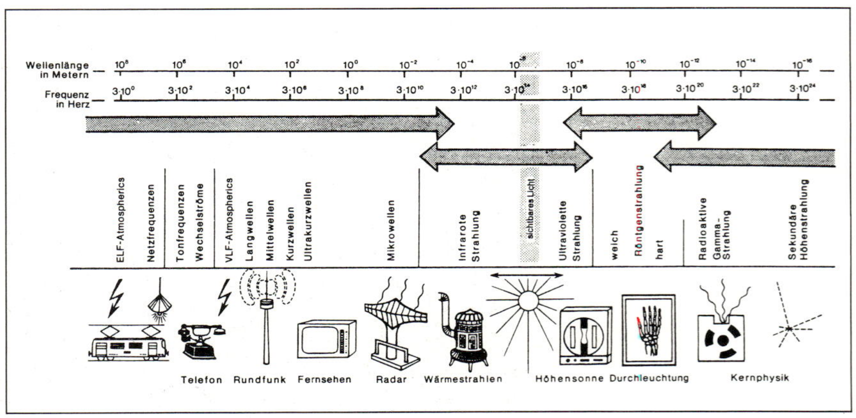

12 Erscheinungsformen und Anwendung elektromagnetischer Energien (aus König „Unsichtbare Umwelt“).

Baubiologische Forderungen

Die folgenden Punkte sollten aus baubiologischer Sicht im Rahmen einer Altbauerneuerung berücksichtigt werden.

Standort und Grundriß
- Untersuchungen der Räume als Grundlage der Grundriß-Planung aus baubiologischer Sicht
- geopathische Reizzonen wie unterirdische Wasseradern, Verwerfungen und Globalnetzgitterzonen im Schlafbereich meiden
- besonnungsorientierte Raumnutzung anstreben.

Bauweise
- Für gute Austrocknung aller Bauteile sorgen und Neudurchfeuchtung vermeiden
- Eigenschaft der raumumschließenden Bauteile, wie Luft- und Gasaustausch (Schadstoffemission) erhalten oder herstellen
- wärmedämmende Konstruktionen mit geringer Oberflächenwärmeleitfähigkeit ohne Verlust der Diffusionsfähigkeit anstreben
- Abschirmeffekte gegenüber natürlicher terrestrischer Strahlung möglichst vermeiden
- charakteristische Konstruktionen, Dachneigungen und Materialien erhalten bzw. ergänzen.

Material
- Vorhandene, naturbelassene Materialien erhalten bzw. materialgerecht ergänzen
- Baustoffe verwenden, die ohne schädliche Ausdünstung, diffusionsfähig, elektrisch neutral, hygroskopisch und ohne bedenkliche Radioaktivität sind
- Dampfbremsen oder -sperren vermeiden
- Neuverputz und -anstrich sorgfältig auf vorhandenen Untergrund abstimmen, diffusionsfähige, geruchsneutrale Produkte ohne schädliche Ausdünstung verwenden, die keine elektrostatische Aufladung der Oberflächen bewirken
- Materialien anwenden, deren Herstellung, Transport und Verarbeitung möglichst geringen Energieaufwand und geringe Umweltbelastungen erfordern.

Haustechnik
- Die Ausbreitung technisch erzeugter Wechselfelder und Magnetfelder gering halten, um von ihnen ausgehende mögliche Irritationen des Organismus zu vermeiden (Erdverkabelung, zentrale Anordnung, Abschirmungsmaßnahmen)
- bei der Überprüfung des Heizsystems Heizungen mit hohem Strahlungsanteil und günstigem Einfluß auf die Luftionisation erhalten bzw. bei Neuanlage bevorzugen
- gesundes Raumklima mit relativer Luftfeuchte von 40–65 %, geringer Oberflächenwärmeleitfähigkeit und mittlerer Lufttemperatur anstreben.

13 Nach baubiologischen Gesichtspunkten instandgesetzte Fachwerkhäuser.

A 5 ENERGIEEINSPARUNG
1 Allgemeines

Grundsätze

Mehr als die Hälfte des Jahres sind wir in unseren Breiten darauf angewiesen, Gebäuden Energie zuzuführen, um witterungsbedingte Wärmeverluste auszugleichen. Rapide steigende Kosten für die nicht erneuerbaren Primärenergieträger Öl, Gas und Kohle haben den Kostenfaktor Heizung stark an Bedeutung gewinnen lassen. Auf diese Entwicklung wurde seitens des Staates mit verschärften gesetzlichen Bestimmungen reagiert (Wärmeschutzverordnung, Neufassung DIN 4108, Energieeinsparungsgesetz). Die Vorschriften gelten jedoch i. allg. nur für Neubauten als verbindlich. Ihre Werte können für Altbaumaßnahmen nur orientierenden Charakter besitzen.
Bei einer energietechnischen Bewertung von Raumheizung und Warmwasserversorgung treffen wir auf zwei unterschiedliche Standpunkte:
- die eingeschränkte Betrachtungsweise der Wirtschaftlichkeit aus der Sicht des Verbrauchers (Relation zwischen aufgewendeten Kosten und dem nutzbaren Wärmegewinn)
- diese Betrachtungsweise geht von der Gesamtwirtschaftlichkeit einer Maßnahme aus. Sie bezieht die volkswirtschaftlichen und umweltrelevanten Kosten, die bis zur Nutzung der eingesetzten Primärenergie entstehen, mit ein. Dieser gesamtverantwortliche Aspekt muß zum Entscheidungskriterium werden, soll einer Energieverschwendung erheblichen Ausmaßes Einhalt geboten werden.

Etwa 93 % der im Haushalt eingesetzten Energie wird in der Bundesrepublik zu Heizzwecken und zur Warmwasserbereitung verwendet. Von den als Primärenergie eingesetzten Energieträgern kommt jedoch nur ca. 62 % bei den Verbrauchern an. Fast 30 % gehen schon vorher bei den sogenannten Veredlungsprozessen verloren. Noch erheblich höher ist der Verlust bei der Herstellung von elektrischem Strom: ca. 70 % werden ungenutzt an die Umwelt abgegeben und führen zusätzlich zu hohen Belastungen. [Natur 2/82, Lit. B 3.1–9]
Diese Tatsachen sollten wir vor Augen haben, wenn Energiesparmaßnahmen, die Nutzungsmöglichkeiten neuer Energieträger oder neuer Techniken auf dem häuslichen Energiesektor zur Beurteilung anstehen.
Untersuchungen haben gezeigt, daß der Energieverbrauch in Altbauten nach einer durchgeführten Sanierung, abgesehen vom Mehrbedarf durch Anpassung an die moderne Technik, deutlich ansteigt. [Wilke, Lit. B 3.1–6]
Dies berechtigt die eindringliche Forderung nach wirtschaftlichem Einsatz energiesparender Baumaßnahmen und Techniken gerade bei der Altbauerneuerung sowie nach einer gründlichen Überprüfung des anzustrebenden Ausstattungsstandards. Bei der Wärmegewinnung sollte die sparsame und wirtschaftliche Nutzung nicht erneuerbarer und im allgemeinen importabhängiger Energieträger wie Öl, Gas, Kohle verbunden werden mit einer Ausschöpfung erneuerbarer Energiequellen (Sonne, Erdwärme, Biomasse, Wind- und Wasserkraft) und einer passiven Ausnutzung der Sonnenenergie.
Bauherren sind im allgemeinen durch vielseitige Angebote technischer Lösungen und widersprüchlicher Aussagen zu diesem Themenbereich stark verunsichert. Der Planer hat die Aufgabe eines verantwortlichen und sachkundigen Beraters. Gegebenenfalls kann er entsprechende Fachleute zur technischen Beratung hinzuziehen.
Im nachfolgenden sollen Anregungen und Entscheidungshilfen gegeben werden. Jede Maßnahme ist von Fall zu Fall am Gebäude gründlich zu überprüfen und die Entscheidung den örtlichen Erfordernissen anzupassen.

Ursachen erhöhten Energiebedarfs

Der größte Teil der heute vorhandenen Bauten sind zu einer Zeit errichtet, in der der Preis des Brennstoffs eine untergeordnete Rolle spielte. Außerdem haben sich Raumnutzung und Anforderungen an die Raumtemperatur verändert. Als Hauptursachen für einen hohen Energieverbrauch im Altbau sind anzutreffen:

1. Durchfeuchtung der Bauteile (Wände und Decken) z. B. durch
- aufsteigende Grundfeuchte
- Schlagregendurchfeuchtung der Außenwände

1 Sporbildung an den Raumecken durch zu geringen Dämmwert der Außenwände.

- schadhafte Dachentwässerung erhöht erheblich die Wärmeleitfähigkeit der Bauteile und damit die sogenannte Wärmedurchgangszahl *k*.

2. Mangelhafte Wärmedämmung der Umfassungswände, Fußböden, Decken und des Dachs führt zu Temperaturdifferenzen zwischen Wandoberfläche und Raumluft ($\Delta t \geq 5$ °C), Kondenswasserbildung, Spor- und Schimmelbefall, vor allem an den Raumecken, sind die Folge.

3. Stark undichte Fenster und Außentüren können zu Zugerscheinungen führen und haben erhöhte Luftwechselraten zur Folge.

4. Einfachverglasungen, vor allem bei großen Fensterflächen, haben einen zu hohen Wärmedurchgang.

5. Veraltete Heizsysteme arbeiten in der Regel mit einem unzureichenden Wirkungsgrad und verschwenden auf diese Weise kostbare Primärenergie.

2 Undichte Fenster und großflächige Einfachverglasungen führen zu Wärmeverlusten.

6. Raumabfolgen mit hohem Temperaturgefälle (Sanitärräume neben unbeheizten Treppenhäusern: früher unbeheizte Toilette, heute Bad mit Raumtemperatur von 22 bis 24 °C) führen zu unnötigen Wärmeverlusten.

Wärmeverluste an Gebäuden

Für die Wirksamkeit von Maßnahmen zur Reduzierung des Energiebedarfs ist es erforderlich, den Ansatzpunkt richtig kalkulieren zu können. Nach Dittert [Lit. B 3.1–1] treten die Wärmeverluste an Gebäuden im Durchschnitt wie folgt auf:

1- bis 2geschossige Gebäude
33 % Fenster (20 % Transmission, 13 % Lüftung)
25 % Außenwände
22 % Dach
20 % Kellerdecke bzw. Fußboden Erdgeschoß
100 %

3- bis 4geschossige Gebäude
36 % Außenwände
36 % Fenster
18 % Dach
10 % Kellerdecke
100 %

Hieraus läßt sich grob sinnvolle Reihenfolge und mögliche Wirksamkeit von Energiesparmaßnahmen ablesen. In jedem Fall ist jedoch eine genaue Überprüfung des Objektes vor Ort erforderlich.
Hilfsmittel kann dabei z. B. die Thermographie sein. Mit Hilfe von Infrarotkameras wird dabei unter bestimmten

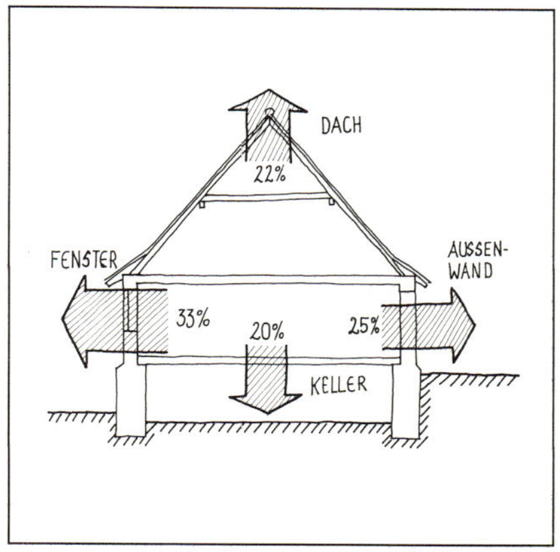

3 Wärmeverluste bei ein- bis zweigeschossigen Gebäuden (nach Dittert).

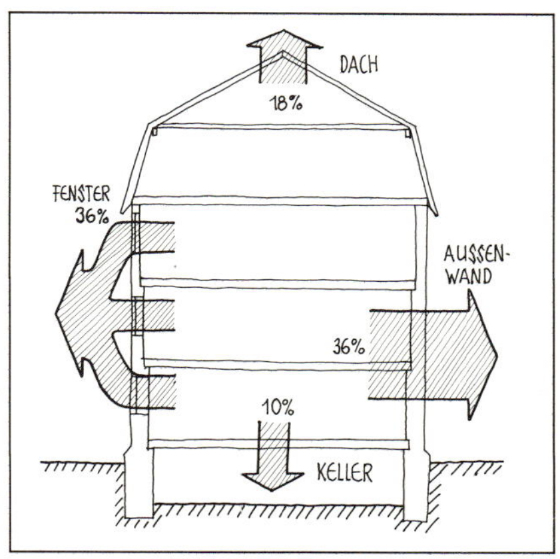

4 Wärmeverluste bei drei- bis viergeschossigen Gebäuden (nach Dittert).

Witterungs- und Aufnahmebedingungen die unterschiedliche Wärmeabgabe der einzelnen Bauteile optisch sichtbar gemacht. Ihr Einsatz ist jedoch relativ kostspielig und sollte von Fall zu Fall überprüft werden, da ihre Aussagekraft hauptsächlich für verborgene „Wärmelecks" gilt. Im allgemeinen ist eine gezielte Prüfung durch den Planer die sinnvollste Lösung.
Bisher bekannte Computerdiagnosen scheinen beim Altbau ungeeignet, da sie nicht auf die spezielle Situation des Objektes eingehen.

5 Thermographie-Aufnahme eines Landhauses (TÜV Rheinland Inst. f. Energietechnik).

Klima, Topografie, Grundrißgestaltung

Der Wärmeverlust eines Gebäudes ist abhängig von äußeren – klimatischen und topografischen – Gegebenheiten (Geländeformation, Orientierung, Nachbargebäude, Windschutz), den baulichen Faktoren und der technischen Ausstattung sowie vom Verbrauchsverhalten seiner Benutzer.
Das herrschende Mikroklima in der näheren Umgebung des Hauses – hier vor allem der Windanfall – kann durch bauliche Maßnahmen (ergänzende Bauten, Mauern, Zäune) und durch Pflanzungen beeinflußt werden.
Auch eine besonnungsorientierte Grundrißgestaltung beeinflußt den Energiebedarf des Gebäudes. Die passive Nutzung der Sonnenenergie im Winter und in den Übergangszeiten führt zu Wärmegewinnen über direkte Einstrahlung im Fensterbereich und die Erwärmung der Fassaden- und Dachflächen, vor allem an den Südseiten.
So weisen nach Süden orientierte Fenster im Laufe des Jahres eine positive Energiebilanz auf (Energiegewinn ≧ Wärmeabgabe). [Franke, Lit. B 3.1–3]

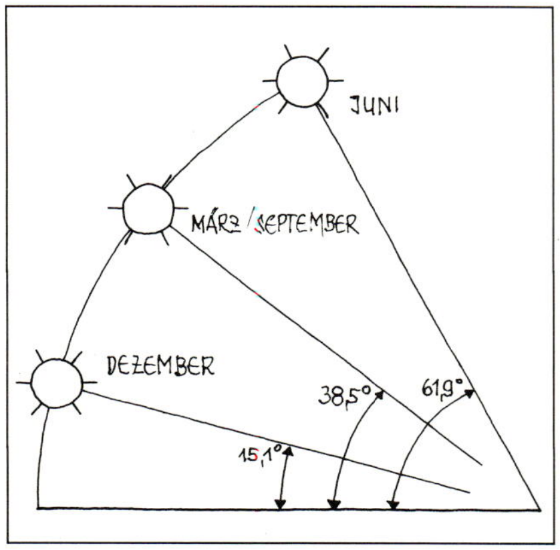

6 Sonnenstand je nach Jahreszeit (51,5° nördlicher Breite Dortmund).

Bausubstanz, Haustechnik

Die Ausbildung der Außenwände, ihre Trockenheit, Fugendichtigkeit, Wärmedämmwert und Wärmespeichervermögen wirken auf sommerliches Raumklima und winterlichen Heizenergiebedarf. Dabei ist zu unterscheiden zwischen Massivwänden mit hoher Speicherfähigkeit und relativ geringer rechnerischer Wärmedämmung und „Leichtbauwänden" wie im Fachwerkbau oder Block- und Bohlenbau. Aufgrund des geringen Konstruktionsgewichts und der Struktur des Materials ist hier die Dämmwirkung höher als die Speicherwirkung anzusetzen.
Die in den letzten Jahren nahezu ausschließlich proklamierten Maßnahmen zur Steigerung der Wärmedämmung nehmen auf diese Unterschiede nur selten Rücksicht und sind insofern nicht kritiklos hinzunehmen. Die Wärmebilanz z. B. einer Ziegelmassivwand von 50 cm Stärke kann durch zusätzliche Außen- und Innendämmung im allgemeinen nur verschlechtert werden. Hingegen sind bei Leichtbauwänden und dünnschaligen Massivwänden erhebliche Verbesserungen durch nachträgliche Dämmung möglich.
Die im Einzelfall erforderlichen Maßnahmen sind aufgrund sorgfältiger Untersuchungen und Bewertung der Situation an Ort und Stelle festzulegen. (S. auch Kap. B 3.1 „Wärmeschutz".)
Zu den wichtigsten technischen Bedingungen für den Wärmebedarf eines Gebäudes gehört in erster Linie die Art der Beheizung und dabei der Wirkungsgrad, mit dem sie die eingesetzte Energie in Wärme umwandelt. Dies gilt ebenso für die Brauchwassererwärmung.

Einzelfaktoren

Die einzelnen Faktoren, die den Energiebedarf eines Gebäudes bestimmen, können folgendermaßen zusammengefaßt werden:

1. Klimatische und topographische Faktoren
a) Klimagebiet
b) Geländeformation und Windverhältnisse
c) Standort und Orientierung
d) mikroklimatische Verhältnisse

2. Bauliche Faktoren
a) Gebäudeform, A/V-Wert (Außenfläche zu Volumen), Gruppierung
b) Gebäudetyp und Nutzung
c) Grundrißorientierung
d) Außenwandkonstruktion (Dämmfähigkeit, Speichervermögen) und Farbgestaltung (Wärmeaufnahme oder -reflexion)
e) Fensterflächenanteil, Orientierung, Fensterausbildung
f) Ausbildung von Dach und Kellerdecke
g) Material und Konstruktion von Innenwand, Decke, Fußboden

3. Energietechnische Faktoren
a) Art der Beheizung, Wirkungsweise, Wirkungsgrad
b) Ausführung, Wartung und Einstellung der Heizung
c) Energieart
d) Art der Warmwasserversorgung (zentral, dezentral) und verwendete Energieart

4. Nutzerverhalten
a) Heizgewohnheiten und Temperaturregelung
b) Warmwasserverbrauch (Temperatur und Menge)
c) Lüftungsgewohnheiten
d) Verhindern nächtlicher Wärmeabstrahlung durch Verwenden schwerer Vorhänge, Klappläden oder Rolläden, regelmäßige Wartung der Heizungsanlage
e) Art der Heizkostenabrechnung

Von den genannten Faktoren kann der Planer im Rahmen einer Sanierungsmaßnahme den zweiten Faktor c) bis g) und den dritten Faktor a) bis d) (evtl. noch 1 a) im bestimmten Rahmen beeinflussen. Sie zeigen damit die Schwerpunkte für geplante Energiesparmaßnahmen auf.

7 Feuchte Außenwände führen zu hohem Energieverlust.

Bestandsaufnahme

Im Rahmen der Bestandsaufnahme ist eine sorgfältige Prüfung der oben genannten Faktoren erforderlich. Auf dieser Grundlage baut das Planungskonzept möglichst effektiver Energiesparmaßnahmen auf. Wandbereiche, Anschlüsse, Öffnungen, Böden und Decken sind gezielt auf Wärmelecks zu untersuchen. In schwierigen Fällen kann dabei die Thermographie zu Hilfe genommen werden. Thermographische Aufnahmen bringen jedoch nur unter ganz bestimmten Voraussetzungen (z.B. bestimmte Außentemperatur, konstante Beheizung) gesicherte Ergebnisse und sind zudem nicht gerade billig. Sie werden von entsprechenden Spezialfirmen durchgeführt. In der Regel tun jedoch die sowieso notwendigen Aufschlüsse den gleichen Dienst.
Die Untersuchungsergebnisse sind im Bestandsraumbuch sowie im Rahmen der allgemeinen Bestandsbeschreibung festzuhalten. Hier sollte eventuell eine Liste über Maßnahmen und Schwerpunkte zur Energieeinsparung geführt werden.
Maßnahmen zur Energieeinsparung sollten an den Punkten ansetzen, an denen mit vertretbarem finanziellem Aufwand eine erhebliche Reduzierung des Wärmebedarfs erreicht werden kann. Dies kann durch bauliche und/oder technische Maßnahmen geschehen.

Außenwände

Die Durchfeuchtung von Bauteilen zu unterbinden (z.B. durch Aufgraben und Isolierung der Fundamente, s. Kap. B2.1 „Bauteile im Erdreich"), gehört zu den vorrangigen Maßnahmen zur Bestandssicherung im Rahmen einer Sanierung. Der Wärmedämmwert einer trockenen Wand liegt bekanntlich weit über dem einer durchfeuchteten. Die Möglichkeit, eventuell anfallende Feuchtigkeit ausdiffundieren zu lassen, ist daher jederzeit sicherzustellen.
Die Verbesserung der Wärmedämmung im Bereich der Außenwände kommt vor allem bei dünnen Massivwänden, z.B. aus Vollziegeln oder Lehmziegeln sowie bei Fachwerkwänden in Betracht. Sie kann als Außendämmung oder Innendämmung ausgeführt werden.
Wo möglich, sollte die Außendämmung bevorzugt werden. Ausführungsbeispiele s. Kap. B3.1 „Wärmedämmung" bzw. B2.2 „Außenwand".

8 Defekte Fundamente führen zur Durchfeuchtung des Erdgeschoßmauerwerks.

Fenster

Bei der Beurteilung des Energieverlustes durch vorhandene Fenster sind zu berücksichtigen:

Faktor 1: Die Transmissionswärmeverluste über die Glasfläche (bei Einfachfenstern ca. 30 – 35%). Diesen Wärmeverlusten stehen Energiegewinne bei Sonneneinstrahlung (vor allem an der Südseite) gegenüber.

Faktor 2: Lüftungsverluste, die als Fugenlüftung im Bereich von Undichtigkeiten auftreten bzw. beim Öffnen der Fenster durch den Benutzer.

Einfachfenster weisen relativ hohe Transmissionswärmeverluste auf und beeinflussen damit bei steigendem Fensterflächenanteil die Wärmebilanz eines Gebäudes ungünstig. Der Wärmedurchlaß eines Fensters verringert sich mit steigender Scheibenzahl und Scheibenabstand. Die günstigsten Werte erreichen Kastenfenster, bei denen ein zusätzlicher äußerer Fensterflügel für ein Luftpolster zwischen den Scheiben sorgt. Konstruktionsmöglichkeiten und Verfahren zur Reduzierung dieser Wärmeverluste durch den Einbau zusätzlicher Fensterflügel, Vorsatzfenster oder den kompletten Ersatz von Fenstern durch Isolierglas- oder Verbundfenster werden unter Kap. B2.3 und B3.1 näher beschrieben.
Durch Fensteröffnungen geht nicht nur Wärme verloren, sondern es wird bei entsprechender Sonneneinstrahlung, je nach Himmelsrichtung, auch Wärme gewonnen nach folgendem Prinzip: Klarglas ist für die Wellenbereiche des sichtbaren Lichtes durchlässig. Beim Auftreffen auf feste Gegenstände wird das Licht in langwelligere Wärmestrahlung umgewandelt und von der Innenseite der Scheibe weitgehend reflektiert. Die eingestrahlte Energiemenge bleibt so dem Raum erhalten. (Treibhauseffekt)
Messungen haben ergeben, daß bei Fenstern in Südlage im Jahresmittel die gewonnene Energiemenge den Wärmeverlust weit übersteigt [Franke, Lit. B3.1–3]. Daraus ergibt sich ein geringer Heizenergiebedarf für Räume mit Fenstern in Südlage. Dies sollte bei einer Grundrißneugestaltung für die Orientierung von Räumen mit hohem Heizenergiebedarf (Wohnraum, Kinderzimmer) Berücksichtigung finden.
Fugenabdichtung von Fenstern kann auf den ersten Blick erhebliche Wärmeverluste verhindern. Hier tritt jedoch das Problem auf, daß eine star-

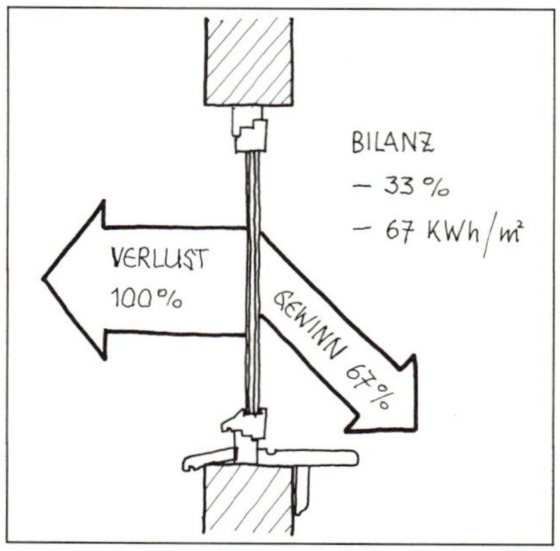

9 Energiebilanz eines isolierverglasten Fensters im Zeitraum 1. 11.–31. 3., nach Süden orientiert (nach Krusche).

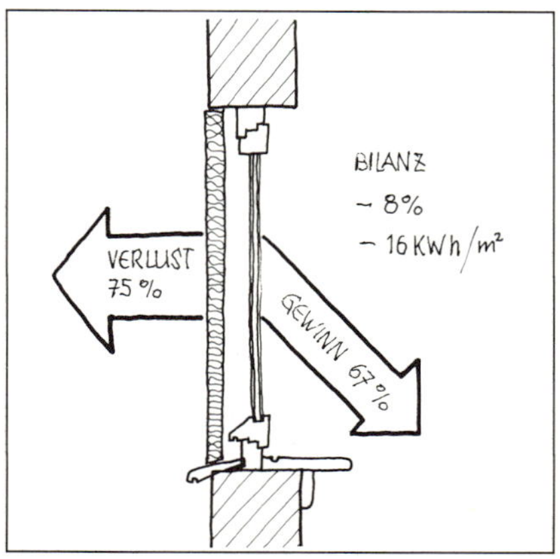

10 Energiebilanz eines isolierverglasten Fensters im Zeitraum 1. 11.–31. 3. mit zusätzlichem gedämmtem Fensterladen, nach Süden orientiert (nach Krusche).

ke Reduzierung der Fugenlüftung die Luftwechselrate des Raumes drastisch vermindert. Als ausreichend ist je nach Tätigkeit und Anzahl der im Raum befindlichen Personen ein mindestens 4facher stündlicher Luftwechsel anzusehen. Dieser wird mit alten, nicht dicht schließenden Einfachfenstern und Türen in der Regel auch ohne eine größere, zusätzliche Fensterlüftung erreicht. Bei neuen, dichtschließenden Fenstern und Türen – eventuell noch mit Lippendichtung im Falz – beträgt die stündliche Luftwechselrate nur noch maximal 0,3 bis 0,7.
Zu geringer Luftwechsel geht jedoch nicht nur zu Lasten der Raumluftqualität, sondern führt auf Dauer zu einer starken Überfeuchtung der Raumluft und der raumumgrenzenden Bauteile, die weitere Schäden nach sich zieht (Feuchtigkeitsabgabe pro Person 100 g/Std. bei ruhendem Zustand). Direkt lebensgefährlich werden diese Sparmaßnahmen, wenn bei zu geringem Sauerstoffanteil der Raumluft Gasflammen ausgehen. Auch die heute vorgeschriebene Frischluftzufuhr für einen offenen Kamin ist eine Folge übertriebener Energiesparversuche: durch fugendichte Fenster kann im Raum nicht genügend sauerstoffreiche Frischluft angesaugt werden, das gleiche gilt bei vorhandener Einzelofenheizung oder Kachelofenfeuerung, wo sich eine verstärkte Fugendichtung ebenfalls als Bumerang erweist.
Nach einer Untersuchung von Wilke [Lit. B3.1–16] an Häuserzeilen in Frankfurt/Main verbrauchten die Bewohner gut wärmegedämmter Häuser mit neuen abgedichteten Fenstern 23 % mehr Heizenergie als diejenigen in sonst vergleichbaren, aber schlechter gedämmten Häusern mit Einfachfenstern. Der erforderliche Luftwechsel wurde offensichtlich nur noch durch häufiges Fensteröffnen mit erheblichen Wärmeverlusten erreicht.
Nächtliche Abstrahlungswärmeverluste im Fensterbereich können durch Vorhänge an der Innenseite und Läden an der Außenseite verhindert werden. Der Wärmedurchgang kann durch solche Maßnahmen um 50 % reduziert werden. Der Einbau von Rolläden in Altbauten ist im allgemeinen nicht zu empfehlen, sie verringern zwar den Wärmedurchgang an der Glasfläche, bilden jedoch im Bereich des Rolladenkastens eine beträchtliche Wärmebrücke. Die nachträgliche Montage ist auch aus gestalterischen Gründen problematisch (s. Abb. 11).

11 Energie sparen um jeden Preis?

Luftwechselrate durch Fugenlüftung

Fensterart	Luftwechselrate/Stunde	Bewertung
altes Einfachfenster ohne Zusatzdichtung	≥ 4fach	Lüftung ohne Zusatzmaßnahmen ausreichend. Energieverluste vor allem bei Winddruck.
neues dichtschließendes Isolierglasfenster mit Lippendichtung im Falz	0,3–0,7fach	Zusätzliche Lüftungsmaßnahmen erforderlich (Stoßlüftung von Hand, eingebaute Dauerlüftung).

12 Fensterläden – Energieeinsparung und Gestaltung.

Dach, oberste Geschoßdecke

18 bis 22% der Wärmeverluste eines Hauses treten an der obersten Geschoßdecke bzw. dem Dach auf. Im Rahmen von Modernisierungsmaßnahmen werden häufig bisher nicht genutzte Dachräume zu Wohnzwecken ausgebaut. Damit geht ihre Wirkung als thermischer Puffer verloren. Selbst bei Verwenden von 10 cm starken Dämmschichten (erheblich größere Dämmschichtstärken kommen beim Altbau infolge der vorhandenen Sparrenstärken nicht in Frage und sind auch wirtschaftlich kaum zu begründen) neigt der ausgebaute Dachraum mangels wärmespeichernder Pufferflächen im Sommer zu Barakkenklima. Aus diesem Grunde sollten zum Temperaturausgleich für die Innenwände und eventuell die Fußböden Materialien mit möglichst hohen Speicherkapazitäten verwendet werden.

Bei ungenutzten Dachräumen ist die Dämmung der obersten Geschoßdekke gegen den Dachraum handwerklich einfach und ohne Belästigung der Bewohner durchzuführen. Eine Dämmschicht an der Oberseite, eventuell mit einem begehbaren Belag abgedeckt, entspricht in ihrer Funktion einer Außendämmung. Die raumseitige Speicherkapazität der Decke bleibt erhalten. (Ausführungsbeispiele s. Kap. B 3.1 „Wärmeschutz".)

In der Regel abzulehnen sind im Altbaubereich raumseitige Deckenisolierungen mit Hartschaumplatten oder -kassetten, wie sie zum Beispiel häufig von Bauherrn in Eigenhilfe durchgeführt werden. Durch Maßnahmen dieser Art wird keine nennenswerte Verbesserung der Wärmedämmung erreicht. Die Wärmespeicherfähigkeit der Decke und ihre Pufferfunktion für die Raumluftfeuchte werden stark reduziert.

Deckenputze und Deckenverkleidungen sollten mit diffusionsfähigen Materialien und Verkleidungen, wenn möglich, hinterlüftet ausgeführt werden. (Die häufig praktizierte völlige Begradigung von Zimmerdecken widerspricht dem Charakter des Altbaus und reduziert unnötigerweise die oft schon knappen Raumhöhen.)

13 Ausgebaute Dachräume müssen eine ausreichende Wärmedämmung aufweisen.

Kellerdecke

Etwa 10% aller bestehenden Wohngebäude und eine größere Anzahl von Betriebsgebäuden sind nicht oder nur teilweise unterkellert. Hier und über Kellern aus Natursteingewölben wurden in der Regel Fußbodenbretter auf Lagerhölzern oder Bodenplatten aus Naturstein oder als Fliese ohne Isolierung auf einem Sandbett verlegt. Solche Böden wirken ausgesprochen fußkalt und sind außerdem anfällig für Schäden durch aufsteigende Grundfeuchte.

Dämmtechnische Verbesserungen können wirksam nur durch die Entfernung von Belag und Unterboden und durch Einbringen eines neuen Belags als Wärmedämmung und Feuchtigkeitsisolierung erreicht werden.

In unterkellerten Räumen mit z.B. intakter Holzbalkendecke kann eine wirksame Isolierung an der Unterseite der Kellerdecke erfolgen, ohne daß in bewohnte Räume eingegriffen werden muß. Transmissionswärmeverluste in diesem Bereich werden dadurch bis zu 50 – 60% verringert. (Ausführungsdetails s. Kap. B 2.5 und B 3.1)

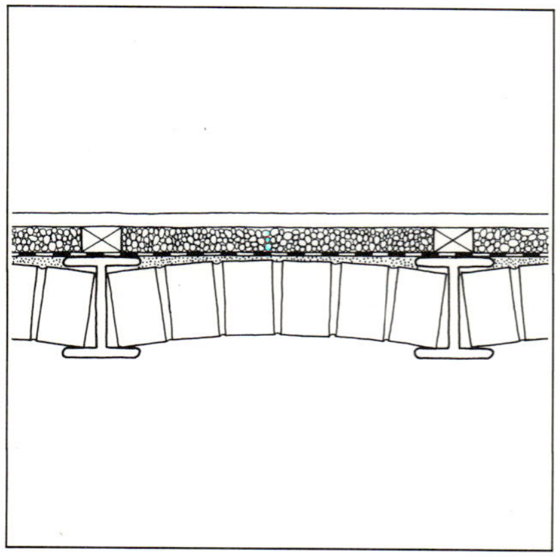

14 Dielenbelag mit Dämmschüttung über einer Kappendecke.

Grundriß

Bauliche Maßnahmen zur Energieeinsparung sollten im Rahmen umfassender Sanierungsmaßnahmen auch eine Überprüfung des Grundrisses und eine energietechnisch sinnvolle Raumgruppierung beinhalten.
Nach dem sogenannten Zwiebelschalenprinzip kommt bei einer zentralen Lage des wärmsten Raumes seine Abwärme noch den benachbarten Zimmern zugute. Im Sommer wird er nach dem umgekehrten Prinzip vor Überhitzung geschützt.
Temperaturschleusen, wie Windfänge, Wintergärten, Dachvorsprünge und Eingangsüberdachungen schaffen ein beruhigtes Mikroklima in den Übergängen von innen nach außen und reduzieren damit die klimabedingten Wärmeverluste.

Bepflanzung

Im Außenbereich wird das herrschende Mikroklima durch gezielte Pflanzungen weitreichend verbessert. Bei Grundstücken oder Fassaden mit Bewuchs muß vor einer leichtfertigen Entfernung die klimatische Wirkung gründlich überprüft und in die Beurteilung mit einbezogen werden, soll sich die Energiebilanz des Gebäudes nicht unnötig verschlechtern.
Fassadenbewuchs bildet nicht nur einen „Regenschirm" für die Fassade, sondern wirkt auch als Luftpolster, stellt eine Pufferzone dar und reduziert damit extreme sommerliche Sonneneinstrahlung sowie winterliche Auskühlung. Laubwerfende Rankgewächse an der Südfassade passen sich den jahreszeitlichen Erfordernissen an. Besonders in freien, windausgesetzten Lagen haben sich „Hausbäume" in der Hauptwindrichtung und Windschutzpflanzungen aus Bäumen und Sträuchern bewährt. (Nähere Angaben s. Kap. B 3.3) Sie schaffen im Außenraum ein beruhigtes Kleinklima und reduzieren damit die Wärmeverluste eines Gebäudes. Ihre größte Wirksamkeit liegt im Bereich des ein- bis fünffachen Abstandes der Bepflanzungshöhe. Hier wird ein Absenken der Windgeschwindigkeit bis ca. 40% erreicht.

15 Verbesserung des Mikroklimas durch dichten Fassadenbewuchs. Laubwerfender Bewuchs an den Sonnenseiten – Sonne im Winter, Schatten im Sommer – dient ggf. auch als Sicht- und Windschutz.

A 5 ENERGIEEINSPARUNG
4 Technische Maßnahmen

Grundsätze

Technische Maßnahmen zur Energieeinsparung setzen in den Bereichen an, in denen teure, nicht erneuerbare Primärenergie direkt in Wärme umgewandelt wird. Einsparungsmöglichkeiten ergeben sich durch:

a) gezielte Verwendung
b) optimale Ausnutzung
c) Nutzung von Abwärme
d) Einsatz neuer bzw. erneuerbarer Energieträger.

Etwa 84 % der im Haushalt verbrauchten Energiemenge entfallen auf die Raumheizung. Je nach Umfang einer geplanten Modernisierungsmaßnahme wird der Wirkungsgrad einer vorhandenen Anlage verbessert oder sie wird durch eine neue häufig komfortablere, aber energieaufwendigere ersetzt.

Grundsätzlich ist bei der Einsparung von Heizenergie davon auszugehen, daß bei einer Konvektionsheizung die erwärmte Luft eine um mehrere Grad höhere Temperatur aufweisen muß, als bei einer Strahlungsheizung, um die gleiche Behaglichkeit zu erreichen. Da aber eine Raumtemperaturerhöhung von nur 1 °C im Durchschnitt zu einem 6 % höheren Energieverbrauch führt, kann durch die Verwendung von Heizungen mit hohem Strahlungsanteil bei der Wärmeerzeugung mit einer erheblich günstigeren Energiebilanz gerechnet werden.

Herkömmliche Heizsysteme

Im einzelnen kommen je nach Art und Umfang einer Sanierung die folgenden heizungstechnischen Maßnahmen zur Energieeinsparung in Frage.

Einzelöfen

Besserer Wirkungsgrad bei modernen Öfen durch automatische Regulierung der Öl- oder Gaszufuhr bzw. der Zuluftklappe beim Kohleofen; maximale Energieeinsparung 4 – 10 % (Gas) gegenüber herkömmlichen Öfen.

Vorhandene, teilweise veraltete Warmwasserzentralheizungen

- Wirkungsgrad des Kessels überprüfen, eventuell Ersatz
- Einbau einer witterungsgeführten vollautomatischen Regelungsanlage mit Außenfühler, Nachtabsenkung und Einzelraumregelung vermeidet Wärmeverluste durch zu starkes Lüften überheizter Räume
- gute Isolierung des vorhandenen Rohrleitungsnetzes zur Reduzierung der Wärmeübergangsverluste.

Neue Zentralheizung

- Energielieferant Öl oder Gas, eventuell Kohle oder Holz, auch Stroh oder ähnliches, je nach Standort, Anschlußmöglichkeit und Komfortanspruch. Kein Strom
- Umrüstungsmöglichkeit auf Wärmepumpen bzw. Solarkollektoren einkalkulieren
- Brenner mit hohem Wirkungsgrad verwenden. 80 – 90 % sind heute möglich
- Wärmedämmung der Rohrleitungen.
- sorgfältige Auslegung der Heizung nach neuestem Gebäudestand (Zustand nach der Sanierung). Keine nennenswerten Leistungsreserven vorsehen
- eventuell Kupplungsmöglichkeit mit erneuerbaren Energiequellen (Solarkollektoren, Absorberdach, Wärmepumpen mit Verbrennungsmotor).

Anschluß an Sammelheizung oder Fernheizsysteme (z. B. Blockheizkraftwerke)

- Anschluß vorsehen, wo möglich
- eventuell spätere Anschlußmöglichkeit berücksichtigen.

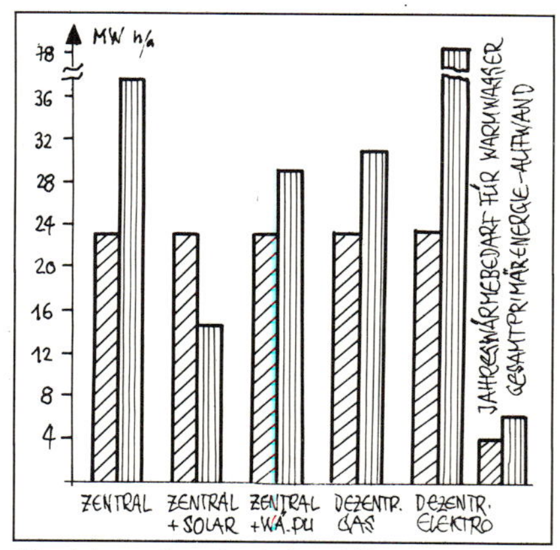

16 Jahreswärmebedarf und Gesamtprimärenergiebedarf verschiedener Warmwasserbereitungssysteme (nach Mook).

Alternativen zur herkömmlichen Wärmeversorgung

Erneuerbare Energieträger sind Sonnenenergie, Erdwärme, Grundwasser, Wind, Wasser:

- zur Brauchwassererwärmung günstig
- Angebot geeigneter Geräte wird in den nächsten Jahren deutlich steigen
- Voraussetzung für Raumheizung: hoher baulicher Wärmeschutz, Kombination mit herkömmlichen Zentralheizungssystemen (Niedertemperaturheizungen).

Folgende technische Möglichkeiten, erneuerbare Energie zu nutzen, sind zur Zeit auf dem Markt:

Sonnenkollektoren
Installation von Sonnenkollektoren auf den nach Süden geneigten Dachflächen möglich, vor allem zur Brauchwassererwärmung. Hohe Investitionskosten verhindern zur Zeit noch günstige Amortisation. Nachträgliche Installationsmaßnahmen sind erforderlich. Optische Beeinträchtigungen historischer Dächer durch Kollektorflächen ist in Denkmalschutzgebieten in der Regel untersagt.

Wärmepumpe
a) Nutzbare Wärmequellen:
- Grundwasser (konstante Temperatur 8 – 10 °C), genehmigungspflichtig
- Oberflächenwasser
- Erdwärme

Erdreichtemperaturen in 1,5 bis 1,8 m Tiefe konstant + 4°C bis + 10 °C. Mittlerer Wert des möglichen Wärmeentzugs ca. 30 Watt/m^2 h
- Luft erfordert bivalente Betriebsweise (kombiniert mit konventioneller Wärmeversorgung), die starke Temperaturschwankungen ausgleicht.

b) Antriebsenergie:
- elektrischer Strom, Wirkungsgrad z. Z. $\leq$ 1; technisch möglich, aus Gründen der Energiebilanz nicht empfehlenswert
- Öl, Gas, Biogas – Wirkungsgrad zur Zeit bis ca. 1,8 für Verbrennungsmotoren; für kleinere Anlagen erst in der Erprobung. Steigende Tendenz. Sinnvolle Nutzung der Primärenergie.

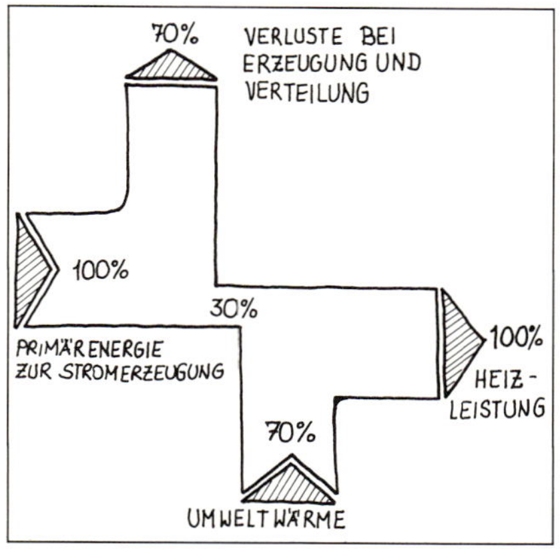

17 Energiebilanz einer Elektrowärmepumpe.

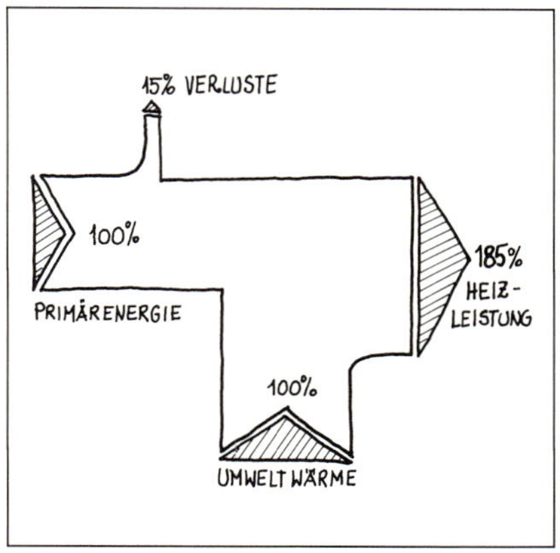

18 Energiebilanz einer Gaswärmepumpe.

19 Energie-Dachpfanne mit Verbindung zu einem Rohrregister, das an eine Wärmepumpe angeschlossen ist (Braas).

Energiedach (Absorber)
Zur Zeit in der Erprobung. Besserer Wirkungsgrad als Solarkollektoren. Statische Auflast ist zu beachten. Gestalterische Bedenken wie bei Solarkollektoren.

Energie-Dachpfannen
(Siehe Abb. 19)

Energiezaun
Bei größeren Gebäudekomplexen mit entsprechendem Gelände ohne Schwierigkeiten durchführbar. Leitungswege führen zu Wärmeverlusten.

Wie oben in Stichpunkten gezeigt, gibt es eine Fülle technischer Möglichkeiten zur Energieeinsparung bei einer Sanierung. Welche Maßnahme im Einzelfall wirtschaftlich vertretbar ist, ist an dem Projekt sorgfältig und fachkundig zu prüfen. Dabei ist in der Regel einfachen Techniken gegenüber technischen Großlösungen der Vorzug zu geben, da sie weniger störungsanfällig und wartungsaufwendig sind. In jedem Falle sollten die heute schon gegebenen Möglichkeiten zur Nutzung „sanfter" Energiequellen in die Überlegungen mit einbezogen werden und, wo eine solche Lösung im Augenblick noch unrentabel erscheint, die nötigen Leitungsführungen für einen späteren Anschluß vorgesehen werden. Inwieweit bauliche und technische Maßnahmen zu einer reellen Einsparung von Energie führen können, hängt jedoch maßgeblich vom Nutzerverhalten ab. Hier ist eine weitreichende Aufklärung erforderlich. Energiebewußtes Verhalten wird gefördert, wenn den Bewohnern durch entsprechende Abrechnungssysteme die Möglichkeit zur Selbstgestaltung der Wärmeerzeugungskosten gegeben wird.

Finanzierungsvorbereitung

Für die ersten Überlegungen zum Aufbau einer Finanzierung genügt eine Grobkostenschätzung auf der Grundlage eines detaillierten Maßnahmenkataloges. Zu den überschlägig ermittelten Herstellungskosten sind 22 bis 27% Nebenkosten hinzuzurechnen. Hierin sind außer den Honoraren des Architekten und der Fachingenieure auch alle anderen Nebenkosten und die finanzierungsbedingten Abschläge (Disagio) sowie die Verwaltungskostenbeiträge (VKB) aus den einzelnen Finanzierungsarten enthalten.
Aus der Gegenüberstellung von Gesamtkosten und verfügbaren Eigenmitteln (mindestens 15%) kann bereits abgeschätzt werden, ob das Vorhaben in dem vorgesehenen Umfang überhaupt durchführbar ist. Eventuell müssen alle geplanten Maßnahmen nochmals überprüft und entsprechend reduziert werden. Durch Selbst- und Verwandtenhilfe kann der Eigenkapitalanteil erhöht werden. Hierzu gehören auch Eigenleistungen der Mieter, die u. U. abgewohnt werden können.
Je mehr Eigenkapital, desto geringer Zins und Tilgung.
Modernisierungs- und Instandsetzungsmaßnahmen, die zu einer nachhaltigen Verlängerung der Lebensdauer eines Gebäudes führen (mind. 20 bis 30 Jahre), sollten entsprechend langfristig, z. B. durch eine erste Hypothek mit niedriger Tilgung finanziert werden.
Bei größeren Maßnahmen ist es oft sinnvoll, einen Gutachter für ein Wertgutachten nach durchgeführter Modernisierung heranzuziehen; so wird die Gebäudebewertung abgesichert und die günstigste Finanzierung mit Hilfe einer ersten Hypothek erreicht.

Finanzierungsarten

Im Jahre 1984 betrug der Effektivzinssatz für die 10jährige Bindung der Konditionen etwa 9%. Bauspardarlehen mit einer durchschnittlichen jährlichen Belastung von 12% sind demgegenüber weniger günstig. Bei gleichbleibenden Zinsen (4,5 bis 5%), hoher Tilgung und kurzer Laufzeit sind Bauspardarlehen vor allem bei kleineren Maßnahmen oder bei Teilmodernisierungen vorzuziehen. (Ansparbeträge von Bausparverträgen sind ebenfalls Eigenkapital.)
Baudarlehen gibt es auch von Lebensversicherungen. Diese Finanzierungsart kann im Gesamtergebnis günstiger sein als ein Hypothekendarlehen, da der Gewinn aus dem Versicherungsvertrag hinzukommt. Die jährlichen Aufwendungen aus Versicherungsbeitrag plus Zinsbelastung sind jedoch höher und damit nur für denjenigen rentierlich, der nicht angesichts zu hoher Aufwendungen weitere Finanzierungsmittel (z. B. Kontokorrentkredit) in Anspruch nehmen muß.
Der Vollständigkeit halber ist noch das Verwandtendarlehen zu erwähnen, bei dem einerseits günstigere Konditionen ausgehandelt werden können, andererseits jedoch immer die Gefahr von späteren Familienstreitigkeiten besteht, weshalb auch in diesem Falle immer ein notarieller Vertrag empfehlenswert ist.
Da die Beantragung von Darlehen aus öffentlichen Mitteln mit einem erheblichen Mehraufwand verbunden ist, lohnt sie sich nur bei umfangreichen Maßnahmen. Auch die Einrechnung von Steuervorteilen in das Finanzierungskonzept sollte unterbleiben. In der Regel ergeben sich finanzielle Vorteile erst nach Abschluß der Maßnahme. Diese Finanzmittel sind aber zu Beginn und während der Durchführung nicht verfügbar.
Durch Beratung mit einem Steuerberater ist vor Beginn der Maßnahmen zu klären, wie die Ausschreibung, Ausführung und Rechnungsstellung entsprechend den steuerrechtlichen Bestimmungen zu erfolgen hat, damit eine Anerkennung der Aufwendungen durch das Finanzamt reibungslos vonstatten geht.
Unter der Voraussetzung einer angemessenen Eigenleistung des Eigentümers ist nach dem Ausarbeiten eines Finanzierungskonzeptes zu prüfen, ob Möglichkeiten der Förderung aus öffentlichen Finanzierungsmitteln bestehen. Die jährlichen Aufwendungen lassen sich dadurch erheblich vermindern.

Förderung aus öffentlichen Mitteln

Der Eigentümer sollte sich jedoch darüber im klaren sein, daß die Beantragung von Förderungsmitteln sowie deren Bewirtschaftung und Abrechnung mit einem erheblich erhöhten Bearbeitungsaufwand verbunden ist. Ohne fachkundige Hilfe ist der Bauherr im allgemeinen überfordert. Hinzu kommt die Notwendigkeit langfristiger und von langer Hand bereits angelegter Vorplanung, verbunden mit der Geduld, den Zeitpunkt der Bewilligung abzuwarten, da in der Regel ein Baubeginn vor Erteilung des Bewilligungsbescheides unzulässig ist.

Empfehlenswert ist es, zunächst über die Gemeinde oder die Baugenehmigungsbehörde festzustellen, wer die Förderungsanträge annimmt und Beratungen von Interessenten durchführt.

Die Modernisierungsprogramme der Länder sowie das Bund/Länderprogramm sind 1982 ausgelaufen.

Mittel für Modernisierungsmaßnahmen sind unter Verwendung vorgeschriebener Vordrucke bei den zuständigen Stellen zu beantragen. Hier ist auch zu klären, ob das Vorhaben den Förderungsvoraussetzungen entspricht, ob z. B. die Kosten nach der Grobkostenschätzung als vertretbar anzusehen sind und ob die Finanzierung insgesamt als gesichert gelten kann.

Antragsunterlagen

Es ist anzunehmen, daß ebenso wie in der Vergangenheit sich auch in Zukunft die Modernisierungsrichtlinien der Länder in Teilbereichen unterscheiden werden, so daß nähere Angaben hierzu nicht gemacht werden können.

Es sollte jedoch davon ausgegangen werden, daß zusammen mit einem Förderungsantrag mindestens folgende Unterlagen vorgelegt werden müssen:

1. Baugenehmigung (soweit für das Vorhaben nach der Landesbauordnung vorgeschrieben) mit Bauzeichnungen, Baubeschreibung und amtlichem Lageplan oder eine Unbedenklichkeitsbescheinigung der Baugenehmigungsbehörde.
2. Baubeschreibung im Antragsformular eintragen.
3. Flurkarte mit Eintragung des Bauvorhabens bzw. beglaubigte Abzeichnung der Flurkarte, falls eine Baugenehmigung nicht verlangt wird.
4. Bescheinigung der Gemeinde über die Anliegerkosten (Wasser, Abwasser, Straße).
5. Berechnung der Wohnfläche nach DIN 283.
6. Berechnung des umbauten Raumes nach DIN 277.
7. Unbeglaubigter Grundbuchauszug nach dem neuesten Stand oder Abschrift des Kaufvertrages.
8. Verbindliche Kreditzusage mit Angaben über Höhe, Verzinsung, Tilgung und Auszahlung.
9. Bescheid der Bausparkasse mit Angaben über Höhe und Zuteilungszeitpunkt des Bausparvertrages, die Höhe des Darlehens mit Angabe der Zins- und Tilgungsbedingungen, Höhe der Ansparsumme und Höhe der Hypothek bzw. Grundschuld.
10. Alternativ zu Ziffer 9. Bescheinigung über die Zwischenfinanzierung.
11. Nachweis der Eigenmittel.
12. Aufstellung der Selbst- und Verwandtenhilfe mit Unterschrift der Helfer, des Bauherrn und Architekten.
13. Nachweis über sonstige Fremdmittel (z. B. Arbeitgeberdarlehen, Verwandtendarlehen) mit Angabe der Zins- und Tilgungsbedingungen.
14. Bescheinigung der Arbeitgeber über das Bruttoeinkommen von Ehemann, Ehefrau und zum Haushalt gehörender Angehöriger bzw. eine Renten- oder Pensionsbescheinigung.
15. Antrag auf Erteilung eines Anerkennungsbescheides nach § 82 des II. Wohnungsbaugesetzes (nur erforderlich bei Aufwendungsdarlehen oder Landesbürgschaft).
16. Vereinbarungen über Finanzierungsbeiträge von Mietern.
17. Stellungnahme der zuständigen Gemeinde zum Förderungsantrag.
18. Bei unter Denkmalschutz stehenden Gebäuden Nachweis der Eintragung in das Denkmalbuch. Ist eine Eintragung noch nicht erfolgt, muß sie vor der Baumaßnahme beantragt werden.

Antragstellung

Aus dem Ablauf des Haushaltsjahres bzw. der Einbringung und Verabschiedung der öffentlichen Haushalte ergeben sich auf den Jahresablauf bezogene Terminierungen für die Beantragung und Bewilligung der Förderungsmittel, deren Kenntnis für die Zeitplanung von Architekt und Eigentümer wichtig ist.
Ein Förderungsantrag kann jederzeit gestellt und die beabsichtigte Maßnahme kann von der Annahmestelle vorgemerkt und von dort der Bewilligungsstelle weitergemeldet werden. Vor dem 1. März des laufenden Jahres haben die Annahmestellen in der Regel jedoch keine Übersicht über die ihnen zugeteilten Finanzierungskontingente. Zu diesem Zeitpunkt werden meistens auch neue Richtlinien erlassen. Dadurch kann die Modifizierung des Förderungsantrages bzw. der Maßnahmen nachträglich erforderlich werden.
Ist der Antrag bewilligt, soll die Maßnahme möglichst umgehend und in kürzester Zeit ausgeführt und abgerechnet werden. Diejenigen Bewilligungsmittel, die bis 30. September des laufenden Jahres nicht abgerufen sind, können dann anderweitig noch vergeben werden.
Daraus ergibt sich die Möglichkeit und die Chance, daß die nachträgliche Bewilligung einer im April eingereichten Maßnahme noch im Oktober/November erfolgt.
Während der Bauzeit sind der Bewilligungsstelle Bautenstandsnachweise vorzulegen, nach denen die Förderungsmittel in Raten ausgezahlt werden. Ein Restbetrag in Höhe von 10% des Darlehensbetrages wird im allgemeinen erst nach Vorlage der Schlußrechnung ausgezahlt.

Beispiele für Förderungsarten sind:
- Aufwendungszuschuß
- Darlehen aus Modernisierungsprogrammen
- Kostenzuschuß, sogen. verlorener Zuschuß (in der Praxis nahezu ohne Bedeutung)
- Gewährung von Wohnungsbauförderungsmitteln (bei Neuschaffung von Wohnräumen durch Ausbau)
- Gewährung einer Bürgschaft des Landes für eine Eigentumsmaßnahme (wenn der Bauherr ausreichende Sicherheiten nicht stellen kann)
- Darlehen oder Zuschüsse aus sonstigen Programmen (z. B. Darlehen „junge Ehepaare", „Familienzusatzdarlehen" usw.) von Bund und/oder Land, Landkreis oder Gemeinde (z. B. Zuschuß des Kreises für Fachwerkfreilegung, für Schallschutzmaßnahmen usw.).

Antragstellung vor Baubeginn!
Weitere, mit den Gesamtkosten und ihrer Finanzierung zusammenhängende Probleme ergeben sich aus dem Steuerrecht und aus dem Mietrecht. Dreh- und Angelpunkt sind auch hierbei die Förderungsprogramme der Länder, die auf die zulässige Mieterhöhung nach der Modernisierung unmittelbar Einfluß nehmen.
Steuerspar- und Abschreibungsmöglichkeiten sind am konkreten Objekt mit dem Finanzamt bzw. dem Steuerberater zu besprechen.

Teil B

Praktische Durchführung

B1.1 Gegensatz Altbau – Neubau

Grundsätze

Instandsetzung, Modernisierung, Umbau oder bauliche Erweiterungen eines Altbaues erfordern planerisch ein anderes Vorgehen als ein Neubau. Das Grundstück ist bebaut, steht meistens in einer zusammenhängenden Bebauung. Die vorhandene Bausubstanz beschränkt die Gestaltungsfreiheit und engt das Raumprogramm ein. Während bei der Neubauplanung die Fragen des Lageplanes, der Versorgungs- und Entsorgungsleitungen, der Bodenbeschaffenheit etc. eine primäre Rolle spielen, sind diese Fakten beim Altbau meist vorgegeben.

1 Altbauerneuerung falsch verstanden.

2 Renovierung mit Gespür für den Charakter des Gebäudes.

Bestandsschutz und gesetzliche Bestimmungen

Beim Neubau sind die Festlegungen des Bebauungsplanes (Bundesbaugesetz § 9) wie Art und Maß der baulichen Nutzung, Geschoßzahl, bebaubare Flächen usw. einzuhalten. Für den Altbau besteht meistens Bestandsschutz, selbst wenn die Maximalwerte der Baunutzungsverordnung überschritten sind. Gesetzliche Festlegungen gibt es in Altbaugebieten nur selten, dennoch sollte man sich vor jeder Baumaßnahme gründlich informieren. Alte Fluchtlinienpläne oder Polizeiverordnungen können noch rechtsverbindlich sein.

Die ersten und ältesten Gesetze zum Planungsrecht in Deutschland gehen auf das Jahr 1868, Badisches Fluchtliniengesetz, und, Preußisches Fluchtliniengesetz, 1875 zurück. Auch in den anderen Bundesländern wurden Fluchtliniengesetze eingeführt oder als örtliche Polizeiverordnungen erlassen. Weiterhin können Bauleitpläne aus dem Wiederaufbaugesetz vorliegen, die nicht in die Rechtswirksamkeit des Bundesbaugesetzes übergeleitet wurden. Selbstverständlich gibt es auch Bebauungspläne nach Bundesbaugesetz, die aus den Länderaufbaugesetzen übernommen wurden, und solche, die zum Schutz eines baulichen Bestandes oder dessen Ordnung aufgestellt wurden. Weiterhin ist auf Baugestaltungssatzungen zu achten, die in bebauten Bereichen eventuell wirksam sind. Sie können Ortsrecht oder in einigen Bundesländern auch Bestandteil des Bebauungsplanes sein. In den seltensten Fällen liegen Sanierungsgebiete nach Bundesbaugesetz oder nach Städtebauförderungsgesetz (förmlich festgesetzte Sanierungsgebiete § 5 StBauFG) vor.

PKW-Stellplätze und Garagen

Weiterhin sind bei Altbauten, vor allem bei Nutzungsänderungen, die grundlegenden Festsetzungen des Flächennutzungsplanes und der Baunutzungsverordnung zu beachten (§ 15 BauNVO „Allgemeine Voraussetzungen für die Zulässigkeit baulicher und sonstiger Anlagen"). Die örtlichen Satzungen oder Länderbestimmungen für die Anzahl von PKW-Einstellplätzen und Garagen sind ebenfalls einzuhalten. Für bestehende Häuser werden in der Regel keine Anforderungen an PKW-Stellplätze oder Garagen gestellt. Sobald aber eine Nutzungsänderung, ein wesentlicher baugenehmigungspflichtiger Umbau mit maßgebender Veränderung des Wohnungs- und sonstigen Nutzungsbestandes erfolgt, müssen nach geltendem Recht PKW-Stellplätze bzw. Garagen nachgewiesen werden. Hier können oft beträchtliche wirtschaftliche Belastungen auftreten, da die hierfür notwendige Fläche häufig nicht vorhanden ist und hohe Ablösungssummen gezahlt werden müssen. Die vorhandene Bebauung genießt, wie gesagt, in der Regel Bestandsschutz, auch wenn in Einzelfällen nutzungseinschränkende, rechtskräftige Bebauungsplanfestsetzungen vorliegen. (Einschränkung der bebaubaren Fläche, Zurücksetzung der vorderen oder hinteren Baulinie oder Baugrenze etc.). Werden jedoch maßgebende Veränderungen geplant, erlischt der Bestandsschutz. Es empfiehlt sich also, alle möglichen gesetzlichen Bestimmungen vor Planungsbeginn zu recherchieren, um Fehlplanungen zu vermeiden. In jedem Fall sollten anhand der ersten Ideenskizzen betroffene Behörden konsultiert werden.

Grundsätze

Im Gegensatz zur Neuplanung muß die bestehende Bausubstanz methodisch einer gründlichen Bestandsaufnahme unterzogen werden. Sie ist notwendig, um falsche Raumprogramme und Fehlplanungen zu verhindern, konstruktive, bauphysikalische Fehler auszuschalten und mehr Kostensicherheit für die Maßnahme zu gewinnen. Die Bestandsaufnahme ist zugleich die Gelegenheit für den Architekten, sich mit den konstruktiven, materialtechnischen, statischen sowie gestalterischen Merkmalen eines Gebäudes grundlegend vertraut zu machen. Ohne dieses Vertrautsein und Bekanntwerden mit dem Gebäude, seinen Funktionen, seiner Konstruktion, seinen Materialien, seiner Entstehungsgeschichte, seiner Gestalt aber auch seiner Schäden und Schadensursachen kann ein Architekt seiner Aufgabe nicht gerecht werden. Je gründlicher die Bestandsaufnahme, desto geringer das finanzielle Risiko für den Bauherrn.
Die genaue Kenntnis des Bauwerks ermöglicht schon bei der Aufstellung des Raumprogramms, unsinnige Vorstellungen und Wünsche auszuschalten, die konstruktiv, technisch oder gestalterisch nicht oder nur sehr kostenaufwendig durchführbar sind.

1 Umfassende Instandsetzungen nur nach gründlicher Bestandsaufnahme.

Die Bestandsaufnahme gliedert sich in der Regel in folgende Stufen:

- allgemeine Baubeschreibung (Grundstücksbeschreibung, Festsetzungen, Bestimmungen, Gesetze – Gebäudealter und geschichtliche Bauabschnitte – Baumeister, baugeschichtliche Gestaltungsmerkmale, Gebäudenutzung, Baumaterialien, Tragwerk, Konstruktion – Eigenheiten, sonstige Merkmale)
- allgemeine Beschreibung der Baumaterialien und des Ausstattungsstandards
- allgemeine Beschreibung der technischen Ausstattung
- Beschreibung der Nutzung der einzelnen Gebäudebereiche (Wohnen, Gewerbe, usw. – Anzahl der Mieter – im Einzelfall wohnungswirtschaftliche Daten für die Finanzierung (siehe Kap. A6) wie Mieteinnahmen, Steuerbegünstigungen, Förderungsmittel, mietbeschränkende Bestimmungen usw.)

- spezielle Baubeschreibung Bestandsaufnahme des Gebäudezustandes nach Einzelbereichen (Fassade, Dach, Keller, Treppenhaus, Wohnungen bzw. gewerbliche Einheiten und Einzelräume)
- Erstellung des Bestandsraumbuches
- Aufmaß
- Bestandspläne.

B1.2 Bestandsaufnahme

Allgemeine Baubeschreibung

Jeder Bauherr will, bevor er vertragliche Verpflichtungen eingeht, wissen, was seine Baumaßnahme in etwa kostet. Die allgemeine Baubeschreibung ist die Grundlage für die Beurteilung der Gesamtmaßnahme und des zu erwartenden technischen und finanziellen Aufwandes.

Oft genügt eine grobe Kostenschätzung und ein Überblick über die zumutbaren Miethöhen, um den Bauherrn von überzogenen Wünschen und Vorstellungen abzubringen oder zur Durchführung der Maßnahme zu ermutigen. Leider werden Bauherren oft nicht hinreichend über die finanziellen Folgen ihrer Baupläne unterrichtet. Gerade hier hat der Architekt eine besondere Verantwortung. Der Bauherr muß über alle technischen und finanziellen Fragen informiert werden bzw. darf nicht mit unvollständigen oder falschen Zahlen auf ein Unterfangen gehoben werden, das er nicht übersieht und das ihn an den Rand des Ruins bringt. Über die Frage der Massen- und Kostenermittlung wird in Kap. B1.5 eingehend berichtet.

Die Allgemeine Baubeschreibung sollte folgende Punkte beinhalten:

1. Bestand:
- Größe des Baugrundstücks
- vorhandene GFZ
- vorhandene GRZ
- vorhandene Freifläche
- vorhandene Garagen und Stellplätze
- sonstige Einrichtungen auf dem Grundstück und ihr Zustand
- Außenanlagen und ihr Zustand.

2. Vorhandene gesetzliche Bestimmungen über:
- Art und Maß baulicher Nutzung, Geschoßzahl, GFZ, GRZ, Fluchtlinien, Gestaltungssatzung, Pflanzgebote, Stellplatz- und Garagenverordnungen, sonstige Auflagen.

3. Baugeschichtliche Angaben:
- Alter
- Stil
- Bauabschnitte
- Denkmalschutz vorhanden oder
- sonstige Angaben über die Erhaltungswürdigkeit des Bauwerkes.

4. Baulicher Zustand.

Grobermittlung der vorhandenen Wohnfläche bzw. gewerblicher Nutzfläche nach DIN 283

Es empfiehlt sich, von den vermietbaren Flächen im Sinne der DIN 283 auszugehen, da diese Flächen letztlich die Ertragsflächen sind. Die technischen Flächendaten nach DIN 276 sollten erst berechnet werden, wenn sie verlangt werden im Zusammenhang mit dem Baugesuch oder ähnlichem. Die Nutzflächen lassen sich ohne Einzelberechnung wie folgt grob ermitteln:
- 70 bis 75% der Summe der Geschoßflächen ohne Keller und Dach plus dem genutzten Dachflächenanteil
- 70% der oben genannten Flächen bei Altbauten mit 38,5 cm und mehr Wandstärke.
- 75% bei Bauten unter 38,5 cm Wandstärke
- über 80% bei Fachwerkbauten.

Selbstverständlich müssen extrem platzgreifende Treppenhäuser usw. entsprechend berücksichtigt werden.

Grobermittlung des Bruttorauminhaltes (BRI)

Durch Messen oder Abschreiten der Gebäudelängen und -tiefen und Schätzen der Gebäudehöhe.

Gebäudenutzung nach Wohnungen bzw. Nutzungseinheiten und nach Geschossen
- Anzahl der Mieter bzw. Beschäftigten
- Angaben über Einkommensverhältnisse der Mieter
- Angaben zur Art der Betriebe, gewerbliche, freiberufliche, handwerkliche usw.
- substanzschädigende Nutzungsarten und die Schadensursachen und Schäden, Möglichkeiten der Beseitigung und geschätzte Kosten
- allgemeine bautechnische Beschreibung
- Außenwände, Fassade, Fenster, Außenhaut, Oberfläche
- kurze Materialbeschreibung und Angabe des Zustandes sowie empfohlene Maßnahmen.

Außergewöhnliche Maßnahmen zur Beseitigung von Schadensursachen und Bauschäden sollten gesondert erwähnt und der Kostenaufwand geschätzt werden, da sie den Erfahrungskostenrahmen über Etwa-Kosten je m² vermietbarer Fläche oder je m³ umbauten Raumes zusätzlich belasten.

- Kellerfundamente, Mauerwerk im Erdreich, Hausinnenwände, Fußböden, Fenster, Decken, Oberfläche und ihr Zustand, erforderliche Hausanschlüsse und ihr Zustand, sonstige erforderliche Maßnahmen
- Installationen:

Elektroinstallationen und ihr Zustand, notwendige Maßnahmen
Heizungsinstallation und ihr Zustand, notwendige Maßnahmen
Sanitärinstallation und ihr Zustand, notwendige Maßnahmen
- Treppenhaus:

Treppe, Wände, Decken, Podeste, allgemeine Beschreibung und die notwendigen Kosten
- Wohnungen:

gewerbliche Räume, Fußböden, Wände, Decken, Installationen, allgemeiner Zustand, notwendige Maßnahmen und ihre Kosten.

Diese grobe Baubeschreibung wird ergänzt durch Kosten, die je nach Art und Umfang der Maßnahme nach Er-

fahrungswerten zu schätzen sind; und zwar empfiehlt es sich grundsätzlich, bei abgeschlossenen Maßnahmen einen Kostenspiegel nach Gewerken zusammenzustellen und das Jahr der Fertigstellung anzugeben. Alle Kostenangaben sollen auch in DM/m² angegeben werden. Kostenangaben in DM/m³ empfehlen sich nicht.
Aus diesen Zahlen aus der eigenen Praxis ergeben sich die Erfahrungssätze für neue Projekte. Voraussetzung ist die Vergleichbarkeit der Maßnahmen. Diese anfänglich grobe Kostenberechnung dient lediglich der Orientierung des Bauherrn und zur Entscheidungshilfe: was mache ich, wieviel, wie gut führe ich aus.
Diese Erfahrungskostensätze zuzüglich der besonderen außerordentlichen Maßnahmen und ihrer Kosten führen zur Gesamtbausumme der Maßnahme. Sie wird in einer Wirtschaftlichkeitsberechnung den Erträgen des Hauses gegenüber gestellt. Je nach Einstellung des Bauherrn wird sich dann der Umfang der Maßnahme und der Standard der Durchführung in ein Programm fassen lassen.

2 Vor der Renovierung.

Ausführungsumfang, Begriffsdefinition

Grundsätzlich ist zu unterscheiden zwischen:

- Substanzerhaltung, Instandhaltung, Bauunterhaltung: Regelmäßiges Nachbessern und notwendigenfalls Erneuern der bestehenden Substanz.
- Instandsetzung: Wiederherstellung der gesamten Bausubstanz in ein dem ursprünglichen Zustand entsprechendes Niveau.
- Modernisierung: Anpassen des Gebäudes an die als zeitgemäß geltenden Ansprüche der Baunutzung, wie Heizung, sanitäre Einrichtung usw; energiesparende, immissionsschützende Maßnahmen; alle Maßnahmen des Schall- und Wärmeschutzes.
- Umwidmung: Maßnahmen zur Veränderung der Nutzung von Gebäuden.
- Umbau, bauliche Veränderungen: Grundlegende Eingriffe in die Substanz des Gebäudes, Anbauten und bauliche Erweiterungen.
- Restaurierung: Instandsetzung historischer Bauten nach baulichem Befund oder Ergänzung nach historischem Vorbild.
- Rekonstruktion: Wiederaufbau und Ergänzung historischer Gebäude oder Bauteile nach alten Plänen oder vergleichbaren Bauten.

All diese Maßnahmen können in verschiedenster Form kombiniert auftreten. In welcher Art eine Maßnahme durchzuführen ist, muß mit dem Bauherrn genauso festgelegt werden, wie Raumprogramm und Standard der Baumaßnahme mit den dazu ermittelten Kostenangaben.
Liegen Raumprogramm, Maßnahmenkatalog, Standardbeschreibung und Kostenrahmen grob fest, kann mit der präzisen Bestandsaufnahme, dem Aufmaß und der Erstellung der Bestandspläne begonnen werden.
Der Umfang der vorbereitenden Arbeiten soll immer in einem angemessenen Verhältnis zu dem gewünschten Effekt stehen. Handelt es sich um eine reine Instandhaltung, werden keine Pläne benötigt, selbst einfache Instandsetzungsmaßnahmen bedürfen keiner planerischen Unterlagen. Bei Modernisierungs-, Umwidmungs- und sonstigen grundlegenden und verändernden baulichen Maßnahmen müssen Bestandspläne erarbeitet werden. Bei allen Schritten ist darauf zu achten, daß sie so festgehalten werden, daß der nächste im Sinne einer immer größeren Verdichtung darauf aufbauen kann.

3 Kaputtrenoviert.

B1.2 Bestandsaufnahme

Detaillierte Baubeschreibung

Die präzise Bestandsbaubeschreibung erfolgt am besten über ein Bestandsbau- und Bestandsraumbuch, in dem Grundstück und alle Bauteile angegeben und ihre Mängel angezeigt werden. Das folgende Bestandsraumbuch wurde in der Praxis mit gutem Erfolg angewandt. Es ist leicht und zeitsparend anzuwenden. Es ist in Checklistenform aufgebaut und enthält zu den einzelnen Bauteilen die am häufigsten vorkommenden Materialien. Der Befund braucht nur angekreuzt zu werden. Das gleiche gilt für die am häufigsten auftretenden Schäden. Alle Sonderheiten können in leeren Feldern eingetragen werden.

Rechts außen hat die Liste drei Spalten:
Spalte 1: O – in Ordnung
Spalte 2: R – Reparatur notwendig
Spalte 3: E – Erneuerung erforderlich

Der Zustand wird durch Kreuz gekennzeichnet, Mittelwerte als Kreuze in zwei Spalten. Die Liste enthält Angaben über Grundstück, Gebäude und Bauteile, Wohnungen bzw. Gewerbe und Bewohner bzw. Nutzer.

Besondere Schäden am Bau, die über die normalen Kategorien hinausgehen, also umfassender sind und mehrere Bauteile und Materialien umfassen, werden kurz in Ursache und Auswirkung auf einem gesonderten Blatt beschrieben.

	Sanierung:	Bezirk	Block	Grdst.	Geb.-Nr.	1.

1.	Gebäude	2.	Eigentümer
	Straße:		Name:
	Geb.-Nr.:		Adresse:
	Flur: Parzelle:		Telefon:
			Beruf:

3.	Gebäudenutzung (von links nach rechts)						
	Nutzung	KG	EG	1.OG	2.OG	3.OG	4.OG
	Wohnen						
	Gewerbe						
	Freischaffend						
	Leerstehend						

4.	Bauteil	Baubeschreibung, baul. Zustand					* O	R	E
		Material		Schäden					
4.1	Fundamente	Stahlbeton	Mauerwerk	Setzungen	Frosttiefe				
		Bruchstein		Bergbau	falsch Dim.				
4.2	Keller								
4.2.1	Innenwände	Mauerwerk	Stahlbeton	Risse	Feuchtigkeit				
				Salpeter	Schwamm				
4.2.2	Außenwände	Mauerwerk	Stahlbeton	Risse	Feuchtigkeit				
		Bruchstein		Salpeter	Schwamm				
4.2.3	Decken	Stahlbeton	Holz	Risse	verfault				
		Kappendecke		durchhäng.	baufällig				
4.2.4	Unterboden	Beton	Pflaster	gebrochen	naß				
		Sand		Salpeter	Schwamm				
4.2.5	Isolierung	1xhorizont.	2xhorizont.	verrottet					
	Feuchtigkeit	vertikal		verrottet					
4.3	Elektro	zentral	dezentral	nicht VDI	zu schwach				
Anschlüsse	Gas	"	"	verrottet	zu schwach				
	Wasser	"	"	verrottet	zu schwach				
	Antenne	"	"						
	Telefon	"	"						
4.4	Elektro	zentral	dezentral	nicht VDI	zu schwach				
Hauptverteil im Haus	Gas	"	"	verrottet					
	Wasser	"	"	verrottet					
	Antenne	"	"						
	Telefon	"	"						
4.5	Zentralheiz.	Öl	Gas						
	od. Heizung	Koks	Einzelöfen						
4.6	Innenwände	Ziegel	Bruchstein	Risse	Feuchtigkeit				
	Gebäude	Beton							

*O = OK. R = Reparaturbedürftig, E = Erneuerungsbedürftig

	Sanierung:	Bezirk	Block	Grdst.	Geb.-Nr.	2.

	Bauteil	Material		Schäden			O	R	E
4.7	Geschoßdeck.	Stahlbeton	Holz	Risse	Durchhängen				
		Kappendecke		seitl.Schub					
4.8	Außenwände	Ziegel	Bruchstein	Risse	Feuchtigk.				
	Konstruktion	Beton							
4.8.1	Sockel	Ziegel	Bruchstein	Feuchtigk.	Unterspülung				
	Konstruktion	Beton		Risse	Salpeter				
4.8.2	Außenhaut	Putz	Werkstein	Hohl	abgeplatzt				
		Keramik	Holz						
4.8.3	Außenanstrich	Dispersion	mineralisch	verwittert	abgeplatzt	Blasen			
		Öl		verfault	Salpeter				
4.8.4	Fenster	Holz N A	Alu	verfault	verrottet				
		Kunststoff							
4.8.5	Fensterbänke	Naturstein	Alu	undicht	verrottet				
		verz.Blech	Werkstein	gerissen					
4.8.6	Fenstergewän.	Naturstein	Putz	verwittert	abgeplatzt				
		Werkstein		gerissen					
4.8.7	Fensterläden	EG	OG	verrottet	zerstört				
4.9	Balkone	Stahlbeton	Stahl+Beton	baufällig	rostig				
	Loggien	Naturstein	Holz	Risse					
4.9.1	Belag	Asphalt	Fliesen	undicht	gerissen				
		Belch		lose					
4.9.2	Geländer	Stahl	Holz	baufällig	lose				
		Beton	Naturstein	verfault	rostig				
4.10	Fassaden-	Naturstein	Beton	verwittert	verfault				
	gliederung	Keramik		abgeplatzt					
4.11	Dach								
4.11.1	Dachkon-	Holz	Stahl	statisch gefährdet	gebrochen	verfault			
	struktion	Stahlbeton		verschoben	durchgebogen				
4.11.2	Dachauf-	Holz	Stahl						
	bauten	Stahlbeton							
4.11.3	Dachfuß	Holz		voll Schutt	verfällt				
	innen			verschoben					
4.11.4	Dachgesims	Holz	Naturstein	zerstört	verschoben				
		Beton		beschädigt					
4.11.5	Dachlattung	Holz	Alu	nagelfaul	verfault				
	bzw. Schalung			gebrochen					
4.11.6	Dachhaut	Schiefer	Pfannen	nagelfaul	brüchig	undicht			
		Eternit		abgeplatzt					
4.11.7	Dachan-	verz.Blech	Blei	lose	undicht	unkorrekt			
	schlüsse	Mörtel							

4 Checkliste zur ausführlichen Bestandsaufnahme sanierungsbedürftiger Gebäude mit Vorgabe der häufigsten Materialien und ihrer Schäden (Blatt 1–3).

Das sogenannte Bestandsbau- und -raumbuch dient zur Vorbereitung der Planung. Es zwingt den Sachbearbeiter, so gründlich in jedes Detail einzusteigen, daß vor der Planung jene Vertrautheit mit dem Bauwerk entsteht, die in der Neubauplanung naturgemäß durch den Entwurf vorhanden ist. Dieser Prozeß muß hier quasi nachgeholt werden. Methodisches Vorgehen hilft Fehler zu vermeiden! Und Fehler vermeiden heißt Geld sparen, beim Bauen und vor allem auch beim Planen.

Sanierung: Bezirk Block Grdst. Geb.-Nr. 3.

	Bauteil	Material		Schäden			O	R	E
4.11.8	Kamine	Mauerwerk		verrottet	Ø zu gering				
		Fertigteil		gerissen					
4.11.9	Kaminköpfe	Mauerwerk	Beton	verwittert	locker				
		Fertigteil		o. Abdeck.					
4.12	Rinnen	Ø verz. Blech	Ø Kupfer	undicht	faul	Anstrich			
		Ø Eternit		fehlt					
4.13	Fallrohre	Ø verz. Blech	Ø Kupfer	undicht	faul	Anstrich			
		Ø Eternit		fehlt					
4.14	Blitzabl.			zerstört	fehlt				
4.15	Treppenhaus								
4.15.1	Treppe	Holz	Stahlbeton	baufällig	beschädigt				
		Werkstein	Steigungsv.	ausgetreten					
4.15.2	Podeste	Holz	Stahlbeton	baufällig	beschädigt				
		Werkstein		ausgetreten					
4.15.3	Belag	Holz	Werkstein	abgenutzt	ausgetreten				
	Treppe+Pod.	Keramik							
4.15.4	Geländer	Eisen	Holz	lose	baufällig	abgenutzt			
		Beton		- Anstrich					
4.15.5	Wandflächen	Reibeputz	Putz	unansehnl.	beschädigt	abgeplatzt			
	Putz	Keramik		hohl					
4.15.6	Wandflächen	Ölanstrich	Keramik	unansehnl.	beschädigt	abgeplatzt			
	Oberfläche	Holz							
4.15.7	Briefkästen	Blech	Holz	Standort falsch	beschädigt				
		Sammelanl.		- Funktion					
4.16	Liftanlage	4 Personen		defekt					
4.17	Haustüre	Holz	Alu	defekt					
4.18	Sprechanlage			defekt					
4.19	Öffner			defekt					
4.20	Treppenhaus-	Schalter	Relais						
	beleuchtung	Zeitschalter							
	Außenanlagen	- Beschreibung vorhandener Einrichtungen							
	Fläche		Grünfläche		Parkplätze				
	Wäschetrockenstangen								
	Teppichklopfstange				Garagen				
	Zapfstelle vor Haus								
	Zapfstelle hinter Haus								
	Außenbeleuchtung								
	Kinderspielflächen			Kinderspieleinrichtungen					

Sanierung:	Bezirk	Block	Grdst.	NE-Nr.	4
Strasse:					
Mieter:	Tele:		Lage:		O R E

Beg. d. Mietverh.	Miete	Anzahl PKW
Anz. d. Personen	dav.Umlagen	Unterbringung
Bes. Mietverh.	and.Nebenk.	
	Wohngeld	

Raum	Berechnung	Maße	m²

Anzahl der Zimmer | Wohnfläche

	Ausführung				Mängel
Zentralheizung	Öl	Gas	Koks	w.W.	
Etagenheizung	Öl	Gas	Koks	w.W.	
Einzelöfen	Öl	Gas	Koks	Elektro	
Warmwasser	Öl	Gas	Koks	Elektro	
Warmwasser	Bad	Küche	WC		
Wasseranschluß	Bad	Küche	WC	Ø	
Gasanschluß	Bad	Küche	Herd	Ø	
Elektro	Neu	Alt	Schuko	i.a.R.	
Antennenanschl.	Gemein	Einzel	Radio	Tele	

Nutzung Hof/and. Einr.
Invest. d. Mieters
bauliche Mängel
Ausstatt. Mängel
allg. Zustand
Wünsche d. Mieters
Sonstiges

5 Bestandsraumbuch Wohnungen.

B1.2 Bestandsaufnahme

Aufmaß und Aufmaßskizzen

Für die meisten Gebäude liegen keine Baupläne mehr vor. Fehlen sie, müssen sie erarbeitet, sind sie vorhanden, gewissenhaft überprüft und ergänzt werden. Bestandspläne sind vor allem technische Pläne. Sie müssen stimmen und vollständig sein. In Ausnahmefällen bei wertvollen Baudenkmälern steht die gestalterische, zeichnerische Dokumentation des Bauwerks im Vordergrund einer Bestandsaufnahme. Eine Bestandsaufnahme ist vor allem ein Werkplan, der bewußt alle technischen Daten beinhalten muß, die man braucht, um die Planung der Baumaßnahme, ob Umbau, Restaurierung oder Instandsetzung etc., durchführen zu können. Oft bekommt man die reinsten Kunstwerke an Bestandsplänen in die Hände, die aber unbrauchbar sind, weil sie die notwendigen technischen Aussagen nicht machen.
Die Grundlage der Bestandspläne ist ein präzises Aufmaß. An Handwerkszeug wird benötigt:

- Maßbrett, Bleistift, Radiergummi, Spitzer
- Bandmaß
- Zollstäbe
- Teleskopmaßstab für 5,0 m Höhe
- Lot
- Schlauchwaage
- Fotoapparat.

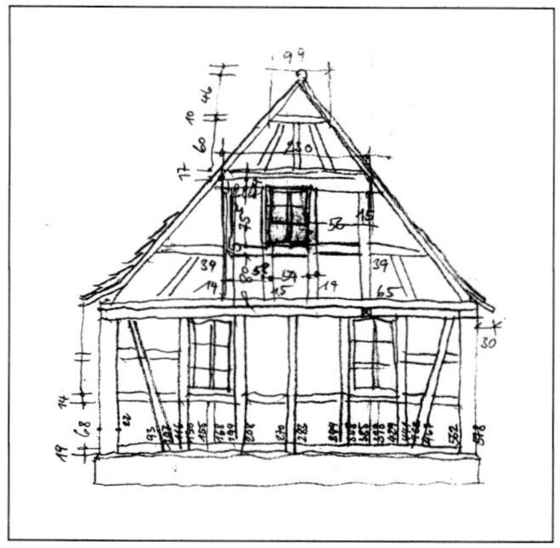

6 Aufmaßblatt.

7 Bestandsplan.

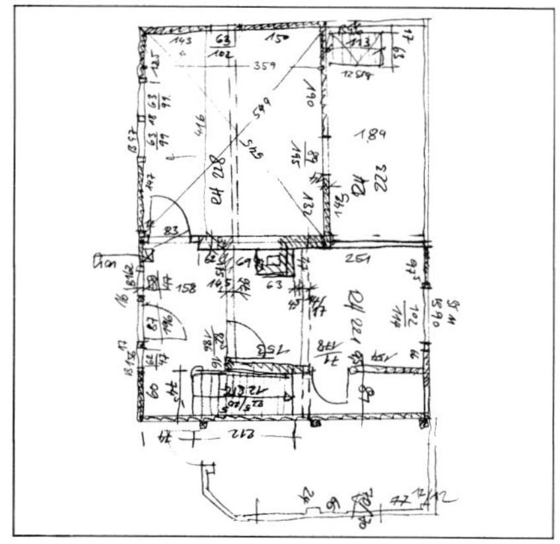

8 Grundriß Bestand, Skizze.

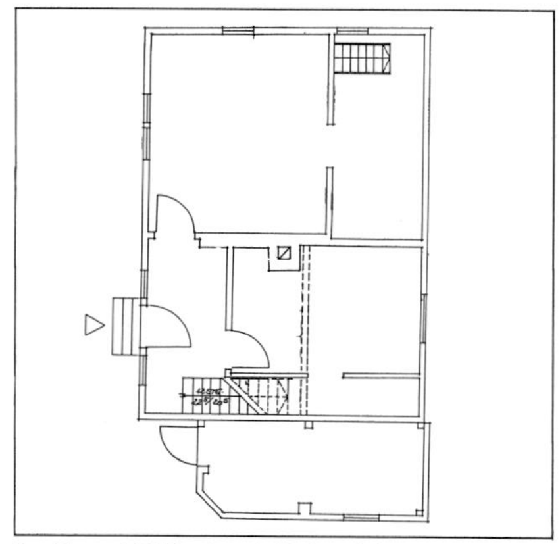

9 Grundriß Bestand, Reinzeichnung.

Aufmaße sind zeitaufwendig und somit teuer. Deshalb sollte man sich aller Hilfsmittel bedienen, deren man auch nur habhaft werden kann, bevor man mit der Arbeit beginnt. Sind keine Pläne da, so besteht oft die Möglichkeit, wenigstens grobe Planskizzen bei den Brandversicherungskammern vorzufinden. Bei älteren Gebäuden lohnt es sich, Archive aufzusuchen. Weiterhin kann die Abzeichnung der Flurkarte für die grobe Vergrößerung der Gebäudeumrisse auf Maßstab 1:100 behilflich sein. Fotos helfen dann, eine maßstäbliche Fassadenzeichnung zu fertigen, die später durch präzise Maße ergänzt werden kann.
Nach dieser Vorbereitung beginnt die Arbeit vor Ort. Die Grundrißskizzen werden zuerst durch die äußeren Maße und Eintragungen ergänzt. Möglichst maßstäblich zeichnen! Möglichst saubere Aufmaßfeldzeichnungen sind wichtig und müssen nachvollziehbar sein. Sie müssen aufbewahrt werden. Die Eintragung aller Maueröffnungen, Fenster, Türen, Nischen, Mauervorlagen und der Treppenhäuser mit Treppen und Podesten ermöglichen eine leichte maßstäbliche Aufnahme von Innenwänden und Innentüren. Da die Häuser meist bewohnt sind, empfiehlt es sich ohnehin, zuerst alle Maße zu nehmen, die von außen und über die Treppenhäuser erreichbar sind. Deshalb werden auch zuerst die wichtigsten Schnitte aufgerissen. Schnitte immer durch Treppenhäuser oder sonstige Punkte legen, die möglichst viel Aufschluß über die Konstruktion des Hauses geben.
Im Treppenhaus lassen sich die wichtigsten Höhen, Deckenstärken und Geschoßhöhen am besten nehmen.

• Vorsicht: Wandstärken außen und innen überprüfen. Bei Massivbauten verändern sich die Wandstärken in der Regel vor allem bei Ziegelbauten vom KG zum EG und vom 1. OG zum 2. OG
• zwei Gebäude haben oft gemeinsame Brandmauern. Die Brandmauerstärke kann dann nur durch Messung auch im Nachbargebäude präzise ermittelt werden
• Fensterkette: Die Fensterkette wird zur Vermeidung akkumulierender Fehler mit Maßband aufgenommen und die fortlaufenden Maße aufgeschrieben
• einheitliche Maßrichtung von links nach rechts einhalten. Einer hält bei Null an und schreibt, der andere gibt die Maße an. Bei Innenräumen von links nach rechts im Uhrzeigersinn messen
• Höhen werden gemessen: Höhe Erdgeschoß Fußboden = 0,00; mit Schlauchwaage Meterriß im Erdgeschoß innen und außen anzeichnen und daran Fußbodenhöhen und Anschnitt des Geländes messen. Anschließend werden die Innenwände und Türen in den Plan einskizziert und dann vermaßt
• zuerst Hauptmaß durch das Gebäudeinnere, möglichst in zwei Richtungen
• dann raumweises Aufmaß.

Vorgehensweise:
1. Raumhauptmaße.
2. Diagonalmaße.
3. Raumhöhe.
4. Umfassungsmaße von Wandteil zu Wandteil und Öffnung zu Öffnung usw. im Urzeigersinn beim Eingang beginnend.
5. Türen – Breite, Höhe, Türaufschlag, Wandstärke ≙ meist Futterstärke.
6. Fenster – Breite, Höhe, Brüstungshöhe BH, Sturzhöhe SH, Aufschlagart.
7. Bodenhöhen mit Schlauchwaage über Meterriß vom Treppenhaus aus

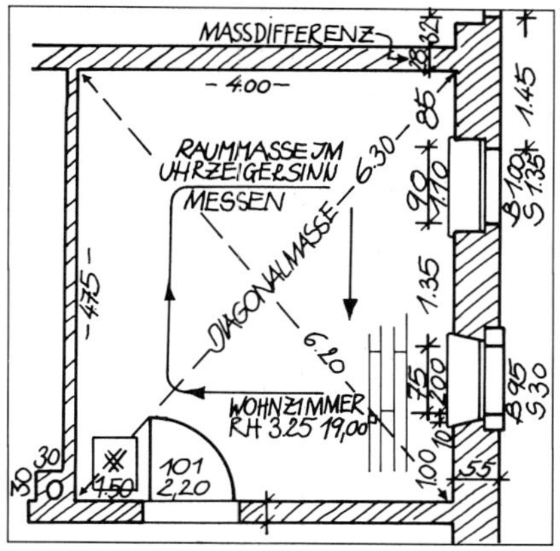

10 Systemzeichnung, Vorgehensweise Aufmaß Innenräume.

einmessen. Vorsicht: Blindböden und abgehängte Decken beachten.

Alle Bestandsmaße sind nicht Rohbau-, sondern Fertigmaße. Alle Aufmaße durch zahlreiche Innen- und Außenfotos ergänzen. Sie erleichtern das Aufzeichnen der Bestandspläne. Es ist wichtig, immer nach der gleichen Systematik vorzugehen, da die Regelmäßigkeit des Vorgehens Fehler vermeiden hilft. Ein vergessenes Maß kann sehr kostspielig werden, da die Baustellen häufig weit vom Architekturbüro entfernt liegen. Die Meinung, man könne auf eine Diagonalmessung verzichten, führt oft zu tagelangen Fehlersuchaktionen, da ein einmal falsch aufgezeichneter Grundriß schlecht korrigiert werden kann, sondern insgesamt erneuert werden muß.

11 Fotos sind ein wichtiger Teil der Bestandsaufnahme.

12 Alle Mängel im Bestandsbaubuch festhalten.

13 Gezielte Aufschlüsse potentieller Schadstellen vornehmen.

B1.2 Bestandsaufnahme

Bestandspläne

Die Bestandspläne werden auf der Grundlage des Aufmaßes zuerst in Blei aufgerissen. Dabei ergeben sich Fragen, die man sich auf einer Liste notiert und bei dem Nachaufmaß (fehlende, eventuell falsche Maße usw.) klärt. Die Bestandspläne sollten nicht vermaßt werden.
Alle Maße des Bestandes verbleiben in den Aufmaßskizzen. Diese müssen mit Datum und Unterschrift des Sachbearbeiters versehen sein und werden sorgfältig aufgehoben.

14 Schadstellen in die Bestandspläne eintragen oder fotografisch dokumentieren.

Aufmaß bei Fachwerkbauten

Bei Fachwerk empfiehlt es sich, das Aufmaß in zwei oder mehreren Stufen vorzunehmen.
Stufe 1: Vorgehen wie oben beschrieben ohne Eintragung der einzelnen Ständer, Stäbe, Deckenbalken usw.
Stufe 2: Nach skizzenhaftem Vorentwurf werden Aufschlüsse am Bau vorgenommen und zwar an den entscheidenden Stellen. Dabei wird festgestellt, wo der geeignete Standort für zukünftige Türöffnungen, Auswechslungen für Treppen oder sonstige konstruktive Eingriffe sein wird.

Sind die Aufschlüsse hinreichend vorhanden, wird das präzise, konstruktive Aufmaß des Fachwerks vorgenommen. Nicht alle Balken müssen freigeklopft werden. Die Außenwände können in der Regel von außen eingemessen werden. Ständer und Riegel und sonstige Hölzer können auch durch Abklopfen lokalisiert werden. Hierbei wird darauf hingewiesen, daß eine Entkernung eines bestehenden Fachwerkes rigoros abzulehnen ist, vor allem, wenn die alte Lehmstakung im großen und ganzen noch erhalten ist (s. Kap. B2.2 „Außenwände").

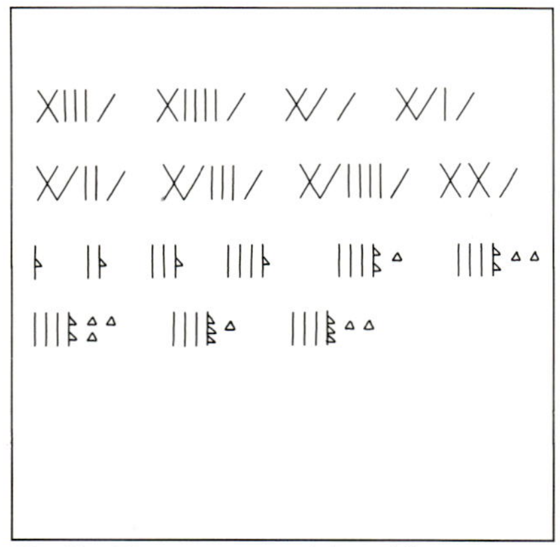

15 Alte Zimmermannszeichen: Wer sie kennt, kann jedes Fachwerkhaus wieder errichten oder versetzen ohne neue Markierung.

Fotogrammetrie, Thermographie, Luftbild

Fotogrammetrie

Für den Normalfall sind diese Verfahren zu kostenaufwendig. Komplizierte Aufmaße wie Netzgewölbe oder schwer zugängliche Fassaden können mittels der Fotogrammetrie aufgemessen werden. Hierzu gibt es spezielle Vermessungsbüros bzw. Vermessungsfirmen.

Thermographie

Bauteile unter Putz, wie Fachwerk oder sonstige Bauelemente können mittels der Thermographie sichtbar gemacht werden.

Dieses teure Verfahren ist nur im äußersten Notfall anzuwenden, wenn andere Meßmethoden und konstruktive Aufschlüsse nicht auf billigerem Wege zur gleichen Erkenntnis führen.
Gerade beim Fachwerk, bei dem die Thermographie häufig angewandt wird, ist oft durch systematische Besichtigung und Rekonstruktion des Fachwerks die gleiche Erkenntnis zu gewinnen. Der Zustand des Holzes ist ohnehin über das thermographische Foto nicht festzustellen und muß durch Aufschlüsse herausgefunden werden.

16 Fotogrammetrische Aufnahme einer Straßenfront.

Luftbild

Luftbilder können vor allem komplizierte Aufmaße erleichtern. Manche Städte besitzen ein Raster von Luftfotos in Schrägaufnahme mit fotogrammetrisch festgestellten Höhen von Traufe, First, Sockel und Straße. Diese erleichtern die Aufmaßarbeit vor allem bei Massenaufmaßen beträchtlich.

Zum Abschluß sollte noch einmal darauf hingewiesen werden, daß Bestandspläne in ihrem Ausarbeitungsgrad dem Umfang der Maßnahmen entsprechen sollten, um nicht unnötige Kosten zu verursachen. Für Unterhaltungs- und Instandsetzungsmaßnahmen genügen oft Handaufmaßskizzen mit den wichtigsten Maßen für die Massenermittlung.

17 Fachwerk läßt sich auch im verputzten Zustand an charakteristischen Detailpunkten erkennen.

B1.3 Raumprogramm und Entwurfsplanung

Entwurfsvorbereitung und Raumprogramm

Nach Abschluß der Planungsvorbereitung (Bestandsraumbuch, Bestandspläne, Bestandsbaubeschreibung) und anhand des Kostenkonzeptes muß nun das Programm bzw. Programmalternativen für Raumprogramm und Ausstattungsstandard erarbeitet werden. Im Rahmen intensiver Gespräche mit dem Bauherrn muß das Ziel der Maßnahme genau umrissen werden. Meistens haben sich die Vorstellungen zu diesem Zeitpunkt schon grob herauskristallisiert. Bei grundsätzlichen Unklarheiten in Einzelfragen müssen Alternativprogramme aufgestellt werden. Vor der Aufnahme der Entwurfstätigkeit müssen Raumprogramm sowie Ausführungsstandard zwischen Architekt und Bauherrn abgestimmt sein. Es empfiehlt sich deshalb, eine grobe Beschreibung der Ausstattung von Gebäuden und Räumen zu erarbeiten und den Bauherrn gegenzeichnen zu lassen. Diese Grobbeschreibung ist der Vorläufer des später zu erarbeitenden Bau- und Raumbuches für die Ausführung. Zu Beginn des Entwurfes stehen also Bestandsaufnahme, Bestandsraumbuch, Bestandsbeschreibung und, wie im Neubau, oberes Kostenlimit pro Quadratmeter Wohnfläche sowie unteres Wertlimit in Form des Ausführungsbau- und -raumbuches und der Baubeschreibung sowie das Raumprogramm zur Verfügung.

Entwurf

Auf dieser Basis werden die Entwurfsskizzen gefertigt. Wichtigste Regeln für die Entwurfsarbeit im Altbau:

1. Im Zweifelsfall sollte man sich immer für die bestehende Substanz entscheiden, sowohl bei der Gestaltung wie bei der Funktion. Das führt qualitativ und finanziell zu den besten Lösungen.
2. Eine Radikalkur ist in der Regel eine schlechtere Lösung als ein einfallsreicher Kompromiß mit dem Bestand. Wir sollten uns durch die Eigenschaften und den Charme der Substanz inspirieren lassen. Manchmal auch zu unkonventionellen Lösungen.
3. Gegenüber dem Bauherrn sollte der Planer Rückgrat zeigen, wenn es darum geht, wertvolle Bauteile zu erhalten.
4. Der Entwurf muß sich am konstruktiven Gefüge des Bauwerks orientieren. Es sollten möglichst viel tragende Wände erhalten und nur dort eine Veränderung vorgenommen werden, wo es keine andere Möglichkeit gibt.
5. Alle Rohrleitungen sollten außerhalb der Wände entweder in vorgestellten Schächten oder offen geführt werden (keine Wandschlitze). Wandaufbrüche, vor allem im Bruchsteinmauerwerk sind äußerst kostspielig und können zu schweren statischen Schäden führen oder mindestens das Gefüge so stören, daß auf Dauer Schäden entstehen.
6. Die Gestaltung sollte sich an der vorhandenen Bausubstanz orientieren. Der vorhandenen Architektur ein neues Gestaltungsprinzip aufzustülpen, führt meistens zu kostspieligen und oft häßlichen Lösungen, was nicht ausschließt, daß im Einzelfall eine Umgestaltung besser ist, weil die vorhandene Substanz eine geringere Qualität aufweist. Dieser Fall kann aber als Ausnahme bezeichnet werden.
7. Alle gestalterischen Schritte sind kostenmäßig zu überprüfen. In alternativen Lösungsmöglichkeiten ist die beste Relation zwischen Kosten und Wert zu ermitteln und dem Bauherrn mit Entscheidungshilfen zu erläutern.
8. Die Modernisierung bewohnter Räume sollte die Bewohner möglichst wenig belasten. So kann der Einbau eines Bades mit neuer Installation zum Beispiel über das Außengerüst erfolgen, wenn das in der Planung berücksichtigt wurde. Schmutz und sonstige Störungen werden dadurch von Treppenhaus und Wohnung weitgehend ferngehalten.
9. Sind die Entwürfe mit dem Bauherrn abgestimmt, sollten sie mit den Bewohnern besprochen werden (gesetzliche Bestimmungen im Mietrecht nachsehen).
10. Der Charakter der Bausubstanz, ihrer Wände, Fußböden, Decken und Oberflächen sollte erhalten bleiben. Die Tendenz, alle „schiefen" Wände, wie sie vor allem bei Holzbauten auftreten, „gerade" und „ordentlich" zu machen, ist falsch. Die Atmosphäre und der Charakter eines Hauses werden wesentlich durch solche Unebenheiten und Ungenauigkeiten bestimmt.

Strukturierte und unebene Oberflächen erzeugen eine größere Behaglichkeit als glatte, ereignislose Flächen.

Plandarstellung

Entwurfs- und Ausführungspläne werden in Mutterpausen der nicht vermaßten Bestandspläne eingezeichnet. Bei kleineren Bauten empfiehlt es sich, die Bestandspläne gleich im Maßstab 1:50 zu zeichnen. Die Pläne können dann für Baugesuche verkleinert eingereicht werden (Kostenersparnis bei der Planung). In die Bestandspläne werden neue Einbauten vermaßt eingezeichnet und das, was wegfällt, gestrichelt (Farbgebung: Vorhandenes schwarz, Neues rot, Abbruch gelb).

Die Ausarbeitung der Pläne sollte so gründlich wie möglich sein. Jedoch sind alle Aussagen offenzuhalten, die erst bei Baubeginn durch neue Aufschlüsse präzise bestimmt werden können. Eine neue Türöffnung ist im Fachwerkhaus so zu vermaßen, daß bei der Ausführung eine Verschiebung zwischen zwei Ständern möglich ist.

Dasselbe gilt für Mauerdurchbrüche anderer Art. Zum Beispiel können sich Standort und Außenmaße eines massiven Treppenhauses geringfügig verschieben, wenn die genaue Balkenlage und die Lage von Unterzügen erst über die Aufschlüsse beim Bau bekannt werden.

Es ist deshalb wichtig, konstruktiv zu planen, um unsinnige Kosten zu vermeiden. Werkplanung und Bauleitung sind im Altbau auf andere Weise verknüpft als im Neubau. Während der Neubau im Plan alles grundsätzlich festlegt, muß vieles, was im Altbau im voraus nicht festlegbar ist, an der Baustelle angegeben oder nachträglich in die Pläne übernommen werden. Alle planerischen Angaben an der Baustelle sind jedoch sofort in die Werkplanung einzutragen.

Was für den Grundriß gilt, hat auch im Schnitt seine Richtigkeit. Die Bodenhöhen differieren im Altbau oft beträchtlich, vor allem bei Fachwerkbauten. Auch hier sollte nicht grundsätzlich die Regel gelten, daß Fußböden in der Höhe ausgeglichen werden. Der Höhenausgleich über ganze Geschosse hinweg führt zu Komplikationen an den Treppenan- und -austritten und ist sehr kostspielig. In vielen Fachwerkhäusern mit 20 cm und mehr Bodengefälle pro Geschoß wäre bei einer Raumhöhe von oft nur 1,90 m die notwendige Kopfhöhe nicht mehr gewährleistet. Nähere planerische und gestalterische Einzelheiten werden zu den einzelnen Sachgebieten in Teil „Praktische Durchführung“ im Detail angegeben.

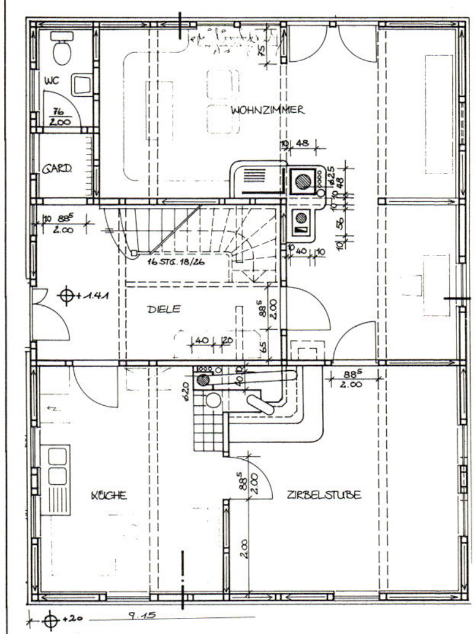

1 Beispiel Werkplan Umbau.

Planungsraumbuch und Baubuch

In Ergänzung zur Werkplanung und als Grundlage der Massen- und Kostenermittlung wird das Raumbuch erarbeitet. Es können die gleichen Blankette wie für das Bestandsraumbuch verwendet werden. Alle Ausstattungsmerkmale werden raumweise eingetragen. Jeder Raum trägt eine Nummer. Ergänzt wird das Raumbuch durch das Baubuch, in dem alle sonstigen Aussagen über das Bauwerk enthalten sind (Vorbereitung bzw. Ergänzung der Werkplanung). Eine allgemeine Baubeschreibung führt dann noch all das aus, was weder im Bau- noch im Raumbuch erfaßt werden kann. Die Unterlagen werden vom Bauherrn gegengezeichnet.

Sie dienen als Grundlage für Werkplanung, die Leistungsbeschreibungen, Massen- und Kostenermittlungen, Ausschreibungen und als Vertragsbestandteil mit den Baufirmen. Das Raumbuch schafft Klarheit und ist ein unentbehrlicher Planungsbestandteil. Spannungen zwischen Bauherrn, Firmen und Architekten werden vermindert, der Aufwand für den Architekten wird ohne Raumbuch größer.

B1.4 Baugesuch

Vorabstimmung und Wahl des Statikers

Das Baugesuch für Altbaumaßnahmen bedarf einer gründlichen Vorabstimmung mit den beteiligten Behörden.
Die Wahl des geeigneten Statikers ist wichtig für die Eingrenzung des Umfangs der Sicherungsmaßnahmen bei Altbauten, hier vorrangig bei Holzbauten, Fachwerk oder ähnliche. Vielen Statikern sind die alten Techniken der Gefügelehre fremd. Die Bestimmungen für die Standfestigkeit des Tragwerks wurden für Neubauten erarbeitet und sind in vielen Fällen auf Altbauten nicht anwendbar. Dazu kommt, daß viele statische Probleme erst nach dem Baugesuch bei der Durchführung der Maßnahmen zutage treten.
Es empfiehlt sich also, frühzeitig und intensiv mit dem Statiker zusammenzuarbeiten und mit der Baubehörde zu vereinbaren, daß mit dem Baugesuch nur die für die konstruktiven Veränderungen notwendige Statik eingereicht wird, während die statischen Absicherungen und Detailfragen bei der Ausführung von Fall zu Fall mit der Baubehörde abgestimmt und nachgereicht werden. Diese Vorgehensweise ermöglicht es, z. B. von Totalentkernungen bei Fachwerkhäusern abzusehen, die nur deshalb geschehen, weil man sich vor Baubeginn quasi wie beim Neubau eine absolute Gewißheit verschaffen möchte. Vergleichbar einem Automechaniker, der bei einem Defekt jedes Mal das ganze Fahrzeug auseinander nimmt, bevor er sich mit den mechanischen Prinzipien des Fahrzeugs und den möglichen Ursachen für den Defekt beschäftigt hat. Daß die Entkernung von Fachwerkhäusern heute noch an der Tagesordnung ist, dokumentiert deutlich die weit verbreitete Unsicherheit im Umgang mit Altbauten.
Die konstruktiven Details zur Klärung statischer Absicherungsmaßnahmen werden vom Architekten erarbeitet. Er läßt sich vom Statiker beraten aber sich nicht von ihm die Pläne ausarbeiten. Das ist wichtig, da die gestalterischen Fragen oft stark von den notwendigen statischen Eingriffen in Mitleidenschaft gezogen werden.

1 Eingriffe in das Traggefüge verlangen einen fachkundigen Statiker mit Fingerspitzengefühl.

Brandschutz

Alle Anforderungen und Maßnahmen des Brandschutzes müssen mit den zuständigen Stellen frühzeitig abgestimmt werden. Es empfiehlt sich, diese Fragen innerhalb einer Bauvoranfrage oder durch einen schriftlichen Vorgang zu klären, da zuverlässige, verbindliche Zusagen und Angaben vor dem Baugesuch von den Behörden schwer zu bekommen sind, denn die Folgekosten müssen bekannt sein, um dem Bauherrn Kostensicherheit zu geben.
Die Auslegungen der Baubestimmungen (DIN 4102 u. a.) für die Brandsicherheit sind in allen Ländern der Bundesrepublik Deutschland, von Kreis zu Kreis, von Brandmeister zu Brandmeister sehr verschieden. Die Entscheidung ist im Einzelfall Ermessensfrage und führt manchmal zu so unsinnigen Auflagen, daß die Erhaltung wertvoller Bausubstanz grundlegend in Frage gestellt ist. Hier muß man mit aller Härte und eigenen Vorschlägen um den Bestand des Bauwerkes kämpfen. Die größten Schwierigkeiten treten bei Holzbauten auf. Die Forderungen gingen in einem Einzelfall so weit, Fachwerkwände – 4 m vom Nachbargebäude entfernt – außen mit Feuerschutzplatten zu verkleiden, mit der Begründung, das Lehm-Stroh-Gemisch sei leicht entflammbar.
Die Abbildung 3 zeigt das Verhalten von Fachwerk mit Lehmfüllungen im Brandfalle. Das Eichenholz brennt oberflächlich um etwa 2 cm zurück. Die entstehende Brandschwarte bildet dann einen Schutz für das Restholz. Der Lehm wird überhaupt nicht angegriffen (schließlich brennt man aus Lehm und Ton Ziegel). Das Holz wurde nur dort mehr zerstört, wo

die Lehmfüllung bzw. Ausmauerung defekt war und die Kanten des Holzes dem Feuer ausgesetzt waren.
Es gibt Anstriche, die bei Hitze aufschäumen. Sie lassen sich so aufbringen, daß Holzflächen farbig restauriert werden können. Es empfiehlt sich, in schwierigeren Fällen bei der Beurteilung der Brandschutzfragen neben dem örtlichen Brandschutzbeauftragten den Vertreter des Regierungspräsidenten hinzuzuziehen.

2 Brandverhalten einer Lehmdecke nach 5stündigem Brand in einem Fachwerkhaus, gutes Brandverhalten.

Sonstige Beteiligte

Die Bestimmungen der Landesbauordnung und sonstiger Verordnungen, etwa über Lagerstätten, Gewerbebetriebe, Gaststätten, Versammlungsräume usw., sind auch für Neubauten formuliert und kollidieren fortwährend mit den Gegebenheiten von Altbauten, wie etwa die gesetzliche Mindestraumhöhe und die Angaben über Fensterflächenanteil in Wohngebäuden. Altbauten haben oft Raumhöhen unter 2,30 bzw. 2,50 m. Diese sind nach diesen Bestimmungen an sich nicht zulässig und müssen auf dem Wege der Befreiung von Fall zu Fall genehmigt werden.
Diese Befreiung wird von Bauämtern in der Regel erteilt, während Gewerbeaufsichtsämter teils darauf beharren, daß Personalräume bei gewerblichen Betrieben eine Raumhöhe von 2,50 m haben müssen. Derartige widersprüchliche Auflagen sind dann nur durch die Einschaltung des Regierungspräsidiums zu klären.
Die gründliche Abstimmung all dieser Fragen mit den Behörden vor dem Baugesuch ist notwendig, weil derartige Auflagen Kostenkonsequenzen mit sich bringen, die nicht selten nachträglich die Finanzierung und damit Realisierung der Baumaßnahme grundlegend in Frage stellen können.

Gerade bei umfassenden Maßnahmen der Instandsetzung oder konstruktiven und baulichen Veränderung ist es ratsam, die werkplanmäßige Ausarbeitung vor dem Baugesuch vorzunehmen, da erst nach gründlicher Vorbereitung die Kostenrisiken auf ein erträgliches, überschaubares Maß gemindert werden können. Das heißt aber zugleich, daß das Risiko, eine bauaufsichtliche Genehmigung nicht zu bekommen, vom Bauherrn getragen werden muß. Am sichersten ist daher eine Bauvoranfrage, in der die Genehmigungsfähigkeit der Maßnahme vor weiteren planerischen Investitionen bestätigt wird.

3 Brandverhalten eines Lehmgefaches. Nur vorstehende Eichenteile verkohlen. Das Lehmgefach ist kaum angegriffen.

4 Nach 5stündigem Brand immer noch intakte Konstruktion.

B1.5 Massen- und Kostenermittlung

Grundsätze

Eine genaue Massen- und Kostenermittlung kann nur anhand gründlich ausgearbeiteter Unterlagen vorgenommen werden. Das Planungsraumbuch, das Baubuch, die Baubeschreibung, die Entwurfs- und Werkpläne und die im letzten Kapitel erwähnten Behördenauflagen sind die Grundlage für Massenermittlung, Leistungsbeschreibung und Kostenermittlung.
Die vermeintliche Kostenunsicherheit bei der Altbauerneuerung fördert die allgemeine Tendenz, Abbruch und Neubau der Erhaltung vorzuziehen. Kostenüberschreitungen sind im Prinzip vermeidbar, wenn in den vorbereitenden Phasen und der Planung die nötige Sorgfalt angewandt wird.

Für Kostenüberschreitungen gibt es mehrere Gründe:

- unzureichende Erfassung der notwendigen Maßnahmen;
- mangelhafter Einstieg in die vorhandene Bausubstanz;
- mangelhafte Bestandsaufnahme;
- unvollständige Erfassung der Fakten im Bestandsraumbuch;
- fehlende Aufschlüsse am Bau;
- mangelhafte Erfassung der möglichen Mängel;
- mangelhafte handwerkliche Durchdringung der Folgen von planerischen Eingriffen
- Unterschätzen des Kostenanteils für unvorhergesehene Maßnahmen
- ungenaue, unvollständige Leistungsbeschreibungen
- unklare Verträge mit den Handwerkern; unklare Abgrenzung von Leistungen nach Einheitspreisen und nach Stundenlöhnen.

Fünf Schritte für Kostenpräzisierung

Es hat sich bewährt, die Kostenermittlung in folgenden Schritten zu präzisieren.

1. Schritt: Grobkostenschätzung

Ermittlung der Kosten nach Erfahrungswerten vergleichbarer Bauten je m^2 Nutzfläche (vermietbare Fläche) unter Berücksichtigung von Besonderheiten wie große Treppenhäuser, besondere Raumhöhen usw. Die Kontrolle des Verhältnisses von Bruttorauminhalt (m^3) zu m^2 Nutzfläche ist empfehlenswert. Es ist darauf zu achten, daß bei vergleichenden Werten immer die gleiche Berechnungsart der Flächen vorgenommen wird. Entweder nach DIN 283 oder nach DIN 276. Flächenbezogene Kostenangaben haben grundsätzlich höheren Aussagewert als volumenbezogene.

2. Schritt: Schnellkalkulation

Gewerkeweise Schnellkalkulation teils über die Massen, teils über Erfahrungswerte bzw. Vergleichswerte. In Listen wird erfaßt, welche Gewerke bei dieser Stufe der Kostenermittlung auf welche Art erfaßt werden. Dabei haben sich folgende Möglichkeiten bewährt:

- nach Massen und Einheitspreisen
- nach Erfahrungswerten DM pro m^2
- nach Erfahrungswerten DM pro m^3
- nach Stückzahl, z. B. DM pro Heizkörper bzw. DM pro Sanitärobjekt
- nach eingeholten Angeboten für technische Einbauten wie Lifte usw.

Die Kalkulation sollte anhand von Gewerkelisten erfolgen, damit kein Gewerk vergessen wird.

3. Schritt: Präzise Kostenermittlung

Präzise Massenermittlung aller Gewerke. Keine Sicherheitszuschläge vorsehen! Über die so ermittelten Massen werden die Kosten aufgrund bekannter Einheitspreise errechnet und dann mit einem Zuschlag für Unvorhergesehenes (je nach Projekt zwischen 5% und 10%) versehen.
Dieser Zuschlag wird im Rahmen der Leistungsverzeichnisse gewerkeweise in Stundenpauschalen für Unvorhergesehenes umgesetzt. Ihr Anteil sollte je nach den Risiken variiert werden. So sind in der Regel bei z. B. Rohbauarbeiten und Putzer- und Malerarbeiten höhere Sicherheiten einzukalkulieren.
Ein häufig auftretender Fehler liegt darin, daß Projekte mit einer Vielzahl von Sicherheiten versehen werden. Bearbeiten dann noch mehrere ein Projekt, so entstehen utopische Preise. Der erste Zuschlag wird bei der Massenermittlung gemacht, der zweite bei der Kostenberechnung und der dritte bei der Finanzierung. Zuschläge sollen keine Angstzuschläge, sondern geplant und abgewogen sein. Kostenberechnungen müssen vollständig sein. Dazu ist es nötig, daß der, der die Kosten ermittelt, den Prozeß des Gefügeablaufes bei der handwerklichen Fertigung genau kennt und nachvollziehen kann. Viele Preise müssen auch schon vor der Ausschreibung vom Architekten kalkuliert werden, da keine Einheitspreiserfahrungen vorliegen. Dies liegt daran, daß im Altbau immer wieder Sonderfälle für handwerkliche Aufgaben vorliegen.
Kostenermittlung und Finanzierung (s. Kap. A6) sind nicht voneinander zu trennen. Die Art der Finanzierung kann wiederum von der steuerlichen Abschreibungsmöglichkeit oder von eventuellen Förderungsprogrammen abhängen. Deshalb muß man sich vor der Massen- und Kostenermittlung erschöpfend darüber informieren, welche steuerlichen Begünstigungen oder Zuschüsse für das betroffene Projekt in Frage kommen (Modernisierungs- und Energieeinsparungsgesetz oder Abschreibungsmöglichkei-

ten bei denkmalgeschützten Bauten). Es empfiehlt sich deshalb, in diesen Fragen Fachleute zu Rate zu ziehen.

Von der Art der Finanzierung hängt die Untergliederung der Kosten- und Massenermittlung ab. Dabei muß im Einzelfall unterschieden werden zwischen:
- Unterhaltungsarbeiten
- Instandsetzungsarbeiten
- Modernisierungsarbeiten
- Energieeinsparungsmaßnahmen
- Maßnahmen für altengerechtes Wohnen, für Körperbehinderte und sonstige Sonderprogramme.

Informiert man sich vor der Massenermittlung über die notwendige Gliederung der Kosten, kann man viel unnötige Arbeit einsparen.
Am häufigsten ist die Unterscheidung zwischen Instandsetzungs- und Modernisierungsmaßnahmen. Modernisierungsbedingte Instandsetzungsarbeiten sind unter Modernisierungsarbeiten aufzuführen. So fallen in der Regel die Erneuerungsarbeiten an der Elektroinstallation und die durch sie bedingten Instandsetzungsmaßnahmen (wie Schließen von Schlitzen, Putz ausbessern und die Maler- und Tapeziererarbeiten) unter Modernisierungsmaßnahmen. Um bei der Zuordnung der einzelnen Maßnahmen sicherzugehen, sollte man sich bei den zuständigen Stellen beraten lassen. Oft ist eine falsche Formulierung in der Rechnungsstellung des Handwerkers oder in der Plan- oder Projektbezeichnung Anlaß zur Ablehnung der Förderung.
Für den Handwerker sind zum Beispiel Putzer- und Malerarbeiten eine Einheit, wenn er vor der Rechnungsstellung nicht angewiesen wird, die einzelnen Kostenarten bei der Rechnungstellung zu trennen. Müssen zum Beispiel Heizungsschlitze geschlossen werden, fallen sie unter modernisierungsbedingte Instandsetzungen.

An den Beispielen sieht man, wieviel Geld einem Bauherrn gespart werden kann, wenn man auch hier sorgfältig vorgeht. Das heißt aber zugleich, daß der Aufwand für den Architekten beträchtlich größer ist als beim Neubau. Er tut gut daran, keine Nachlässe im Honorar zu geben, und Bauherrn sollten wissen, daß Kürzungen am Honorar den finanziellen bzw. zeitlichen Spielraum des Architekten einengen und diesem die Möglichkeit nehmen, gründliche Arbeit zu leisten. Zu Beginn der Zusammenarbeit muß der Bauherr ausführlich über diese vielseitigen Zusammenhänge informiert werden.
Um sparsam zu bauen, braucht man hinreichend Planungszeit, Zeit für das Abwägen von Alternativen in Gestaltung, Material, Konstruktion und Kosten. Es gibt bei allen planerischen Aufgaben mehrere Kosten-Wert-Alternativen. Die Aufgabe des Architekten ist es, mit dem Bauherrn zusammen die Lösung herauszuarbeiten, die das beste Kosten-Wert-Verhältnis bringt, bei dem man den höchsten Wert für die geringsten Kosten erwirtschaftet. [Lit A1/A2–13]

4. Schritt: Ausschreibung

Die 4. Stufe der Präzisierung der Kosten ist die Ausschreibung. Die Genauigkeit der Kosten aus dem Ausschreibungsergebnis hängt von der gründlichen Ausarbeitung der Leistungsverzeichnisse und von der Erfahrung des Architekten ab. Je umfassender die spezifischen Einzelprobleme am Bau erkannt und umgesetzt werden, desto geringer sind die unvorhergesehenen Kosten.

5. Schritt: Vergabeverhandlungen

Es hat sich bewährt, bei der Ausschreibung von Handwerkerleistungen im Altbau nur Firmen aufzufordern, die von ihrer Struktur und Intension geeignet sind, Altbauinstandsetzungen durchzuführen. Es empfiehlt sich überhaupt nicht, etwa einen Schreiner mit dem Einbau von Türen im Altbau zu beauftragen, der nicht auch bereit ist, die Flick- und Ausbesserungsarbeiten zu übernehmen.

Vergabeverhandlungen haben in mehrfacher Weise preisbildenden Charakter:
- genaue Erörterung der auszuführenden Arbeiten in Art und Umfang hilft beiden Teilen, Fehler vor der Vergabe auszumerzen
- die Erörterung von Werkplänen und Details ermöglicht Korrekturen und Änderungen in der Ausführung noch vor der Vergabe. Dadurch wird eine bessere, handwerksgerechtere und unter Umständen auch preiswertere Ausführung erreicht
- Erläuterungen können Mißverständnisse und Unklarheiten beseitigen, die zu erhöhten Preisen in der Ausschreibung oder zur Übervorteilung von Bauherr oder Handwerker führen können.

B1.6 Leistungsbeschreibung, Ausschreibung, Vergabe

Leistungsbeschreibung

Die Leistungsbeschreibungen für Maßnahmen im Altbau unterscheiden sich in der Regel grundlegend von solchen bei Neubauten. Während hier Material, Konstruktion, Gestalt und Fertigung weitgehend vom Architekten, den Handwerkern und der Industrie bestimmt werden, sind sie im Altbau vorgegeben. Die vorhandenen, meistens natürlichen Materialien haben ihre eigenen, handwerklichen Gesetze und Gestaltungsprinzipien.

Jede Reparatur, Ergänzung und Rekonstruktion muß bis ins Detail materialgerecht durchdacht, durchkonstruiert und durchgeführt werden. Materialgerecht heißt, den morphologischen und bauphysikalischen Eigenschaften des Materials entsprechend, und bedeutet u.a., daß versucht wird, den handwerklichen Methoden der Entstehungszeit auf die Spur zu kommen. Wer die Fertigung des Werkes oder Werkteiles oder seine handwerkliche Gesetzmäßigkeit nicht nachvollziehen kann, ist nicht in der Lage, eine Leistungsbeschreibung für eine Altbaumaßnahme zu erarbeiten. Wenn die Leistungen nicht so beschrieben sind, wie sie auch handwerklich konstruiert und eingebaut werden können, oder wichtige Detailausführungen in der Beschreibung der Leistung vergessen sind, muß man sich nicht wundern, wenn die Preise der Ausschreibung nicht mit denen des fertigen Werkes übereinstimmen.

Beispiel

Schreibt man bei Reparaturarbeiten von Sandsteinquadern einfach nur aus „lfdm. Sandsteineckquaderung erneuern" und läßt sich nicht über die Oberflächenbehandlung aus, wird man mit Sicherheit eine glatte Oberfläche angeboten bekommen, die steril und kalt aussieht. Altbauten haben je nach Alter entweder gebeilte, scharrierte oder gestockte Oberflächen. Die Sandsteine werden heute aus dem Steinbruch maschinell gesägt, d.h. mit glatter Oberfläche geliefert. Will man also eine lebendige Oberfläche erzielen, muß man sie mit dem Scharriereisen nachbearbeiten oder stocken, oder man muß von vornherein sandgattergesägte Werkstücke ausschreiben. Letzteres kann man wiederum nur machen, wenn man sich vergewissert, daß in der Gegend überhaupt noch Steinbrüche eine solche Fertigung durchführen.

Aber alle diese Ausführungen sind teurer, als eine glatte Oberfläche. Dies liegt daran, daß die lebendige Oberfläche sich früher aus dem handwerklichen Werdeprozeß der Verfeinerung der Oberfläche ergeben hat, während man sie heute durch Nacharbeit herstellen muß.

Eine mangelhafte Leistungsbeschreibung führt also zu Mehrkosten oder zu falscher, unvollständiger und mangelhafter Ausführung. Gerade die Tatsache, daß im Altbau vieles nicht in den Plänen festgehalten werden kann, nötigt uns, die Ausschreibung individuell an das Werk anzupassen und in jedem Falle neu über den Text der Leistungsbeschreibungen nachzudenken.

Da manche Arbeiten erst im Verlauf einer Baustelle durch Aufschlüsse zu übersehen sind, müssen in der Ausschreibung eine Vielzahl möglicher, handwerklicher Alternativleistungen für die entsprechenden Positionen vorgesehen werden, damit man bei der Ausführung auf viele Einheitspreise zurückgreifen kann und die Stundenlohnarbeiten gering hält.

1 Verschiedene Oberflächenstrukturen des Sandsteins durch handwerkliche Bearbeitung.

2 Moderne, gesägte Oberfläche wirkt steril.

3 Gotische Sandsteingewände mit gebeilter Oberfläche, stark verwittert.

Ausschreibung

Bei Altbaumaßnahmen ist der beschränkten Ausschreibung der Vorzug zu geben. Die Gefahr, daß Firmen in die engere Wahl kommen, die überhaupt keine Erfahrung auf diesem Gebiet haben, ist bei einer öffentlichen Ausschreibung groß. Was es für Folgen hat, mit Firmen zu arbeiten, die weder in der Lage noch willens sind, Flickarbeiten durchzuführen und durch Unachtsamkeit mehr zerstören als reparieren, wird nur der abschätzen können, der diese Probleme an der Baustelle erlebt hat.
So sieht es dann auch bei den meisten Baustellen aus. Statt sich zu überlegen, wie man möglichst viel erhalten kann, wirft man erst einmal alles heraus. Man stellt seinen Rohbau her, entkernt das Haus, ob Fachwerk oder Stein; das ist einfacher, aber teurer, bringt mehr Honorar und weniger Ärger. Leider ist diese Mentalität doch weit verbreitet.

4 Nicht zerstören, sondern instandsetzen ist die Aufgabe.

Vergabe

Nach Prüfung der Submissionsergebnisse werden die oben erläuterten Vergabegespräche zwischen Handwerker, Architekt und Bauherr geführt. Zuerst sollten die Gewerke ausgegliedert werden, die man auch im Altbau pauschalieren kann, wie etwa Heizungs-, Sanitär-, Elektro-, Fenster-, Fassadeninstandsetzungen. Alle Gewerke sollten von Fall zu Fall daraufhin überprüft werden, ob sie als Teil oder als Ganzes zu pauschalieren sind. Das engt wiederum das finanzielle Risiko ein.
Bei Pauschalierungen werden gemeinsam mit dem Unternehmer die Massenermittlungen präzise überprüft. Die Korrektheit der Massenermittlung sollte vom Unternehmer bestätigt und vertraglich gesichert werden. Auch bei den übrigen Gewerken erfolgt erst eine Vergabe nach eingehender Besprechung der Leistungen und der notwendigen Regiearbeiten. Im Vertrag muß verankert werden, daß Stundenlohnarbeiten nur nach schriftlicher Anmeldung und Genehmigung der Bauleitung durchgeführt und in Rechnung gestellt werden dürfen.
Ein wichtiger Bestandteil der Vergabeverhandlungen ist der Bauzeitenplan. Er bestimmt die Einordnung des Gewerkes in den Gesamtablauf und unterstützt die reibungslose Abwicklung des Bauwerks. Bauzeitenplan und Vergabeprotokoll sind Bestandteile des Werkvertrages.
Die Gesamtvergabe des Objektes erfolgt erst, wenn alle Gewerke ausgehandelt worden sind und eine letzte finanzielle Gesamtübersicht vorliegt. Hier ist die letzte Möglichkeit für den Bauherrn gegeben, eventuell von seinem Vorhaben zurückzutreten. Andererseits können hier noch durch Wahl anderer Materialien oder durch geringfügige Umstellungen in der Planung Kostenersparnisse herbeigeführt werden, wenn die Gesamtkosten zu hoch sind.

5 Keine Detailplanung – Anschluß verpatzt.

6 Keine materialgerechte Ausschreibung – Baustoffsammlung.

B1.7 Bauüberwachung

Grundsätze

Der Aufgabenbereich der Bauüberwachung, Bauführung und der örtlichen Bauleitung ist so vielfältig, daß es uns sinnvoll erscheint, eine Reihe prägnanter, immer wieder auftretender, folgenschwerer Probleme und Fehler herauszuheben und Hinweise zu geben, wie man sie vermeiden kann.
Bei Altbauten ist es noch notwendiger als bei Neubauten, daß derjenige, der die Vorplanung und Werkplanung erarbeitet hat, auch Ausschreibung und Bauführung übernimmt. Fehlt diese natürliche Vertrautheit, erhöht sich die Fehlerquote, es entstehen Reibungsverluste, die Qualität der Bauausführung leidet.

1 Angaben und Weisungen an Firmen und an der Baustelle nur durch den Architekten.

In folgende Bereiche muß der Bauherr eingeführt werden:
- das Vertragswesen
- die Rechnungsprüfung
- die Art der Anweisungen und alle anderen Fragen des Geldflusses im Zusammenhang mit der Abwicklung der Baumaßnahmen (an Firmen keine Zahlungen vornehmen, die nicht vom Architekten geprüft und angewiesen sind)
- Angaben und Weisungen an Firmen an der Baustelle nur durch den Architekten
- Firmen haben keinen Anspruch auf Zahlung, wenn Anweisungen an der Baustelle nicht vom Architekten gegeben wurden oder die Firmen etwas nicht nach Plan ausgeführt haben
- Der Bauherr übernimmt die Haftung an der Baustelle, wenn er Anweisungen entgegen der Planung des Architekten gibt.

Viele Dinge dieser Art stehen in keinem Vertrag, sondern sind im BGB oder durch die Rechtssprechung festgelegt. Sie müssen dem Bauherrn bekannt sein, damit nicht unnötige Verstimmungen entstehen.

Organisation und Terminplanung

Für jede Baustelle muß ein Bauzeitenplan erarbeitet werden. Gerade kleine Baustellen, die ohnehin im Rahmen des Honorars schwer rentierlich abzuwickeln sind, müssen reibungslos ablaufen. Die Abneigung gegen Zeitpläne ist bei Architekten und vielen Mitarbeitern groß. Ein Zeitplan ist ein organisatorisches Hilfsmittel, das selbstverständlich nicht kalkulierbaren Einflüssen unterliegt und immer wieder neu überarbeitet werden muß. Das Wichtigste dabei ist die Beschäftigung mit dem Zeitablauf, das Einfühlen in die Kette der Kausalitäten. Das Gegenteil einer geregelten Bauablaufplanung mit Bauzeitenplan ist die Konzeptionslosigkeit, die immer eine ansteckende Disziplinlosigkeit aller Beteiligten zur Folge hat.
Die zeitliche Disposition dient der eigenen Organisation und der terminlichen Orientierung der Firmen und aller Beteiligten. Alle organisationstechnischen Aussagen bedürfen der Schriftform.
Die Situation am Bau verlangt oft eine schnelle planerische Entscheidung in Form einer Änderung oder einer neuen Aussage. In einem solchen Fall sollte man immer die neue Lösung an Ort und Stelle zeichnerisch festhalten, entweder durch Werkplaneintragung (Achtung: Planänderungen im Original nachtragen, bei wesentlichen Änderungen neue Pläne an die Handwerker verschicken), oder man zeichnet die Änderung auf einen Transparentblock mit Durchschlag oder mit Ölkreide auf die Wand und hält diese Zeichnung mit einer Sofortbildkamera fest (Bild zu den Akten).
Alle offenen Fragen sind während der Bauzeit an Ort und Stelle mit den beteiligten Fachingenieuren und Behör-

den abzustimmen. Das gilt insbesondere für die Denkmalpflege, vor allem aber auch für die Fassaden- und Dachgestaltung und die Farbgebung. Oft wird im Eifer der Ausführung vergessen, daß für die äußere Gestalt von Gebäuden und vor allem für die Farbgebung bei Fassaden Gestaltungssatzungen bestehen und der Denkmalpfleger zu konsultieren ist. Hierüber Näheres beim Thema Farbgebung. Man vergesse dabei nicht, vorsichtig anzufragen, ob im Einzelfall die untere Denkmalschutzbehörde allein oder auch der Landeskonservator gefragt sein wollen. Will man selbst Einfluß nehmen auf die Farbgebung, so empfiehlt es sich, Farbproben anzubringen, die sich entweder auf Befund stützen oder neu konzipiert werden müssen.

2 Ein geregelter Bauablauf erfordert Disziplin bei allen Beteiligten.

Architekt als bauüberwachender Ausbilder

In der Bauüberwachung sind dem Planer leitende Funktionen zugeteilt. Er bekommt Fragen gestellt und muß in der Lage sein, sie zu beantworten. Er sollte sich aber nicht scheuen, auch Handwerker um Rat zu fragen. Gerade, was die praktische Durchführbarkeit angeht, ist der Handwerker oft überlegen.

Die Werkstattgespräche und das Zuschauen und Zuhörenkönnen, das „dem Handwerker auf die Finger schauen“ ist Brot für den Architekten. Ebenso nützlich ist, selber Hand anzulegen, Handgriffe zu lernen, Verfahren nachzuvollziehen, Handwerkszeug zu benutzen, Werkstoffe zu verarbeiten. Der Architekt lernt dadurch, was machbar ist, was bezahlbar ist, was verlangt werden kann und welcher Zeitaufwand damit verbunden ist. Man sieht es dem Architekten an den Händen an, ob er Praktiker des Baualltags ist oder sich nur theoretisch mit der Materie beschäftigt.

Dieser Lernprozeß ist um so wichtiger, als heute im Gegensatz zu früher dem Architekten in wachsendem Maße die Aufgabe zukommt, den Handwerkern anzugeben, wie es gemacht wird. Verfahrensweisen müssen an der Baustelle geradezu eingeübt werden, weil die Handwerker sie nicht mehr beherrschen, vergessen oder nie gelernt haben. In besonderem Maße tritt dies bei der Restaurierung historischer Bauten auf. Der Malermeister, der heute noch Farben mischen, eine Lasur aufbringen oder einen freihändigen Ritzer ziehen kann, ist die Ausnahme. Welche Firma kann heute noch einen altdeutschen Putz aufbringen mit der abgearbeiteten Kelle oder dem Buchenbrett ohne Zuhilfenahme eines Richtscheits, freihändig geglättet. Oder welch ein entgeistertes Gesicht macht manch ein Zimmermann, wenn man verlangt, eine Fachwerkwand mit Zapfen und Holznägeln herzustellen und nicht mit Nagelblechen zu versehen.

Es ist erschütternd, zu beobachten, daß Handwerker die Nase rümpfen, wenn von ihnen eine im eigentlichen Sinne handwerkliche Arbeit verlangt wird. Alles, was nicht glatt ist, schnell geht und in großer Serie gefertigt werden kann, ist nicht „in“.

Das Ausmaß des Verfalls beim Handwerk ist regional verschieden. Im Bereich von Ballungsräumen und starker Bautätigkeit ist es am stärksten. Wenige Firmen haben sich ihre handwerkliche Tradition erhalten oder versuchen, sich wieder die alten Fähigkeiten anzueignen.

Zur Zeit ist es so, daß wir allenthalben Firmen suchen, die die Arbeit bei der Restaurierung so ausführen können, wie es dem Niveau des bestehenden Hauses entspricht.

Beispiele

Beispiel 1: Dachdeckerfirmen, die ein Biberschwanzdach, das mit handgestrichenen Ziegeln eingedeckt ist, so umdecken oder neu decken, daß die alten, guten Ziegel erhalten bleiben, müssen gesucht und angeleitet werden. Übrigens ist eine solche Deckung nicht teurer als eine Neueindeckung mit Biberschwänzen.

Beispiel 2: Will man ein Fenster für ein Fachwerkhaus, Öffnungsgröße 70/100 cm, mit Sprossen und dem für diese Fenstergröße notwendigen schlanken Eichenrahmen und sonstigen Fensterprofilen, die optisch der Größe des Fensters und der Feingliedrigkeit des Hauses entsprechen, muß man lange suchen. Zuweilen hört man das Argument, daß die Haftung für solche Fenster nicht übernommen werden kann. Wenn man noch dazu einen Wetterschenkel verlangt oder einfache Vorreiber und Scherenbeschläge oder ein Rudergetriebe, so erntet man oft ungläubiges Erstaunen.

Die Schulungsrolle, die dem bauleitenden Architekten zukommt, beansprucht einen Großteil der Bauführungszeit.
Am schlechtesten steht es allerdings um die Architektur, vor allem bei Altbauten, wenn auch der Architekt wenig Ahnung hat. Dann ist für den Bauherrn guter Rat teuer.

3 Der Richtspruch wird verlesen.

Aufmaß und Abrechnung

Alle nicht pauschalierten Gewerke müssen nach Einheitspreisen und Aufmaß abgerechnet werden. Das setzt voraus, daß möglichst viele der vorweg erfaßbaren Arbeiten in Leistungsbeschreibungen und Einheitspreisen festgehalten wurden. Der Bereich der Stundenlohnarbeiten muß so gering wie möglich gehalten werden. Mit der Zeit bekommt man Erfahrungen in der Einschätzung des möglichen Zeitaufwands für nicht erfaßbare Leistungen, etwa im Rohbau für Abbruch und Freiräumen von Bauteilen oder für die Ausbesserungsarbeiten bei den Putzerarbeiten. Es empfiehlt sich immer wieder, ältere, fertiggestellte und vergleichbare Projekte heranzuziehen, um das Risiko abzuschätzen.
Bei der Bauüberwachung ist darauf zu achten, daß Stundenzettel mindestens wöchentlich abgezeichnet werden, wenn sie nicht täglich kontrolliert werden können. Stundenzettel sind von den Firmen täglich vorzulegen. In der Regel sollten Stundenzettel, die länger als vier Wochen nicht zur Prüfung und Gegenzeichnung vorgelegt wurden, nicht mehr anerkannt werden. Ebenso wie Stundenarbeiten, die nicht über das Leistungsverzeichnis oder schriftlich legitimiert sind. Auch und gerade hier gilt, daß Kontrolle besser ist als Vertrauen. Im übrigen empfiehlt es sich, die VOB gründlich zu Rate zu ziehen, um Doppelberechnen und Übermessen zu vermeiden.

Maßnahmen in bewohnten Räumen

In besonderem Maße wird die Objektüberwachung erschwert, wenn Instandsetzungs-, Modernisierungs- oder gar Umbauarbeiten in bewohnten Räumen durchzuführen sind. Um die Belästigungen für die Bewohner möglichst gering zu halten, sollte man folgende Grundsätze beachten:

- Grundrißlösungen und Planungen wählen, die der Tatsache Rechnung tragen, daß es sich um bewohnte Räume handelt
- Ausarbeiten eines minuziösen Zeitplanes, aus dem wohnungsweise der Ablauf der einzelnen Arbeiten mit Daten zu ersehen ist
- umfassende Information der Bewohner, Veränderungen im Zeitplan sofort den Beteiligten mitteilen
- technische Verfahren anwenden und Geräte, die ein schnelles Vorgehen und möglichst staubfreies Bauen und Einbauen ermöglichen und mit wenig Lärm verbunden sind.

Eigentlich sind bauliche Maßnahmen in bewohnten Räumen überhaupt nicht zumutbar. Da sie sich jedoch oft nicht vermeiden lassen, müssen sie für alle Beteiligten und vor allem für die Bewohner in einem möglichst erträglichen Rahmen gehalten werden. Bei umfassenden Maßnahmen ist in jedem Fall ein Umzug der Bewohner innerhalb des Hauses oder außer Haus anzustreben.
Der Planer muß den funktionalen Ablauf einer solchen Baustelle zum Entwurfskriterium machen und diesem Grundsatz u. U. gestalterische und funktionale Gesichtspunkte unterordnen. Die Mieter müssen frühzeitig konsultiert, in die geplanten Maßnahmen eingeführt und auch mit den Schwierigkeiten des Bauführers vertraut gemacht werden.

4 Alter Richtspruch.

Inhalt

Unter „Bauteile im Erdreich“ werden behandelt:
a) Bauteile, die sich im Erdreich befinden, wie Fundamente und Keller
b) Bauteile, die teils im Erdreich sind, wie Mauern und Stützmauern
c) Bauteile, die mit den oben genannten in direkter Verbindung stehen, wie Gewölbe, Bogen, Pfeiler.

Den „Füßen“ der Häuser und Mauern ist besondere Bedeutung beizumessen. Nasse oder/und konstruktiv angegriffene Fundamente sind eine Gefährdung für Haus und Bewohner.

Wurzeln und Fundamente

Häufig wird behauptet, daß Wurzelwerk die Fundamente zerstöre, also keine Bäume und Sträucher in die Nähe von Fundamenten gepflanzt werden dürfen. Das ist falsch.
Bäume und Sträucher wachsen nun einmal dort, wo ihre Wurzeln die lebensnotwendige Feuchtigkeit vorfinden. Die wahre Schadensursache liegt also in den meisten Fällen in der mangelnden Unterhaltung von Fundamenten. Erst wenn ihr Gefüge schadhaft ist, kann Wasser und damit Wurzelwerk eindringen, während dies bei intakten Fundamenten nicht möglich ist.
Im folgenden werden Beispiele gegeben für eine sinnvolle handwerkliche Ursachenbeseitigung, die sich vielfach auch durch Preisgünstigkeit auszeichnet. Grundsätzlich sollte man die Regel befolgen, traditionelle, einfache Verfahren handwerklicher Art anzuwenden.

1 Reparatur von Folgeschäden stark verrotteter Fundamente.

2 Konstruktiver Aufbau eines Kellergewölbes aus Buntsandstein.

3 Sockelschaden durch Oberflächenwasser.

Gründungsarten

Bei Altbauten wurden die Fundamente aufgrund der Mauerwerksstärken meistens ohne Verbreiterung auf dem vorgegebenen Erdreich oder auf vorhandenem Kulturschutt aufgebracht. Häufig wurden Fundamente in eine Fundamentgrube als Mörtelsteingemisch eingefüllt oder einseitig am Hang gegen das abgestochene Erdreich gemauert. Die Frosttiefe von 1,0 m wurde in vielen Fällen nicht eingehalten. Oft wurde nur der Humus entfernt und dann aufs Erdreich gemauert. Bei Bruchsteinbauten führte das in vielen Fällen aufgrund der hohen Auflast noch nicht einmal zu Frostschäden, während die Sockel von nicht unterkellerten Fachwerkhäusern oft stark durch Frosteinwirkung zerrissen sind. Das Fachwerk nimmt diese Bewegungen auf und verformt sich teilweise beträchtlich.
Die Pfahlgründung, in den Boden gerammte Eichenholzrundstämme, wurde bei hohen Belastungen und Untergründen mit schlechter Tragfähigkeit wie Torf, Sümpfe, feuchte Aueböden usw. gewählt. Dieses teure Verfahren kam meistens nur bei repräsentativen Bauten zur Anwendung. Die Pfähle müssen in ganzer Länge im Grundwasser stehen, damit sich das Holz auf Dauer hält.
Die meisten Schäden an solchen Bauten entstehen durch das Absinken des Grundwasserspiegels;dies führt zum Verfaulen der freiliegenden Holzteile. Die Schadensfolgen liegen auf der Hand; Setzungen im aufgehenden Mauerwerk, Rissebildung, Einbruch von Bauteilen bis zur Baufälligkeit. Viele wertvolle Bauten dieser Art konnten nur durch Erneuerung der Pfähle in Beton (Rotterdam) oder durch Unterpressung der gesamten Konstruktion mit Beton gerettet werden. Im Mainzer Dom führte die Maßnahme dazu, daß alle Vorgängerbauten unter der Kirche ein für allemal im Beton begraben sind.

1 Schäden im Sockelbereich durch aufsteigende Feuchtigkeit.

Alterung und Schäden an Fundamenten

Die meistens aus Bruchstein gemauerten Fundamente (bis Ende des 19. Jahrhunderts), aber auch Ziegelfundamente wurden bis zum Jahre etwa 1906 und auch nach dieser Zeit nur vereinzelt mit horizontaler Isolierung versehen. Die ersten schweren Teerpappen wurden im Kellergeschoß etwa 30 cm über dem äußeren Geländeanschnitt eingelegt. Auch senkrechte Feuchtigkeitsisolierungen, wie sie heute üblich sind, gab es nicht. Wir müssen also davon ausgehen, daß die in Kalkmörtel errichteten Bruchsteinfundamente von unten und seitlich in der Fläche dem Oberflächenwasser voll ausgesetzt waren. Offensichtlich reichte die Atmungsfähigkeit des Sockelmauerwerks und der Luftaustausch im Keller aus, um die aufsteigende Feuchtigkeit im Sokkel wieder freizugeben, sodaß die von Mensch und Tier bewohnten Bereiche trocken blieben.
Die häufigsten Schäden an Fundamenten sind Feuchtigkeitsschäden. Sie treten auf, wenn über den Zeitraum von ca. 50 bis 80 Jahren das nichtkalkhaltige Regenwasser das Bindemittel Kalk aus dem Mörtel der Fugen in den Fundamenten herausgelöst hat. Alte Kalke sind gelöschte Sumpfkalke, sind mehr oder weniger stark wasserlöslich, weil sie kaum oder gar keine Hydrate in Form von Kieselsäure (SiO_2), Tonerde (Al_2O_3) und Eisenoxyd (Fe_2O_3) enthalten, die bei der Verwendung von sogenannten hydraulischen bzw. hochhydraulischen Kalken zur Wasserunlöslichkeit führen. Feuchtigkeit in den Fundamenten und im aufgehenden Mauerwerk (Sockel) ist also eine Alterungserscheinung der Fundamente. Ältere Fundamente sind häufig bar jeglicher

Bindemittel. Das Mauerwerk rutscht zusammen und bricht aus. Der Zerstörungsprozeß wird durch das heute oft sehr säurehaltige Wasser (Ph-Wert von 5 bis auf 2,5 abgesunken) noch stark gefördert.
Es empfiehlt sich deshalb, bei zerstörten Fundamenten hydraulischen oder hochhydraulischen Kalk zu verwenden, der nicht wasserlöslich ist, aber atmungsfähig bleibt.
Die Mischungsverhältnisse bei Ausbesserungen des Mauerwerks und beim Verputzen müssen der Struktur des vorhandenen Mörtels angepaßt werden, um ein ähnliches Spannungsverhalten zu erreichen. Zu viel Bindemittel führt zu Rissebildung und Platzen von Putzschichten. Es hat sich gezeigt, daß das Ausbessern und Verputzen in den meisten Fällen ohne jegliche zusätzliche Behandlung mit Heißbitumen oder sonstigen bituminösen und anderen Dichtungsanstrichen vollkommen ausreicht, um den Feuchtigkeitshaushalt des Gebäudes wieder zu normalisieren. Das heißt: Keine Trockenlegung, sondern eine Normalisierung des Feuchtigkeitshaushaltes!
Das Wort Trockenlegung ist in diesem Zusammenhang deshalb auch als falsch zu bezeichnen. Es geht nicht darum, eine absolute Absperrung gegen jegliche Feuchtigkeit zu erreichen. Dies ist aus bauphysikalischen Gründen überhaupt nicht empfehlenswert.

Bestandsprüfung

Es ist eine irrige Auffassung zu glauben, daß Fundamente keiner Unterhaltung bedürfen. Es empfiehlt sich, bevor sichtbare Schäden auftreten, durch eine Schürfprobe bis etwa in 1,0 m Tiefe senkrecht zum Fundament zu untersuchen, wie stark die Verrottung des Fundamentes fortgeschritten ist. In der Tiefe bis zu 1,0 m treten die größten Schäden durch Oberflächenwasser auf. Zeigen sich hier ausgewaschene oder feuchte Fugen und Bauteile sowie Wurzelwerk und Humus in den Fugen oder herausbrechende Quader und Mauerteile, so ist es Zeit, das gesamte betroffene Fundamentmauerwerk in Ordnung zu bringen.
Die im folgenden genau beschriebenen Instandsetzungsmaßnahmen sind altbewährte Vorgehensweisen. Sie sind tausendfach vor allem bei den Staatsbauämtern und Landeskirchen in Deutschland mit großem Erfolg durchgeführt worden. Auch Fundamente von nicht unterkellerten Gebäudeteilen, an die man von innen nicht herankommt, sind zu sanieren, wenn man sie regelmäßig von außen instandhält.

2 Durch aggressives Regenwasser ausgespülte Fugen beim Bruchsteinmauerwerk.

Grundsätze

Die beiden Abbildungen 6 und 10 weisen auf die Hauptgefahrenpunkte bei Fundamenten und die Stellen des größten Wasseranfalls hin. Zuerst muß im Rahmen der Bestandsaufnahme die Wetterseite bestimmt werden, weil hier der meiste Schlagregen vor allem an höheren Fassaden zu großen Wasseransammlungen im Sokkelbereich führt. Am Geländeanschnitt kommt das meiste Regenwasser zusammen: Schlagregen von der Fassade, von offenen Regenfallrohren oder zerstörten Rinnen, Hangwasser bzw. Oberflächenwasser. Deshalb ist der Sockel und das darunterliegende Fundamentmauerwerk in besonderem Maße gefährdet.

Alte Bauwerke hatten keine Dränagen. Das Oberflächenwasser wurde in Sockelgossen aus Pflastersteinen abgeführt. Drückendes Wasser aus wasserführenden Schichten und Wasseradern im Fundamentbereich wurden nicht abgeleitet. Da heute oft Gossen beschädigt oder entfernt werden, dringt auch das Oberflächenwasser vor allem auf der Hangseite in den Fundamentbereich ein. Hierbei sind die Fundamente in besonderer Weise einem schnellen Verschleiß ausgesetzt. Totale Durchfeuchtung der Keller und Kellerwände sowie der Sockel und des aufgehenden Mauerwerks sind die Folge. Hier müssen selbstverständlich neben der Instandsetzung der Fundamente Dränagen vorgesehen werden.

Zum Abschluß soll nochmals darauf hingewiesen werden, daß es gilt, Ursachen zu beheben und nicht Symptome zu behandeln. Alle „Wundermittel" für sogenannte Trockenlegungen sind mit Skepsis zu betrachten. Aus der Notlage von Hausbesitzern machen manche ihr Geschäft, ohne zu einer langfristigen Gewährleistung bereit zu sein (mindestens 10 Jahre). Es ist davon abzusehen, Feuchtigkeit von innen abzusperren, denn damit bekämpft man nicht die Ursachen, sondern beläßt die Feuchtigkeit in der Wand. Ein nachträgliches Einbringen einer Horizontalisolierung ist fast immer nicht nötig und allemal sehr teuer. Das hat die Erfahrung gezeigt. In seltenen Fällen liegt unterirdisches, starkes Hang- oder Quellwasser oder Staufeuchte vor, die im einzelnen einer besonderen Behandlung bedürfen.

Schäden an den Fundamenten durch Bodensetzung müssen ebenfalls durch Schürfproben genau untersucht werden. Oft stellt sich heraus, daß die Gründung abschnittsweise verschieden tief oder der Untergrund in seiner Tragfähigkeit wechselhaft ist. Es gibt viele Ursachen für Fundamentschäden wie Bergwerksetzungen, Verwerfungen unter Gebäuden, Frostaufbrüche, Bodenverschiebungen, Erschütterungen durch Straßen- und Bahnverkehr usw.

Hier empfiehlt es sich, einen Bodengutachter zu konsultieren, wenn die Schadensursache nicht offenkundig ist.

Das Sprichwort: „Was dem einen seine Not, ist dem andern sein Brot" galt auch zum Beispiel für die Vertreiber der sogenannten Entlüftungsröhrchen für feuchte Sockel, die sich als reine Scharlatanerie herausstellten. Die Abbildung 5 zeigt, wie Feuchtigkeit an den Röhrchen vorbeizieht. In Wirklichkeit war die Wirkung genau entgegengesetzt.

3 Hier ist dringend eine Instandsetzung der Fundamente erforderlich.

4 Setzungsrisse entstehen oft auch durch ausgespülte Fundamente.

5 Sog. „Entlüftungsröhrchen" sind zur Trockenlegung des Sockelbereichs ungeeignet!

Fallbeispiele

1. Bestandsprüfung nichtdrückendes Wasser

Hauptwasseranfall

1. Schlagregen an den Fassaden (Wetterseite).
2. Offene Regenfallrohre, kaputte Rinnen.
3. Oberflächenwasser vor allem bei Gefälle zum Gebäude.

Hauptgefahrenpunkte

1. Anschnitt des Geländes am Gebäude, Zusammentreffen von Schlagregen, Oberflächenwasser und Wasser aus offenen Fallrohren und kaputten Rinnen.
2. Fundamentbereich bis 1,00 m Tiefe. Bei 1 und 2 mechanische und chemische Lösung, nicht hydraulischer Kalk durch das anfallende Wasser.

Vorbeugende Maßnahmen

Überprüfung des Mauerwerkszustandes im Geländeanschnitt und im Bereich bis 1,00 m Tiefe durch Schürfprobe; wenn oben in Ordnung in der Regel weiter unten keine Gefahr.

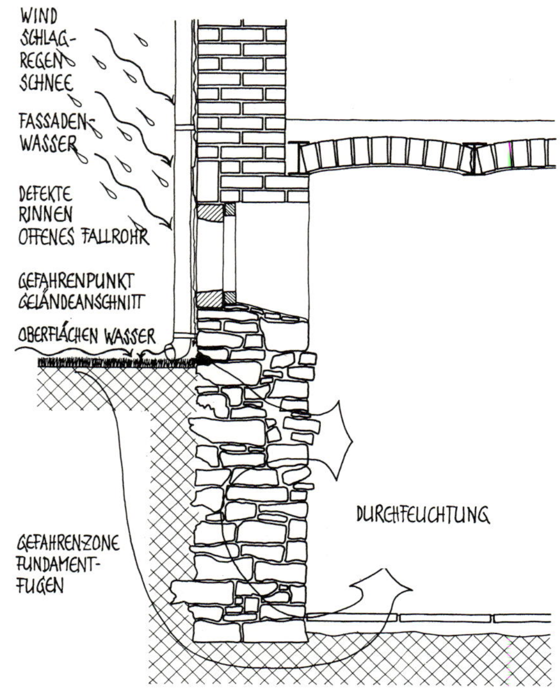

6 Hauptschadenspunkte im Fundament- und Sockelbereich durch nichtdrückendes Wasser.

7 Schadenslandschaft Brandwand.

8 Fäulnis durch aufsteigende Grundfeuchte im Fußboden- und Schwellenbereich beim Fachwerk.

9 Putzablösungen im Sockelbereich.

2. Bestandsprüfung drückendes Wasser

Hauptwasseranfall
1. *Quelldruck*
2. *Wasserführende Schichten*
3. *Hang- und Oberflächenwasser*
4. *Offene Regenfallrohre*
5. *Schlagregen Wetterseite*

Hauptgefahrenpunkte
1. *Quelldruck unter Kellerboden, Wasseraustritt, Durchfeuchtung Boden und Wände.*
2. *Stauwasser im Fundamentbereich, Wasserdurchtritt durch Mauerfugen, Unterspülung der Fundamente.*
3. *Anschwemmen von Erdreich in Sockelzone, Wasser fließt durch Kellerfenster.*
4. *Anschwemmen von Erdreich in Sockelzone, Durchfeuchtung von Schwellen und Gewölben, Fäulnisgefahr, Schwammbefall.*
5. *Anschnitt des Geländes am Gebäude, Zusammentreffen von Schlagregen, Oberflächenwasser und Wasser aus offenen Fallrohren und kaputten Rinnen.*

Vorbeugende Maßnahmen
- *Regelmäßige Inspektion von: Sokkel, Geländeanschluß, Innenwänden – Keller. Schürfproben.*
- *Anschluß von Fallrohren an Kanal*
- *Dränage bzw. Flächendränage.*

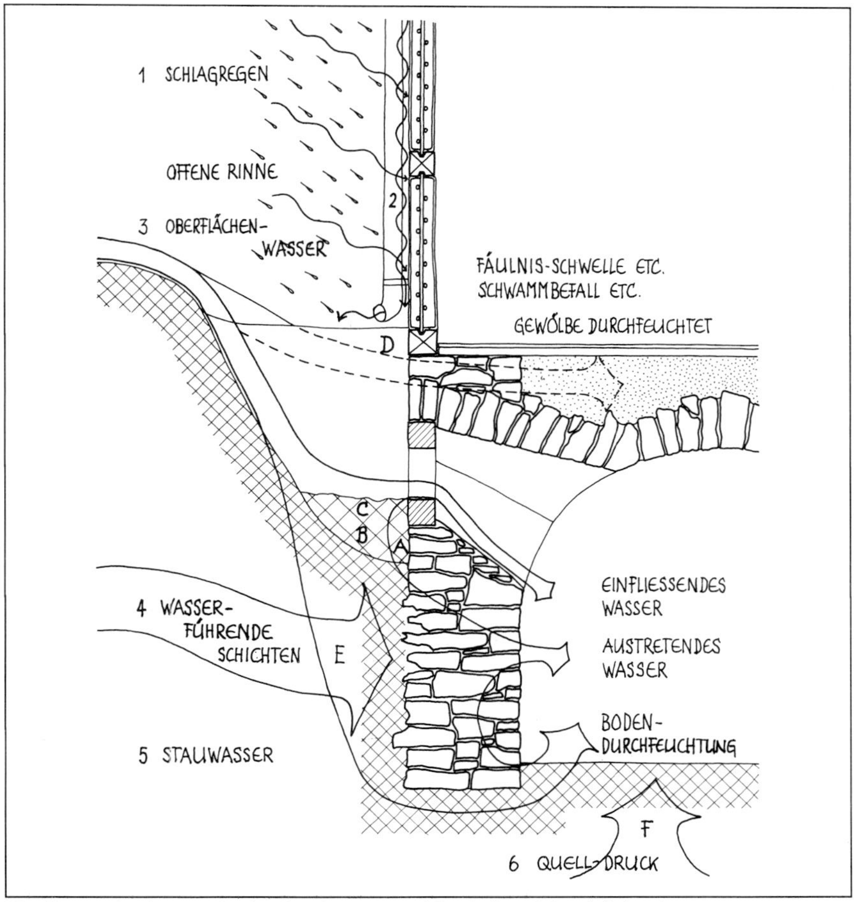

10 Hauptschadenspunkte im Fundament- und Sockelbereich – drückendes Wasser.

11 Schwelle und Ständerwerk am Fußpunkt zerstört.

12 Schäden durch angeschwemmtes Erdreich in der Sockelzone.

13 Ausgespülter Sockel.

Grundsätze

Die im folgenden aufgezeigten Instandsetzungsbeispiele sind ausschließlich auf den Anwendungsbereich Altbau abgestimmt. So gibt es im Altbau in der Regel erst in jüngerer Zeit vorspringende Fundamente, wie sie heute im Neubau üblich sind. Das Keller- und Sockelmauerwerk bildete meistens eine in Material und Wandstärke durchgehende Einheit. Stufenfundamente gab es nur bei besonderer Belastung (Türme usw.). Das Mauerwerk war zugleich Fundament.
Die Masse der Schäden sind Feuchtigkeitsschäden. (Lösung des nichthydraulischen Kalkes durch Regenwasser.)

Zu ihrer Beseitigung gibt es folgende Maßnahmen:
- Instandsetzung durch Reinigen, Auswerfen der Fugen, Neuverputz und Isolieranstrich
- Horizontalisolierung; abschnittsweises Einlegen von Pappen oder Folien
- Injektionsverfahren
- Elektroosmose; gezielte Wasserableitung durch elektrisches Gleichstromfeld.

In den meisten Fällen genügt die Instandsetzung der verrotteten Fundamente und Sockel und das Beheben der Schadensursachen wie kaputte Regenrinnen, offene Fallrohre, Hangwasser, fehlende Dränagen usw. Eine nachträgliche Horizontalisolierung ist in der Regel nicht notwendig und zu teuer. Feuchtigkeitssperren innen sind nur durchzuführen, wenn kein anderer Weg möglich ist, da sie nur Symptome verstecken und keine Ursachen beheben. Teure Verfahren, wie die Injektion von Fundamenten, sind sicher zur Rettung wertvoller Bauten und Kunstdenkmäler angemessen, aber nicht für den Altbaualltag geeignet.

Elektroosmose erspart auf keinen Fall die Instandsetzung der Fundamente, da sie nur das Aufsteigen des Wassers bremst. Es ist die Frage zu stellen, ob das Aufbauen eines elektrischen Feldes um bewohnte Räume gesundheitsschädlich ist oder nicht.

Bestandsaufnahme

Schadenssymptome und Ursachen für aufsteigende Feuchtigkeit in Fundament, Sockel und Mauerwerk

1. Fundamentmauerwerk beschädigt oder kaputt.
2. Sockelputz oder Verfugung beschädigt oder kaputt.
3. Sockelabdeckung beschädigt.
4. Fehlende bzw. defekte Dachrinnen.
5. Fehlende bzw. defekte Fallrohre, offener Fallrohrablauf.
6. Zu hoch über dem Sockel angefülltes Erdreich.
7. Wurzelwerk im Fundament und Sockelbereich.

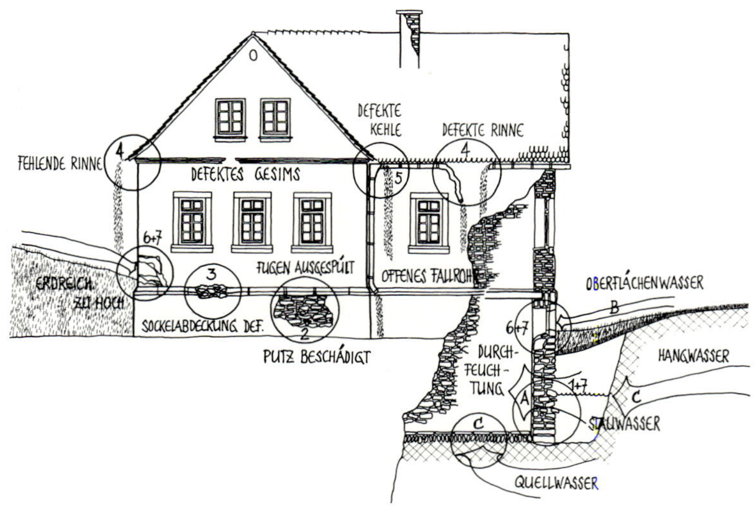

14 Schäden im Sockelbereich: Schadenssymptome und ihre Ursachen.

8. Kombinationen aus Punkt 1 bis 7.

Folgen:
- Fäulnis im Erdgeschoßfußboden und an Balkenköpfen, möglicher Hausschwammbefall
- faule Fachwerkschwellen
- wachsende Durchfeuchtung von Mauerwerk und Putz, Frostschäden, Abplatzen des Putzes
- weiteres Eintreten von Wasser in die offenen Fugen
- weiteres Eindringen von Wurzelwerk in die offenen Fugen
- Zusammenfallen der haltlosen, ausgespülten Fugen, Nachrutschen des Tragwerkes.

Feuchtigkeit bzw. eintretendes Wasser im Kellermauerwerk
1. Zerstörter Fugenmörtel, ausgespülte Fugen.
2. Zu hoch angefülltes Erdreich, Eintritt des Oberflächenwassers in Kelleröffnungen.
3. Drückendes Wasser durch fehlende Dränage, angestautes Wasser in der ehemaligen Baugrube (Oberflächenwasser, Schlagregen, offene Fallrohre und Rinnen), wasserführende Schichten, Quelldruck.
4. Installationsschäden im Haus.

Risse im Mauerwerk des Sockels und Kellers
1. Verschiedene Setzungen im Untergrund
a) geologische Vorgänge – Riß senkrecht und schräg
b) Bodenveränderungen durch Sinken des Grundwassers, Schwinden von Böden – schräge Risse, abkippende Ecken
c) Abrutschen von Formationen unter dem Gebäude talwärts – schräge und senkrechte Risse.
2. Abreißen zu langer Gebäudeteile ohne Setzungsfuge – senkrechte und schräge Risse.
3. Absinken von Wandteilen unter der Decke – horizontale Risse.

15 Kellermauerwerk mit ausgespülten Fugen und Ausblühungen durch aufsteigende Feuchtigkeit.

Fallbeispiele

1. Verrottete Fundamente – Instandsetzung ohne Dränage

- *Mäandrierende Feuchteränder am aufgehenden Mauerwerk (Trockenrand – Salzkristallisation)*
- *ausgepülte Fugen im Geländeanschnitt*
- *nach Schürfprobe sichtbar: Fundamentfugen – nichthydraulischer Kalk vom Regenwasser gelöst, Mörtelsand ausgespült*
- *Humuseinspülungen*
- *Herausbrechen loser Quaderung*
- *Eindringen von Wurzelwerk in zerstörtes Fundament – weitere Schäden*
- *Zusammenrutschen der Mauersteine – Gebäudesetzung*
- *kein drückendes Wasser.*

Instandsetzung
1. Freigraben bis Fundamentsohle.
2. Entfernen von Mörtelresten, losem Gestein und Wurzelwerk.
3. Reinigen der Mauerwerksfugen mit scharfem Wasserstrahl.
4. Trockenzeit ca. 14 Tage.
5. Ausmauern von Schadstellen, MV 1 Teil hydraulischer Kalk bzw. Traßkalk, 3 – 4 Teile Flußsand.
6. Auswerfen der offenen Fugen mit hydraulischem Kalkmörtel, MV 1 Teil Traßkalk, 3 Teile gewaschener Sand.

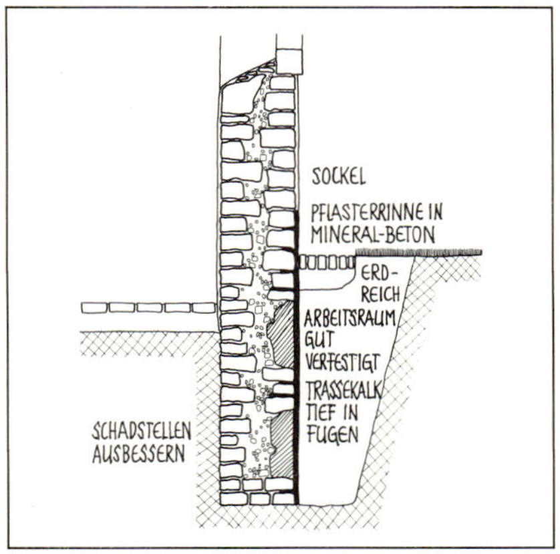

16 Fundamentinstandsetzung ohne Dränage.

7. Aufbringen eines einlagigen Kellenputzes den Unebenheiten des Mauerwerks folgend bis auf mind. 15 cm über Geländeanschnitt, glatt abreiben. Bei starken Vorsprüngen horizontal und vertikal Flaschenkehle ausbilden. Mischungsverhältnis wie Punkt 6. Vor direkter Sonneneinstrahlung schützen, feucht halten bis Abbindeprozeß beendet.
8. 2 × heiß oder 3 × kalt bituminöse Anstriche oder mineralische Dichtungsschlämmen. Bei Sakralbauten mit einer notwendigen Mindestfeuchte für Orgel und Kunstwerke ohne Sperranstrich belassen, um eine ausreichende Raumluftfeuchte zu gewährleisten.
9. Nach Abbinden des Putzes Beifüllen des Erdreichs. Vorsicht vor Beschädigungen! Gut verfestigen!

17 Fundamentverfestigung mit vorgesetzter Betonschale.

2. Verrottete, gegen Erdreich gemauerte Fundamente

- *Feuchtigkeit im Sockel und aufgehenden Mauerwerk*
- *Fundamentmauerwerk gegen das Erdreich gemauert, starke Zerklüftungen, offene Fugen.*

Instandsetzung
1. Verputzen wie oben beschrieben nicht möglich.
2. Freigraben, reinigen, austrocknen.
3. Betonschale vorbetonieren, vollfugig einrütteln, Versprünge schräg abziehen, Innenecken als Flaschenkehle. Sonst wie oben.

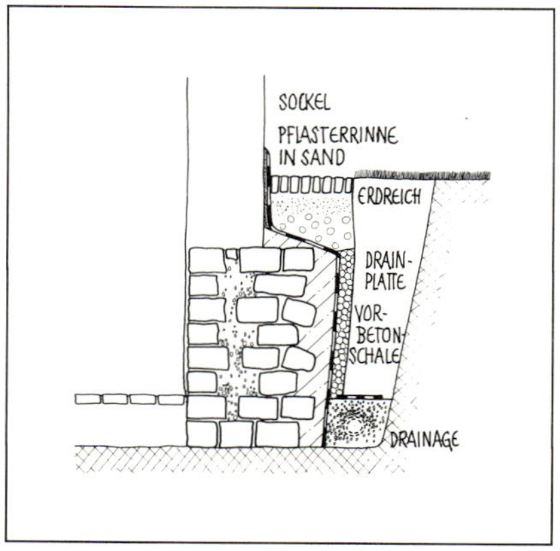

18 Instandsetzung gegen Erdreich gemauerter Fundamente.

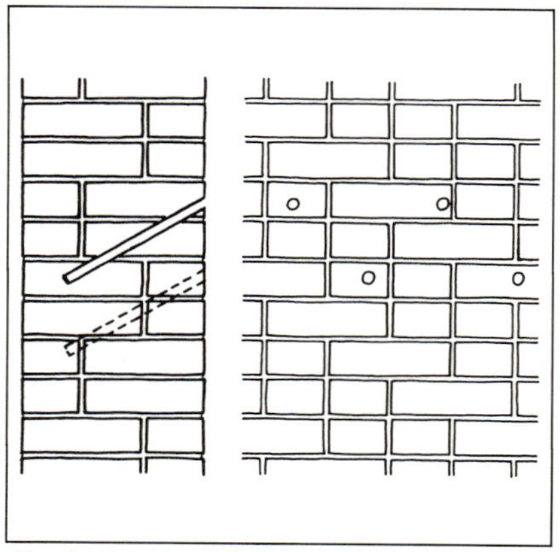

19 Systemskizze Bohrlochplazierung beim Injektionsverfahren.

3. Injektionsverfahren

Allen Injektionsverfahren ist mit größter Vorsicht zu begegnen. Zumal sie auch nur in Erwägung zu ziehen sind, wenn die Durchfeuchtung nicht anders zu entfernen ist. Es ist wichtig zu wissen:

- *feuchtigkeitsgesättigtes Mauerwerk nimmt nichts auf*
- *Injektionsmittel treten zwar in Risse, aber im übrigen nur in wenige Materialien ein*
- *Kieselsäure und Wasserglas schrumpfen beim Erhärten*
- *zementgebundene Mittel dringen überhaupt nur in grobe Risse*
- *Probebohrungen ergeben hohe Fehlerquote*
- *ohne Instandsetzung der Fundamente ohnehin nicht vertretbare Methode.*

Ziel des Verfahrens soll eine Sperrzone im Mauerwerk sein.

Vorgehensweise
1. Bohren von Injektionslöchern.
2. Injizieren von Injektionsmitteln unter hohem oder geringem Druck. Angeboten werden als Injektionsmittel: Niedrigviskose Zweikomponenten-Epoxydharze; Wasserglasverbindungen und Kieselsäuren; zementhaltige Verpreßmittel.
3. Je nach Eindringtiefe der Injektionsmittel müssen die Bohrlöcher enger oder weiter gesetzt werden.
4. Probebohrung zur Überprüfung notwendig; nicht zahlen, bevor positiver Befund vorhanden.

4. Elektroosmose

Tritt Wasser durch u. a. Mauerwerk, so entsteht eine Potentialdifferenz. Dieses Naturgesetz der Elektroosmose machen sich die verschiedenen Verfahren zunutze, indem sie den Minuspol eines elektrischen Gleichstromfeldes dorthin legen, wohin das Wasser geleitet werden soll. Das Passivverfahren (2 Elektroden ohne Fremdspannung) ist störanfällig (vagabundierende Erdströme, Blitzableiter, Erdung usw.). Das aktive Verfahren (mit Fremdstrom) ist schon häufig mit Erfolg eingesetzt worden (Referenzen prüfen).

Ausführungshinweise
1. Kompetenz der ausführenden Firma durch Referenzen prüfen.
2. Bei aktiven Verfahren gutes Elektrodenmaterial verwenden (Gefahr erhöhter Korrosion).
3. Nur von Fachfirmen durchführen lassen.
4. Ohne Sanierung der verrotteten Fundamente kein vertretbares Verfahren.

Bedenken:
Elektroosmose ist eine Methode der Verdrängung von Feuchtigkeit. Die Ursachen des Feuchtigkeitsanfalles werden nicht bekämpft. Dies sollte immer zuerst getan werden. Weiterhin ist fraglich, ob nicht gesundheitliche Schäden für Mensch und Tier durch dieses zusätzliche, elektrische Feld entstehen können.

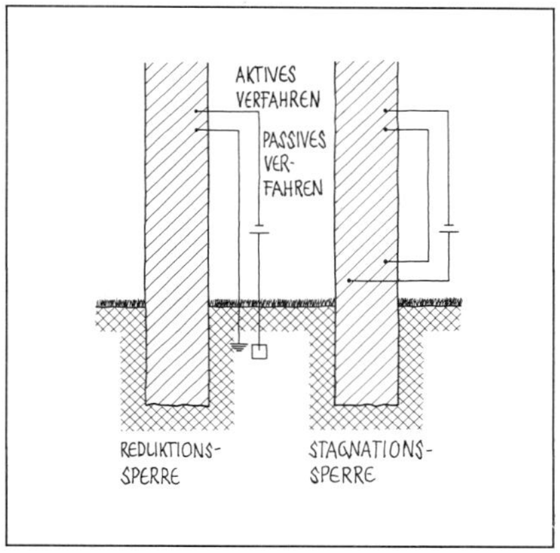

20 Elektroosmose.

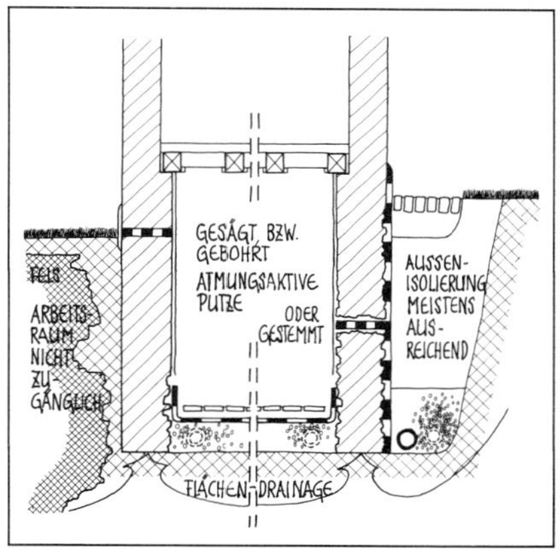

21 Nachträgliche Horizontalisolierung und Trockenlegung im Kellerbereich.

22 Mäandrierende Feuchtigkeitsränder.

5. Horizontalisolierung

Situationen, die eine kostspielige nachträgliche Horizontalisolierung rechtfertigen (s. Abb. 21):
- *Vorhandener Quelldruck, stehendes Wasser im Keller*
- *Fels- und Kluftwasser*
- *Unzugänglichkeit von Mauerrückseiten (an Fels gemauert)*
- *drückendes Wasser auf unzugänglicher Seite (Anbauten usw.).*

Verfahren:
1. Bohren, sägen oder stemmen abschnittsweise von Horizontalschlitzen.
2. Einbringen von hochhaltbaren Isolierbahnen (Metall oder Kunststoff-Folien, kunststoffgebundene Mörtel oder Sperrbetone.
3. Achtung! Stöße bei Folien und Pappen überlappen.
4. Kraftschlüssige Verbindung des Mauerwerks durch Auswerfen oder Injizieren der Fugen wiederherstellen.
5. Ohne Instandsetzung der Fundamente auf den zugänglichen Seiten und Ableitung des drückenden Wassers durch Dränage bzw. Flächendränagen ist das Verfahren nicht vertretbar, da die Schadensursache nicht beseitigt wird und schadhafte Fundamente das statische Gefüge gefährden.

6. Sockelausbildung

Mauerwerk und Putz durchfeuchtet und zerstört. Abfrieren von Putzflächen.
Ursachen können sein: Anschüttung des Geländes über Feuchtigkeitssperre; Anlegen von Spritzschutz als Wassersack.

Vorgehensweise
1. Wasserführende Rinne um das Haus anlegen. Das Wasser von der Wand ableiten (siehe Abb. 24 und 25: Fall 1).
2. Wenn Spritzschutz aus Kies oder Splitt, dann Verbindung über Dränplatte oder Matten zur Dränage (Fall 2 und 3).
3. Kein Gelände über Sockelbereich (mind. 15 cm) anfüllen (Fall 3).
4. Erdreich direkt an den Sockel anschließen mit Gefälle vom Gebäude weg.
5. Oberflächenwasser auf Hangseite und Gebäudeflanken vom Gebäude fernhalten durch Gegengefälle, Rinnen, Gräben.

23 Hier fehlt inzwischen das Bindemittel Kalk völlig.

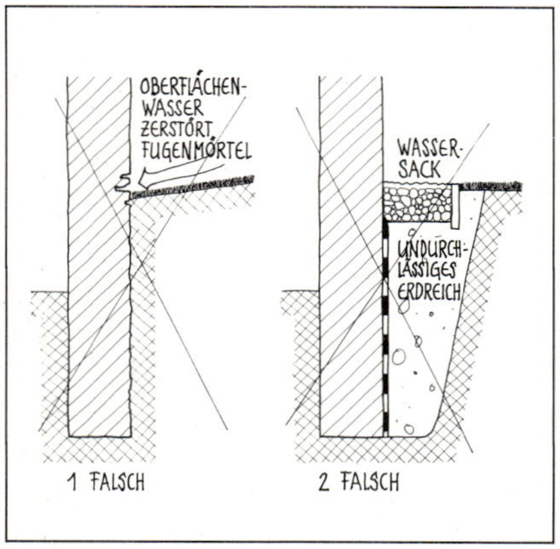

24 Falsche Sockelausbildung.

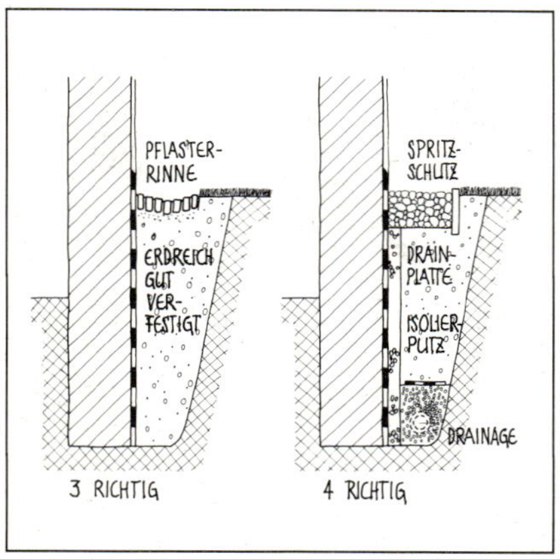

25 Richtige Sockelausbildung.

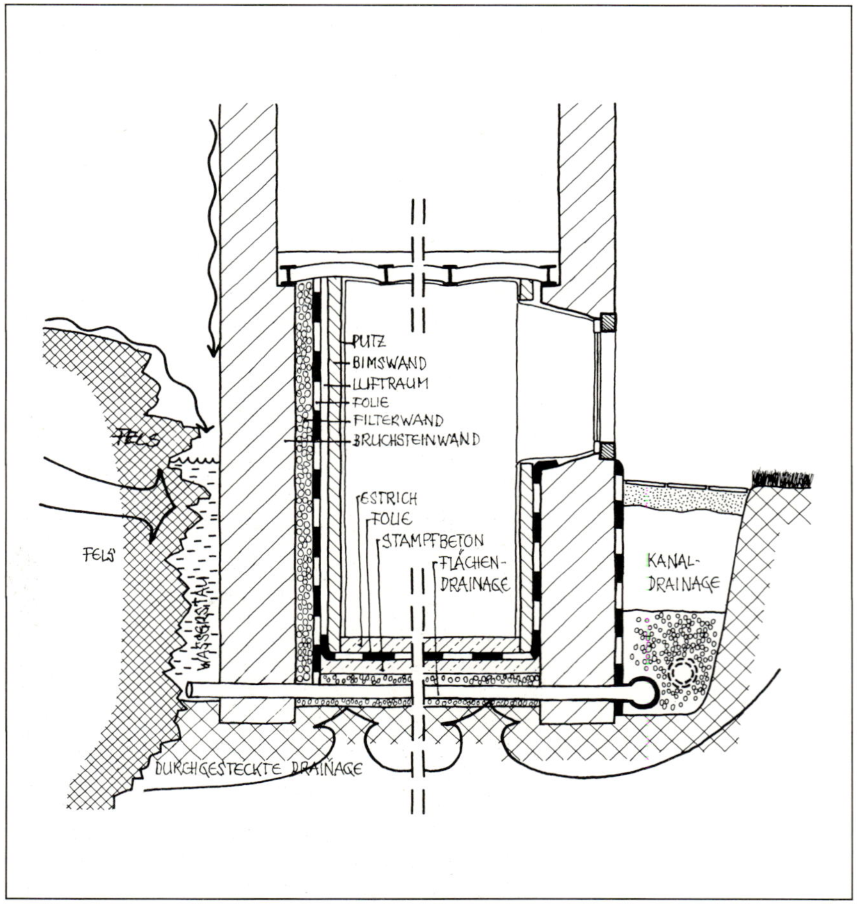

26 Trockenlegung von innen bei teilweise nicht zugänglichen Außenmauern.

7. Flächen – Wanddränage (unzugänglich)

• Drückendes Wasser aus wasserführenden Schichten Quelldruck Oberflächenwasser, Schlagregen
• Unzugänglichkeit der betroffenen Wände.

Vorgehensweise
1. Freigraben und Instandsetzen der zugänglichen Fundamente.
2. Entfernen des Innenerdreichs bis Fundamentsohle.
3. Punktuelles Durchbrechen der unter Wasserdruck stehenden Wände, eventuell Wasserhaltung.
4. Einlegen von Dränageenden in Durchbrüche und Anschluß an Grundleitungen. Gewissenhaftes Abdichten der Wanddurchbrüche.
Achtung! Keine Verbindung zwischen Flächendränage und Außendränage. Gefahr der Rückspülung.
5. Flächendränage in Kies.
6. Dränagewand.
7. Folie der Dränagewand und des Bodens am Stoß verschweißen.
8. Vormauerung.
9. Estrich.
10. Begleitende Maßnahmen wie Instandsetzung der Fundamente wie üblich.
11. Liegt Kanal höher als Dränage, Entwässerung nur über Pumpensumpf außerhalb des Gebäudes möglich.

27 Zerstörte Fugen durch mit der aufsteigenden Feuchtigkeit hochgespülte Salze.

Grundsätze

Bauliche Veränderungen an Fundamenten werden immer im Zusammenhang mit baulichen Maßnahmen am bestehenden Gebäude vorgenommen. Alle Veränderungen, die in die Konstruktion des Bauwerks eingreifen, bedürfen einer Baugenehmigung und damit auch eines statischen Nachweises.
Folgende Veränderungen beeinflussen Fundamente und Kellermauerwerk: Abgrabungen unter Fundamentsohle; Unterfangungen beim Tieferlegen von Kellern; Anschüttungen an Keller und Sockel; Aufstockung von Gebäuden; Aufstockung von Gebäudeteilen; Anbauten.
Bei all diesen Maßnahmen sind bauliche Regeln einzuhalten. Die wichtigsten Verfahren werden in Beispielen dargestellt und erläutert. Es wird hier jedoch dringend darauf hingewiesen, daß man sich bei allen derartigen Veränderungen im Zusammenhang mit Gewölben und Bögen Klarheit über das statische System verschaffen muß. Gewölbe und Bögen stützen sich oft seitlich gegen das vorhandene Erdreich, nimmt man die Gegenlast, so kann Einsturzgefahr bestehen. Abspriеßungen sind dann notwendig. Auch können Gewölbe und Bögen zum Einsturz gebracht werden, wenn man ihnen die notwendige Auflast nimmt, wie etwa die Fiale bei Strebepfeilern usw.

Fallbeispiele

1. Abgrabung unter Fundament

Anbau unter bestehendem Fundament gegründet.

Vorgehensweise
1. Absprießen der bestehenden Brandwand.
2. Schrittweises, versetztes Unterfangen der bestehenden Fundamente.
3. Eigene Gründung des Neubaus.

Bei Unterfangungen ist sinngemäß vorzugehen.

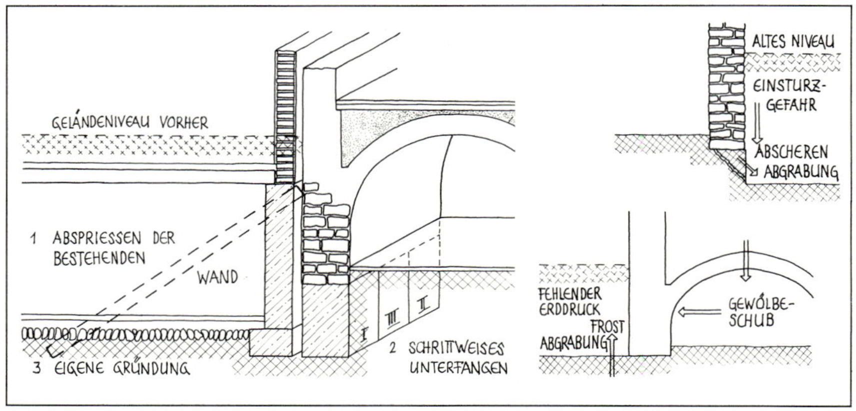

28 Vorgehensweise Fundamentunterfangung bei tiefer gegründetem Anbau, Gefahr des Abscherens bzw. Gewölbeschubs bei falschen Abgrabungen.

2. Nachträgliche Anschüttung oder Abgrabung

Bei Anschüttung Überprüfen des Tragwerks, statischer Nachweis der notwendigen Querversteifung usw.

Vorgehensweise
1. Bei Abgrabung Fundamente: Frosttiefe beachten.
2. Keine Fundamentabgrabung ohne Unterfangung.
3. Keine Gewölbe im Erdreich abgraben ohne Widerlager zu prüfen.

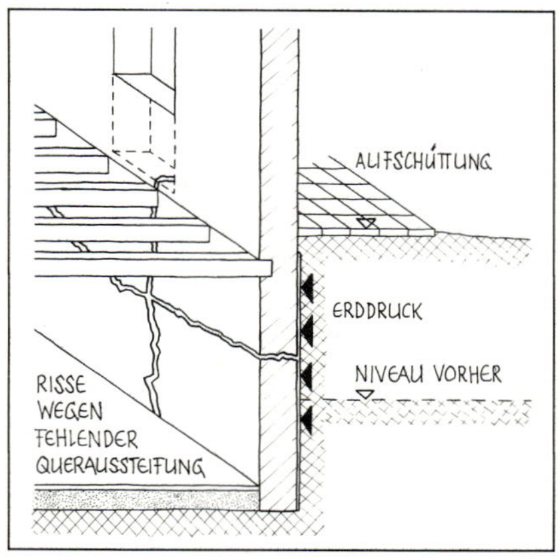

29 Bei nachträglichen Anfüllungen Tragfähigkeit der Wände überprüfen.

30 Nachträgliche Tieferlegung des Kellerbodens.

3. Aufstockung und Anbau

Vorgehensweise

1. Belastbarkeit des vorhandenen Gefüges beachten.

2. Teilaufstockungen sind nicht zu empfehlen, wenn nicht eine saubere Setzungsfuge besteht. Sonst Gefahr von konstruktiven Setzrissen.

3. Anbauten für sich gründen, Ausbilden einer Setzungsfuge, sonst wilde Rißbildung an der Nahtstelle (unterschiedliche Gebäudehöhen und Bodenpressungen).

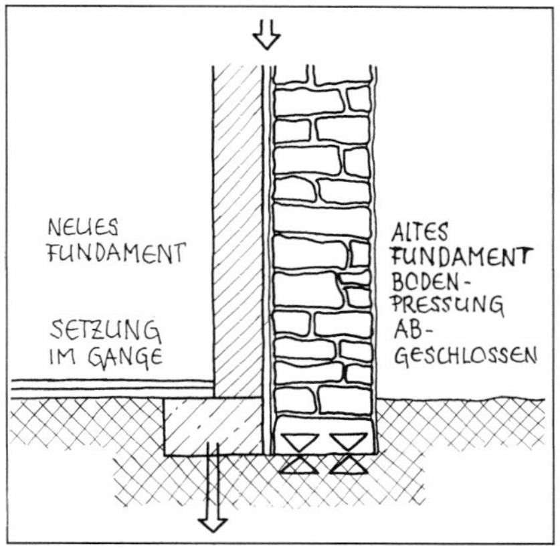

31 Anbauten immer mit eigener Gründung.

32 Unterfangung einer Kelleraußenwand.

4. Unterfangung von Kellermauern

Vorgehensweise

1. Abgraben des Kellererdreiches bis auf neue Tiefe. Entlang der Fundamente keilförmig stehenlassen (Lastableitung).

2. Schrittweises versetztes Untergraben in ca. 1,0 bis 1,5 m breiten Abschnitten.

3. Herstellen der neuen Fundamente bis UK Feuchtigkeitssperre des zukünftigen Fußbodens. Einbringen des Unterbeton-Kellerbodens.

4. Einlegen der horizontalen Isolierung, Minimum 10 cm innen und seitlich überlappend mit Anschluß und Bodenstößen verkleben.

5. Äußere Schalung von innen einbringen.

6. Betonieren in versetztem Takt mit Sperrbeton.

7. Aufgraben von außen, Entfernen der Schalung.

8. Vertikale Abdichtung der Kelleraußenwand mit bituminösem Anstrich auf Putz, Sperrputz oder Dichtungsschlämme.

9. Dränage einlegen. Senkrechte Dränplatten zu empfehlen.

10. Beifüllen, gut verfestigen.

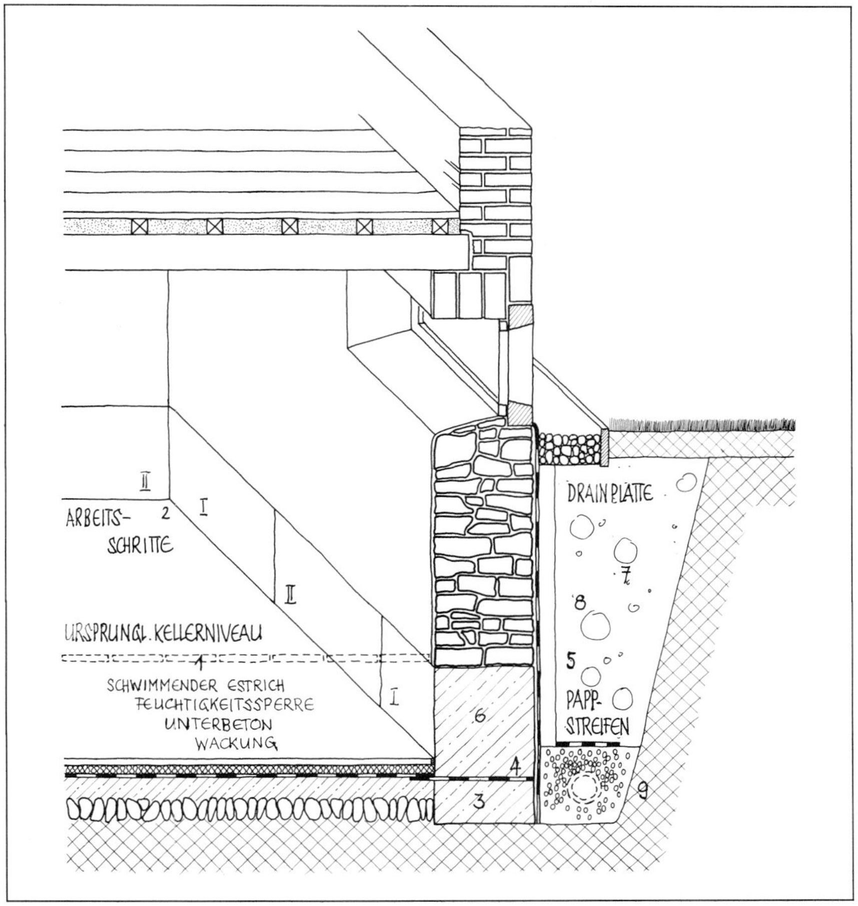

33 Vorgehensweise beim Unterfangen von Kelleraußenwänden.

Funktion und Konstruktion

Mauern und Einzäunungen sind oft unentbehrliche gestalterische Bestandteile von Altbauten. Leider ist das Wissen um diese Tatsache heute weitgehend verloren gegangen, und es werden allenthalben Mauern um Kirchen und Friedhöfe und Einzäunungen um Villen und Vorgärten abgerissen und damit die architektonische Einheit zerstört. Dies ist nicht allein mit der allgemeinen Blindheit im Umgang mit historischer Substanz zu erklären, möglicherweise versteckt sich hinter dieser Handlungsweise teilweise eine fehlgeleitete Abrechnung mit ehemaligen feudalen oder kirchlichen Machtstrukturen.

Mauern können verschiedene Funktionen erfüllen:

- Einfriedigung, Schutz
- gestalterische Einheit mit Haus und Garten, räumliche Abgrenzung, optische Führung
- Abstützung gegen Erdreich, Terrassierung im Hanggelände.

Konstruktiv wurden ursprünglich fast ausschließlich Schwerkraftmauern aus Bruch- oder Werksteinen gebaut, die durch ihr hohes Eigengewicht Standfestigkeit auch gegen Erd- und Winddruck erlangen. Bei stärkeren Horizontalkräften wurden sie oft schräg nach oben verjüngt errichtet oder mit Strebepfeilern verstärkt. Vor allem ab dem 19. Jahrhundert wurden Umfassungsmauern schwächer dimensioniert (meistens Ziegelmauerwerk) und durch Pfeiler in regelmäßigen Abständen verstärkt, um vor allem dem Winddruck standhalten zu können.

Schwerkraftmauern können mit der Zeit beträchtlich nach außen kippen, was in der Regel keinen Anlaß zur Beunruhigung gibt, solange die innere Mauerkronenkante nicht über die Schwereachse hinaustritt. Bei schräg zum Hang errichteten Mauern wird dieses Kippen optisch nicht so wahrgenommen.

1 Alte Umfassungsmauer aus Natursteinmauerwerk.

2 Haus und Einfriedigung als gestalterische Einheit.

3 Schwerkraftmauer.

Bruchsteinmauern sind in der Regel als zweihäuptiges Mauerwerk mit Innen- und Außenschale und dazwischenliegendem Füllgut – Mörtelgemisch – hergestellt.
Mauern und Stützmauern sind naturgemäß der Witterung stark ausgesetzt. Sie bedürfen einer regelmäßigen Unterhaltung, damit die meistens steinsichtige Verfugung intakt bleibt und weder Wasser noch Wurzelwerk eindringen können. Auch hier kann durch regelmäßige Wartung teurer Schaden verhütet werden.
Mauern bestehen aus dem Fundament, dem aufgehenden Mauerwerk und der Mauerkrone. Für Fundament und aufgehendes Mauerwerk gelten im großen und ganzen die Hinweise, die unter Kap. B 2.1/2 „Fundamente, Keller, Sockel" gegeben wurden. Die Mauerkrone schützt die Mauer vor Feuchtigkeit. Sie ist regelmäßig zu überprüfen. Fehlende, beschädigte Mauerabdeckungen, falsche Steinstöße, mangelhafte Verfugung usw. sind die häufigsten Ursachen von Substanzschäden.

Schadensursachen

Häufige Schadensursache ist fehlende Entwässerung auf der Hangseite von Stützmauern. Dadurch entsteht Stauwasser, das sich mit der Zeit durch das Mauerwerk oder unter dem Fundament hindurch seinen Weg sucht. Folge ist die Ausspülung der Fugen und Unterspülung von Fundamenten (s. Abb. 7).
Talseits werden Stützmauern oft abgegraben in der irrigen Auffassung, die Fundamente seien mindestens 1,00 m tief gegründet. Abgrabungen unter die Fundamentsohle bilden eine akute Gefahr für die Mauer.
Bruchsteinmauern sollten nicht in ihrem Gefüge beschädigt werden. Störungen im Gefüge gefährden die ganze Wand. Auch durch das Entfernen von Auflasten etwa der Brüstung einer Stützmauer oder einer ganzen Sichtschutzmauer über dem oberen Niveau kann die Mauer in ihrer Standfestigkeit gefährdet werden.

4 Bäume suchen sich Plätze mit starkem Wasseranfall.

5 Maueridyll.

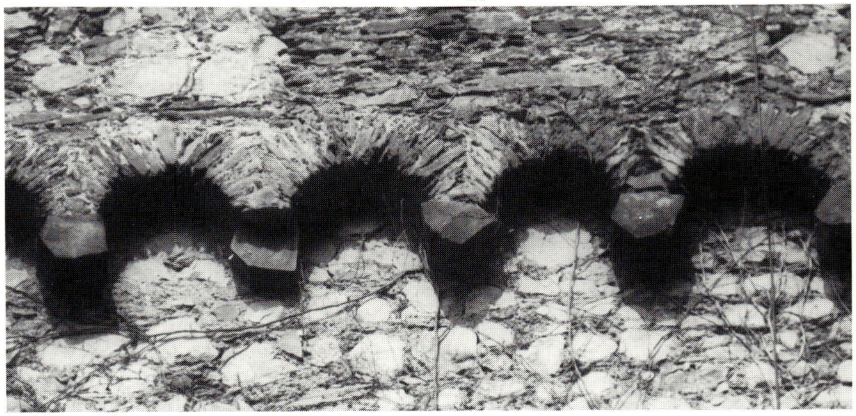

6 Mauerwerk aus Basaltquadern.

Bestandsprüfung

Hauptwasseranfall
- Regenwasser
- Oberflächenwasser
- Schlagregenwasser.

Hauptgefahrenpunkte
A: Mauerkrone, falsche Ausbildung, Beschädigung, fehlende Verfugung, Durchfeuchtung und Frostschäden
B: Wandflächen und besonders dem Regen ausgesetzte Wandteile, Auswaschungen der Fugen wie bei A, Durchfeuchtung und Frostschäden
C: Geländeanschnitt, aggressives Regenwasser löst nichthydraulischen Kalk aus den Fugen, Durchfeuchtung und Frostschäden
D: Fundamente bis 1,00 m Tiefe besonders anfällig; Regenwasser wie bei C.

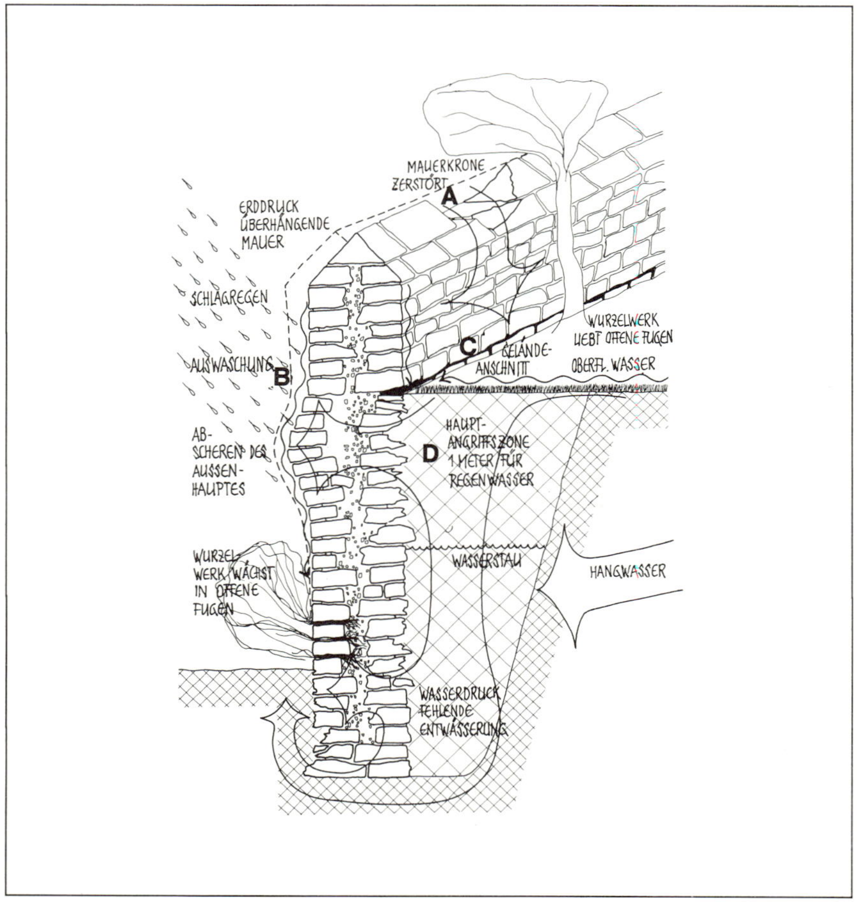

7 Hauptschadensursachen an Stützmauern.

Schadensvorbeugung

Regelmäßige Überprüfung und Ausbesserung wie folgt:
1. Überprüfen der Mauerkrone.
2. Überprüfen des Fugenzustandes der Wandflächen.
3. Überprüfen der Fugen im Geländeanschnitt.
4. Überprüfen des Fundamentes.

8 Fehlende Mauerabdeckung führt zur Zerstörung der Mauer.

Fallbeispiele

1. Abgrabung unter Fundamentsohle

- *Vorhandene Abgrabung unter Fundamentsohle*
- *stark beschädigtes und teils ausgebrochenes Bruchsteinmauerwerk*
- *ausgespülte Fugen*
- *Überhängen bei relativ geringer Wandstärke.*

Vorgehensweise
1. Schrittweises Unterfangen der Mauer (s. Kap. B 2.1/2.4).
2. Mauerrückseite sanieren (s. Kapitel B 2.1/2.3).
3. Reparatur der Mauerkrone.
4. Ausbessern der losen Steine in der Wand.
5. Steinsichtiges Berappen der Wand mit hydraulischem Kalkmörtel, MV 1 Teil Kalk, 3 Teile Flußsand.

2. Auswaschung von Ziegelmauern

- *Schlanke Mauer (Baujahr 1906), d = 12,5 cm, Versteifung durch Pfeiler, 25/25 cm (s. Abb. 9)*
- *ausgewaschene Fugen nur auf Wetterseite*
- *dadurch bogenförmiges Kippen zur Wetterseite.*

Vorgehensweise
1. Fugen reinigen.
2. Fugen in der Tiefe auswerfen, hydraulischer Kalkmörtel MV 1 : 3.
3. Fachgerechte Verfugung.

9 Ausgewaschene Fugen.

3. Zerstörtes Gefüge von Bruchsteinmauern

- *Vom Regenwasser gelöste Kalkbindung, Fugen beidseits tief ausgewaschen; nur noch mittig vollflächig aufliegend*
- *Pflanzenbewuchs als Folge.*

Vorgehensweise
1. Reinigung der Fugen mit Wasserstrahl.
2. Vorläufiges Auswerfen mit hydraulischem Kalkmörtel, MV 1 :3.
3. Fundamente sanieren gemäß Kap. B 2.1/2.3.
4. Steinsichtig Berappen mit hydraulischem Kalkmörtel.

10 Ausgespülte Fugen an Bruchsteinstützpfeilern.

11 Ausgewaschene Fugen einer Eckquaderung.

4. Beschädigte Mauerkrone

- *Lose, kaputte oder fehlende Mauerkronen aller Art*
- *falsche oder zerstörte Fugenstöße an Kronenplatten.*

Vorgehensweise
1. Abnehmen loser Werksteinteile oder sonstiger zerstörter Mauerwerkskronen.
2. Reinigen und Ausbessern der Untermauerung.
3. Neuversetzen der Platten auf hydraulischem Kalkmörtel. Verfugen der Kronensteine bzw. Unterlegen der Stöße mit Kehlstein oder Dachpappe.

12 Mauer und Mauerkrone aus Ziegelmauerwerk.

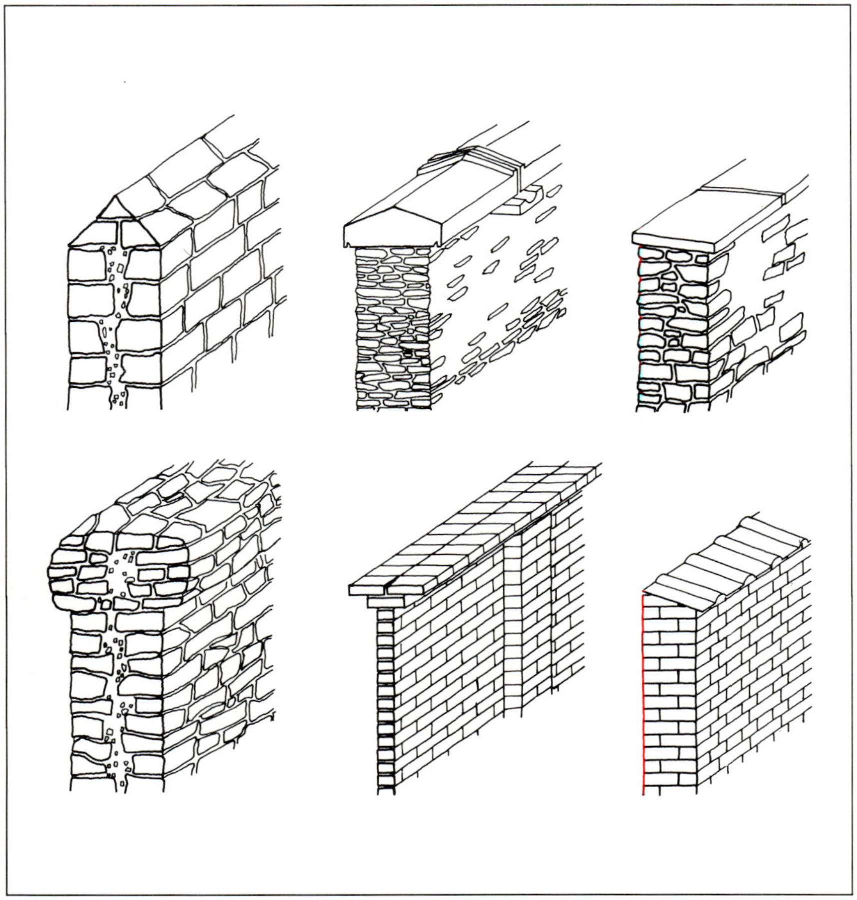

13 Unterschiedliche Ausbildung von Mauerkronen.

5. Wasserstau hinter Stützmauern

- *Stark zerstörter Mauerfuß, herausbrechendes Mauerwerk*
- *Fundamentfuß ausgespült*
- *Mauer kippend, Rißbildung.*

Vorgehensweise
1. Wenn möglich, Hinterlegen mit Dränage und Entwässerungsöffnungen zur Talseite.
2. Wenn Punkt 1 nicht möglich, Instandsetzung des Mauerfußes. Achtung! Vor Absprießen der Mauer Einbau von durchgehenden Öffnungen für Druckwasser. Instandsetzung der Mauer wie oben beschrieben.

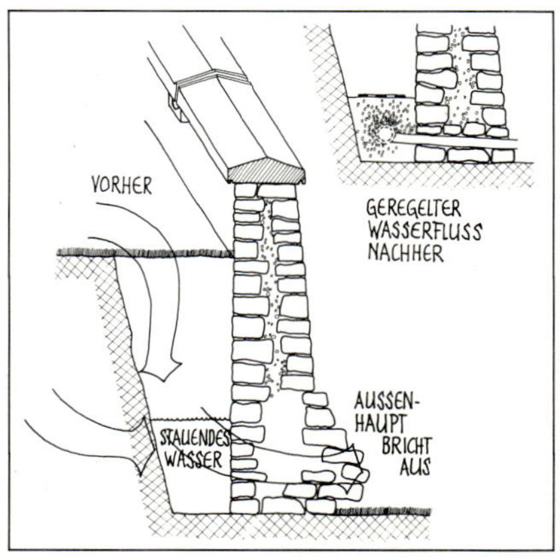

14 Wasserstau hinter Stützmauern, durch Dränage beheben.

6. Ausspreßverfahren Bruchsteinmauerwerk

Bruchsteinwände, die stark verrottet und statisch gefährdet sind (hohe Eigenlast, konstruktive Belastung usw.), können oft nicht mit normalen handwerklichen Mitteln instandgesetzt werden. Häufig ist das zweihäuptige Mauerwerk schalenförmig gespalten, sodaß innere Hohlräume entstehen. Solche Schäden und weit ins Innere ausgespülte Fugen mindern die Tragfähigkeit und können zum Einsturz des Gebäudes oder von Gebäudeteilen wie Fassaden, Türme, Stützmauern führen.

Vorgehensweise
1. Untersuchen des Schadensumfanges: Fugenverrottung, loses Gestein, Ausbauchungen, Ablösungen von Teilen der äußeren Mauerschale; im Innern des Mauerwerks Einblick mittels Endoskop (stabförmige, ca. 2,00 m lange Optik, die in einem etwa 50 mm starken Bohrloch ins Mauerwerk eingeführt wird, um Hohlräume und schalenförmige Abplatzungen festzustellen).

2. Auspreßverfahren: Bohrungen ca. 50 mm stark in die inneren Bereiche der gefährdeten Wandteile. Auspressen des Mauerwerks mittels Spezialgerätes mit Zementmilch. Unter hohem Druck verteilt sich die Zementmilch oft bis in weit abgelegene Wandklüfte und -schlitze. Das Verfahren wird von unten nach oben fortgesetzt. Erst nach Abbinden der unteren Zonen soll im oberen Bereich weitergearbeitet werden.

7. Verfestigung von Wandflächen

Sind Wandoberflächen aus Bruchstein so stark verrottet, daß sie manuell nicht oder nur mit zu großem Aufwand instandzusetzen sind, kann das Torkret-Verfahren angewandt werden.

Vorgehensweise
Die schadhaften Oberflächen werden unter hohem Druck mit Zementmilch bestrahlt. Das Material dringt tief in die offenen Fugen ein und bildet eine feste Schale vor der Wand mit starker Verklammerung in das Wandinnere. In Sonderfällen kann zusätzlich eine Armierung mit Baustahlgewebe eingearbeitet werden. Derartig behandelte Wandflächen müssen anschließend verputzt werden.

15 Im Torkretverfahren instandgesetzte Wand.

Grundsätze

Bei allen baulichen Veränderungen an Umfassungs- und Stützmauern ist vor allem auf statische und gestalterische Gesichtspunkte zu achten.

Statische Veränderungen

- Abgrabungen unter der Fundamentsohle, die sich häufig direkt unter dem Geländeanschnitt befindet, Einsturzgefahr bzw. Frostschäden
- Veränderungen am Gefüge oder Untergrund, Gefährdung der Substanz
- Erhöhen von Mauerkronen und Verstärken der Windanfälligkeit, Umsturzgefahr
- Entfernen von Mauerkronen, Durchfeuchtung, Frostschäden, Zerstörung der Wand, Zerstörung der Mauerkronen.

Gestalterische Gesichtspunkte

Türen und Toröffnungen in Mauern waren immer in besonderer Weise gestaltet, ob einladend oder abwehrend. Darauf sollte geachtet werden, wenn man Wunden in Mauern schlägt.

17 Garten vorübergehend geschlossen!

16 Starke abschreckende Symbolik auf Burgportal.

18 Bitte nichts verändern!

Konstruktion und Statik

Die Kunst, Gewölbe zu bauen, ist heute nahezu ganz verloren gegangen. Um so wichtiger ist es, die Gewölbe, die es noch gibt, zu erhalten. Noch in der Gründerzeit wurden technische Bauten (Viadukte, Brücken) in Gewölbetechnik errichtet. Erst mit dem Aufkommen des Stahls als Baumaterial war dem Gewölbebau ein Ende gesetzt. Zuvor wurde Gußeisen, das nur geringe Biege- und Zugkräfte aufnehmen kann, lediglich für Stützen, Schmiedeeisen für Anker und Kleinbauteile verwandt. Mit der Entwicklung der Stahlbetonbauweise wurde das Gewölbe endgültig aus der Bautechnik verbannt.

Zum Umgang mit Gewölbebögen gehört Fingerspitzengefühl, Erfahrung und eingehende Kenntnis und Verständnis für die statischen Verhaltensweisen. Gewölbe wurden meistens auf Gerüsten gemauert und nicht gegossen. Sie sind nur für die Aufnahme von Druckkräften ausgelegt. Das ist vor allem bei baulichen Eingriffen zu beachten. Wer einem Gewölbe den Gegendruck nimmt, bringt es zum Einsturz!

Hier werden speziell die Gewölbeformen angesprochen, die uns im Altbaualltag begegnen, wie Tonnengewölbe (Keller), die Rollschicht (über Natursteinstürzen und -öffnungen), der scheitrechte Bogen (über kleineren Öffnungen) und die Kappendecke als Überbleibsel von Gewölbeformen. Für diese Gewölbearten ist der Kräfteverlauf einfach zu bestimmen, und ebenso einfach sind Regeln für die Schadensverhütung und -beseitigung aufzustellen.

Im Grunde folgen alle Gewölbe den gleichen Gesetzen, nur sind die Zusammenhänge des vielfältigen Kräfteverlaufes eines Netzgewölbes etwa einer gotischen Saalkirche nur schwer nachzuvollziehen.

1 Wiedererrichtung eines gotischen Rippengewölbes aus Ziegelmauerwerk.

2 Kirchengewölbe von oben.

Schadensursachen

Die sogenannte Stützlinie eines Gewölbes ist die Resultierende aller Druckkräfte an irgendeinem Querschnitt zum Gewölbeverlauf. Im Idealfall verläuft die Resultierende immer in der Mitte der Gewölbeschalenquerschnitte oder einer Gewölberippe. Dann haben wir den Fall, daß jeder Stein in seiner ganzen Oberfläche gleichmäßig belastet ist. Verschiebt sich die Resultierende aus der Mitte, so tritt in wachsendem Maße eine ungleiche Pressung des Querschnittes ein. Das Gewölbe kann sich jedoch nur verformen, wenn seine Auflager nachgeben. Tritt dies ein, so wandert die Stützlinie im Scheitel nach oben (Senkung des Scheitels) und im Kämpfer nach unten (Abkippen des Gewölbeansatzes) (s. Abb. 3).
In Abbildung 4 ist in vier Stufen die Veränderung im Scheitel eines Gewölbes dargestellt. Am ehesten erkennt man sich vorbereitende und akute Gewölbeschäden an klaffenden Fugen oder Putzrissen im Scheitelbereich und an Preßfugen im Kämpferbereich. Im Scheitel fallen oft lose abgebrochene Steine heraus, im Kämpfer sprengen Rippenauflager oder Kämpfersteine ab. Oberhalb des Gewölbes verhält sich naturgemäß alles andersherum.
Nachfolgend Gründe für die Verformung des Gewölbes.

Aktive Gründe:
- Zu hohe Belastung des Gewölbes als Flächenlast führt zu erhöhter Belastung des Kämpferbereichs (Ausweichen nach außen)
- Mechanische Belastung durch Fahrzeuge, Maschinen, Glocken usw.

Passive Gründe:
- Nachgeben des Untergrundes z. B. durch Trocknung schrumpfender Lehmböden
- Abgrabungen an den Außenmauern
- Fehlen oder Entfernen von Auflasten
- Verrottung des Fundament- oder Stützmauerwerks.

Gewölbe dürfen nicht ohne Absprießung abgegraben werden. Ein beschädigtes Gewölbe darf nie parallel zum Gewölbeverlauf oder punktuell, auf keinen Fall jedoch mit Druck von unten, abgesprießt werden, Einsturzgefahr! Absicherungen dürfen nur in Form von Schotten quer zum Gewölbe und ohne Druck vorgenommen werden. Einen in diesen Fragen erfahrenen Statiker hinzuziehen. Wenige Statiker sind in der Lage und bereit, sich mit häufig komplizierten Schäden bei Gewölben, Bögen, Stürzen und Strebekonstruktionen abzugeben. Hier gilt es, in aller Sorgfalt den Ursachen auf die Spur zu kommen. Häufig trifft man auf eine ganze Kette von Ursachen, bis man an den Kern der Sache kommt. Übereilte Schlüsse führen zu falschen, folgenschweren Maßnahmen. Oft erschließen sich die Ursachen der Schäden erst nach Baubeginn und wenn die nötigen Aufschlüsse vorhanden sind.

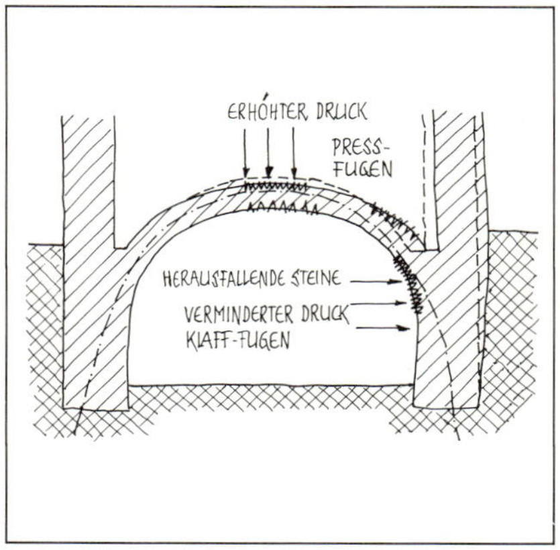

3 Verlagerung der Druckzone bei schiebenden Gewölben.

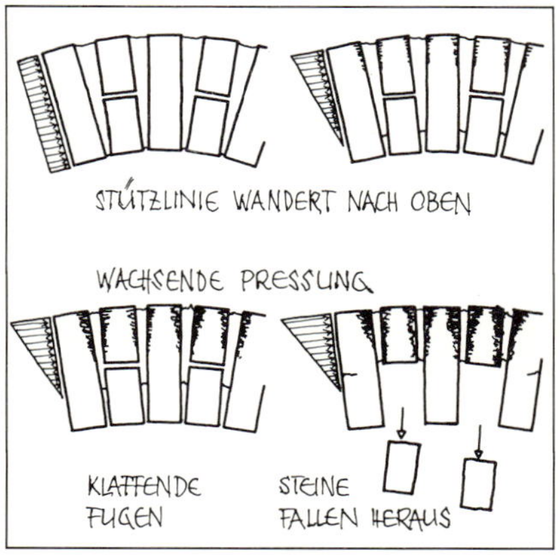

4 Schäden bei nachgebendem Gewölbe.

5 Defektes Gewölbe (Kriegsschaden).

Scheitrechter Bogen, Rollschicht, Kappendecke

Neben den Tonnengewölben der Keller wurden in Massivbauten über kleinere Öffnungen wie Türen und Fenster scheitrechte Bögen gemauert, meistens auch bei Bruchsteinmauerwerk aus Ziegel. Sie wurden nur auf einer einfachen Brettschalung mit einem leichten Mörtelstich aufgebracht. Abbildung 9 zeigt den Beginn des Zusammenbrechens eines Korbbogens durch Ausweichen der Auflagerwand (häufig an Mauerecken).
Scheitrechte Bögen dürfen erst entlastet werden, wenn bei einer Fensterreihe alle Bögen fertig sind, weil sich der Schub bei einer Fensterreihe fortsetzt und erst durch die Mauerecke aufgefangen wird. Weil der Bogen sehr flach ist, besteht schon bei geringer Verschiebung des Auflagers Einsturzgefahr.
Die Rollschicht ist im Prinzip das gleiche wie der scheitrechte Bogen. Sie wird als Entlastung von Sandsteingewänden eingebaut. Naturstein kann nur geringe Biegekräfte aufnehmen. Deshalb darf auch die Stichhöhe nicht kraftschlüssig mit Mörtel gefüllt werden.
Die Kappendecke hat das Gewölbe abgelöst. Sie besteht aus in etwa 80 cm breiten Feldern verlegten Doppel-T-Trägern, deren Zwischenraum ursprünglich mit einer einhalbsteinstarken Ziegelausmauerung ausgerollt wurde. Später in Bimsstein oder Beton (Vorläufer der Stahlbetondecke). Das Endfeld einer Kappendecke muß immer mit einem Stahlanker 2 Feld tief in die Decke hinein verankert sein, weil sonst der Gewölbeschub den Endträger oder die Außenwand wegdrückt und das Endfeld einbricht. (Vorsicht Abrosten von Ankern!)

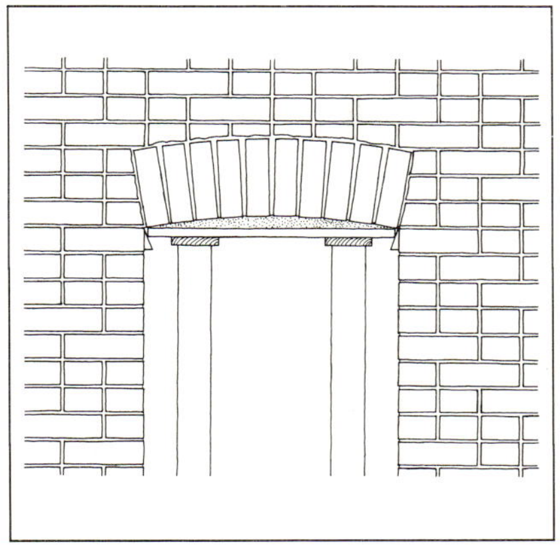

6 Herstellung eines scheitrechten Bogens.

9 Defekte Rollschicht, Auflage gibt nach.

7 Rollschicht zur Entlastung von Werksteingewänden.

10 Bereich zwischen Rollschicht und Gewände darf nicht kraftschlüssig geschlossen werden.

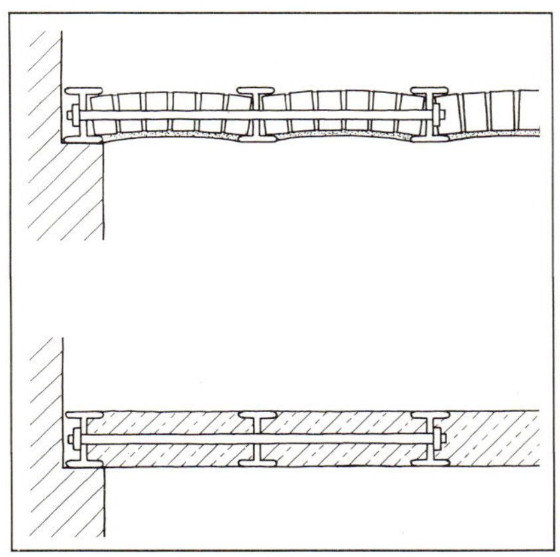

8 Notwendige seitliche Verankerung bei Kappendecken.

11 Typische Rißschäden am Fenstergewände.

Grundsätze Gewölbeschäden sind meist nicht zu beseitigen, es sei denn, man erneuert einen Gewölbeteil oder eine Rollschicht. Oft handelt es sich bei den Schäden um einen fortschreitenden Prozeß, den es aufzuhalten gilt. Es liegt eine aktive oder passive Gewölbeverformung vor. Die ausweichenden Gegendruckkräfte müssen wieder stabilisiert werden. Stützpfeiler müssen wieder instandgesetzt oder verstärkt, Fundamente unterfangen oder verstärkt oder zu hohe Auflasten (tragende Wände oder Material) auf den Gewölben müssen entfernt werden. Oft reichen jedoch diese Maßnahmen nicht aus; etwa bei langfristigen bodentechnischen oder geologischen Veränderungen. Hier hilft nur das Einbringen von Zugankern oder die Vernadelung von Mauerecken (bei zweiseitig schiebendem Gewölbe). Für diesen Zweck gibt es geschlossene (nicht gedrehte) Drahtseile oder Noppenstäbe aus nichtrostendem Stahl mit speziellen Spannschlössern (Möglichkeit der Vorspannung).

12 Romanische Gurtbögen, Tonnengewölbe herausgebrochen.

13 Bemaltes gotisches Chorgewölbe.

Fallbeispiele

1. Kippendes Auflager

- *Durch Grundwassersenkung Abkippen der Gewölbeauflagerwand*
- *klaffende Fugen im Gewölbescheitel unten und Gewölbeauflager oben*
- *vorgesetzte Stützpfeiler sind zu schwach.*

Vorgehensweise
1. Instandsetzen und schrittweises Verstärken der Fundamente auf tragendem Untergrund.
2. Ausbessern des Stützpfeilers.
3. Einziehen mehrerer Noppen Stahlanker mit Schloß auf Betonringanker.
4. Mauerdurchbruch, auspressen mit Expoxydharz.
5. Stahl im Kellerbereich mit Teerband umwickeln und in den Fußboden einbetonieren. Vorsicht! Nicht rostfreie Ankerstähle gut vor Feuchtigkeit schützen.

15 Einführung eines Spannstabes.

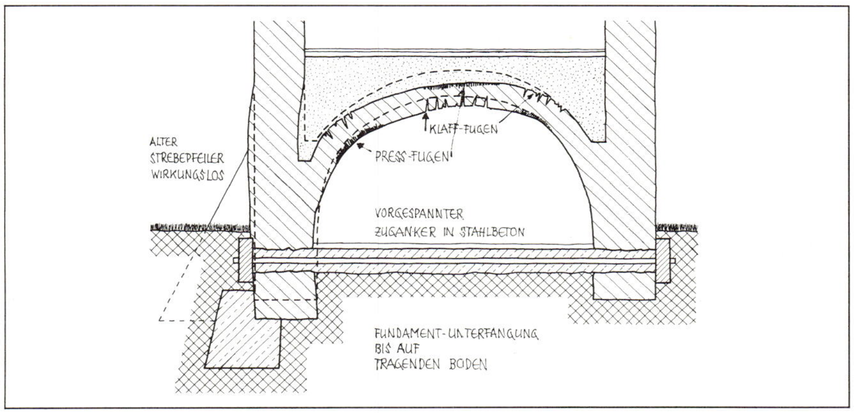

14 Reparatur eines abkippenden Gewölbeauflagers.

16 Ankerschloß.

2. Kippendes Eckauflager eines Kreuzgewölbes mit Mittelstütze

- *Quadratischer Gewölbekeller, Kreuzrippengewölbe mit Mittelstütze*
- *senkrechte Risse beidseits der Mauerecken und nach oben schräg zur Ecke hin verlaufend*
- *klaffende Fugen in den Werksteinrippenscheiteln*
- *Abplatzen der Rippenkämpfer*
- *Grundwasserabsenkung, lehmiger Untergrund schwindend, von außen nach innen kissenförmig sich verringernd, Außenmauern, vor allem Mauerecken kippen nach außen weg.*

Vorgehensweise
1. wandweise Absprießen des Gewölbes von außen, Einbringen eines Ringankergürtels aus Stahlbeton mit verspannten Stählen.
2. schrittweise Unterfangung und Instandsetzung der Außenfundamente.

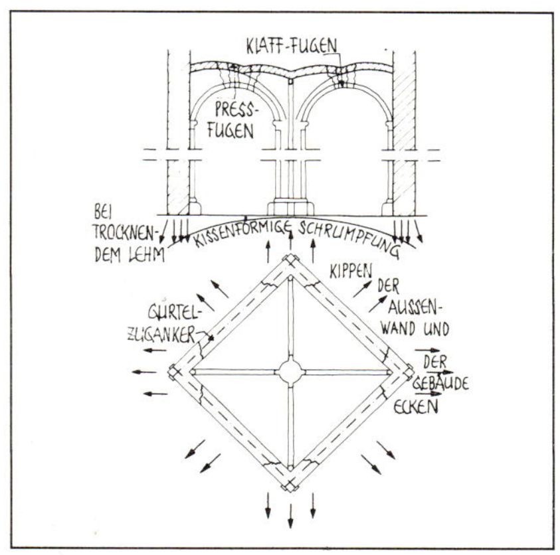

17 Gewölbeschäden bei schwindendem Lehmboden.

Funktionen

Unter dem Thema „Außenwand" werden tragende Mauerwerk- und Fachwerkaußenwände behandelt.
Außenwände haben mehrere wichtige Funktionen zu erfüllen:

- Tragwerk
- Witterungsschutz (Wind, Kälte, Wärme, Regen usw.)
- Wärmespeicherung, Atmung, Diffusion und wichtige baubiologische Funktionen
- Sicherheit und Schutz
- Gestalt des Hauses.

Außenwände von Altbauten sind aus Naturmaterialien gefertigt. Sie erfüllen normalerweise die ihnen gestellten Aufgaben gut. Störungen treten auf durch:

- unsachgemäße Unterhaltung und Instandsetzung oder bauliche Veränderungen
- natürliche Alterung
- Umwelteinflüsse (saurer Regen, Staub, Bodenerschütterungen).

Ausgewaschene Fugen zum Beispiel im Werkstein oder Ziegelmauerwerk führen zur Durchfeuchtung von Wänden, dadurch sinkt der Wärmedurchlaßwiderstand. Verrottete Fundamente führen zur Durchfeuchtung des aufsteigenden Mauerwerks mit allen Folgen. Sachkundige Unterhaltung und Instandsetzung verhüten Folgeschäden.
Voraussetzung hierfür ist die Kenntnis der morphologischen, bauphysikalischen und statischen Eigenschaften des vorhandenen Baumaterials. Grundsätzlich gilt die Regel: Bei Instandsetzungen immer gleiche oder verwandte Materialien einsetzen.

Bauphysikalische und -biologische Funktion

Leider wird allzu oft vergessen, daß Wände etwas Lebendiges sind oder sein sollten. Sie werden aus Bequemlichkeit oder Unwissenheit in ihren bauphysikalischen und -biologischen Funktionen zerstört und das oft unwiderruflich. Die Wand lebt mit ihrer Oberfläche wie der Körper mit der Haut. Reduziert man beim Menschen die Hautatmung (Bronzeanstrich) zu stark, führt dies zum Tod durch Erstikken.
Das gleiche gilt für Außenwände. Ihre Atemfunktion beeinflußt wesentlich das Raumklima. Um so unverständlicher ist es, wenn z.B. in Fachwerkhäusern intakte Lehmgefache entfernt werden, obwohl bekannt ist, daß dieses Material wärmetechnisch, bauphysikalisch und baubiologisch geradezu ideale Eigenschaften aufweist.

1 Ziegelwand – bauphysikalisch intakt.

Gestalterische Funktion

Außenwandmaterial ist direkt oder indirekt Teil der Fassade und prägt damit die äußere Gestalt des Hauses, z.B. bei Werkstein-, Fachwerk-, Ziegel- oder Bohlenbauten ist die Konstruktion zugleich das gestaltende Element.
Diese Zusammenhänge gilt es zu verinnerlichen, bevor man Eingriffe in die Konstruktion vornimmt. Die statische Absicherung gefährdeter Außenwände muß oft mit großer Sorgfalt durchgeführt werden, um die Gestalt der Fassade nicht in Mitleidenschaft zu ziehen.

2 Außenwandmaterial Klinker ist zugleich Gestaltungselement.

3 Reich gestalteter Fachwerkgiebel aus dem 16. Jahrhundert.

Entstehung und Material

Historisch gesehen war das Holz im germanischen Raum üblicher Baustoff, der auch bis ins 19. Jahrhundert für die einfachen bürgerlichen und landwirtschaftlichen Bauten verwandt wurde. Durch das Vordringen der Römer wurde der Steinbau bekannt. Er war jedoch fast ausschließlich dem Sakral- und Festungsbau vorbehalten. Das Steinhaus, abgesehen von Kellern und Sockeln, war im privaten Bereich eine Seltenheit und bis ins Barock hinein ein Zeichen von Wohlstand.
Das verwendete Material wurde ursprünglich von den regionalen Gesteinsvorkommen bestimmt. Während Bruch- und Werkstein in den mittleren und südlichen Regionen (Mittelgebirge) vorherrschen, findet man im Norden Deutschlands nahezu ausschließlich Ziegelbauten. Wenn im Norden Naturstein verwandt wurde, mußte er von weither per Schiff antransportiert werden. Deshalb wurde er auch nur für figürliche Darstellungen bzw. für Sockel, Eckquaderungen und Gesimse, also die besonders beanspruchten Bauteile, verwandt. Im letzten Jahrhundert setzte sich vor allem in den Städten der Steinbau immer mehr durch. Zunehmend wurde der Bruchsteinbau durch Ziegelbau abgelöst. Dabei entstanden kombinierte Putz-Werksteinbauten. Je nach Stilepochen wurden die Maueröffnungen wie Türen und Fenster mit Rund-, Spitz-, Korb- oder sonstigen Bögen überbrückt bzw. horizontal mit scheitrechten Bögen und Rollschichten versehen.
Bruchsteinmauerwerk war in der Regel verputzt. Dies erkennt man eindeutig an den um Putzstärke hervorstehenden Werksteinteilen wie Eckquadern, Fenstergewänden, Gesimsen usw.
Der Putz war steinbündig herangezogen. Vor allem in der Romanik und im 19. Jahrhundert wurden auch ganze Fassaden in Werkstein ausgeführt als glattes Schichtmauerwerk (Romanik), Bossen- oder verblendetes Bruchsteinmauerwerk.

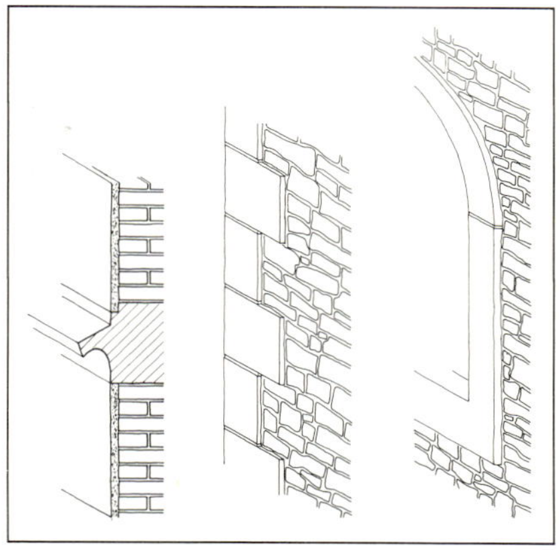

2 Stehen Werksteinteile über die Wandfläche vor, war diese in der Regel verputzt.

1 Im Norden Deutschlands entstanden vorrangig Bauten aus Ziegelsichtmauerwerk, da lokale Natursteinvorkommen fehlen.

Oberflächenbehandlung

Der Oberflächenbehandlung der Werksteine in Altbauten ist besondere Aufmerksamkeit zu widmen. Bis ins Ende des letzten Jahrhunderts wurden die Steine nicht gesägt, sondern mit der Hand bearbeitet. Bruchsteine wurden aus dem Steinbruch ohne weitere Bearbeitung entnommen und vermauert. Die Werksteine wurden je nach Verwendungszweck und Verschleißanspruch aus guten Lagezonen der Steinbrüche gebrochen und steinmetzmäßig in die gewünschte Form gebracht (Quader, Gewände, Gesimse usw.). Die Form wurde schrittweise in ihrer Oberfläche verfeinert und je nach Stilepoche und Gesteinsart abschließend gebeilt, scharriert, gestockt oder poliert. Die Oberflächenstrukturen müssen bei Instandsetzungen unbedingt erhalten oder wieder hergestellt werden. Werksteinaußenwände sind deshalb nicht mit Sand- oder Schlackestrahl, sondern nur mit Dampfstrahl oder sonstigen Mitteln zu reinigen, weil sonst die lebendigen Strukturen der Oberflächen zerstört werden.
Da die handwerkliche Fertigung heute entfällt und die Steine gesägt, mit glatter Oberfläche, unbearbeitet und steril wirken, muß die Oberflächenstruktur vor Verarbeitung des Werksteines nachträglich hergestellt werden. Manche Steinbrüche liefern noch sandgattergesägte Steine und Bodenplatten. Sie haben im Gegensatz zu den gesägten Steinen eine lebendige Oberflächenstruktur, die keiner Nachbehandlung bedarf.

3 Werksteinmauerwerk mit durchlaufenden Schichten.

4 Bruchsteinmauerwerk mit verwitterter Oberfläche.

5 Unregelmäßiges Schichtmauerwerk.

Außendämmung

Naturwerksteinfassaden sollten aus gestalterischen Gründen keine Außendämmung erhalten. Dies ist bei den vorhandenen Wandstärken auch weder notwendig noch sinnvoll.
Im Zweifelsfall sollte immer zugunsten der Gestalt des Hauses entschieden werden. Die technische Lösung hat sich der Gestalt des Hauses zu unterwerfen, wenn sich nicht, wie beim Neubau, in der Planungsphase beides sinnvoll miteinander verbinden läßt. Leider haben Architekten zu oft leichtfertig den Forderungen des Profits und der reinen Zweckmäßigkeit nachgegeben und es verlernt, für die Sache zu kämpfen, Verantwortung zu tragen für Gestaltung und Atmosphäre und menschliche Maßstäbe zu finden oder zu erhalten.
Der Architekt muß technische Lösungen anwenden, die die vorhandene Gestalt des Altbaus erhalten.

6 Stark ausgewaschenes Bruchsteinmauerwerk – sanieren, nicht verkleiden.

Überprüfung des baulichen Zustandes von Außenwänden

Hauptgefahrenpunkte
1. Rißbildungen jeglicher Art
2. schadhafte Rollschichten und gebrochene Gewände
3. offene Fugen, vor allem an wasserführenden Werkteilen, Gesimsen usw.
4. offene Fugen im Mauerwerk
5. schadhafte, verwitterte Werksteinteile oder Putz
6. Feuchtigkeitsschäden durch Dachmängel
7. Feuchtigkeitsschäden durch Fundament- und Sockelmängel
8. Feuchtigkeitsschäden durch schadhaften Putz
9. Feuchtigkeitsschäden durch schadhafte Dach-, Wand- und sonstige Anschlüsse
10. schadhafte Fensterbänke und Fenster.

Schadensursachen
Die meisten Schäden werden durch verschleppte Mängel am Bau verursacht. Die beste Vorbeugung ist die regelmäßige Inspektion und Reparatur der Fassade und aller schadensverursachenden Baumängel.

Feuchtigkeit – Wasser
- Dachhaut, Dachkehlen, Wandanschlüsse usw. schadhaft
- Rinnen und Fallrohre beschädigt oder verstopft
- Fundamente und Sockel schadhaft
- wasserflußregelnde Bauteile wie Gesimse, Fensterbänke usw. beschädigt
- Fugen in Naturstein- und Ziegelmauerwerk ausgeschwemmt
- Durchfeuchtung des Mauerwerks aus Sockelbereich und Fundament
- Verwitterung der Werksteinoberflächen, abgebrochene Tropfnasen, gestörter Wasserfluß
- Feuchtigkeit durch schadhafte Installation im Hausinnern.

7 Hauptgefahrenpunkte: ① Risse ② schadhafte Stürze ③ Sockelschäden ④ offene Fugen ⑥ verwitterte Werksteine ⑥+⑦ Mängel am Dach, kaputte Rinne ⑨ Putzschäden.

8 Putzschaden – eine der Hauptursachen von Durchfeuchtungen.

9 Gestörter Wasserfluß an schadhafter Fensterbank.

10 Zerstörte Fugen an Gesimsen führen zu Putzschäden.

13 Kaputte Balkonabdichtung gefährdet die Tragkonstruktion.

Konstruktive Schäden

- Risse aller Art, die ihre Ursachen in Setzungen, Bodenschrumpfung, geologischen Verschiebungen, Erschütterungen, Gewölbeschub, Abgrabungen, Bergbau, U-Bahnbau usw. haben
- Spaltungen des Mauerwerks (Zweihäuptigkeit) parallel zur Außenwandfläche durch zu hohen Druck oder Zerfallserscheinungen
- totaler konstruktiver Zerfall der Mauerwerksaußenschale durch Verwitterung und Alterung
- Schwammbefall durch feuchte Holzteile am Bau
- konstruktive und optische Schädigungen durch bauliche Eingriffe und Veränderungen aller Art
- Schäden durch unsachgemäße Oberflächenbehandlung.

11 Fassadenschäden.

14 Fundament- und Sockelschäden.

12 Putzschäden im Bereich defekter Fallrohre.

15 Defekte Mauerabdeckung.

Grundsätze

Schadensursachen für Außenwände und ihre Beseitigung sind oft die gleichen wie bei den Fundamenten und Sockeln. Dies gilt vor allem für alle Feuchtigkeitsschäden. Genau wie bei den Fundamenten besteht der Mauermörtel aus nichthydraulischem Kalk. Vor allem bei hohen Fassaden, die der Witterung stark ausgesetzt sind, wird das Bindemittel Kalk durch den Schlagregen gelöst. Mangelnde Unterhaltung führt zu Schäden, weil die Fugen oft bis tief ins Innere ohne Bindung sind, sodaß die Lastabtragung nicht mehr sichergestellt ist. Auch die Feuchtigkeit über dem Sockelbereich hat ihre Ursachen oft im Sockel und Fundament. Alle Oberflächenschäden, wie verrottete Werksteine oder Putzschäden, werden im Kap. B 2.3 „Fassade" behandelt. Die Oberflächenbehandlung von Außenwänden setzt immer Analyse und Beseitigung von Schadensursachen voraus.

Altbauten wurden oft in einer Länge über 12,00 m (heutiges Maximalrichtmaß für Setzungsabschnitte) errichtet. Dies führt zu wilden Setzungsrissen. Eine ähnliche Rißbildung entsteht auch, wenn verschieden hohe Bauteile im Verband aneinander gebaut oder ein Bauteil nachträglich aufgestockt wurde. Setzungsrisse bilden sich aus, wenn verschiedene Belastungen bei gleichem Baugrund oder verschiedene Baugründe vorliegen. Die Folge ist, daß sich Bauteile verschieden setzen und an der Nahtstelle Risse auftreten.

Setzrisse können nur dauerhaft saniert werden, wenn die Setzungen beidseits des Risses abgeschlossen sind. Durch Gipsmarken ist festzustellen, ob noch Bewegungen im Mauerwerk stattfinden. Solche Setzungen können erneut auftreten, wenn Veränderungen im Untergrund (Grundwassersenkung, Bergbau, geologische Veränderungen, Erschütterungen usw.) vorliegen. Bei verschieden hohen Gebäudeteilen und wenn möglich bei zu langen Gebäuden sollte eine Trennfuge im kritischen Bereich durch das ganze Gebäude ausgebildet werden, da eine Sanierung eines wilden Risses auf Dauer zu keinem befriedigenden Ergebnis führt. Setzungsfugen sind bis in die Putzoberfläche und durch sämtliche Innenausbauteile wie Fußboden und Innenwände auszubilden. Ist dies nicht möglich, muß man mit dem Riß leben.

Risse durch schwindende Böden (Absinken des Grundwassers) können beträchtliche Schäden an oft schon Jahrhunderte alten Gebäuden, die bisher unversehrt waren, verursachen und zwar vor allem dann, wenn lehmige, tonige Bodenarten vorliegen. Lehm schrumpft beim Abtrocknen etwa um 3% seines Volumens und mehr. Sinkt das Grundwasser und sind die Geländeoberflächen stark befestigt, trocknet und schwindet der Lehmuntergrund von Gebäuden. Naturgemäß trocknet das Erdreich am Randbereich der Gebäude schneller als im Mittelpunkt. Die Folgen sind Kipprisse, typische Risse dieses Schadenfalles. Die Gebäudeaußenwände, vor allem die Ecken, kippen nach außen weg. Es entstehen an den Gebäudeecken schräg nach oben außen verlaufende Risse, die nach oben breiter werden. In Extremfällen sieht man am Gebäude den gesunkenen Geländeanschnitt abgezeichnet (sinkende Stufen und Platten). Im Fall von Schäden infolge Berg- und U-Bahnbau können auf rechtlichem Wege Schadensersatzforderungen geltend gemacht werden, die auch bei hinreichender Hartnäckigkeit zum Erfolg führen.

16 Putzschäden durch Alterung.

17 Kippriß, zum Beispiel bei ungleicher Schrumpfung des Untergrundes.

Fallbeispiele

1. Riß durch Gewölbeschub

Außenwand durch Gewölbeschub herausgedrückt, Abriß auf Stirnwandseite.

Vorgehensweise

1. Fundamentesanierung nach Kap. B 2.1/2.

2. An beiden Enden des Gewölbes vor der Innenwand in Kämpferhöhe Einbau eines Zugankers aus Gewindestahl oder Profilstahl, nichtrostend oder aus geschlossenen Gliederdrahtseilen (bei höheren Belastungen). An den Enden Spezialspannschlösser in Betonankern. (Größe und Dimensionierung nach Angabe der Statik.)

3. Alternative: Zuganker in Wandschlitz horizontal nach Vorspannung einbetonieren. Bei korrosionsgefährdeten Materialien unbedingt Rostschutz vorsehen (Teerbinden im Freibereich). Mauerwerksdurchgang mit Epoxydharz oder Zementmilch auspressen.

4. Bei längeren Gewölben, die im Mittelbereich zwischen den Stirnseiten auch der Verankerung bedürfen, über dem Gewölbescheitel ganzflächig eine „Zerrplatte" aus Stahlbeton einbringen, die rundum mit den Außenwänden auf Zug und Druck verankert ist.

18 Eckabriß durch schiebendes Kellergewölbe.

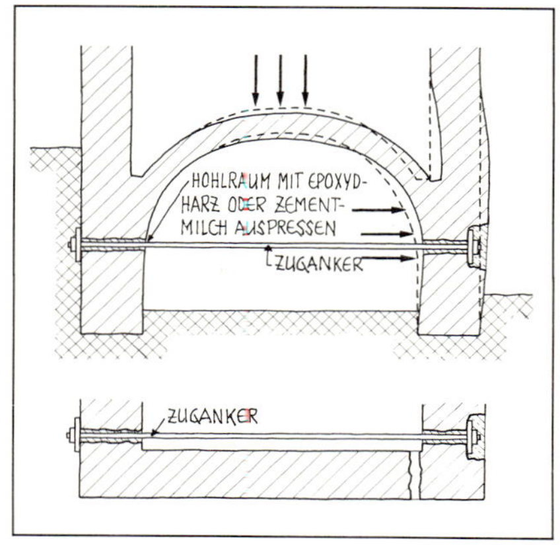

19 Zuganker mit Ankerschloß bei Gewölbeschub.

2. Eckrisse, Hausecke weggekippt

Schwindender Lehmboden, kippende Außenwand und Außenwandecke

Vorgehensweise

1. Nach abgeschlossener Bewegung Instandsetzung der Fundamente gemäß Kap. B 2.1/2.

2. Bohrungen kreuzweise in Mauerekken bis hinter Rißzone in versetzten Höhen. Verankerungstiefe nach Statik.

3. Einbringen von Vernadelungsankern aus Nockenstahl.

4. Auspressen der Bohrungen mit Zementmilch.

5. Alle genaueren Dimensionierungen nach Angabe des Statikers. Nur von Spezialfirmen ausführen lassen.

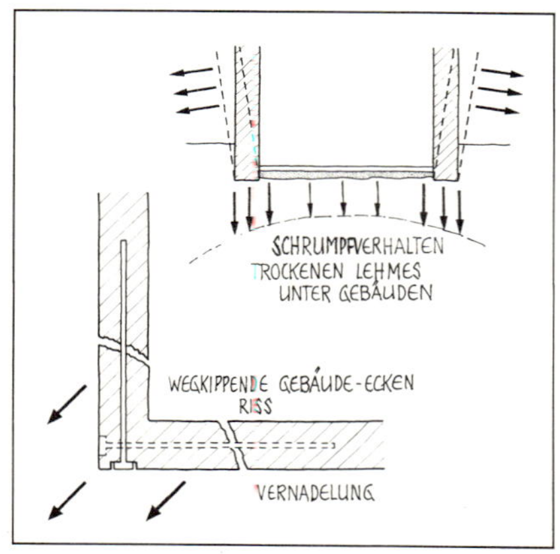

20 Vernadelung einer abkippenden Hausecke.

3. Setzrisse durch Gebäudeüberlänge

- *Gebäudelänge meistens über 12 m*
- *verschiedene Setzungen des Untergrundes führen zur Rißbildung*
- *Rißverlauf unkontrolliert verzweigend an den Schwachstellen der Fassade, also in Fenstersturz- und Brüstungsbereichen, bei Werksteinbauten oft über die Fuge springend*
- *Folgeschäden im Sturzbereich, Zerstörung von Rollschichten und Gewänden, Schäden an Innen- und Außenputz.*

Vorgehensweise
1. Instandsetzung der Fundamente gemäß Kap. B 2.1/2.
2. Riß ist nur dauerhaft zu eliminieren, wenn das Gebäude an geeigneter Stelle zwischen Maueröffnungen mittels einer Fuge durchgehend getrennt wird (auch Fundamente).
3. Lose Teile im Rißbereich herausnehmen, mit scharfem Wasserstrahl ausputzen, grobe Löcher innen und außen von Hand ausbessern und auswerfen. Anschließend Anbringen von Injektionsöffnungen oder Nippeln. Bei groben Rissen mit Zementmilch auspressen. Bei feinen Rissen mit niedrigviskosem Zweikomponenten-Epoxydharz mit regulierter Topfzeit injizieren von unten nach oben fortschreitend.

21 Zu lange Gebäude reißen an den Schwachstellen.

22 Stark verwitterte Bundsandsteinfiale.

4. Werksteinreparatur, grobe Schadstellen

- *Durch Witterungseinflüsse gealterte oder mechanisch zerstörte Werksteinteile (durch Sonne, Regen und Frost und den chemischen Einfluß der Luft zersetzte Bindemittel des Natursteins, vor allem bei Sandstein)*
- *mürbe Steinteile können oft mit der Hand abgebrochen werden.*

Vorgehensweise
1. Bei anspruchsvollen Werksteinteilen wie figürlichen oder ornamentalen Darstellungen zeichnerische Bestandsaufnahme und Rekonstruktion.
2. Steinmetzmäßige Neuerarbeitung der zerstörten Teile.
3. Lösen und Abschlagen der losen Teile, Ausstemmen der zerstörten Gesteinsteile bis in den gesunden Stein; wenn nötig, für die Verankerung der Führung Metalldübel, Messing, Aluminium (kein Eisen).
4. Einsetzen der neuen Werksteinteile in die Mauerlücke.
5. Mit hydraulischem Kalkmörtel in Mörtelfarbe verfugen.

23 Durch ausblühende Salze zerstörtes Natursteingewände.

5. Werksteinreparatur, Ausbesserung

Kleinere Beschädigungen an Werksteinteilen der Außenwände entstehen durch Verwitterung oder mechanischen Einfluß. Sie sollen nur ausgestemmt werden, wenn wie bei Kaftgesimsen oder Fensterbänken der Wasserfluß der Fassade gestört ist, weil dies zu Folgeschäden führen kann (Rotznasen, Verschmutzung der Fassade, Wasserschäden, Frostschäden). Kleinere Schäden an Werksteinteilen können belassen werden.

Vorgehensweise
1. Entfernen der losen Teile und reinigen des Untergrundes.
2. Ausbessern mittels Gesteinsmehlmörtel (diesen Mörtel gibt es für alle Gesteinsarten und in den wichtigsten Farbschattierungen im Handel).
Bei größeren Bruchstellen kann auch mittels Armierung, Verdübelung usw. gearbeitet werden (s. Werksanleitungen). Die Oberfläche kann dann in jeder Art nachbehandelt werden wie Scharrieren, Beilen, Stocken usw.

24 Ausbesserung eines beschädigten Werksteingesimses mit Gesteinsmehlmörtel.

6. Rostschäden an Werkstein

- *Gesprungene Werksteinteile an Eiseneinlagerungen (Geländer usw.)*
- *Eisen hat die Eigenschaft, beim Rosten zu quellen (Oxydation). Sprengwirkung zerstört den Werkstein.*

Vorgehensweise
1. Entfernen der Eisenteile.
2. Ausbessern des Werksteins.
3. Neueinsetzen. Lochbohrung größer als Stab, Einbleien durch Eingießen oder Einschlagen von Blei zwischen Stab und Stein, nicht einmörteln!
4. Konstruktive Verbindungen zwischen Werksteinen, etwa bei den windausgesetzten Werksteinbauteilen wie Fialen usw., werden in Form von Metalldübeln in Messing, Nirostastahl oder Aluminium ausgeführt. Kein Eisen verwenden!

25 Absprengungen durch rostende Eisenbeschläge.

26 Geländerstab einzementiert – falsche Ausführung.

27 Geländerstab eingebleit – richtige Ausführung

7. Offene Fugen an Werksteinen

28 Werksteinmauerwerk mit ausgewaschenen Fugen.

Fugen ohne Mörtel, oft bis tief ins Innere (wasserlösliche Kalke)

Folge: Durchfeuchtung des Mauerwerks mit oft statischer Gefährdung, Frostschäden, Putzabplatzungen und Fäulnis an Holzteilen, Schwammbefall usw.

Vorgehensweise
1. Reinigen und Anfeuchten der Fugen, Öffnen bis mindestens 3 cm Tiefe, aber unbedingt bis zum gesunden Mörtel.

29 Werksteinmauerwerk verfugt.

2. Verfugen mittels Holzspan bzw. Fugeisen, Verwendung von Traßkalkmörtel, keine Farbzusätze, Naturfarben belassen. Steinmehlmörtel gehört nicht in die Fugen. Mischungsverhältnis des Fugenmörtels ist der Struktur und Festigkeit des Untergrundes, vor allem bei Bruchsteinmauerwerk, anzupassen.

8. Offene Fugen an Ziegelmauerwerk

Ausgewaschene Verfugung bis tief in den oft gering gebundenen Mauermörtel. Folge: Durchfeuchtung – statische Gefährdung.

Vorgehensweise
1. Reinigen und Anfeuchten der Fugen.
2. Lose Steine neu einsetzen.
3. Verfugen des Mauerwerks mittels Fugeisen oder Holzspan mit Traßkalkmörtel (hochhydraulisch).
4. Eventuell Silikonisierung von stark der Witterung ausgesetzten Fassaden.

30 Vom Schlagregen ausgewaschene Fugen bei Ziegelmauerwerk.

31 Sorgfältig verfugte Klinkerausfachung des Fachwerks.

Grundsätze

Eine Veränderung an den Außenwänden ist immer ein Eingriff in die bestehende Innen- und Außengestalt des Hauses. Der Eingriff hat sich deshalb in der Regel dem Gegebenen zu unterwerfen. Es handelt sich dabei vor allem um das Schließen oder Ausbrechen von Maueröffnungen wie Fenster und Türen. Neben unsachgemäßen Anbauten werden hier die größten – vor allem in gestalterischer Hinsicht – Schäden angerichtet.
Eingriffe in das Außenmauerwerk sind meist nur anzeigepflichtig. Bauämter können die geplante Gestalt nicht beeinflussen. Gestaltungssatzungen gibt es für Altbaugebiete oft nicht. Jeder macht, was er will, und die meisten wissen nicht, was sie tun. Deshalb sieht es so aus.

32 Kein Mischmauerwerk in Außenwänden! Ergänzungen möglichst im gleichen Material vornehmen. Mischmauerwerk zeichnet sich später im Putz oder Anstrich ab.

Anbauten

Bauteile, die an bestehende Gebäude angebaut werden, müssen eine eigene Gründung haben und durch eine Bewegungsfuge zum Altbau hin abgetrennt sein, damit sie ohne Schäden sich setzen können. Leichte Anbauten wie Schuppen und Holzbauten können gelenkig auf Konsolen angeschlossen werden. Zu den Beispielen für unsachgemäßen Anbau und Fassadenentstellung durch neue Fenster erübrigt sich jeder Kommentar.

Entstehung und Material

Aus den früh- und vorgeschichtlichen Holzbauten, den Pfostenbauten und dem Rofendach entwickelte sich in nadelholzreichen Gebieten (langfaseriges Weichholz) der Block- und Bohlenständerbau (Schwarzwald, Alpenländer und skandinavische Länder) und in Gebieten mit Eichenbeständen (kurzfaseriges Hartholz) und Mischwäldern der Fachwerkbau. Für die geschichtliche Entwicklung der Vorläufer des Fachwerks sei auf die einschlägige Literatur verwiesen. Hier wollen wir uns beschränken auf die wichtigsten entwicklungsgeschichtlichen und konstruktiven Merkmale des Fachwerkbaues. Das ist notwendig, weil das Instandsetzen von Fachwerkhäusern das Verständnis der Konstruktion unbedingt voraussetzt, um Fehler zu vermeiden.

In der Pfostenbauweise (Vorläufer des Fachwerks) waren die First- und Wandpfosten in den Boden eingespannt und nahmen somit alle horizontalen Kräfte auf. Diese Konstruktionsform hatte den Nachteil, daß sie anfällig war (Fäulnis im Erdreich). In dem Augenblick, als man die Pfostenbauweise zugunsten des Ständerbaues aufgab, konnte man dazu übergehen, das Haus aus der Feuchtzone herauszuheben und auf Keller bzw. Sockel zu stellen. Dieser Prozeß dauerte lange. Im Laufe der Entwicklung ging man dazu über, die Ständer, die ursprünglich noch auf Steinplatten oder auf einem festen Sockel standen, auf einer Schwelle zu errichten. Die frühen Mauersockel bestanden aus Trockenmauerwerk (im Schwarzwald und in den Alpen noch heute erhalten), später wurden sie gemauert. Das Herausheben des Holzhauses aus dem Erdreich hatte aber auch konstruktive Folgen. Konnte bei den Pfostenhäusern die Versteifung und Standfestigkeit des meistens kleinen Hauses durch die Einspannung und der Dachschub durch die Konstruktion des am First aufgehängten Rofendachs erreicht werden, so mußte bei der Ständerbauweise die Horizontalversteifung auf eine andere Weise gewährleistet sein.

1 Fachwerkhaus in Ständerbauweise.

Noch im 17. Jahrhundert findet man die Ecklösungen mit durchgehendem Eckpfosten, wo der Zug mit Holznagel und Zapfen aufgenommen werden mußte. Diese anfällige Verbindung wurde aufgegeben, weil durch das Hirnholz Fäulnis aufsteigen konnte, die die Verbindung leicht zerstörte.

Das frühe Ankerbalkengefüge löste in der Geschoßdecke das Ausweichen von Außenwänden durch eine Zapfen-

2 Vorratsspeicher (Blockbau) auf Sockel aus Trockenmauerwerk.

verbindung mit Zapfenschloß. Diese Verbindung wurde später aufgegeben wegen ihrer Anfälligkeit, der geringen Belastbarkeit und aufgrund der Tatsache, daß sie im Prinzip nur zweistöckige Bauweise erlaubte.
Sie wurde abgelöst durch den Stockwerkständerbau, bei dem jedes Geschoß für sich gezimmert wird und keine durchlaufenden Elemente wie mehrgeschossige Ständer oder Firstsäulen vorkommen. Meistens erkennbar an ein- bis vierseitigen Geschoßvorsprüngen. Bei diesen Konstruktionen wurde der Deckenbalken und in der Regel der Längsunterzug als versteifende Elemente herangezogen. Die Verbindung zum Rähm erfolgte mittels Dollen oder Überkämmen. Beim Stockwerksbau steht also jedes Geschoß gelenkig auf dem darunterliegenden. Die Diagonalversteifung erfolgt immer über die Wände; parallel zur Außenwand durch Doppelstreben, senkrecht zur Außenwand durch in der Binderachse stehende Innenwände, die bei großen Räumen auch durch Kopfbänder ersetzt werden können. Durch Knaggen und bei weiteren Stockwerksausladungen durch Konsolen und Kopfbänder wird diese Versteifung oft auch nach außen verlagert. Auf diese Weise wird die Decke

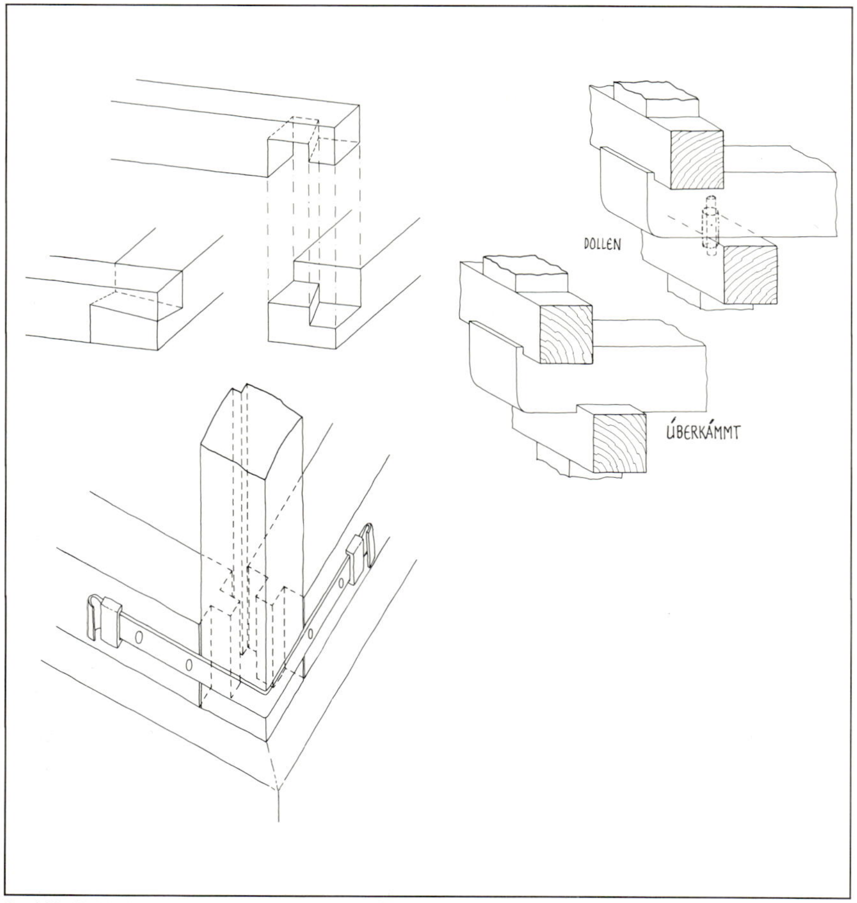

3 Möglichkeiten der Eckverbindung von Fachwerkschwellen (Zug- und Druckbeanspruchung). Deckenbalkenvorsprünge bei geschoßweiser Zimmerung mit Dollen oder überkämmt.

4 Aufbringen der Dachsparren.

5 Eckversteifung durch Metallanker.

6 Gebrochenes Zapfenschloß beim Ankerbalkengefüge.

zu einer Art Zerrost, der auf Zug und Druck zusammen mit den Unterzügen, die ja ebenfalls verdollt und/oder überblattet sind, das Gefüge in der gewünschten Distanz hält, während die Streben und Gegenstreben die Parallelsteifigkeit gewährleisten. Die Deckenbalkenlage des obersten Geschosses übernimmt zusätzlich noch beim Sparrendach die Zugkräfte, die durch die Last des Daches entstehen. All das müssen wir vergegenwärtigen, wenn wir Mängel an Fachwerkbauten erkennen und ursächlich beheben wollen.
Die Entwicklung vom frühen Mittelalter bis ins Ende des 18. Jahrhunderts zeigt verschiedene Formen der konstruktiven Lösung dieses Problems.
Es ist eine gute Geistesschulung, sich bei jedem Fachwerkhaus, das es instandzusetzen gilt, neu in die Gesetzmäßigkeit des konstruktiven Gefüges hineinzudenken, gleichsam den Verlauf der Kräfte in den einzelnen Stäben zu erspüren.
Wenn im folgenden über die wichtigsten, das Fachwerk versteifenden und das Gefüge zusammenhaltenden Konstruktionen gesprochen wird, dann nicht um zu wiederholen, was in der Fachliteratur hinreichend erläutert ist, sondern um das Auge bei der Instandsetzung auf die neuralgischen Punkte zu lenken, zu erreichen, daß an den Symptomen zugleich die Ursachen erkannt werden.

7 Fachwerkhaus mit starkem Geschoßvorsprung, Verstrebung durch geschnitzte Kopfbänder.

8 Eckschifter bei zweiseitigem Geschoßvorsprung.

9 Setzen von Eckpfosten und Eckstreben beim Wiederaufbau eines Fachwerkhauses.

Statik Das Prinzip des Fachwerks ist, daß in erster Linie nur senkrechte Druckkräfte in den Stäben weitergegeben werden, obwohl das Holz sehr günstige Eigenschaften zur Aufnahme von Zug-, Druck- und Biegekräften aufweist. Das Hauptprinzip des Fachwerks ist das geschlossene Dreieck. Die frühe Form der Verbindung von aussteifenden Streben und Kopfbändern war die Anblattung, während sich in der ersten Hälfte des 16. Jahrhunderts langsam erst in gemischter später in reiner Form die Zapfenverbindung mit Holznagel durchsetzte. Letztere konnte nennenswerte Zugkräfte nicht mehr aufnehmen.
Die meisten Holznägel, auch in intaktem Fachwerk, sind angebrochen. Die horizontalen Windkräfte konnten nur durch Streben aufgenommen werden. Eine Strebe darf deshalb nie ohne Gegenstrebe auftreten, ein Grundsatz, der sehr häufig bei Umbauten mißachtet wird. Die Folge ist, daß in der strebenlosen Richtung Zugkräfte in den Verbindungen auftreten, die nicht aufgenommen werden können, ohne eine Verformung des gesamten Gefüges zur Folge zu haben. Man muß beim Fachwerk deshalb gewissenhaft darauf achten, welche Funktionen jeder Stab hat und ob die Funktionen gestört sind. Nach der Entwicklung zur Ständerbauweise mußte die Schwelle einen festen Rahmen darstellen, der es verhinderte, daß Außenwände nach außen weggingen oder sich verformten. Das wurde erreicht durch Eckverbindungen in Form von Überkämmungen, eine Verbindung, die druck- und zugfest ist.
Das Fachwerk setzt sich also aus einer Vielzahl von Stäben verschiedener Funktionen zusammen, tragend, versteifend, formbewahrend und füllend, die alle gelenkig miteinander verbunden sind.
Die Lehmausfachung (Stakung) oder Ausmauerung hat keine tragende Funktion. Das Lehmgefach ist gelenkig in das Fachwerk eingehängt. Auf diese Weise nimmt das Gefüge starke Bewegungen durch Winddruck oder sonstige Belastungen auf, ohne Schaden zu nehmen. Es ist eben gelenkig. Diese Tatsache wird meist von Statikern und Architekten nicht hinreichend gewürdigt. Wie überhaupt durch falsches konstruktives Verständnis der Statik des Fachwerkhauses viele Fachwerkhäuser verunstaltet werden. Am ursprünglichen Fachwerk

11 Das Fachwerk setzt sich aus einer Vielzahl von Stäben verschiedener Funktionen zusammen, die alle gelenkig miteinander verbunden sind.

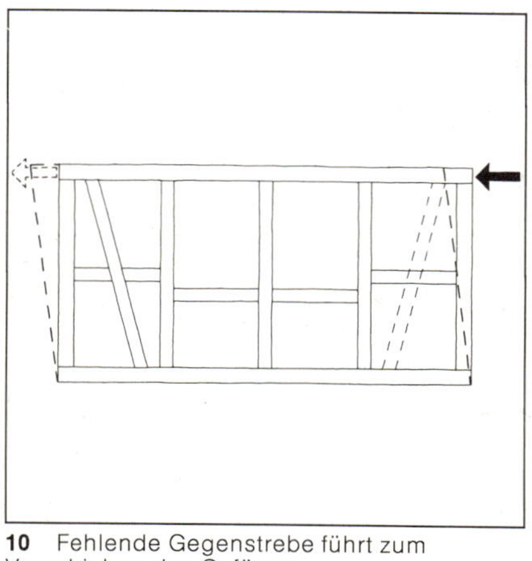

10 Fehlende Gegenstrebe führt zum Verschieben des Gefüges.

war kein Metall, kein Nagel, keine Schraube: Deshalb sollte beim Instandsetzen dieser Grundsatz bewahrt werden. Die neuerliche Unsitte der Anwendung von Nagelblechen als Ersatz für Holzverbindungen ist nur ein Symptom der Verflachung des Zimmerhandwerks. In der Regel kann Fachwerk ohne Stahl und Eisen ausschließlich mit Holzteilen instandgesetzt werden.

Wandaufbau

Das Füllwerk der Fachwerkfelder ist in der Regel im Norden Sichtmauerwerk, im mittleren und südlichen Deutschland Lehm. Auch hier wurde kein Nagel benutzt. Je nach Größe des Feldes wurden drei oder mehr grobgespaltene Hartholzprügel, die am Ende zugespitzt waren, senkrecht unten in ein vorgestemmtes Loch eingelegt und oben in einen Holzschlitz geklemmt. Anschließend wurde ein horizontales Weidegeflecht eingebaut. Dieses Gerippe wurde mit einem Lehm-Stroh-Gemisch umwickelt und schrittweise nach außen und innen holzbündig mit der Hand beigefüllt. Der anschließende Trockenvorgang führte zu einem umlaufenden Lösen der Lehmfüllung. Es entstand eine Fuge. In gleicher Weise schrumpfte der Lehm in der Tiefe des Feldes. Der Platz, der durch die Schrumpfung entstand, wurde später mit einem ca. 6 mm starken Kalkputz geschlossen, der zuvor gründlich in die umlaufenden Fugen eingeworfen wurde, sodaß die Lehmpackung von beiden Seiten von einem Putzdeckel schützend umschlossen war.
Diese Handhabung erhielt dem Haus seine Gelenkigkeit. Dieser Vorgang muß selbstverständlich bei Instandsetzungen nachvollzogen werden.

12 Ornamentale Schmuckformen bei der Fachwerkausfachung.

13 Stakung aus Eichenprügeln und Weidengeflecht als Gefachfüllung.

14 Freigelegte Stakung.

Lehmfelder sollten immer erhalten und beschädigte repariert werden. Die handwerklichen, bauphysikalischen und baubiologischen Vorteile von Lehmgefachen sind bisher durch kein Material zu ersetzen. Es empfiehlt sich, bei Umbaumaßnahmen den anfallenden Lehmschutt zu sammeln und zu lagern. Für Reparaturen an der Fassade nimmt man das Stroh-Lehm-Gemisch mit ein wenig Kalk und mischt es in der Mischmaschine erdfeucht an. Vorheriges Einweichen erleichtert den Vorgang. Das Material wird mit der Hand verarbeitet. Reparaturstellen gut vorfeuchten.

Das Entkernen von Fachwerkwänden und -decken, wie es heute eigentlich allgemein üblich ist, zeugt von mangelndem Wissen und Verständnis. Im allgemeinen wird der Lehm als Dreck bezeichnet, der erst einmal heraus muß. Es fragt sich, welcher Dreck danach für teures Geld wieder eingebaut wird. Es gibt bis heute noch keine neue Wandfüllung, die als ideal, zumindest gleichwertig zur Lehmfüllung empfohlen werden könnte. Ausmauerungen versteifen das Haus, was eigentlich den konstruktiven Prinzipien des Fachwerkbaus widerspricht und leichte Ausfachungen haben keine Speicherfähigkeit.

15 An der Innenseite von Fachwerkscheunen wurde die Stakung häufig ohne Lehmverstrich belassen.

16 Fachwerkgiebel entkernt – unnötige Vernichtung funktionsfähiger Bausubstanz.

17 Fachwerkgiebe „verschlimmbessert".

Grundsätze

Die beste Schadensvorbeugung an der Fachwerkfassade ist eine regelmäßige, eingehende Inspektion. Diese sollte mindestens zweimal jährlich stattfinden. Im Herbst sollten alle Rinnen, Kehlen, Fallrohre und Dachanschlüsse gereinigt werden. Sockel, Fundament und Dränagen sind zu überprüfen, damit das Wasser ungehindert seinen Weg nehmen kann. Im Frühjahr dagegen sollten alle Kleinschäden an den Fassaden aufgenommen und im Laufe des Jahres repariert werden. Die regelmäßige Bauunterhaltung in Form von Kleinreparaturen ist an der Fachwerkfassade wichtiger als an der massiven Stein- oder Putzfassade, da die Schäden schnell fortschreiten und zu kostspieligen Reparaturen führen. Vor allem der Lehm ist immer vor Feuchtigkeit zu schützen, weil er sich vollsaugt und die Feuchtigkeit an Holzteile weiterleitet, was sehr schnell zu Schwammbefall führen kann. Lehm darf über Winter nie blank der Witterung ausgesetzt sein. Oft genügt es, einen provisorischen Schutz in Form eines Kalkspritzwurfes aufzubringen. Im folgenden soll eine Unterhaltungs-Checkliste auf die wichtigsten Punkte hinweisen, die bei der jährlichen Inspektion zu beachten sind. Die Liste ist auch zu verwenden bei der grundlegenden Instandsetzung einer Fachwerkfassade.

Die wichtigsten Schäden beim Fachwerk entstehen durch mangelnde Unterhaltung und unsachgemäße konstruktive Veränderungen (Ignorieren der oben erläuterten Konstruktionsprinzipien).

Checkliste Bauunterhaltung

Dachmängel

- Ortgang, Traufe, Rinne, Fallrohre, Dachanschlüsse, Kaminanschlüsse, Anschlüsse zu Dachaufbauten wie Gauben, Dachfenster, Dachkehlen, Gebäudeanschlüsse
- Ortgang und Traufgesims (schlechte Stellen, faule Stellen, Fehlstellen, verschoben, abgesunken).

Holzteile an der Fassade

- Funktionsfähigkeit der tragenden, versteifenden, formbewahrenden und füllenden Holzteilen
- Nässe, Fäulnis, Trockenfäule
- Pilzbefall
- Schwammbefall
- Insektenbefall
- Bruchstellen, seitwärts schiebende Teile, nach außen schiebende Teile, Absenkungen
- klaffende Stöße und Holzverbindungen, offene Stöße, eindringendes Wasser
- Anschlüsse an Fenster, an Fensterbänke, an Futter und Bekleidungen, an den Sockel und an andere Mauerteile, an Nachbargebäude.

Fachwerkfelder – Putz und Anstrich

- Gelöste Putzteile, verfaulte Putzteile, freiliegende Lehmfelder und Lehmteile

18 Hauptschadenspunkte beim Fachwerk.

• offene Fugen zwischen Putz und Holz, überputzte Holzteile, Abplatzen des Putzes, offene Fugen bei Ziegelmauerwerk
• verwitterter Anstrich auf den Fachwerkfeldern, sich lösende, reißende, abschälende Anstrichreste (alte Dispersionen und ähnliches) auf dem Holzwerk.

Fachwerkverkleidungen
Schäden an der Verschindelung, nicht hinterlüftete Verkleidung, unsachgemäße Verkleidungen, falsche Oberflächenbehandlung, Verkleidungsmaterialien erneuerungsbedürftig, kaputte Fensterbänke (Rotznasen).

Sockel
Falscher Sockelanschluß an Schwelle, abgefrorene Putzteile, feuchter Putz, feuchte Fundamente, beschädigte Anschlüsse an den Fundamenten, zu hoch angefülltes Gelände, aufgefrorene Fundamente.

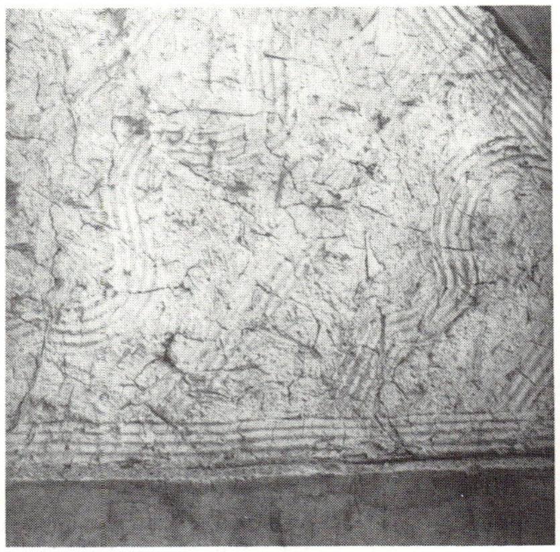
20 Ungeschütztes Lehmfeld ist nicht witterungsbeständig.

23 Zerstörungsprozeß bei mangelnder Unterhaltung.

21 Verwitterte Fachwerkfelder.

24 Ausgewitterte Holzstöße und Holznagellöcher.

19 Gestörte Eckverbindung, schiebender Sockel.

22 Putzanschluß an Holzteilen.

25 Starke Schwundrisse im Holzwerk.

Grundsätze

Schäden an Fachwerkfassaden sind in besonderer Weise auf ihre Ursachen hin zu untersuchen. Ein geübtes Auge sieht mit dem Schaden zugleich die Ursachenkette. Grundsätzlich entstehen die meisten Schäden durch mangelnde Bauunterhaltung oder unsachgemäße bauliche Veränderungen an der Konstruktion des Fachwerks. Die Mentalität, Schäden am Fachwerk zu verkleiden oder kosmetisch zu überstreichen, führt schneller als sonst im Altbau zu oft unreparablen Folgeschäden. Die Baustoffe Holz, Lehm und Mörtel haben richtig angewandt eine hohe Lebensdauer. Werden sie jedoch der Feuchtigkeit offen oder versteckt ausgesetzt, verrotten sie mit wachsender Beschleunigung. Die folgende Checkliste zeigt die häufigsten Schadensbilder und ihre Ursachen auf.

26 Starke Verschiebungen durch fehlende Innenwandversteifung.

Checkliste Schadensbilder und Ursachen

- □ Verformung senkrecht: Fundament- oder Gründungsmängel, verfaulte Schwellen.
- □ Verformung horizontal in der Fassadenebene: fehlende Streben, schiebendes Gewölbe.
- □ Verformung horizontal senkrecht zur Fassadenebene: fehlende Querversteifung in Außen- und Innenwänden, unterbrochene Dach- und Deckenbalken, fehlende oder defekte Eckarretierung der Schwellen und Rähme.
- □ Feuchtigkeit in Sockel und Schwelle: ausgespülte Fundamente, Erdreich zu hoch beigefüllt. Fehlende Hangwasserableitung. Defekte Rinnen und Fallrohre.
- □ Verfaulte Brüstungsriegel: Fensterbekleidungen nicht zur Wand hin abgedichtet, vor allem oben.
- □ Verfaulte Schwellen in den verschiedenen Geschossen: defekter oder falscher Putz, senkrechte Risse zwischen Putz und Fachwerk, vorspringender oder über das Holz geführter Putz. Installationsschäden.
- □ Verfaulte Dachgesimse und Ortgänge: defekte Rinnen, Trauf- und Ortgangdeckung. Verstopfte Rinnen und Fallrohre.
- □ Abspringende Putzteile oder Putzfelder: Putz auf Lehm zu dick oder in falscher Konsistenz, Putzaufbau sowie Mischungsverhältnis falsch (Brettbildung, Abscheren), Putz nicht in Fuge zwischen Fachwerk und Lehm eingeworfen, natürliche Alterung.
- □ Offene Lehmgefache, Stakung sichtbar.

27 Fäulnis im Schwellenbereich.

28 Rinnenschaden, schadhafte Verschindelung usw.

Schadensbeseitigung, Reparatur

Bei der Beseitigung von Fachwerkschäden muß vor allem im Bereich der Außenwände der Reparatur von Holzteilen der Vorrang vor der Auswechslung gegeben werden. Da die meisten Hölzer bis ins 19. Jahrhundert Kernhölzer sind, behalten sie oft auch bei Beschädigungen die nötige Tragkraft und sind im Zweifelsfall zu erhalten. Für Außenwände wurde im Regelfall Eichenholz verwendet, das im Gegensatz zum Nadelholz vom Hausbock nicht befallen wird. Nadelholzsichtfachwerk ist wesentlich feuchtigkeitsanfälliger als Eichenholz, das, wenn es alt ist, auch bei starker, kurzzeitiger Durchfeuchtung im Inneren trocken bleibt.
Für Reparaturen sollten keine neuen Eichenholz- und Nadelholzteile Verwendung finden. Selbst trockenes Holz weist über Jahre hinweg noch soviel Schwund auf, daß Risse zwischen Putz und Holz entstehen, die zu Feuchtigkeitsschäden führen. Dafür besteht auch keine Notwendigkeit, da ständig alte Scheunen und Fachwerkhäuser abgerissen werden. Neues Eichenholz sollte schon deshalb nicht mehr verwandt werden, da es kaum noch Eichenbestände gibt.
Beim Richten von Fachwerkteilen, die sich gesenkt oder verschoben haben, muß behutsam vorgegangen werden, vor allem dann, wenn sich die Veränderungen über Jahre hinzogen und die Verformungen sich bereits stabilisiert haben. Es empfiehlt sich, nur extreme Mißstände zu beseitigen (heben, zusammenziehen), um wichtige Holzverbindungen wieder herzustellen. Schiefe Wände und Decken sind beim Fachwerk an der Tagesordnung und gehören zum Reiz des Gesamtbildes. In den folgenden Fallbeispielen sind Neuausfachungen von Fachwerk weggelassen; s. hierzu Kap. B 3.1 „Wärmeschutz“.

29 Fachwerkreparatur.

30 Eindringendes Wasser in Horizontalfugen führt zur Zerstörung der Schwelle.

31 Richten des verschobenen Fachwerkgefüges mittels Seilwinden.

Fallbeispiele

1. Das Richten von Fachwerk

Aus dem Gefüge geratene Fachwerkteile.

Vorgehensweise

1. Geringfügige Verschiebungen in der Regel belassen.
2. Freilegen der betroffenen Holzteile, Reinigen aller Zapfenlöcher bewegungshindernder Bauteile, einjustieren der Zapfen.
3. Mittels Winde, Hebel oder Flaschenzug in die alte Position bringen, schrittweises Vorgehen, max. 2–3 cm/Tag.
4. Holzverbindungen wieder kraftschlüssig reparieren.
5. Vorsicht! Eingespannte Holzteile, wie durchlaufende Schwellen, können nicht gerichtet werden (Bruchgefahr). Hier empfiehlt es sich, den betroffenen Abschnitt abzutrennen und neu zu versetzen. Verbindung als Zug-Druck-Verbindung wieder herstellen.

2. Schwelle oder Rähm zerstört

Schwelle oder Rähm verfault. Wandbereich abgesunken, Zapfen der Ständer erhalten.

Vorgehensweise
1. Entkernen der betroffenen Wandteile.
2. Anheben und Korrigieren der von der Setzung betroffenen Wandteile incl. Absprießungsmaßnahmen.
3. Freilegen der Schwelle innen und außen und Entfernen der verrotteten Teile.
4. Instandsetzen des Sockels.
5. Neue Hartholzschwelle, wenn möglich aus altem Holz, zweiteilig, bei Erhaltung der Ständerzapfen von innen und außen einschieben und mit Schraubenbolzen verbinden.

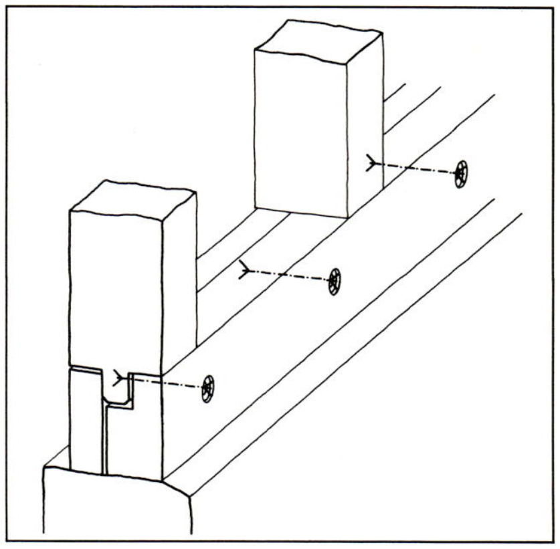

32 Schwellenersatz in zwei Arbeitsgängen.

3. Schwellen- und Rähmeck zerstört Lösung 1

Eckverbindung zerstört, Zapfung erhalten, Gefahr: Herausschieben der betroffenen Wandteile.

Vorgehensweise
1. Entkernen der betroffenen Fachwerkfelder.
2. Hydraulisches Anheben bei Setzung und Richten.
3. Freilegen der Schwelle innen und außen und Entfernen der zerstörten Holzteile.
4. Sockelauflager erneuern.
5. Schwelleneck auf Gehrung, zweiteilig einsetzen, Erhaltung der Zapfen.
6. Flacheisen (nach Statik) über Eck zweimal mit Schraubenbolzen durchgeschraubt.

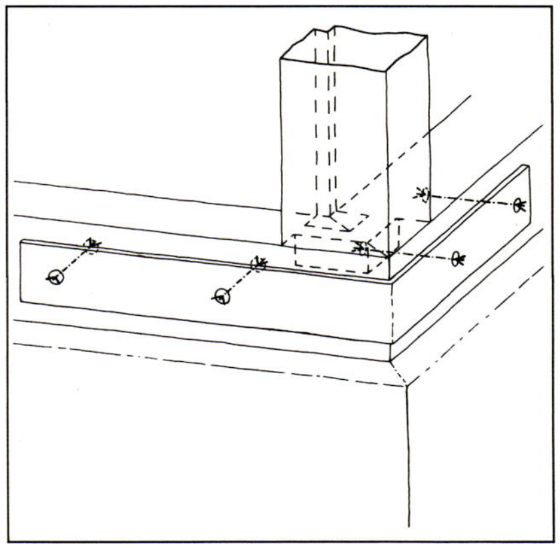

33 Eckversteifung mit Metallanker.

4. Schwellen- und Rähmeck zerstört Lösung 2

Eckverbindung zerstört, Zapfen abgefault, Gefahr: Herausschieben der betroffenen Wandteile.

Vorgehensweise
1. Entkernen der betroffenen Wandteile.
2. Hydraulisches Anheben, bei Setzungen absprießen.
3. Freilegen der Schwelle innen und außen.
4. Sockelauflager instandsetzen.
5. Durchgehende neue Schwelle aus altem Holz, Ecke verschränkt auf Gehrung, unterschieben und verdeckt über Eck mit Kopfschrauben verbinden (Zug- und Druckverbindung).

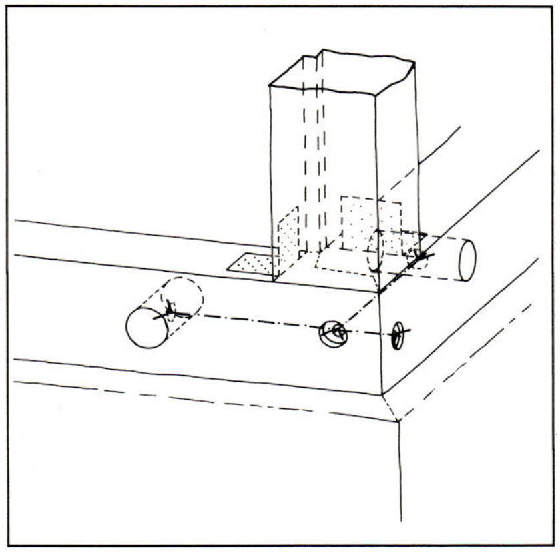

34 Schwelleneck neu verankert mit Kopfschrauben.

5. Abgefaultes oder gebrochenes Zapfenschloß

- *Zapfen des Zapfenschlosses abgebrochen bzw. verfault*
- *Decke im Innern abgesunken, provisorisch unterstützt*
- *Ständer weicht nach außen aus.*

Vorgehensweise
1. Freilegen der betroffenen Decken und Außenwandfelder.
2. Hydraulisches Anheben des Deckenbereiches und Hereinziehen der Außenwand in alte Position.
3. Setzen eines Stahlschuhs, verbolzt.

35 Stahlschuh als Ersatz für abgefaultes Zapfenschloß.

36 Stahlschuh für Deckenbalken.

6. Zerstörte Balkenköpfe bei vorspringenden Geschossen

- *Deckenbalken von innen vor der Wand abgeschnitten (Treppenhauseinbau)*
- *Abkippen der auskragenden Balkenköpfe, Absenkung des darüberliegenden Wandteils.*

Vorgehensweise
1. Freilegen aller betroffenen Füllungen.
2. Richten der Balkenstummel und Außenwand.
3. Einziehen eines Holzwechsels.

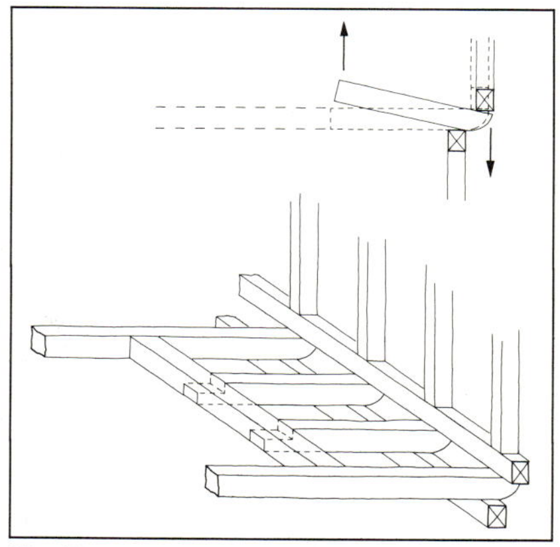

37 Einziehen eines Holzwechsels im Treppenbereich gegen Abkippen der auskragenden Balkenköpfe.

38 Abgewitterte Balkenköpfe.

7. Gestörte Verankerung der Außenwand

- *Deckenbalken unterbrochen für Kamin, Treppenhaus o. ä.*
- *Außenwand mit Sparren nach außen ausweichend (fehlende Zugverankerung).*

Vorgehensweise
1. Freilegen aller betroffenen Füllungen.
2. Hereinziehen, Richten des Fachwerks und Dachstuhls.
3. Wechsel aus Holz bei größeren Störungen aus Stahl umlaufend in der Aussparung zur Aufnahme der Zugkräfte der unterbrochenen Wandteile.

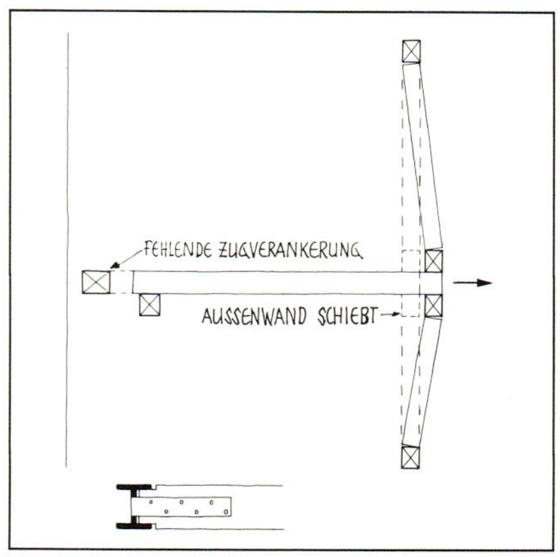

39 Schieben der Außenwand bei fehlender Zugverankerung.

40 Deckenbalken unterbrochen, Wand schiebt nach außen.

8. Holzreparatur mit Epoxydharz. Nicht in Innenräumen!

Starke Verwitterung, Faulstellen mit Löchern, ausgehöhlte Schwellen, Abplatzungen, gestörte Holzverbindungen.

Vorgehensweise
1. Gründliches Reinigen und Entfernen aller Faulstellen und des losen Holzes.
2. Ansetzen von Zweikomponenten-Epoxydharz (Harz und Härter) nach Werksangabe, Topfzeit ca. 30 Min. Harzgemisch mit Quarzmehl oder Quarzsand ca. 1 : 6 so anfüllen, daß spachtelfähige Masse entsteht, einige Tropfen Wasser vermeiden das Fädenziehen, Spachtelmasse innerhalb der Topfzeit verarbeiten, Gerät gut reinigen. Hautkontakt vermeiden. Giftig!
3. Keine Holzanschlüsse und Holzstöße verspachteln, Gelenkigkeit geht verloren.
4. Holzführungen können mit Harz verleimt werden, selbst abgefaulte Ständerteile können ergänzt und Hirn- auf Hirnholz verleimt werden.
5. Bei großen Hohlstellen, z.B. hohlen Schwellen, Löcher an Unterseite verspachteln oder verschalen, dann mit Holzresten auffüllen und mit Harz ausgießen. Nicht höher als 5 cm auf einmal (Gefahr des Überkochens, Verschmutzung der Fassade). Erst nach Topfzeit nächste Lage aufgießen.
6. Zerstörte Holzverbindungen an Streben, Dachfuß und sonstigen Konstruktionsteilen, die nur mit hohem Aufwand ausgewechselt und ausgebessert werden könnten, lassen sich auch statisch konstruktiv durch die Einlage von Polyesterarmierungsstäben, die bis ins Holz hinein eingelassen werden, von Spezialfirmen mit Epoxydharz reparieren.

9. Holzreparatur mit Quark und Standöl

Kleine Schadstellen an den Fassaden (Fehlstellen, Spalten und Holzstöße).

Vorgehensweise
1. Fehlstellen gut reinigen.
2. Anrühren von Quark mit Sägemehl zur spachtelfähigen Masse, Zusatz von Leinöl zu empfehlen.
3. Material kann auch plastisch verarbeitet werden.
4. Für innen kann auch Standöl und Sägemehl Verwendung finden.
5. Oberflächen lassen sich gut streichen, während Harzoberflächen keine Farbe annehmen.

41 Abgewittertes Lehmgefach vor der Ausbesserung.

10. Ausbesserung – Lehmgefache

Lehmfläche der Witterung ausgesetzt, sichtbare Stakung.

Vorgehensweise
1. Reinigen von losen Lehm- und Mörtelteilen.
2. Altlehmstrohgemisch einweichen oder neues Lehmhäckselgemisch herstellen (lange Trockenzeit), Masse in Mischmaschine erdfeucht mit ein wenig Kalk anmischen.
3. Untergrund gut durchfeuchten.
4. Per Hand verarbeiten, tiefe Löcher in mehreren Lagen einbringen, Oberfläche gut austrocknen lassen und mittels Nagelbrett gut aufrauhen als Haftgrund für Putz.
5. Fuge zum Holz 0,5 cm freihalten.
6. Beim Trocknen vor direkter Sonne und vor Wind schützen.

42 Ausgebessertes Lehmgefach, Fuge noch nicht freigelegt.

Grundsätze Aus Unkenntnis handwerklicher Regeln werden oft Fassadenteile mit allen möglichen Materialien verkleidet oder beschädigte Bereiche durch Mauerwerk ersetzt. Gerade im letzten Jahrhundert war es oft Mode, die Giebelseite des Hauses durch Ziegelmauerwerk zu ersetzen, weil der Steinbau als Zeichen des Wohlstandes galt. Während Verkleiden und Verputzen von Fachwerk immerhin den Originalbau erhalten, vorausgesetzt, daß die Atmung bzw. Hinterlüftung gewährleistet sind, ist das Ersetzen von Fachwerkbauteilen durch Massivwände eine Zerstörung der Originalsubstanz und führt meist zu beträchtlichen konstruktiven Schäden am Bauwerk, weil das statische Gefüge gestört wird. Deshalb sollten folgende Grundsätze bei baulichen Veränderungsmaßnahmen an Fachwerk beachtet werden:

- Erhalten der gestalterischen Elemente des Außenwandgefüges
- Wandgefüge außen und innen als Einheit betrachten. Potemkinsche Fachwerkfassaden als Hausreste, vor allem im nordhessischen Raum zu finden, die von innen durch einen Neubau in Stahlbetonskelett ersetzt worden sind, sind keine architektonische und bauliche Lösung und somit abzulehnen. (Perversion des Bauens)
- Belassen oder Reparieren aller tragenden, aussteifenden und formbewahrenden Holzteile wie Ständer, Strebe, Rähm und Schwelle, und zwar ohne sie zu unterbrechen und ohne ihre Verbindungen zum Gefüge zu zerstören
- Wandteile, die zerstört oder beschädigt sind, immer mit intaktem altem Holz ersetzen, nicht mit Mauerwerk oder neuem Holz. Später eingefügte Mauerwerksteile herausnehmen und durch die ursprüngliche Holzkonstruktion ersetzen. In den meisten Fällen leicht rekonstruierbar über noch vorhandene Zapfenlöcher

43 Stilwidrige Verglasung eines Fachwerkgiebels.

- möglichst keinen Stahl verwenden. Zimmermannsmäßige Holzverbindungen herstellen statt Nagelbleche zu verwenden
- neue Fenster immer nur zwischen Ständern, und zwar dort, wo keine Streben und sonstigen Diagonalversteifungen vorhanden sind. Keine Fenstergröße über Feldbreite. Bei Fenstergruppen immer die Ständer zwischen den Fenstern belassen
- Fachwerkhäuser sind versetzbar. Deshalb sollte man eine Translozierung immer einer Zerstörung vorziehen.

44 Noch intakte Fensteranordnung zwischen den Ständern.

Fallbeispiele

1. Neue Fensterteilung

Grundrißveränderungen verlangen neuen Standort für die Fenster.

Vorgehensweise
1. Neue Grundrißlösung im Zusammenspiel mit der Fassade entwickeln.
2. Erhalten und Ergänzen der tragenden, formbewahrenden und versteifenden Holzteile der Fassade.
3. Fenster nur in Feldern ohne Diagonalstreben.
4. Fenster nicht in Endfeldern (Ausnahme Erkerausbildung).

2. Anbau

An- und Umbauten von Fachwerk sollen mit großer Sorgfalt vorgenommen werden. Es gilt:
- *gleiches Material verwenden*
- *gleiches konstruktives System anwenden*
- *gleiche gestalterische Elemente wieder verwenden.*

45 Zwerchgiebel überproportional – später angebaut!

46 Brutaler Eingriff in die alte Bausubstanz durch ungekonnte Ladeneinbauten.

Inhalte Unter dem Themenbereich Fassaden werden Putz-, Werkstein-, Fachwerk- und Sichtmauerwerkfassaden behandelt sowie die Fassadenverkleidungen, die für Altbauten technisch und gestalterisch vertretbar sind. Materialien, die in der Regel verfahrenstechnisch oder ästhetisch für den Altbau nicht zu empfehlen sind, werden in diesem Buch nicht behandelt bzw. ihre negativen Auswirkungen für den Altbau unter Schäden und Schadensbeseitigung dargestellt.
Einerseits würde es den gegebenen Rahmen sprengen, andererseits sei es den Verfassern verziehen, wenn sie darauf verzichten, zu erklären, wie man etwa ein Sichtfachwerk fachgerecht mit Asbestzement verkleidet oder eine Werksteinfassade mit Kunststoff oder mit Metallpaneelen.

1 Reich gestaltete Gründerzeitfassade (Putz und Werkstein).

Gestaltung Wenn wir von Fassade sprechen, denken wir immer zuerst einmal an das äußere Bild, an die Gestalt eines Hauses, an den Öffentlichkeitsaspekt. Jede Fassadenänderung in Konstruktion und Farbe bewegt die Gemüter.
Veränderungen an Fassaden sind bauanzeigepflichtig. Das gilt in der Regel jedoch nicht für die Farbgebung, es sei denn, es handelt sich um denkmalgeschützte Bauten. Bei historischen Fassaden ist der Denkmalpfleger auch zuzuziehen, wenn das Gebäude nicht als Baudenkmal eingetragen ist. Von der Möglichkeit,

durch Baugestaltungssatzungen oder über den Bebauungsplan das Maß der baulichen Veränderungen einzuschränken und die Farbgebung festzulegen, wird leider sehr selten Gebrauch gemacht, obwohl Gestaltung und Ausstrahlung unbestritten die wichtigste Funktion einer Fassade im Orts- und Stadtbild sind. Sie hängen eng mit den technischen Funktionen zusammen, aus denen sie gewachsen sind. Zuerst war die Fensteröffnung als Licht- und Lüftungsquelle. Dann kamen Gewände und gestalterisches Zubehör, wie zum Beispiel Ornamente, Beschläge, Gitter, Faschen usw.

Alle notwendigen Teile des Hauses wie Gesimse, Öffnungen, Fenster, Türen, Mauervorlagen usw. hatten zuerst einmal eine konstruktive Funktion, ehe sie der Gestaltung dienten. Auch, wenn die Funktion manchmal hinter der Gestaltung zurückzutreten scheint. Heute ist hingegen oft der Gestaltungswille im Detail nahezu ganz verloren gegangen. Man zeigt häufig nur noch die nackte Funktion oder unterwirft diese einer gestalterischen „fixen“ Idee.

2 Barocke Fachwerkfassade.

Funktionen

Die Funktionen der Fassade:
- Lastabtragung (Außenwand)
- Schutz vor Regen
- Schutz vor Wind
- Schutz vor Wärme und Kälte von außen und nach außen
- Aufnahme von Öffnungen für Fenster und Türen.

Die einzelnen Anforderungen müssen bei der Instandsetzung von Altbauten untereinander abgewogen und miteinander abgestimmt werden, da sie oft im Zielkonflikt stehen, wie etwa eine große Fensteröffnung und maximaler Wärmeschutz oder Pflegeleichtigkeit und Gliederung.

Altbauten sind gefügt. Sie leben vom sauberen, technisch wirksamen Detail. Die einzelnen Bauelemente schließen organisch aneinander. Dauerelastischer Kitt ist für ein Detail im Altbau ebenso untauglich, wie eine Sicherheitsnadel als Ersatz für eine Naht. Die Fassade ist eng mit der Tragkonstruktion verbunden. Bei Werkstein- und Ziegelsichtmauerwerk ist sie damit identisch. So ist die Bestandsüberprüfung einer Fassade nicht von der des Tragwerkes zu trennen, zumal die meisten Mängel am Tragwerk in der Fassade zutage treten.

3 Mittelalterliche Backsteinfassade.

4 Sichtklinkerfassade.

5 Geschlämmte Klinkerfassade.

Bestandsüberprüfung

Bei der Bestandsüberprüfung ist deshalb zu beachten:

□ Überprüfen des Tragwerks, Feststellen der Mauerwerksart oder Art des Fachwerks (Sicht- oder Putzfachwerk).

□ Überprüfen und Sichern des zeitgeschichtlichen Befundes
a) Konstruktion
b) Außenhaut Materialien
c) Farbgebung.

□ Rekonstruktion der ursprünglichen Fassung, Erhaltenswürdigkeit überprüfen.

□ Feststellen der konstruktiven und bauphysikalischen Mängel, falsch verwendete Materialien wie absperrende Verkleidungen und Anstriche o. ä.

□ Untersuchen des Wandaufbaus im Inneren des Gebäudes, Art des Putzes und des Anstrichs.

□ Überprüfen der Diffusionsfähigkeit der Wände und ihrer Oberflächen.

□ Untersuchen der Fenster auf ihren Zustand.

□ Untersuchen des Sockelbereichs (Aufschluß über den Zustand der Fundamente).

□ Feststellen von Rissen in der Fassade. Differenzieren zwischen oberflächlichen und konstruktiven Rissen. Häufigste Ursachen für konstruktive Rißbildungen:
a) Senken der Fundamente durch fallenden Grundwasserspiegel (verrottete Pfahlgründung oder schrumpfende Lehmböden)
b) Absinken oder Abrutschen des Untergrundes durch Bergschäden oder bodenmechanische bzw. geologische Vorgänge oder Überlastung
c) Hochfrieren von Fundamenten, die nicht in Frosttiefe gegründet sind oder abgegraben wurden
d) Erschütterungen durch Straßen- und Schienenverkehr
e) Gewölbeschub und Schub nicht verankerter Kappendecken
f) Auftreten von Horizontalkräften durch Schäden am Dachstuhl, verfaulte Zangen, Zugstäbe oder Deckenbalken
g) Bei historischen Bauten, die Innengewölbe haben, Überlastung der Gewölbe durch Bauschutt im Dachbereich.

6 Rißschaden durch Fundamentsetzung.

7 Konstruktive Risse an den Schwachstellen der Fassade im Fenster- und Sturzbereich.

8 Ausgespülte Bruchsteinfassade – Schlagregen, fehlende Rinne.

9 Manchmal kommt alles zusammen.

Außenputz

Grundvoraussetzung für die Beurteilung vorhandener Putze sowie sinnvoller Ausbesserungs- bzw. Erneuerungsmaßnahmen ist die genaue Kenntnis der Materialien und ihrer Eigenschaften. Gerade auf diesem Gebiet wird heute noch sehr viel falsch gemacht. Die Verfasser halten es deshalb für notwendig, eingehendere Angaben zur Materialkunde den praktischen Durchführungsempfehlungen voranzustellen.

Unter Putzfassaden werden hier behandelt:

- Putz auf Bruchsteinmauerwerk
- Putz auf Ziegelmauerwerk
- Putz auf Nichtsichtfachwerk.

Im folgenden werden Putz- und Anstricharten beschrieben sowie für Altbau geeignete handwerkliche und verfahrenstechnische Empfehlungen gegeben.
Altbauten hatten in der Regel Putze aus Kalkmörtel, und zwar Luftkalken und Kalken mit geringem Anteil an hydraulischen Verbindungen (Hydraulefaktoren wie: Kieselsäure, Tonerde, Eisenoxyd). Hydraulisch heißt „wasserbindend" und „wasserfest". Hydraulische Kalke sind nicht wasserlöslich und somit für Bereiche, die dem Wasser stark ausgesetzt sind, geeignet wie Fassaden, Fundamente, Sockel usw. Bei der Instandsetzung von Bruchsteinmauerwerk ist deshalb zu beachten, daß der früher verwendete Mauermörtel meist sehr wenig Hydraulefaktoren aufweist und somit auf Dauer wasserlöslich ist.

Putzmörtel

Für den Außenputz gelten folgende Hauptregeln:

- Putzmörtel bedarf im allgemeinen keiner hohen Festigkeit. Die Festigkeit sollte sich dem Untergrund und Fugenmörtel anpassen
- mehrlagige Putze: obere Schicht immer weicher als die untere. Nach außen muß die Elastizität zur Aufnahme witterungsbedingter Spannungen zunehmen, vor allem bei dunkelfarbigen Anstrichen
- Außenputz muß mit dem Anstrich zusammen diffusionsfähig sein. Seine Atmungsfähigkeit muß einen Luft- und Feuchtigkeitsaustausch durch die Wand gestatten und Wärmestau und Schwitzen vermeiden
- die Wärmedurchgangszahl von Kalk ist etwa die gleiche wie die von Ziegel und Holz. Daraus ergeben sich gute Verbindungsvoraussetzungen für diese Materialien.

Kalkarten und ihre Eigenschaften

<u>Luftkalke</u> erhärten durch Aufnahme von Kohlensäure aus der Luft und geben beim Abbinden Wasser ab (Baufeuchtigkeit bis zu 2 Jahre). Der Prozeß ist nur durch Zuführung von CO_2 zu beschleunigen, nicht durch Heizen, jedoch durch Lüften.

<u>Hydraulisch erhärtende Kalke</u> sind Kalke, die mit mehr (hochhydraulische Kalke) oder weniger (hydraulische Kalke) Hydraulefaktoren (Kieselsäure, Tonerde, Eisenoxyd) versetzt sind. Sie sind wasserunlöslich. Sie binden durch Luftzutritt (hydraulischer Kalk 5 Tage, hochhydraulischer Kalk 1–3 Tage) danach auch unter Wasser ab.

<u>Traßkalk</u> ist ein Gemisch aus Traß und gelöschtem Kalkpulver oder hydraulischem Kalk. Traß ist ein natürliches Puzzolan (vulkanischer Tuff mit reaktionsfähiger Kieselsäure). Er ist elastischer als Beton und sollte deshalb an Fundamenten und stark der Feuchtigkeit ausgesetzten Bereichen verwendet werden (Luftabbindung 6 bis 7 Stunden, dann auch unter Wasser).

<u>Dolomitkalk</u> nicht für Außenputze einsetzen! Beim Erhärten entsteht durch die Verbindung mit dem SO_3 der Rauchgase Bittersalz, das zu Ausblühungen führt.

Mischungsverhältnisse in Raumteilen von Putzmörtel (aus Scholz „Baustoffkenntnis“ [Lit B 2.2/3–33])

Zeile	Mörtelgruppe		Mörtelart	Baukalk DIN 1060				Putz- und Mauerbinder DIN 4211	Zement DIN 1164	Baugipse ohne werksseitig beigegebene Zusätze DIN 1168		Anhydritbinder DIN 4208	Sand¹)
				Luftkalk Wasserkalk		Hydraulischer Kalk	Hochhydraulischer Kalk						
				Kalkteig Rohdichte	Kalkhydrat					Stückgips	Putzgips		
					Schüttdichte der Ausgangsstoffe²) in kg/dm³								
				1,25³)	0,5	0,8	1,0	1,0	1,2	0,9	0,9	1,0	1,3⁴)
1	P I	a	Luftkalk- und Wasserkalkmörtel	1,0									3,5 bis 4,5
2					1,0								3,0 bis 4,0
3		b	Hydraulischer Kalkmörtel			1,0							3,0 bis 4,0
4	P II	a	Hochhydraulischer Kalkmörtel; Mörtel mit Putz- und Mauerbinder				1,0 oder 1,0						3,0 bis 4,0
5		b	Kalkzementmörtel	1,5 oder 2,0					1,0				9,0 bis 11,0
6	P III	a	Zementmörtel mit Zusatz von Luftkalk		<0,5				2,0				6,0 bis 8,0
7		b	Zementmörtel						1,0				3,0 bis 4,0
8	P IV	a	Gipsmörtel							1,0⁵)			–
9		b	Gipssandmörtel							1,0⁵) oder 1,0⁵)			1,0 bis 3,0
10		c	Gipskalkmörtel	1,0 oder 1,0						0,5 bis 1,0 oder 1,0 bis 2,0			3,0 bis 4,0
11		d	Kalkgipsmörtel	1,0 oder 1,0						0,1 bis 0,2 oder 0,2 bis 0,5			3,0 bis 4,0
12	P V	a	Anhydritmörtel	1,0 oder 1,5								1,0	< 2,5
13		b	Anhydritkalkmörtel	1,0 oder 1,5								3,0	12,0

¹) Die Werte dieser Tafel gelten nur für mineralische Zuschläge mit dichtem Gefüge.
²) Schüttdichte in kg/dm³, die bei der Umrechnung von Raumteilen in Gewichtsteile zugrunde zu legen sind, wenn die Schüttdichten nicht bekannt sind.
³) Für die nachträgliche Bestimmung des Mischungsverhältnisses ist bei Kalkteig mit einem Feuchtigkeitsgehalt von 65 M.-%, bezogen auf das Teiggewicht, bei Branntkalk mit einer Ergiebigkeit von 28 Liter/10 kg zu rechnen, falls die Kennwerte des verarbeiteten Kalkes nicht bekannt sind.
⁴) Bei etwa 2 bis 5 M.-% Feuchtigkeit, bezogen auf den trockenen Sand.
⁵) Um die Geschmeidigkeit zu verbessern, kann Weißkalk in geringen Mengen, zur Regelung der Versteifungszeiten können Verzögerer zugesetzt werden.

Mischungsverhältnisse, Mörtelgruppen

Für die Mörtelgruppe I und II gelten beim Mischen von Hand die niedrigen Werte des Sandanteils, die höheren beim Mischen mit der Maschine (Zwangsmischer). Der Sand muß gewaschen sein. Aufschwemmbare tonige und lehmige Bestandteile maximal 5% verwenden. Aufquellende Bestandteile dürfen nicht enthalten sein. Körnung: gemischtkörnig anwenden, Feinsand, kleiner als 0,25 mm 12 bis 25 Masseprozente, Großkorn im allgemeinen ⅓ der Putzlagendicke. Unterputz und Spritzwurf darf nicht feinkörnig sein. Zusatzmittel weitestgehend vermeiden. Vor allem bei Kellenputzen ist die Gefahr der Bildung einer Sinterhaut gegeben, die dem mineralischen Anstrich das Eindringen nicht ermöglicht.
Farbstoffzusatz maximal 5% des Bindemittelanteils.
Die Mörtelgruppen IV und V mit Gips und Anhydritanteilen nur innen verwenden. Die Mischungsverhältnisse mit Angaben der Mörtelgruppen sind entwickelt für den Neubau. Ihnen liegen jedoch alte Erfahrungen zugrunde. Sie sind als Richtorientierungen zu sehen. Es wurde schon darauf hingewiesen, daß die gewählte Festigkeit des Außenputzes der Konsistenz des Untergrundes angepaßt werden muß.
Das heißt in der Tendenz eher magerer als fetter. Die Mentalität, immer noch eine Schippe Kalk mehr zu nehmen, weil man dann weiß, was man hat, bewirkt das Gegenteil von dem, was man erreichen will. Zement hat in Außenputzen des Altbaus in aller Regel nichts zu suchen. Genauso wie Ausbesserungen am Altbaumauerwerk im Material der Steine und des Mörtels dem Vorhandenen angepaßt werden sollen, muß auf altem Gemäuer mit Kalkputzen gearbeitet werden. Selbst an Fundamenten und sonstigen, der Feuchtigkeit stark ausgesetzten Wänden ist hydraulischem Kalkputz oder Traßkalkputz wegen der höheren Elastizität der Vorrang zu geben. Im Zweifelsfall immer Kalk verwenden.

1 Fassade vor der Restaurierung.

2 Fassade nach der Restaurierung.

Verarbeitung

Außenputze dürfen vor allem bei Altbauten nicht aufgezogen werden, sondern werden mit der Hand oder Maschine fest angeworfen, damit sie sich tief in die Unebenheiten der Oberfläche verkrallen. In der Regel empf ehlt sich, bei Ziegel- und vor allem Natursteinmauerwerk einen Spritzwurf aufzubringen, um eine gute Haftung zu erreichen. Saugende und stark saugende Oberflächen immer gut vornässen (ausgenommen Holzwolle-Leichtbauplatten). Mischmauerwerk vermeiden, da verschiedene Untergründe unterschiedliche Saugfähigkeit und Wärmeleitfähigkeit besitzen. Die Folgen sind Abzeichnungen und Risse auf der fertigen Fassade.
Der häufigste Putz bei Altbauten ist der zweilagige Kellenputz, auch altdeutscher Putz genannt. Die Mauerwerksuntergründe sind oft, vor allem bei Sandsteinmauerwerk, sehr uneben. Hier werden keine durchgehend ebenen Flächen hergestellt wie bei Neubauten. Das hätte zu starke Putzdicken zur Folge. Gerade in der Unebenheit, dem Spiel von Licht und Schatten, liegt der Oberflächenreiz alter Gebäude.

3 Falsch verarbeiteter Außenputz beim Fachwerk.

Der Unterputz wird den Unebenheiten des Mauerwerks folgend aufgebracht und überzieht lediglich grobe Vertiefungen, die allerdings oft mehrlagig aufgefüllt werden müssen, um Putzsäcke zu vermeiden. Der Oberputz wird mit der Buchenscheibe oder einer abgearbeiteten Metallkelle (Vermeiden von Gratbildungen) so glatt wie handwerklich möglich aufgebracht. Oberfläche nicht zu stark massieren, sonst entsteht eine Sinterschicht, die das Abbinden des Mörtels verlangsamt und mineralische Anstriche nicht verkieseln läßt. Putzflächen beim Abbinden vor praller Sonne und starkem Windanfall schützen. Bei Kalkputzen die einzelnen Lagen immer feucht in feucht auftragen (bessere Verankerung).
Bei höheren Fassaden in mehreren Etagen zugleich arbeiten, um sichtbare Putzstöße zu vermeiden. Bei gemischten Werkstein-Putzfassaden muß der Putz sauber an die Quaderung, Gesimse, Gewände usw. herangezogen werden.
Überstehende Werksteinteile weisen darauf hin, daß Fassaden verputzt waren. Manchmal sind jedoch die Steine so abgewittert, daß sie mauerwerksbündig sitzen. In diesem Fall muß der Putz an die Steinkante schräg herangezogen werden. Selbstverständlich müssen Verfugungen und Wasserfluß bei einer solchen Fassade in Ordnung gebracht werden, bevor man mit dem Verputzen beginnt.

Dichtungsmittel

Dichtungsmittelzusatz ist in der Regel bei Altbauten nicht zu empfehlen und meist nicht nötig, weil die Mehrzahl der Bauten gestrichen sind und deshalb hinreichenden Schutz gegen Schlagregen bieten. Dichtungsmittelzuschlag nur im Unterputz und nur in geringer Menge, da beim Aufreiben des Putzes erhöhte Gefahr der Sinterbildung besteht und die Haftung des Oberputzes nicht mehr gewährleistet ist. Keine Dichtungsmittel in Oberputze einbringen (zu dünn, keine Wirksamkeit), auch besteht die Gefahr der Fleckenbildung. Außerdem kann über Putz- und Anstrichfehler Regenwasser hinter die Oberputzschicht dringen und zum Abplatzen führen.
Der Putzaufbau mit oder ohne Anstrich hat die Aufgabe, das Eindringen von Regenwasser (Schlagregen) zu verhindern, darf aber den Luft- und Wasseraustausch von innen nach außen nicht unterbinden, sondern sollte ihm förderlich sein.

4 Überstehende Gewände – alte für Putz vorgesehene Fassade.

Außenanstrich

Im folgenden wird lediglich über Art und technisch handwerkliche Anwendung von Anstrichstoffen (Anstrichmittel) und Farbmitteln (Pigmente und Farbstoffe) gesprochen. Die Farbgebung wird im Kap. B 3.4 behandelt. Hier wird keine Materialkunde gegeben – dafür gibt es hinreichend Literatur – sondern auf das hingewiesen, was zu beachten ist, wenn man die wichtigsten Fehler vermeiden will. Täglich werden allerorten viele Bauschäden verursacht, weil man meint, man könne alles, was auf dem Markt angeboten wird, überall zur Anwendung bringen. Der self-made-Pfusch ist nirgends so weit verbreitet wie auf dem Gebiet des Anstrichs. Für Anstriche auf Altbauten gelten folgende Grundsätze.

5 Verrotteter absperrender Anstrich.

Regeln

• Anstriche müssen das anfallende Regenwasser vom Putz und von der Außenwand fernhalten, ohne Dampf und Feuchtigkeit daran zu hindern, aus dem Mauerwerk oder den Räumen zu diffundieren. Der Anstrich hat zusammen mit dem Putz die Funktion einer Haut
• der Aufbau der Anstriche muß dem Untergrund (Putz) angeglichen sein. So sollten im Altbau auf den vorwiegend mineralischen Putzuntergründen mineralische Putze und Anstriche verwendet werden
• der Untergrund muß gründlich von Anstrichresten und Schmutz gereinigt und je nach Anstrichmittel entsprechend den Materialeigenschaften vorbehandelt werden
• bevor man Fassaden anstreicht, müssen alle Voraussetzungen für eine dauerhafte Arbeit gegeben sein, wie: intakter Putz, einwandfreier Wasserfluß an der Fassade, intakte Fallrohre und Regenrinnen sowie intakte Dachanschlüsse und Fundamente.

6 Gestörter Wasserfluß und filmbildender Anstrich.

Anstricharten

Für Außenanstriche auf mineralischen Putz sind geeignet: Kalkfarb-, Wasserglas-, Zementanstriche. Kaseinanstriche nur auf frischem Kalkputz (Kalkalbuminat) wasserbeständig. Öl- und Lackfarben haben auf Außenputzen nichts zu suchen (Absperrung).

Kalkanstrich

Bindemittel ist in Wasser verdünnter, gelöschter Weißkalk. Einfärbbar mit hellem kalkechten Buntpigmenten bis zu 5%. Reiner Kalkanstrich ist heute noch vor allem wegen seines hohen ph-Wertes (desinfizierend) für Innenräume zu empfehlen. An Außenwänden bei stark schwefelsäurehaltigen Niederschlägen ohne Zusätze auf Dauer nicht haltbar. Die Witterungsbeständigkeit kann durch hydraulische Zusätze erhöht werden. Weitere Zusätze sind Leinöl 10–30 g/l; Kalktünche (Kalkseife) oder Kaliwasserglas, 1 Raumteil Kaliwasserglas, 10–12 Raumteile Kalkmilch. Kalkanstriche müssen dünnflüssig, mehrlagig mit der Quaste kreuz und quer, am besten auf den frischen Kalkputz aufgetragen werden (gute Leuchtkraft, natürliche Lasurwirkung).

7 Der Anstrich schützt die Fassade vor Schlagregendurchfeuchtung.

Wasserglas-Farbanstrich
(Kalkfarbanstrich mit Kaliwasserglas)
Die Verbindung von hydraulischem Kalk und Kaliwasserglas wird industriell gefertigt und unter der Bezeichnung Mineralfarbe bzw. Silikatfarbe angeboten. Die offizielle Bezeichnung ist Wasserglas-Farbanstrich. Angerührte Kali-Wasserglas-Verbindungen müssen vor ihrer Verhärtungsphase verarbeitet werden. Deshalb werden reine Mineralfarben in der Regel in Pulverform geliefert. Neuerdings werden auch reine Mineralfarben streichfertig angeboten.
Die meisten anstrichfähig (pastös) gelieferten Mineralfarben sind ein Verschnitt mit organischer Substanz (bei Dispersionssilikatfarben maximal 5% Dispersion zulässig), die die pastöse Farbe stabilisieren und streichfähig erhalten.
Putze der Mörtelgruppe I, die Kalk als Bindemittel haben, dürfen nur mit Kalk oder reinen Mineralfarben gestrichen werden. Die Sinterhaut der Putzoberflächen muß vor dem Abbinden aufgerauht oder später mit Ätzflüssigkeit chemisch aufgerissen werden. Bei Altfassaden ist der Putz von Dispersions- und sonstigen Farbresten zu reinigen, was oft ohne Beschädigung des Putzes nicht möglich ist. Mineralfarbe darf nicht auf Dispersionen aufgetragen werden. Gereinigte Flächen gut mit Wasser nachspülen. Je nach Saugfähigkeit muß der Putz mit Fixativ (Wasserglas) vorgefestigt werden, auch um zu vermeiden, daß dem Silikatanstrich das Bindemittel Kaliwasserglas beim Abbinden entzogen wird. (Folge: kreidende Oberfläche.)
Silikatanstriche werden in zwei Lagen aufgetragen und bilden im Gegensatz zu Dispersionen keinen Film, sondern mikrieren in den Untergrund ein (Versteinerung, Verkieselung). Silikatfarben sind wegen ihres hohen ph-Wertes desinfizierend. Mineralische Anstriche haben bei einer guten Verarbeitung eine hohe Lebensdauer. Es gibt Bauten, deren Anstriche seit der Jahrhundertwende unversehrt geblieben sind. Silikatfarben haben bei gleichem Farbton niedrigere Oberflächentemperaturen als Dispersionen.
Zur Pigmentierung von mineralischen Farben dürfen nur kalkechte Pigmente (meist mit hydraulischen Zusätzen auf dem Markt erhältlich) verwandt werden.

Kunststoff-Dispersionsfarben
Dispersionsfarben werden auch als Binderfarben bezeichnet. Ihr Anteil an organischen Stoffen ist vorrangig; sie sind hautbildend (s. Tabelle unten). Dispersionsfarben haben als Bindemittel in Wasser dispergierte Polymerisationsharze. Sie gelten als verwendbar für nahezu alle Untergründe außer Stahl. Sie sind von stumpfmatt bis hochglänzend in der Oberfläche zu erhalten. Ihre hautbildende Eigenschaft ist ihnen jedoch immer anzusehen (im Gegensatz zu Kalk- und Mineralfarben). Auf alten und neuen Kalkputzen dürfen sie nicht verwandt werden (Mörtelgruppe I). Im Altbau ist den mineralischen oder wenigstens Dispersionssilikatfarben wegen der hohen Anforderungen an den Wasser- und Dampftransport in der Wand und Wandoberfläche der Vorrang zu geben. Bei starkem Feuchtigkeitsanfall Dispersionen vermeiden!

Zementfarben
Sie gelten als Mineralfarben. Zementmilch (in Wasser aufgeschlemmter Zement) einfärbbar mit Zementfarben. Sie eignen sich für Unterwasseranstriche und bei hohem Feuchtigkeitsanfall. Im Altbau nur im Fundamentbereich bedingt verwendbar.

Anorganische (A) und organische (O) Anteile bei den verschiedenen Anstrichmitteln

	Kunstharzfarbe	Dispersions-Silikatfarbe	Silikatfarbe
Pigment	O+A	A	A
Füllstoff	O+A	A+O (max. 5%)	A
Bindemittel	O	A+O	A

Grundsätze

Die beste Schadensvorbeugung für Putzfassaden ist eine regelmäßige Überprüfung der Schwachstellen (s. Checkliste Kap. B 2.3/1). Die meisten Schäden entstehen an den Anschlüssen zu anderen Materialien wie Stein und Holz usw. und zu anderen Bauteilen, Dach, Sockel, Fundament oder zu Gebäudeteilen wie Garagen, Balkonen, Anbauten. Naturgemäß sind diese Nahtstellen am Altbau die neuralgischen Punkte, dort wo die Teile zusammengefügt sind. Meistens werden Fassaden nicht regelmäßig überprüft und deshalb Putz und Anstrich in Teilbereichen früher zerstört als die natürliche Alterung zum Abbau des Putzes führen würde, so daß deren Lebensdauer (bis zu 80 Jahren) gar nicht ausgeschöpft werden kann mit all den reizvollen Patinierungen der Oberfläche.

Eine Putzfassade kann viel länger halten, wenn man den Anstrich so frühzeitig erneuert, daß der Putz noch nicht angegriffen ist. Diese Maßnahme gehört auch noch zur Bauunterhaltung. Sie ist deshalb wichtig, weil alte Putze Kalkputze sind, die je nach Kalkvorkommen häufig nicht hinreichend natürliche Hydraulebestandteile besitzen, um wasserbeständig zu sein. Ist der mineralische Anstrich verbraucht, muß der Anstrich erneuert werden, bevor das Bindemittel Kalk vom Regenwasser aus dem Putz gelöst wird. Wartet man zu lange, beginnen die Putzoberflächen zu sanden. Ein Zeichen des Zersetzungsprozesses. Je nach Grad des Zerfalls sind die dann sehr saugfähigen Putze durch mehrmaligen Wasserglasanstrich wieder zu verfestigen und dann mit einem mineralischen Anstrich zu versehen. Ist der Zerrottungsprozeß schon zu weit fortgeschritten, ist eine Festigung nicht mehr herbeizuführen. Dispersionen sind auf alten Putzen zu vermeiden, weil es sich um Kalkputze handelt und weil ihre geringe Wasserleitfähigkeit (Hautbildung) und Dampfdiffusionsfähigkeit bei Wasseranfall durch Beschädigungen und Risse im Anstrich und aus sonstigen Gründen zur Kondenswasserbildung und Feuchte-Nässe-Staus auf der Hautrückseite führen. Hierdurch findet eine beschleunigte Alterung des Putzes statt. Mineralische Anstriche auf alten Putzen führen aufgrund ihrer hohen kapillaren Eigenschaften selbst bei Durchfeuchtung der Wände zu einem schnellen Austrocknen. Sind die Wände bei Auftrag des Anstrichs aber zu feucht, so wird eine Verkieselung mit dem Untergrund verhindert.

8 Dispersionsanstrich auf Ölfarbe – mehr kann man nicht falsch machen.

9 Mineralischer Putz, 60 Jahre alt und noch immer gut erhalten.

10 Gut unterhaltene Putze sind langlebig.

Wird der Zeitpunkt versäumt, den Anstrich zu erneuern, verfällt Putz und Untergrund je nach Lage der Fassade zur Wetterseite rapide. In unseren Lagen halten sich deshalb die Ost- und Nordfassadenputze viel länger bei regelmäßiger Pflege (im Einzelfall über 200 Jahre). Früher wurden Kalkanstriche regelmäßig erneuert. Das führte zu einer reizvollen Oberflächenstruktur. Häufig wittert der Putz aufgrund mangelnder Pflege bis auf das Mauerwerk ab und der Prozeß setzt sich dann in die Fugung fort.

11 Mangelnde Unterhaltung eines steinsichtig verputzten Mauerwerks.

Fallbeispiele

1. Putz und Anstrich ausbessern

- *Mineralischer Anstrich abgewittert*
- *Putz vereinzelt hohl oder abgefallen, sonst noch haltbar*
- *keine nennenswerten Anschlußmängel.*

Vorgehensweise
1. Reparieren von Rinnen, Gesimsen, Fundamenten usw.
2. Lose Putz- und Anstrichreste entfernen, abbürsten, abdampfen.
3. Gut vorfeuchten.
4. Ausbessern der schadhaften Stellen mit hydraulischem Kalkmörtel der gleichen Konsistenz wie vorhanden.
5. Überstreichen mit Mineralfarbe. Vorsicht! Ausbesserungsstellen können sich abzeichnen. Bei vielen Schadenstellen Gesamtfläche eventuell vor dem Anstrich überziehen mit einem mageren hydraulischen Kalkmörtel (d = max. 5 mm). Saugende Untergründe mit Wasserglas behandelt. (MV 3,5 RT gewaschener Sand gesiebt, 1 RT hydraulischer Kalk.)

2. Erneuerung von Kalkanstrichen

In Gegenden mit relativ reiner Luft können Kalkanstriche erhalten bleiben. Sie sind oft als viellagig aufgestrichener Untergrund vorzufinden.

Vorgehensweise
1. Reparieren aller Anschlüsse, Rinnen, Fundamente, Regelung des Wasserflusses.
2. Lose Teile entfernen, abbürsten, abwaschen.
3. Gut vorfeuchten.
4. Kalkmilch eher wässerig mit Zusatz von Pigment (kalkecht bis 5%) und Leinöl (10–30 g/l Kalkmilch) oder Kaliwasserglas (1 Raumteil Kaliwasserglas, 10 bis 12 Raumteile Kalkmilch) anrühren und mehrlagig dünn mit der Quaste kreuz und quer aufstreichen. Zwischen den Anstrichen nicht trocknen lassen; feucht in feucht arbeiten. Bei neuem Putz in feuchtem Kalkputz arbeiten. Stark saugende Putzuntergründe vorher mit Wasserglas behandeln.

12 Putzschäden durch Wandfeuchtigkeit von innen.

3. Mineralfarbanstrich auf Kalkputz

- *Mineralischer Anstrich fast abgewittert. Untergrund beschädigt, sandet, wenn man mit der Hand darüber wischt*
- *sonst noch keine Schadstellen wie Hohl-, Fehl- und Faulstellen am Putz*
- *Fassade noch in allen wesentlichen Anschlüssen intakt.*

Vorgehensweise

1. Reinigen der Fassade mit Dampfstrahl.
2. Schützen von Fenstern und sonstigen Teilen, weil Wasserglas ätzt.
3. Reparieren aller Schadstellen an Gesimsen, Anschlüssen, Rinnen und Fallrohren.
4. Je nach Saugfähigkeit des Untergrundes ein- oder mehrmaliges Einstreichen mit Wasserglasverdünnung. 1 Teil Wasser, 1 Teil Wasserglas oder Fixativ nach Werksvorschrift. Sättigung muß gerade so sein, daß Wasser und Wasserglas beim Verkieseln nicht aus dem Anstrich herausgesaugt werden.
5. Erster Anstrich in gewünschtem Farbton mit Zwangsmischer gemischt bzw. nach Muster beim Mineralfarbwerk bestellt. Mischungsverhältnis von Anstrichmittel Pulver oder Paste nach Werksvorschrift. Bei Lasurtechniken ersten Anstrich in weiß.
6. Endanstrich. Bei deckenden Anstrichen noch Farbkorrekturen möglich, bei Lasuren entweder mit Anstrichmitteln und Pigment und starker Verdünnung mit Fixativ ganz wässerig verarbeiten oder bei starken Lasuren mit reinen Pigmenten arbeiten.

13 Mineralfarbanstrich auf Kalkputz, nach historischem Befund restauriert.

Grundsätze

Putz- und Anstrichschäden gibt es viele, ihre Ursachen unterscheiden sich von Objekt zu Objekt.

Putzmängel

Putzrisse oder mangelndes Abbinden entstehen

- Bei zu starkem Wasserentzug (Sonne, Wind, saugende Untergründe) – Netzrißbildung
- bei zu fettem Mörtel und zu kleiner Sandkörnung (Schrumpfung bei Wasserentzug)
- bei Verwendung von ungewaschenem, lehmhaltigem Sand. Lehm quillt stark und trocknet langsam, schrumpft beim Trocknen, wenn Abbindeprozeß abgeschlossen ist
- bei zu langem Abreiben, etwa bei Kalkputz. Es bildet sich eine Sinterhaut an der Oberfläche (Bindemittelfilm), die schwindet und netzartig reißt. Durch diese Haut wird bei Kalkputzen der Abbindeprozeß verlangsamt (CO_2 der Luft kann nicht zutreten). Keine Verkieselung von Silikatanstrichen
- bei Frosteinwirkung Streurisse. Putz muß abgeschlagen und erneuert werden
- wenn der Putz in einer Lage zu dick aufgetragen wurde, entstehen Sackrisse. Häufig bei starken Unebenheiten im Bruchsteinmauerwerk. Putz sackt ab und reißt darüber ab
- bei zu nassem Untergrund versintert die Oberfläche. Der Putz zieht nicht an und bindet nur zögernd ab. Abbröckeln und Absanden von Putzen.

Abplatzen von Putzschichten

- Bei zu fettem Oberputz Ablösen vom Untergrund, auch bei Zementzusatz auf mürbem Mauerwerk (Spannungsabscherung)

14 Mängel durch Alterung.

15 Defektes Fallrohr.

- zu dicker und zu fetter Putz löst sich vom Lehm bei Fachwerkfeldern (Abscherung)
- bei Verputzen auf gefrorenem Untergrund platzt Putz ab
- bei sandigem, nicht gereinigtem und nicht vorgenäßtem Untergrund
- bei nicht saugendem, unfeuchtem Untergrund (Granit).

Konstruktive Risse

Sie setzen sich im Putz fort. Sie sind im Kap. B 3.2 erläutert.

16 Fehlerhafter Wasserfluß.

17 Mineralfarbanstrich auf zu nassem Untergrund.

Mängel durch defekte Bauteile und Anschlüsse

- defekte Fundamente (s. Kap. B 2.1)
- defekte Sockel (s. Kap. B 2.1)
- defekte Dachhaut (s. Kap. B 2.4)
- defekte Traufe und Rinne (s. Kap. B 2.4)
- defekte Gesimse, Lisenen, Brüstungen (s. Kap. B 2.2)
- defekte Haus- und Maueranschlüsse (s. Kap. B 2.2)
- defekte Installation innen (s. Kap. B 2.8).

Anstrichmängel

Fast alle oben erläuterten Putzschäden, wie Risse, Abplatzungen, mangelnde Bindung usw., setzen sich in den Anstrich fort. Wie auch falsche oder fehlerhafte Anstriche den Schaden in den Putz und Untergrund tragen. Deshalb ist es so wichtig, Untergrund, Putz und Anstrich in ihrer Zusammensetzung und ihren Eigenschaften aufeinander abzustimmen.

Ein Mineralanstrich altert anders als ein Dispersionsanstrich. Der Mineralanstrich baut sich – vor allem auf der Wetterseite – langsam von außen nach innen ab, während Dispersionsanstriche mürbe werden, reißen, über Schadstellen von hinten durchfeuchtet werden (Schwitzwasserbildung), was den Anstrich als Haut löst und abhebt.

Schlecht verarbeitete Silikatfarben, deren Untergründe nicht hinreichend gereinigt und mit Wasserglas gesättigt waren, kreiden an der Oberfläche.

Zum Ablösen der Mineralfarbe führen stark gesinterte Putzoberflächen (totgerieben), weil das Wasserglas nicht mit dem Untergrund verkieseln kann (mangelnde Vernetzung). Dem Dispersionsanstrich schadet das nicht, da er ohnehin nur adhäsiv haftet.

Dispersionen auf zu feuchtem Untergrund aufgebracht, haben ebenfalls eine kurze Lebensdauer. Unter der Anstrichhaut bildet sich Wasserdampf, was zur Bildung von Blasen und zur Zerstörung des Anstrichs führt.

Putzuntergründe mit Salzausblühungen müssen erneuert werden. Zu stark salzbefallenes Mauerwerk muß nach Reparatur der Fundamente mit Spezialputz versehen werden.

Ablösungen von Farbanstrichen können auch entstehen, wenn falsche Untergründe, wie Ölfarben, mit jeweils falschen Anstrichen überstrichen wurden.

18 Mangelnde Bauunterhaltung.

19 Intakte Fassade.

Fallbeispiele

1. Kalkputz und Anstrich

Alter Kalkputz auf Bruchstein- bzw. Ziegelmauerwerk abgewittert, nicht mehr erhaltbar.

Vorgehensweise

1. Ausbessern aller den Putz gefährdenden Anschlüsse, wie Dach, Dachrinnen, wasserführende Teile der Fassade, Sockel und Fundamente usw.

2. Entfernen aller Putzreste und losen Gesteinsteile, Reinigen des Mauerwerks mit scharfem Wasserstrahl.

3. Ausmauern von Schadstellen mit gleichartigem Material. MV: 1 Teil hydraulischer Kalk, 3 RT gewaschener Sand, 0–0,7, Feinsandanteil max. 25%. Im Sockel und Feuchtbereich hochhydraulischen bzw. Traßkalk verwenden.

4. Gut vorfeuchten außer bei Holzwolleleichtbauplatten und Bimsbaustoffen.

5. Spritzwurf entfällt bei stark saugenden und rauhen Untergründen wie Kalkstein usw. Bei wenig saugendem und glattem Mauerwerk Spritzwurf verwenden. MV: 2 RT gewaschener Grobsand, 1 RT hydraulischer Kalk.

6. Unterputz MV: 3 RT gewaschener Sand, 0–0,7, Feinsandanteil max. 25%, 1 RT hydraulischer Kalk.

Alternative 1: Bei starken Witterungsansprüchen auch 1 RT Traßkalk verwendbar. (MG P II a)

Alternative 2: Bei starken Anforderungen an die Elastizität bei mager gemauertem Mauerwerk aus porösem Material 9 RT gewaschener Sand, 0–0,7. Feinsandanteil max. 25%, 2 RT hydraulischer Kalk, 1 RT Weißkalk (Luftkalk).

Unterputz immer aufrauhen (besseres Abbinden und Haften des Oberputzes). Unterputz bei Bruchsteinmauerwerk (stark uneben) mit der Hand aufwerfen. Der Putz muß den Flächenunebenheiten des Mauerwerkes folgen. Grobe Unebenheiten ausgleichen. Keine Unterputzlage über 10 mm Stärke. Wenn nötig, mehrlagig. Kein Richtscheit verwenden. Putz fassadenweise zusammenhängend aufbringen, damit keine Trockenfugen entstehen. Putzstöße in den Etagen des Gerüstes horizontal mit leichter Neigung nach rechts oder links herstellen. Der Putz wird an Werksteinteile (Gewände, Gesimse, Quaderungen usw.) oder Holz immer flächenbündig herangezogen, nicht darüber hinweg (reißt ab). Bei abgewitterten Werksteinen schräg heranziehen auf Werksteinkante. Näheres s. Kap. B 2.3/3.

7. Oberputz: Bei Kalkputzen feucht in feucht arbeiten. MV: 3,5 RT gewaschener Sand, Körnung max. 0,3, 1 RT hydraulischer Kalk.

Alternative 1: Bei starker Witterungsbeanspruchung 1 RT Traßkalk (MG P II a).

Alternative 2: Bei hoher Anforderung an die Elastizität 9,5 RT gewaschener Sand, gesiebt, 2 RT hydraulischer Kalk, 1 RT Weißkalk (Luftkalk).

Oberputz dünn über den Unterputz auftragen (Grundplastizität). Alle „kunstvollen" Strukturen vermeiden. Handwerkszeug: abgenutzte Stahlkelle oder Buchenscheibe, um Grate beim Aufglätten zu vermeiden. Zu starkes Aufreiben (Totreiben) treibt die Bindemittel an die Oberfläche. Putz immer in Sockelhöhe abschneiden, nie bis zum Erdreich putzen. Häufig wird Putzabfall an Erdreich im Anschluß zum Putz nicht beseitigt und der Putz über den Sockelputz hinweggezogen. Feuchtigkeit zieht hinter Putz hoch. Sockelputz ohne bituminöse Anstriche (zusammen mit Fundamentinstandsetzung) in der Regel ausreichend, optisch guter Übergang zwischen Sockel- und Wandputz.

8. Abätzen der Putzoberflächen mit Ätzflüssigkeit. Gutes Nachwaschen mit Wasser.

9. Bei trockenem Zustand je nach Saugfähigkeit des Untergrundes mit Kaliwasserglas und Wasser 1 : 1 bzw. Fixativ ein- bis zweimal einstreichen.

10. Erster Anstrich mit Mineralfarbe, Fixativanteil nach Werksangabe. Pigmentierung nach Farbmuster am Bau kann im Werk gemischt werden. Kalkechte Pigmente verwenden.

11. Endanstrich mit Mineralfarbe. Farbkorrekturen möglich. Bei Lasuren auch reines Pigment (mit Hydraulezusätzen im Handel erhältlich) mit Fixativ verwendbar.

2. Steinsichtiger Verputz

- *Ausgespülte Fugen im Bruchsteinmauerwerk*
- *starke Durchfeuchtung durch Schlagregen*
- *Mauerteile defekt.*

Vorgehensweise
1. Entfernen loser Steinteile, Reinigen mit starkem Wasserstrahl.
2. Ausmauern von groben Schadstellen mit gleichem Material.
3. Auswerfen der Fugen per Hand bis zur Vorderkante der Steine mit der Metallkelle. Grobes Beiarbeiten des Mörtels und Reinigen der Bruchsteine von Mörtelresten.
MV: MG P IIa – 3 RT gewaschener Sand, 0–0,7. 1 RT Traßkalk.

20 Ausgespülte Fugen.

3. Fassadenreinigung

Fassadenreinigung durch Abdampfen bei Zusatz von Seifenlösung ist ein schonendes Vorgehen. Sand- und Schlackestrahl nur an Metallteilen anwenden, zerstören Putz, Holz und die Oberflächenstruktur sowie natürliche Schutzschicht von Natursteinen. Alte Dispersionen lassen sich häufig schon mit Dampfstrahl lappenartig entfernen. Sitzen sie fester, Spezialabbeizmittel verwenden (Vorsicht: Grundwasserverseuchung). Ölfarbe verseift durch Ablaugmittel (Sodalösung, Ätznatron, Salmiakgeist) und wird wasserlöslich. Nach Abspachteln mit Wasser nachspülen, evtl. mit Essigwasser neutralisieren. Untergrund für Neuanstrich gut trocknen lassen. Dispersionen sind oft nicht restlos und ohne Beschädigung der Putzoberfläche zu entfernen.

21 Dampfstrahlreinigung einer Fassade.

4. Ausblühungen an Putzfassaden

Ausblühungen entstehen, wenn in Wasser gelöste Stoffe durch die Kapillarität von Mauerwerk und Putz an die Oberfläche geschwemmt werden. Ausblühungen sind vorwiegend weiß und werden im Volksmund mit Salpeter bezeichnet. Diese Nitratausblühungen treten oft bei Altbauten auf. Häufig sind es auch Karbonate oder Sulfate. Die Stoffe werden meist bei nicht intakten Fundamenten aus dem Mauerwerk, dem Fugenmaterial oder anderen Bauteilen gelöst oder von außen hineingeschwemmt (Stallungen, Humussäure usw.). Will man genau wissen, um welche Lösung es sich handelt, sollte man Proben untersuchen lassen. Oft enthalten Bausteine aus bestimmten Steinbrüchen schon entsprechende wasserlösliche Stoffe. Daher erklärt sich, daß in manchen Ortschaften Ausblühungen gehäuft auftreten.

Treten starke Zersetzungen von Putz, Anstrich und Werksteinteilen, vor allem in der Übergangszone zum trokkenen Mauerwerk ein, handelt es sich in der Regel um Nitrate (Salze), die insbesondere bei verrotteten Fundamenten und zusätzlich starker Zufuhr von Stickstoffverbindungen (im ländlichen Raum in Form von Jauche, undichten Abflüssen, Kunstdünger im Wasser, Humusresten in den Fundamenten) auftreten. Diese Stickstoffverbindungen wandeln sich durch Aufnahme von Kalk des Mörtels um in Kalziumnitrat, das stark hygroskopisch ist, mit dem aufsteigenden Wasser kapillar in die höheren Bereiche (je nach Feuchtigkeit) des aufsteigenden Mauerwerks getragen wird und sich dort in kristallisiertem Zustand an der Trockengrenze im Mauerwerk gehäuft ablagert. So entstehen die mäandrierenden Zonen zerstörten Putzes an Fassaden.

Wie wichtig es ist, Fundamente instandzusetzen und zu halten, zeigt dieser sehr häufige Schaden. In alten, ungepflegten Fundamenten finden sich immer Humusreste. Sie alleine genügen, um den nicht säurebeständigen, unhydraulischen Mörtel unter starker Zufuhr von Regenwasser zu lösen.

Auf von Regenwasser durchnäßtem, altem, mit geringhydraulischem Kalk gemauertem Mauerwerk können Karbonatausblühungen entstehen (s. Kap. B 2.1). So entstehen durch kohlesäurehaltiges Regenwasser Kalklösungen in Form von Kalziumbikarbonat, das wiederum beim Verdunsten unter Ausscheiden von Kalk zerfällt.

Vorgehensweise

1. Bestimmung der Art der Ausblühungen. Geschmacksprobe: bei Salzgeschmack – wasserlösliche Salze. Kein Salzgeschmack – Karbonate oder andere Ausblühungen.
2. In jedem Fall Instandsetzen von Fundamenten und anderen Feuchtigkeitsquellen (s. Kap. B 2.1).
3. Entfernen vor allem von mit Nitraten befallenen Putzteilen weit über den sichtbar befallenen Teil hinaus.
4. Freilegen von Fugen, 3–5 cm tief, innen und außen.
5. Entfernen der befallenen Mauersteine.
6. Wenn nötig absäuern mit 5–6%iger Essigsäure oder 36%iger Salzsäure, jeweils 1:10 mit Wasser verdünnt. Gut vor- und nachspülen mit Wasser, sonst Gefahr von Chloridausblühungen.
7. Ausgiebig trocknen lassen.
8. Neuvermauern, -verfugen bzw. -verputzen mit mineralischem Mörtel, (Konsistenz dem vorhandenen Fugenmörtel angepaßt).
9. Alle Absperrungen und Dichtungszusätze verhindern das Austrocknen der Wand und kaschieren nur vorübergehend die Symptome.
10. Es gibt Spezialputze für feuchtes Mauerwerk, die aufgrund hoher Kapillarität (beim Mischen mit Luft durchsetzt) für einen erhöhten Wassertransport nach außen sorgen.

22 Salzausblühungen.

Grundsätze Bauliche Veränderungen an Fassaden sind heute an der Tagesordnung, ob es sich um Umbauten, Erweiterungen oder Energiesparmaßnahmen handelt. Dabei wird nach den Gesichtspunkten der Zweckmäßigkeit entschieden und Gestalt und Ausstrahlung eines Gebäudes meist völlig vernachlässigt. Um uns vor vermeintlich wirtschaftlichen Schäden zu schützen, fügen wir uns psychische Schäden zu. Das Ausmaß können wir leicht feststellen, wenn wir einen Sonntag damit verbringen, einmal Ortschaften und Städte aufzusuchen, die wir lange nicht gesehen haben. Überall werden, oft mit öffentlichen Mitteln, nicht wieder gutzumachende Schäden angerichtet. Die Angst vor den hohen Heizkosten treibt die Hausbesitzer zur Verstümmelung ihrer Häuser. Dabei könnten sie bei ruhiger Überlegung und Beratungshilfe vieles genauso gut machen, ohne die Gestalt ihres Hauses zu zerstören.

Notwendige Veränderungen sind immer der Gestalt des Hauses unterzuordnen. Es findet sich bei gutem Willen immer ein Kompromiß, der beiden Zielen gerecht wird. Die meisten Fehler geschehen aus Gedankenlosigkeit und Unfähigkeit.

23 Einbau eines Ladens in ein verputztes Sockelgeschoß.

Grundregeln

- Bauliche Veränderungen am Tragwerk durch neue Öffnungen sollten immer im Zusammenhang mit der Gesamtgestalt und wenn möglich unter Berücksichtigung der Gestaltungsprinzipien des Hauses vorgenommen werden
- bei der konstruktiven Veränderung von Fassaden ist Mischmauerwerk zu vermeiden, da es sich sonst immer außen und innen an der Putzoberfläche abzeichnet (verschiedene Wärmeleitfähigkeiten und Oberflächentemperaturen)
- baugeschichtlich oder gestalterisch wertvolle Fassaden sollten keine Außendämmung oder Verkleidung erhalten
- Neuputze immer dem Untergrund und der alten Putzstruktur anpassen. Auf mineralischen Untergründen keine absperrenden Putze, Anstriche und Verkleidungen verwenden
- Gliederungen der Fassade, wie Werksteinteile, Gesimse, Brüstungen usw., sowie Türen, Fenster, Gewände, Sprossenteilungen und Stuck erhalten und restaurieren
- Farbgebung nach Befund auch bei wertvollen, aber nicht unter Denkmalschutz stehenden Bauten
- Vorgärten und Mauern gehören zur Fassade und müssen erhalten werden.

Ziegel und Oberfläche

Ziegelsichtmauerwerk wurde in der Regel nicht gestrichen, weil es bei intakter Verfugung hinreichend wetterbeständig war. Auch boten die natürlichen Ziegelfarben von Gelb über Braun bis Rot hinreichend Gestaltungsmöglichkeiten. Dennoch gibt es in den nordischen Ländern auch geschlämmte Ziegelbauten. Hier wurde die Steinstruktur und der Mauerverband optisch erhalten und mit einer mehrlagigen, dünnen Kalkschlämme überzogen. Im Norden finden wir oft mit glasierten Ziegeln farbig gestaltete Fassaden. (S. Kap. B 2.2/2).

1 Ziegelsichtmauerwerk als Außenschale.

Naturstein und Oberfläche

Im Gegensatz zu den Ziegelfassaden waren die Naturstein- oder Natursteinputzfassaden in der Regel mit wenigen Ausnahmen gestrichen. Das hatte nicht nur optische, sondern auch materialspezifische Gründe, denn die Haltbarkeit der meisten Natursteine kann durch diesen Schutz beträchtlich verlängert werden. Viele Sand- und Kalksteine haben soviel tonige und lehmige Bestandteile und häufig schlechte Bindemittelstrukturen, daß sie ohne diesen Schutz schneller zerfallen. Oft besitzen sie eine so starke Porosität und Saugfähigkeit, daß darüber hinaus Wasser eintritt und bei Frost das Gestein schalenförmig absprengt. Die starke Säurehaltigkeit des Niederschlags macht es heute notwendig, Oberflächenschutz durch mineralischen Farbanstrich herzustellen.
Offene Fugen im Bruchstein- und Ziegelmauerwerk sind deshalb im besonderen Maße schlagregengefährdet.
Die Verschmutzung der unbehandelten Werksteinfassaden ist darüber hinaus größer als bei den behandelten, weil Staub und Chemikalien in die Poren der Steine eindringen. Es entstehen Schmutzschichten an der Oberfläche des Steines, die die At-

2 Ursprünglich verputzte Natursteinfassade mit sichtbaren Werksteinteilen.

mung verhindern. Zitat Doll [Lit B 2.2/3–5] „Die chemische Zerstörung wird heute besonders durch die Verschmutzung der Luft erheblich verstärkt. Im Niederschlagswasser werden die in der Luft vorhandenen aggressiven Abgase aus den Heizanlagen, die Oxide des Schwefels und der Kohle, Kohlensäure und Schwefelsäure gebunden und dringen in das Gefüge des Steins ein. Die Bindemittel werden angegriffen und chemisch umgewandelt. Voraussetzung für die Umwandlung ist selbstverständlich, daß diese zum Umwandlungsprozeß notwendigen angreifbaren Mineralien im Stein vorhanden sind. Aus Kalziumkarbonat entsteht Gips, aus Magnesiumkarbonat wird Bittersalz, aus Tonerde wird Aluminiumsulfat. Die gelösten Salze wandern mit dem Trokkenprozeß an die Steinoberfläche. Den Umwandlungsprozeß begleitet eine erhebliche Volumenvergrößerung.

Die entstandenen Salze, leichter als die Ausgangsstoffe, dringen einmal in das Innere des Steines ein, indem sie die Bindemittel auflösen oder kristallisieren oder sie führen zu Ausblühungen, die den Stein von außen zerstören. Der wiederholte Kristallisationsdruck führt zur Steinsprengung.

Nachhaltig schädlich wirkt sich der Schwefeldioxidgehalt der Luft auf verschmutzte Oberflächen aus. Es entstehen Schmutzkrusten mit einem hohen Anteil an feinteiligen Karbonaten als Salze oder Kohlensäure. Sie wandeln sich in Gips um und verfestigen die schwarze Kruste und verstärken somit die weiteren Ablagerungen von Staub und Ruß."

Vor der Oberflächenbehandlung von Natursteinfassaden müssen alle wasserführenden Werksteinteile an der Fassade instandgesetzt werden, entweder durch Einsetzen von Führungen oder mit Steinmehlmörtel. Alle Fugen müssen gewissenhaft mit hydraulischem Kalkmörtel verfugt werden (Hartholzspan zum Nachglätten verwenden). Die Fugen dürfen nicht in Steinfarbe gestrichen oder gar mit Steinmehlmörtel ausgebessert werden. Es empfiehlt sich, grundsätzlich verwitterte oder zerstörte Werksteinteile zu ersetzen oder auszubessern. Die umstrittene Steinverfestigung mit Hilfe verschiedenartiger Chemikalien hat sicher ihre Begründung und Rechtfertigung bei kunstgeschichtlich hochwertigen Plastiken und Ornamenten aus Naturstein. Bei der Instandsetzung zerstörter Werksteinoberflächen ist diese Methode so gut wie unbrauchbar. Das Hauptproblem ist die Eindringtiefe und die Verminderung der Kapillarität und Atmungsfähigkeit des Gesteins an der Oberfläche. Die Verfestigung führt zur Schalenbildung und diese zur Abscherung einer Steinschale vom Untergrund.

Ausbessern und mineralisch streichen ist der beste Schutz. Bei mineralischen Anstrichen ist darauf zu achten, daß der Steinuntergrund hinreichend mit Wasserglas getränkt wurde. Hier muß von Stein zu Stein je nach Saugfähigkeit des Untergrundes individuell vorgegangen werden, um ein Verbrennen (Kreiden) des Anstrichs zu vermeiden.

3 Chemische Steinverfestigung nur an hochwertigen Denkmälern rentabel.

4 Mineralischer Anstrich auf Werksteinsockel nach historischem Befund.

Fallbeispiele

1. Neuanstrich Naturstein

- *Verwitterte Werksteinoberfläche*
- *ausgewaschene Fugen.*

Vorgehensweise

1. Ausbessern des Gesteins in allen wasserführenden Teilen, jeweils mit dem geringsten Aufwand, geringe Schäden belassen.
2. Neuverfugen mit Kalkmörtel, MV: 1 RT hochhydraulischer Kalk, 3 RT Sand, 0–0,8, gewaschen.
3. Ein- oder mehrmals je nach Saugfähigkeit des Untergrundes mit Kaliwasserglas bzw. Fixativ streichen.
4. Grundanstrich mit reiner Mineralfarbe.
5. Endanstrich mit Mineralfarbe, siehe Werksvorschriften. Lasuren: mit Wasserglas verdünnte Mineralfarbe oder Pigment verwenden.
6. Fugen in der Regel in Mauerkalkfarbe neu auftragen.

5 Gesteinsausbesserung vor mineralischem Anstrich.

2. Aufmalen von Gewänden

- *Einbau eines Geschäftes in massives Sockelgeschoß*
- *Natursteingewände zu teuer.*

Vorgehensweise

1. Gewände aufputzen.
2. Sandsteinimitation durch Anstrich.

6 Aufgeputztes Gewände.

7 Neue Bögen im Sockelgeschoß mit aufgeputztem Gewände.

Haltbarkeit von Fachwerkfassaden

Das Fachwerk ist wegen seiner Vielzahl von Anschlüssen zwischen Holz und Putz anfälliger als eine Steinfassade, aber die meisten Schäden entstehen durch handwerklich falsches Vorgehen mit ungeeigneten Materialien. Der Beweis für eine mögliche Haltbarkeit sind Fachwerkputzbefunde auf Ost- und Nordseiten, die einen Zeitraum von 250 Jahren überstanden haben. Dafür haben zwischen 6 und 10 Kalkanstriche im Laufe der Zeit genügt. Vor dem Verputzen muß die Fassade konstruktiv und in allen Anschlüssen in Ordnung gebracht werden. Innenarbeiten, die zur Erschütterung der Außenhaut führen, müssen ebenfalls zum Abschluß gebracht werden, um zu vermeiden, daß verputzte Fachwerkfelder beschädigt werden.
Auch kleinere Schäden am Holz müssen vor dem Anstrich ausgebessert werden. Schadhafte Holzgelenke dürfen nicht starr repariert werden.

1 Gut gepflegte Fachwerkfassaden überdauern Jahrhunderte.

Grundsätze

Bei der weitverbreiteten Unsitte, Fachwerkhäuser zu schlachten, indem man sie ihres Fleisches (des Lehms) beraubt (man nennt das Entkernen – so findet sich für jede Bausünde ein trefflicher Fachausdruck), sehen wir uns veranlaßt, dem Kapitel Instandsetzung von Lehmgefachen besondere Aufmerksamkeit zu widmen. Früher waren alle Gefache in Süd- und Mitteldeutschland aus Lehm gefertigt. Findet man in diesen Regionen ausgemauerte Gefache (Bimsstein, Backstein, Bruchstein), so sind sie später so verändert worden. Im Norden Deutschlands wurden die Gefache mit wetterfesten Ziegeln, Klinkern oder glasierten Ziegeln ausgemauert. Der neuralgische Punkt ist immer die Fuge von Lehm oder Stein zu Holz. Sie wird oft falsch ausgebildet, was die Lebensdauer der Fassade verringert. Zwischen Fachwerk und Lehmpaket entstand beim Trocknen eine umlaufend fingerdicke Fuge, die beim Verputzen mit Putzmörtel ausgefüllt wurde, so daß Fuge und Putz homogen wie ein schützender Deckel den hygroskopischen Lehm überdeckten. Diese Fuge muß bei Instandsetzungen immer erneut freigemacht werden, bevor man die Felder neu verputzt. Geschieht das nicht, tritt sehr schnell Wasser über die Feldkante in das Lehmpaket ein, der Lehm quillt und sprengt den Putz ab.

Putz auf Lehm

Wichtig beim Verputzen ist vor allem Materialart und -stärke. Lehm ist weich und elastisch. Deshalb darf darauf kein starres, wie eine Scheibe wirkendes Material aufgebracht werden. Kalk hat nahezu den gleichen Ausdehnungskoeffizient wie Holz, Lehm und Ziegelmauerwerk, während Zement den von Eisen hat. Deshalb kommen nur reine Kalkmörtel in Frage, bei denen niedrighydraulischer Weißkalk mit hydraulischem Kalk 1 : 2 gemischt wird zu einem mageren elastischen Mörtel. Wichtig ist, daß der Mörtel einlagig aufgetragen wird.

Eine Kalk-Lehm-Schlämme bringt die Haftung des Putzes zum Lehm. Mineralfarbe darf nicht direkt auf Lehm aufgebracht werden. Zur Überbrückung dient bei nicht verputztem Lehm eine hydraulische Kalkschlämme, wenn man nicht in relativ luftsauberen Bereichen zu Kalkanstrich greift (in diesem Fall Zusatz von Leinöl oder Wasserglas). Der Putz auf Lehmgefachen darf 5–7 mm Stärke nicht überschreiten (Elastizität), sonst entstehen Scherspannungen, die zur totalen Ablösung des Putzfeldes führen.

2 Alter Kalkputz mit Kalkanstrich auf Lehmgefach.

Ausmauerung

Leider hat man Gefache zu früheren Zeiten häufig bündig ausgemauert, so daß die auf Mauerwerk notwendige Putzstärke von ca. 2,5 cm über das Fachwerk hinaussteht. Diese Ausführung ist unsachgemäß und anfällig. Ein Gefach muß immer bündig mit der Vorderflucht des Balkenwerkes verputzt werden. Alle anderen Lösungen sind falsch und wetteranfällig, wie etwa: Nageln von Latten um das Feld und Verputzen, danach Entfernen der Lattung oder Verputzen der Balken über die Balkenränder. Diese Ausführungen haben zur Folge, daß Wasser hinter den Putz eindringt und zu Abplatzungen führt. Ist das Fachwerk bündig gemauert, muß man vor dem Verputzen die Fuge zum Holz auskratzen (2–3 cm tief), damit man dann den Putz kissenförmig zum Holz heranziehen kann.
Holzstöße (gelenkig) klaffen oft stark. Sie dürfen nicht offengelassen werden. Am besten verputzt man sie mit Kälberhaarmörtel.

3 Fachwerk ausgemauert.

Holzanstrich

Für Holzanstriche am Fachwerk dürfen nur offenporige bzw. atmungsaktive Anstriche verwandt werden, keine mehr oder weniger absperrenden oder hautbildenden Anstriche. Gifthaltige Anstriche sollten auch an Fassaden vermieden werden (Grundwasserverseuchung), das ist bei Eichenholz wegen seiner geringen Anfälligkeit ohnehin nicht notwendig. In der letzten Zeit setzt sich die Verwendung von Leinölfirnis bei Außenfassaden wieder stärker durch. Bei besonders der Witterung ausgesetzten Wandflächen ist wegen der erhöhten Auswaschung die Anwendung von Wachsfirnissen sinnvoller. Leinöl kann mit allen Pigmenten gemischt werden. Graues Eichenholz wird bei der Behandlung mit Leinöl nahezu schwarz. Durch Zusatz von Leinstandöl (ca. 10 %) oder Wasserglas (wetterbeständige Verseifung) erhöht man die Haltbarkeit von Leinölanstrichen. Zur Trocknungsbeschleunigung für Außenverwendung kein Sikkativ zusetzen. Mindestens dreifacher Anstrich notwendig.

4 Absperrende Anstriche vermeiden.

Fallbeispiele

1. Verputzen von Lehmgefachen

- *Verputz zum Teil abgewittert*
- *Lehm an Ecken und Kanten verwittert.*

Vorgehensweise

1. Instandsetzen der anschließenden Holzteile.
2. Lehmgefache mit Lehm-Stroh-Gemisch schichtweise ausbessern, trocknen lassen.
3. Öffnen der Fuge zwischen Lehmpaket und Holz rundum, mind. 3 cm tief.
4. Gut Vornässen des Lehmgefachuntergrundes.
5. Magere Lehm-Kalk-Schlämme herstellen. Untergrund mit der Hand aufwerfen, MV: ca. 6–7 Teile Lehm, 1 Teil hydraulischer Kalk. Vor Wind und Sonne schützen, feucht halten.
6. Kalkputz in die umlaufende Fuge des vorgefeuchteten Lehmpakets gründlich einwerfen, dann einlagigen Kalkputz, (d = max. 10 mm) aufbringen und mit abgearbeiteter Stahlkelle bzw. Buchenholzscheibe verreiben. MV: MG PI, 10 RT Sand, gewaschen und gesiebt, Korngröße max. 0,5 mm, 2 RT hydraulischer Kalk, 1 RT Weißkalk (Luftkalk). Kalkputz glätten, nicht totreiben, an den Holzkanten bündig abziehen, nicht darüberziehen, keine Kanten und Grate bilden, so glatt es die Kelle erlaubt fertigen, langsam trocknen lassen.
7. Mehrlagig dünne Kalkanstriche kreuz und quer in feuchten Fassadenputz einstreichen. Nur kalkechte Pigmente, maximal 5 %, in hydraulischem Kalk oder Sumpfkalk mit Leinöl (10–30 g/l) oder Kaliwasserglas (1 RT Kaliwasserglas, 10–12 RT Kalkmilch) verwenden. Vor Sonne und Wind schützen. Langsam trocknen lassen.

2. Verputzen von gemauerten Gefachen

- *Gefache ausgemauert*
- *Verputz unbrauchbar.*

Vorgehensweise

1. Alten Putz entfernen.
2. Fugen zwischen Fachwerk und Gestein ca. 2–3 cm tief freilegen, Gestein reinigen und vornässen. Bei überstehenden Steinen Ecken zum Holzwerk abschlagen.
3. Zweilagigen Kalkputz je nach Untergrund mit oder ohne Spritzwurf aufbringen. Fugen gut auswerfen. Putz immer zum Balkeneck bei bündiger oder überstehender Ausmauerung kissenförmig heranziehen.

Verkleidungsarten

Fassadenverkleidungen haben den Sinn, die Tragkonstruktion der Außenwände und das Hausinnere vor Witterungseinflüssen zu schützen. Je nach regionalen Vorkommen wurden Holzschindel (Vogelsberg, Oberhessen, Odenwald), Verbretterung oder Naturschiefer (Rhein, Mosel, Westerwald, Saarland) verwendet. Die Kunst des Verschindelns und Verschieferns hatte im letzten Jahrhundert ihre Blüte. Aus dieser Zeit stammen auch Häuser, die von Beginn an dafür konzipiert waren. Bis heute werden oft wertvolle Schmuckfassaden mit Schiefer, Holz oder industriellen Fertigungsprodukten verkleidet. Während Schiefer- und Holzverschindelungen in Form und Größe sehr vielfältige, auch dekorative Gestaltungsmöglichkeiten boten, lassen die heute angebotenen Materialien neben bauphysikalischen und baubiologischen Mängeln auch der Gestaltung wenig Raum.

Viele Verkleidungen aus dem 19. Jahrhundert decken zwar oft historische Bausubstanz, sind jedoch in ihrer gestalterischen Ausführung so wertvoll, daß man sie häufig auch bei denkmalgeschützten Gebäuden als zeitgestalterische Aussage beläßt. Ob eine Fassade freizulegen ist oder nicht, ist deshalb von Fall zu Fall zu entscheiden. Bei den hohen Kosten für Naturschiefer bleibt in Regionen der Schieferdeckung leider keine andere Alternative als Asbestzementplatten zu verwenden. In diesem Fall sollte man jedoch in Form, Größe und Farbe darauf achten, daß die ausgewählten Platten dem historischen Befund am nächsten kommen. Bei der Bearbeitung dieser Materialien sollte grundsätzlich mit Mundschutz gearbeitet werden (Asbestose). Problematisch bleibt auch hier der witterungsbedingte Abrieb. Neuerdings gibt es sehr preiswerten ausländischen Naturschiefer.

1 Verfallene Schieferfassade in Nordhessen.

Vereinzelt gibt es noch Schindler, die in der Lage sind, alte Schindelflächen zu reparieren. Art und Herkunft des Holzes sowie die Anforderungen s. Kap. B2.4. Die Beschaffung der feinjährigen Hölzer für Schindeln ist schwierig. Im übrigen sind die meisten Schindeln heute nicht gespalten sondern gesägt, was ihre Lebensdauer stark verringert.

2 Verwitterte Holzschindelung.

Hinterlüftung

Auf die Hinterlüftung von Wandverkleidungen ist zu achten. Grundsätzlich nur bei offenporiger Oberflächenbehandlung von Holzschindeln ohne Außendämmung kann evtl. auf eine Hinterlüftung verzichtet werden. Die ca. 25 mm starken Hohlräume zwischen den Latten bilden eine zusätzliche Wärmedämmung.
Leider sind beinahe alle historischen Holzverschindelungen mit Anstrichen versehen, die Wasser- und Dampfaustausch nach außen stark verringern oder unterbinden. Dasselbe gilt für Asbestzement- und Kunststoffverkleidungen. Hinterlüftung also grundsätzlich bei Außendämmung. Außendämmung immer ohne Dampfsperre.

3 Nicht hinterlüftete Verschindelung.

Anstrich und Oberflächenbehandlung

Holzschindeln müssen nicht unbedingt gestrichen werden. Alte Feldscheunen zeigen, daß das Holz natürlich altert. Wenn Anstrich verwandt wird, eignen sich alle offenporigen Lasuren. Dispersionen und Ölfarben sollten so weit wie möglich entfernt und auf keinen Fall aufgebracht werden, da die Schindeln sich aufgrund der unterschiedlichen Oberflächenspannung verziehen und fäulnis- und insektenanfälliger werden. Leinöl mit Zusatz von Standöl oder Wasserglas eignet sich gut. Es muß in jedem Fall darauf geachtet werden, daß der Anstrich so dünn aufgebracht wird, daß keine Hautbildung entsteht. Keine giftigen Holzlasuren verwenden!

6 Alte unbehandelte Scheunenschindeln.

4 Keine Hinterlüftung, absperrende Anstriche.

5 So nicht!

7 So zerstört man sein Haus.

Gestalterische Bedeutung

Die Fenster sind die Augen des Hauses. Das alte angelsächsische Wort „window“ (Windauge) weist auf die Zeit zurück, in der das Fenster in erster Linie Lüftungsöffnung war. Seither hat das Fenster eine Entwicklung zum gestaltenden, gliedernden Element der Fassade hinter sich. In vielen Fachbüchern wird über die Funktionen des Fensters gesprochen, ohne die gestaltende, die Fassade, den Straßenraum und den Innenraum prägende Funktion hinreichend zu würdigen. Peter Schafft in „Altbauerhaltung“ [Lit B 2.2/3–21]: „Das für die moderne Architektur entwickelte und dort zweifellos vorteilhaft anwendbare Einscheiben-Drehkippfenster mit Isolierverglasung verunziert heute Althausfronten aller Baustile und durchlöchert den Zusammenhang der historischen Fassade, verfremdet das typische Hausgesicht wie eine Sonnenbrille.“

Das gleiche gilt selbstverständlich für die Haustüre. Aus Modegründen werden handwerklich hochwertige, oft leicht reparable Haustüren aus Holz durch Alueloxalhochglanztüren ersetzt, um dann ebenfalls aus Modegründen für teures Geld als Antiquität gekauft und in Neubauten eingepaßt zu werden. Der gesunde Menschenverstand oder, sagen wir besser, die gesunde Urteilskraft wird immer mehr von der Werbung zu Produktgläubigkeit reduziert. Die Individualität, die die Altbauten so lebendig machte, wird von Kiel bis Konstanz immer mehr verdrängt durch Anonymität und eine schier überquellende Flut von Geschmacklosigkeiten. So werden wir es in wenigen Jahren geschafft haben, daß man old Germany nicht mehr aufsucht, sondern new old Germany als mahnendes Beispiel des selbstgemachten Kulturzerfalls.

Man möge den Verfassern diese Schärfe verzeihen, aber es kann hier gar nicht deutlich genug gesagt werden. Die schlimmsten Schäden werden bei uns Menschen durch zu viel

1 Sprossenfenster als gestaltendes und gliederndes Element der Fassade.

2 Modernes Einscheiben-Dreh-/Kippfenster – Wirkung von außen...

3 ...Wirkung von innen.

Wohlstand und zu wenig Wohlbefinden im gestalterischen, d.h. seelischen Bereich verursacht. Was hier allenthalben geschieht, ist Entfremdung, Nivellierung, Verödung unserer gestalteten Architekturumwelt, und damit geht die Verrohung des menschlichen Wesens einher.
Die Fenster sind die Augen, d.h. die Öffnungen zum Wesen des Hauses. Was ist ein Haus ohne Fenster? Öffnungen in die Wand eingestanzt sind noch keine Fenster. Das „moderne" Einscheibenfenster ist kein Fenster; es ist der Verlust des Fensters. So wird der Begriff „modern" immer mehr ein Synonym für Verlust, nicht mehr vorhanden, nur noch neu.
Aus den vorgetragenen Gründen soll in diesem Absatz nicht erläutert werden, was es auf dem Markt gibt, das tun andere. Wir wollen darstellen, wie man Fenster und Türen erhält oder dem Maßstab des Hauses entsprechend erneuert, aber mit handwerklichen Mitteln, und wie man das macht, ohne zu teuer zu werden. Die billigsten Argumente sind die, das Reparieren bzw. handwerkliches Erneuern sei zu teuer oder Fenster mit Sprossen seien zu arbeitsintensiv. Es ist unsere Aufgabe, wieder einen Markt zu schaffen, der Reparieren und handwerkliches Erneuern zum täglichen Brot macht. Dort, wo das schon geschehen ist, sind auch Handwerker wieder da, die in der Lage und bereit sind, diese Arbeiten auszuführen, ohne zu teuer zu werden. Glaser, die nur noch Maschinen haben, mit denen ausschließlich Normprodukte und -profile hergestellt werden können, sind selbstverständlich für Reparaturen zu teuer. Die heute oft verwendeten Kunststoff-Fenster sind nicht reparabel und müssen vielleicht schon nach einem Zeitraum erneuert werden, den Eichenholzfenster von 1890 bei einer gründlichen Reparatur überlebt hätten. Immer wieder hören wir die Argumente, es ist zu teuer, und

4 Schöne Türen schützen die Schwelle und laden ein.

müssen dennoch feststellen, daß umfassende Instandsetzungen mit der Erfüllung aller notwendigen Anforderungen an Wohnqualität und Gestalt preiswerter werden, als die Objekte derjenigen, die aus Kostengründen alles erneuern müssen.
Hier wird das Engagement gescheut und die Arbeit, die damit verbunden ist, bei der Instandsetzung von Bauteilen Einfallsreichtum walten zu lassen. Mangelndes Interesse und Unvermögen werden mit trefflichen Argumenten bemäntelt.

5 Neues Hoftor nach altem Muster.

6 Toraufhängung.

Beschläge

Eine weitere Kostenursache ist der in Deutschland weit verbreitete technische Komfortanspruch an das Fenster. Die Beschlagsart beeinträchtigt den Preis eines Fensters beträchtlich. Dabei genügt oft ein aufgesetztes Rudergetriebe, eine offene Schere oder ein Vorreiber, die immer wieder nachzustellen und zu reparieren sind. Erhält man die schlanken Profile des Fensterrahmens, -stocks und der -sprossen, vor allem bei kleinformatigen Fenstern, so spart man zugleich teure verdeckte Beschläge, die bekanntlich in schlanken Rahmen nicht unterzubringen sind. Ein Holzverbundfenster mit schlanken Profilen und Sprossen der Außenscheibe ist zwar noch teurer als ein Isolierglasfenster ohne Sprossen, hat aber einen höheren gestalterischen Wert und eine bessere Wärmedämmung.
Bevor man Fenster und Türen entfernt, sollte man prüfen, ob sie reparabel sind. Bei kleinen Fenstern ist zu überprüfen, ob eine Veränderung der Fenster im Sinne einer höheren Wärmedämmung überhaupt notwendig ist, wenn der vorhandene Fensteranteil an der Außenhaut so gering ist, daß der Effekt die Kosten nicht rechtfertigt. Ist ein Fenster kaputt, muß man nicht gleich alle Fenster ersetzen. Die Fenster sind auf Süd- und Westseite meist mehr beansprucht als auf Nord- und Ostseite. Muß ein Fenster repariert oder ersetzt werden, ist eine Zeichnung mit allen Anschlüssen anzufertigen.
Bei der Verwendung industriell oder serienmäßig gefertigter Fenster sollten die abgelehnt werden, die nicht auf die individuellen gestalterischen Notwendigkeiten des Hauses einzugehen bereit oder in der Lage sind.
Sprossen und Rahmen müssen plastisch wirken und es genügt nicht, einfach die Sprosse als Alibi zwischen zwei Fensterscheiben anzudeuten. Das ist Kitsch!

7 Schmiedeeiserne Torbeschläge.

Regionale Unterschiede

Regional sind Fenster traditionell sehr verschieden ausgebildet. Während im süddeutschen Raum das nach innen geöffnete Verbundfenster Tradition hat, sind Einfachfenster nach innen öffnend in Mitteldeutschland die Regel gewesen. Im Norden sind Blendrahmenfenster nach außen bzw. nach außen und innen bei Doppelfenstern verbreitet, diese Fenster stellen einen besseren Schutz gegen Wind dar.

8 Einfachfenster nach innen öffnend.

9 Blendrahmenfenster.

Fensterläden, Rolläden

Die ursprüngliche Form des Ladens war der Klappladen aus Holz, der je nach Bedarf mit oder ohne Jalousien gefertigt wurde. Für kleinere Fenster wurden einflügelige Läden mit Windhakenverschluß, für größere zweiflügelige mit Ruderkippgetriebe, das oben und unten am Gewände einrastet, verwandt. Für Kellerfenster waren auch einflügelige aufklappbare Lukenläden gebräuchlich. Die Holzläden gehörten zur architektonischen Einheit des Hauses vor allem im letzten Jahrhundert. Später, gegen die Jahrhundertwende, kam der Holzrolladen auf, wie er heute gebräuchlich ist. Er unterscheidet sich vom heutigen Holz- oder Kunststoffrolladen durch die Profile und die Aufhängung mittels Gurte oder Drahthaken. Die Gurte sind heute mürbe und können nicht repariert werden. Ersatz mit Holzrolläden ist möglich, da die alten Rolläden in aufgezogenem Zustand einen größeren Ballendurchmesser benötigten. In den meisten Fällen ist ausreichend Platz im Kasten, so daß bei dieser Gelegenheit eine Innendämmung der dem Raum zugewandten Rolladenverkleidungen erfolgen kann. Beim Neueinbau müssen neue Gurtrollen eingebaut werden, Rolladen und Rolladenachse mit Aufhängung ist oft komplett zu erneuern. Manche Firmen belassen die alten Aufhängungen und Achsen, was wesentlich sparsamer ist. Achtung, oberer Rolladenschlitz meist wesentlich stärker als heute. Deshalb längere Rolladenstopper notwendig, sonst rutscht der Rolladen in den Kasten durch und der Gurt hängt sich aus. Undichte Rolladenabdeckungen nur erneuern, wenn durch das Nachziehen der Beschläge keine Abhilfe geschaffen werden kann.

11 Fenster mit alten glatten Holzläden.

10 Klappladen mit Füllung und Jalousien.

12 Neue Fensterläden.

Grundsätze

Holzfenster können bei einer regelmäßigen jährlichen Inspektion und Pflege ein hohes Alter erreichen. 100jährige und ältere Fenster werden täglich aus Häusern, z.B. der Gründerzeit, herausgerissen und durch Einscheibenfenster ersetzt, wie etwa durch Kunststoff- und Verbundglasfenster. Viele Reparaturen können selbst vorgenommen werden.

13 Wetterschenkel und untere Rahmenteile sind am meisten gefährdet.

Mängelprüfung

Zarge bzw. Blendrahmen

□ Rütteln am Fenster, Rahmen sitzt fest oder ist locker.

□ Putzanschlüsse innen und außen, Deckleisten.

□ Faulstellen an den Verbindungen, Nagelprobe (Rahmenecken).

Fensterrahmen

□ Rütteln in geschlossenem Zustand zeigt, ob Spiel besteht (Zuggefahr). Die meisten alten Fenster können bei Lockerung wieder festgeschraubt werden. Haben sich Bänder gelokkert, müssen diese meist neu eingeleimt oder durch neue Bänder ersetzt werden.

□ Fenster hängt durch, die Diagonalsteife fehlt. Verbindungen haben sich gelockert (Lösung der Verleimung oder Fäulnis in den Verbindungen).

□ Fehlende oder defekte Beschlagteile. Fehlende oder nicht funktionierende Verschlüsse für Rudergetriebe führen zum Verziehen des Fensterrahmens, muß gerichtet oder ersetzt werden. Dies gilt auch für alle Scheren, Vorreiber und sonstigen Beschläge.

□ Wetterschenkel beschädigt oder zerstört.

□ Türen und Fenster in sich verzogen; Ursache sind fehlende Beschläge oder nicht funktionierende Feststeller.

Türen

□ Rütteln in geschlossenem Zustand, Spiel im Falz.

□ Schließblech locker oder verbogen. (Festschrauben oder durch Hammerschlag Loch verengen.)

□ Bänder locker. Ist das Rahmenholz gebrochen, muß es neu verleimt werden. Wenn möglich, alte Bänder erhalten.

□ Türöffner schließt nicht. Falsch eingestellt oder defekt.

□ Unterer Türanschlag mit Wetterschenkel verfault, verwittert, kein Anschlag vorhanden.

□ Türe hängt durch, schleift am Boden: Bänder locker, Rahmenverbindungen defekt, Bänder haben sich gesenkt.

□ Türe verzogen. In diesem Falle ist eine Reparatur nicht möglich. Dichtes Schließen kann nur durch Aufdoppelung des Türstocks oder Blendrahmens in Anpassung an die Tür erfolgen.

□ Anstrich am unteren Türrahmenholz platzt ab. Unterseite der Tür nicht gegen Feuchtigkeit geschützt.

Anstrich und Oberflächenbehandlung

Die meisten Mängel an Außentüren und Fenstern entstehen durch mangelnde oder falsche Pflege der Oberfläche. Kittfalze an Fenstern und Türen müssen regelmäßig überprüft und erneuert werden. Neuer Kitt muß sofort oberflächenbehandelt werden, da er sonst austrocknet und herausbricht. Offene Kittfalze führen zum Verfaulen des Fensterrahmens und der Rahmenecken.

Nicht naturbelassene Fenster und Türen waren in der Regel mit Ölfarbe gestrichen. Früher hat man einen Ölanstrich nach einem Jahr nochmals überstrichen, weil das Öl als Bindemittel vom neuen Holz aufgesaugt wurde. Damit wurde die Lebensdauer des Anstrichs erhöht. Unterhält man einen Ölanstrich nicht, beginnt er mangels Ölsubstanz zu kreiden, vor allem außen auf den Sonnenseiten. Erneuert man an alten Fenstern den Anstrich, ohne die losen Farbreste des alten Anstrichs zu entfernen, so ist keine Haftung gewährleistet. Das gleiche geschieht, wenn offenporig behandelte Fenster nicht von Schmutz- und Anstrichresten gründlich gereinigt mit hautbildenden Anstrichen neu überstrichen werden. Nichthaftende, hautbildende Anstriche sind schlechter als kein Anstrich.

14 Festlicher Ausblick.

Grundsätze

Holzfenster und -türen sind reparabel. Vor einer Entscheidung zur Erneuerung sollte immer ein Vergleich mit den Kosten für die Reparatur oder Instandsetzung stehen. Auch hier gilt: im Zweifel Erhaltung!

Die große Energiesparwelle hat zu einer Unzahl von Kurzschlußhandlungen geführt. Die große Abdichtungs- und Absperr-Ära wurde eingeführt, obwohl die Dampfsperre-Ära noch in voller Blüte stand. Daß der Mensch jedoch frische Luft braucht und eine beständige Frischluftzufuhr außerdem für alle sparsamen Beheizungsmethoden wie Kachelöfen, Thermen, Einzelöfen mit Öl oder festen Brennstoffen vonnöten ist, wurde dabei übersehen. Auch, daß bei mangelnder Durchlüftung die relative Luftfeuchtigkeit ansteigt, die Übersättigung der Luft zur Durchfeuchtung der Wände und diese zum Anstieg des Wärmedurchgangs und somit zum Energieverlust führt, daß bei einem entsprechend geringen Fensteranteil an der Fassade ein Erneuern der Fenster energietechnisch nicht lohnt, daß das Einkleben von Dichtungsbändern in die Fensterfalze auf die Dauer die ohnehin lädierten Bänderverankerungen noch mehr lockern können, daß Gasthermen bei mangelhafter Luftzufuhr ausgehen können, was im Urlaub zu Frostschäden führen kann, daß die Tendenz, möglichst alle Fenster und Türen zu erneuern die Wirtschaft zwar ankurbelt, aber den Energieverbrauch nur vom Wohnhaus zur Industrie verlagert und damit mit der Überlastung des Marktes zur Produktionsverteuerung beitrug.

Also, kein Übereilen und pauschales Entscheiden! Jedes einzelne Fenster ist auf seine Erhaltbarkeit zu untersuchen. Dann ist festzustellen, ob Wärmedämmaßnahmen notwendig und bei welcher Ausführung sie kostenmäßig vertretbar sind. Folgende Rangordnung der Entscheidungen wird empfohlen:

1. Fenster in Ordnung oder zu reparieren oder zu erneuern?
2. Reicht für den Wärmeschutz eine Reparatur der Fenster mit notwendiger Abdichtung und Nacharbeiten von Beschlägen aus?
3. Kann die Energiefrage durch einen aufgesetzten Rahmen oder eine Verbundscheibe gelöst werden?
4. Das Fenster ist zu erneuern: welche Ausführung kommt dem jetzigen Fenster am nächsten?

Außenfutter und Bekleidung bei Fachwerkfenstern wurden erst im letzten Jahrhundert Mode. Früher saßen die Fenster in der Fachwerklaibung mit Holzfensterbank und Deckleisten nach innen und außen. Auch im Inneren waren in den ländlichen Bereichen nur die Fachwerkfelder verputzt, somit waren Futter und Bekleidung auch innen nicht nötig. Im letzten Jahrhundert wurden die meisten Fenster gegen solche mit Futter und Bekleidung ausgewechselt. Das Futter wurde mit dem Fenster vorgefertigt. Toleranzen wurden zwischen Futter und Fachwerk ausgeglichen. Die äußere Bekleidung wurde oben in der Regel nicht gegen Schlagregen abgedichtet. Daher rühren die häufigsten Fassadenschäden an Fachwerkbauten. Das Wasser läuft in der Bekleidung seitlich hinab und zerstört den Brustriegel.

15 Ausblick – wiederum öffnen und fassen Sprossen den Innenraum.

16 Gute Aussicht.

17 Dekoratives Schutzgitter.

18 Kommunikation.

19 Ausblick und Gestaltungselement.

Fallbeispiele

1. Neuanschlag – Haustür

- *Außentüre ohne Rahmen an Sandstein- oder Holzgewände angeschlagen*
- *keine Falzdichtigkeit, meist nur ein Falz an der Seite und in der Mitte*
- *am Fußboden ohne Anschlag, kein Regenschutz*
- *Verriegelung des festgestellten Flügels locker, kaputt oder nicht gangbar*
- *Beschläge (Bänder, Riegel) locker.*

Vorgehensweise

1. Türe erhalten und Mängel ausbessern.
2. Beschläge, nur wenn nötig, erneuern.
3. Herstellen eines neuen Blendrahmens.
4. Absägen der Kloben und verschweißen auf Metallplatte.
5. Fräsen von Falzen in die Türflügel.
6. Einbau eines Wetterschenkels.
7. Blendrahmen einpassen und von innen auf Gewände aufschrauben.
8. Einbau einer Anschlagschiene aus Messing am Boden. Sitz in der Flucht des neuen seitlichen Falzes, Anschlaghöhe außen und innen mindestens 1,0 cm.

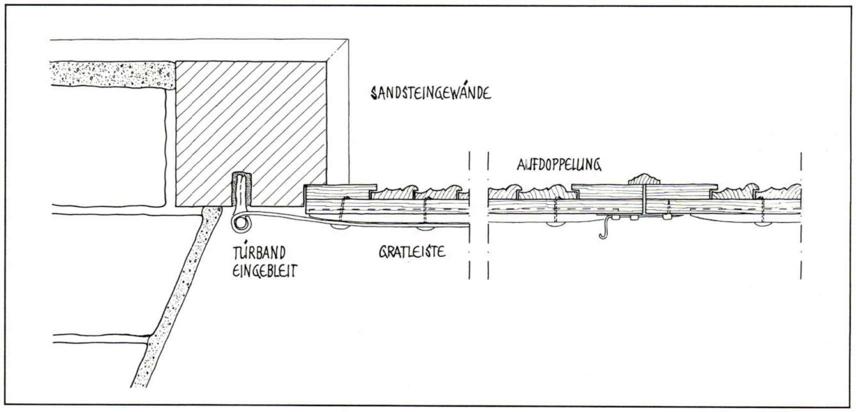

20 Haustüre – alter Zustand (Horizontalschnitt).

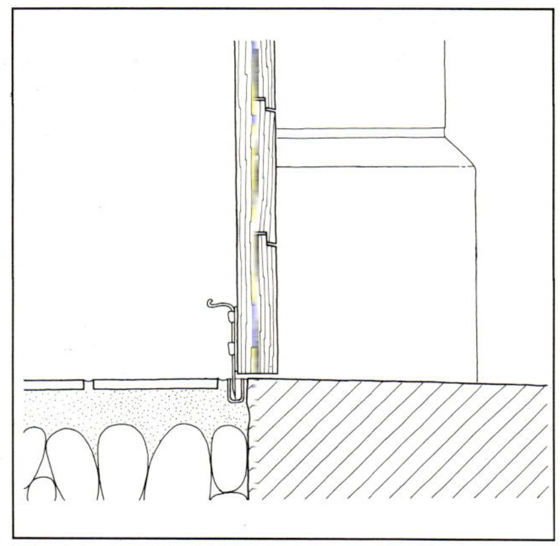

22 Unterer Anschlag – alt.

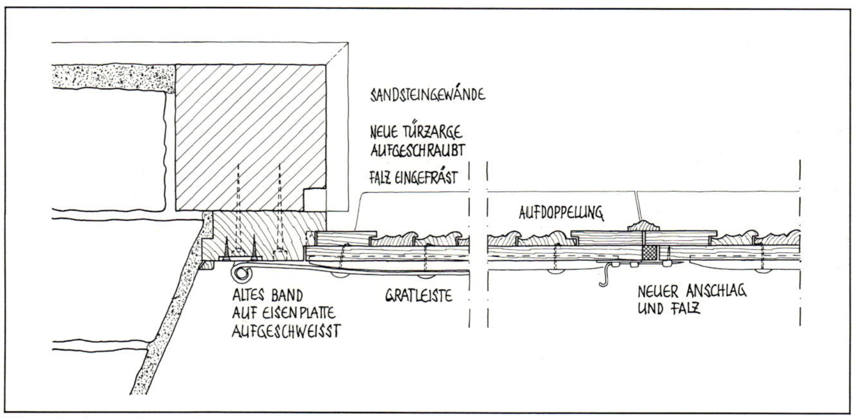

21 Alte Haustüre auf neuem Blendrahmen (Horizontalschnitt).

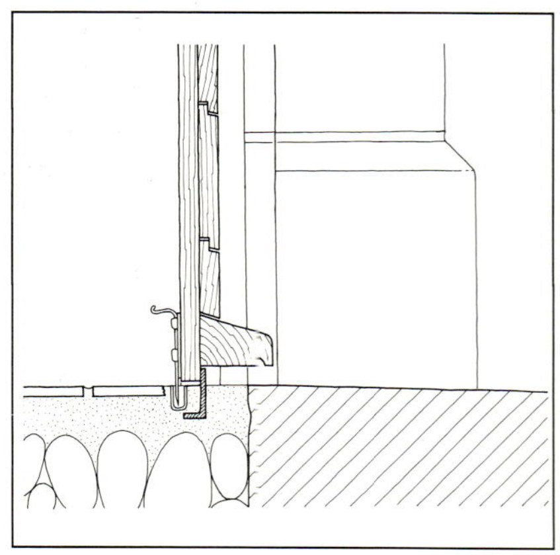

23 Unterer Anschlag – neu.

2. Ausbessern des Türfußes

- *Am unteren Ende stark verrottete, zweiflüglige Außentüre*
- *Wetterschenkel und unterer Rahmen beschädigt*
- *Beschläge ausgeleiert*
- *Einbau in neuen Blendrahmen notwendig.*

Vorgehensweise
1. Entfernen der zerstörten Teile mit Verlängern der senkrechten Rahmen durch Kammverzinkung.
2. Ersatz eines eingestemmten unteren Rahmenteils.
3. Neuer Blendrahmen.
4. Neuen Türfalz fräsen.
5. Senkrechte Türfeststeller unten und oben in Falz einbauen.
6. Neuer Türanschlag mittels Holzschwelle.

Außentüren lassen sich in der Regel preiswerter reparieren als erneuern. Es lohnt die handwerkliche Arbeit.

24 Haustürreparatur mittels Kammverzinkung.

3. Schäden durch Außenbekleidung

- *Fachwerkbekleidung oben und seitlich nicht abgedichtet*
- *Wasser dringt ein, durchnäßt den Brustriegel, Fäulnis*
- *Futter und Bekleidung gegen Fachwerk nicht abgedämmt.*

Vorgehensweise
1. Wenn Futter und Bekleidung wieder zur Ausführung kommen sollen, Außenbekleidung entfernen.
2. Fenster ausbessern, Brustriegel von außen ausbessern, Futter außen bis Wandflucht abstemmen, Hohlraum zwischen Futter und Fachwerk dämmen.
3. Neue Bekleidung von außen wandbündig.
4. Deckleisten rund um das Futter in Epoxydharzspachtelbett eindrücken und befestigen.
5. Wenn Futter und Bekleidung innen und außen entfernt werden müssen, Fenster einpassen, dann Futter und Bekleidung von innen und außen gegen den Fensterrahmen stoßen.
6. Holzfensterbänke außen seitlich sorgfältig einpassen und abdichten.

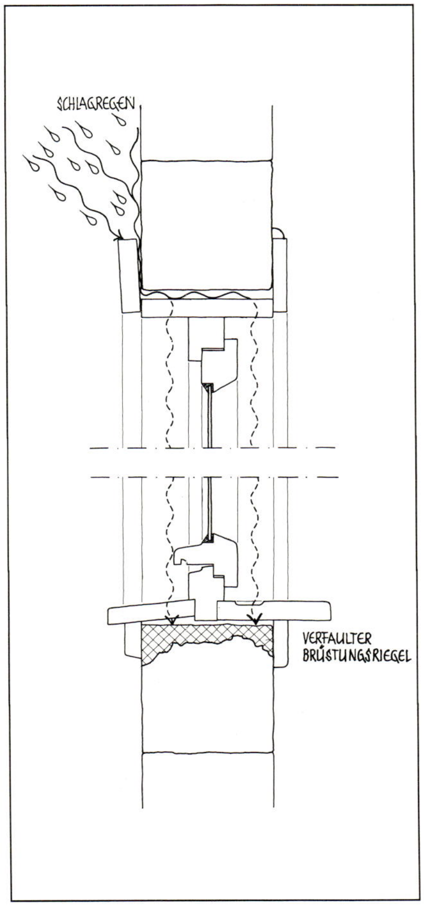

25 Schemaskizze Feuchtigkeitsschäden bei äußerer Bekleidung.

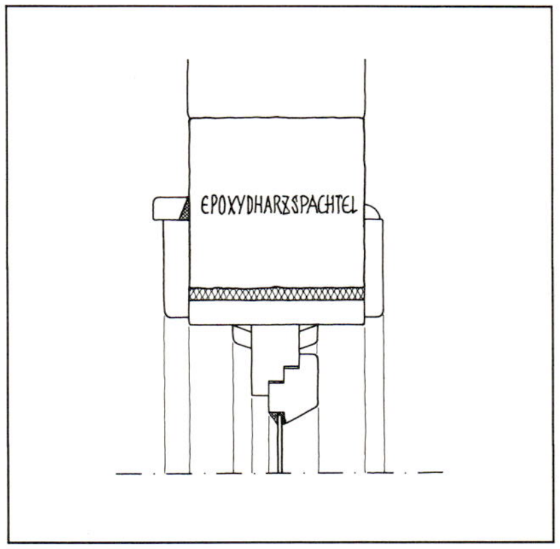

26 Äußere Bekleidung saniert.

4. Wetterschenkel erneuern

Wetterschenkel verfault.

Vorgehensweise
1. Unteres Rahmenholz ganz erneuern, soweit es sich von unversehrter Eckverbindung lösen läßt.
2. Alten Wetterschenkel herausfräsen, neuen einleimen.
3. Alternative: Bei sonst intaktem Fenster verfaulte Rahmenhölzer unten und seitlich entfernen, mittels Kammverzinkung ergänzen bzw. erneuern.

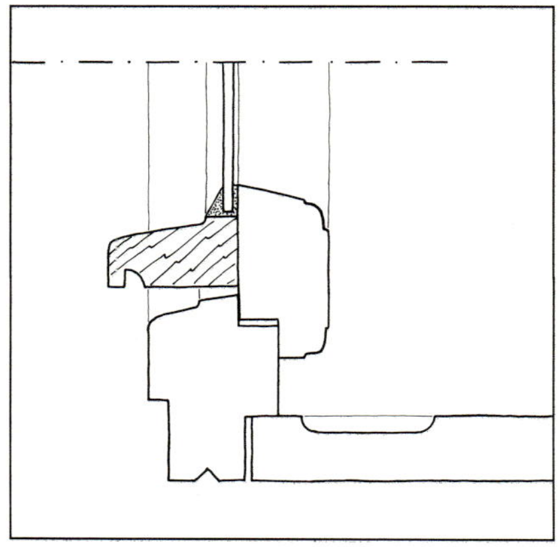

27 Neuer Eichewetterschenkel an altem Rahmenholz.

28 Ausgewitterter Wetterschenkel.

5. Aufdopplung eines Einfachfensters zum Verbundfenster

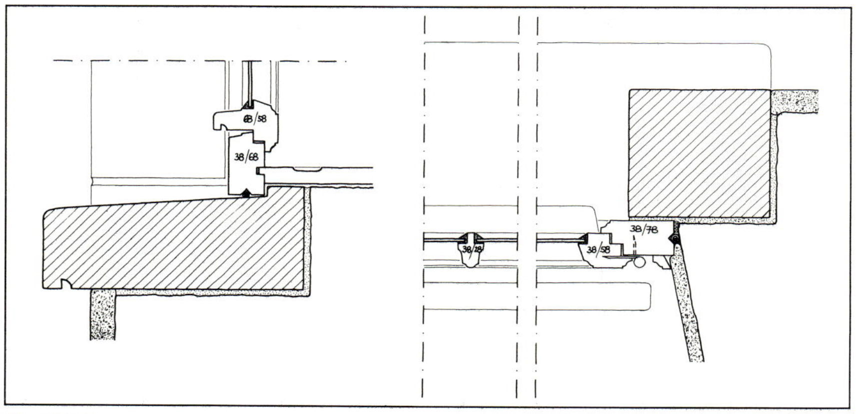

29 Vorher.

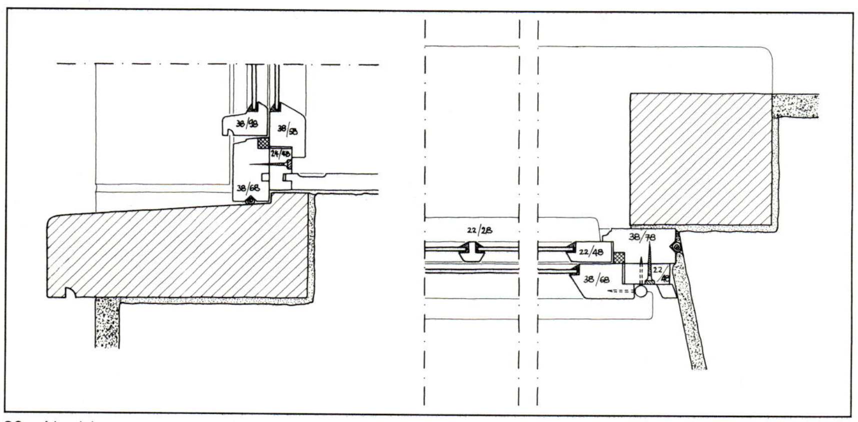

30 Nachher.

6. Zargen-Verbundglasfenster nach außen öffnend

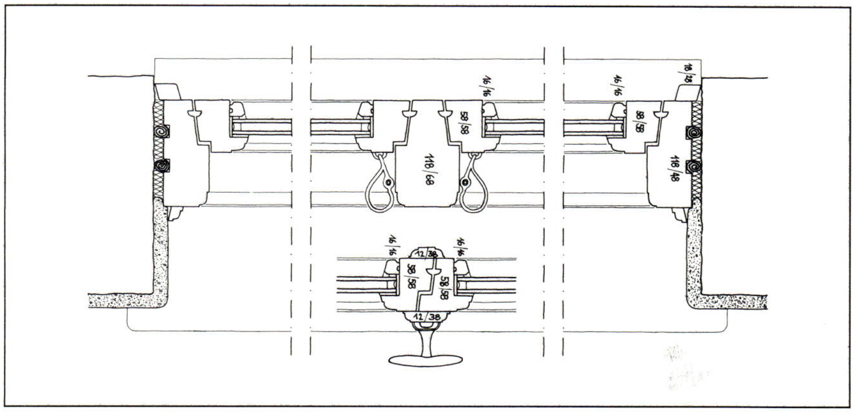

31 Horizontalschnitt.

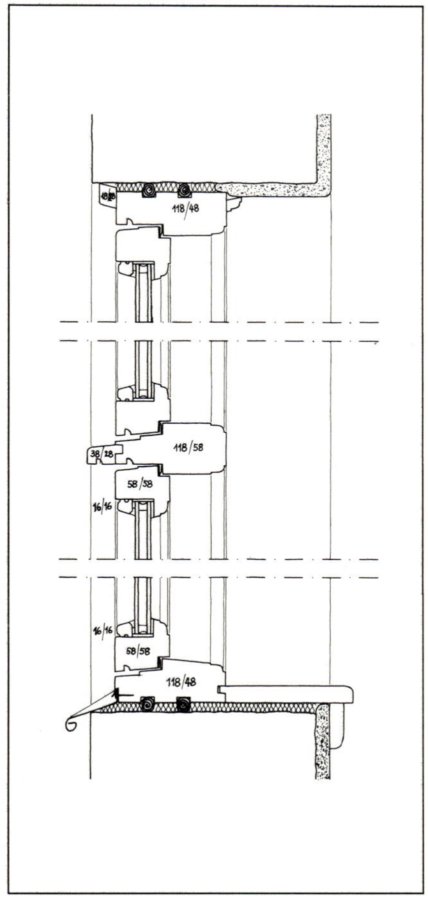

32 Vertikalschnitt Zargen-Verbundglasfenster.

7. Zargen-Kastenfenster nach innen und außen öffnend

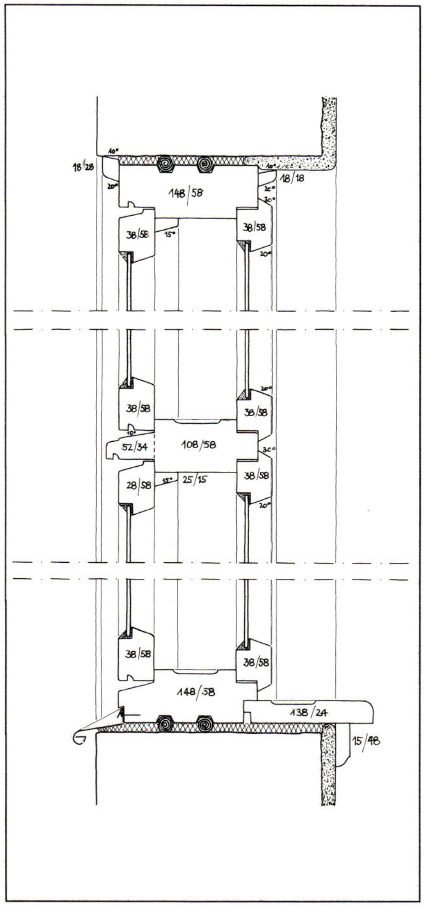

33 Vertikalschnitt Zargen-Kastenfenster.

34 Ansichten.

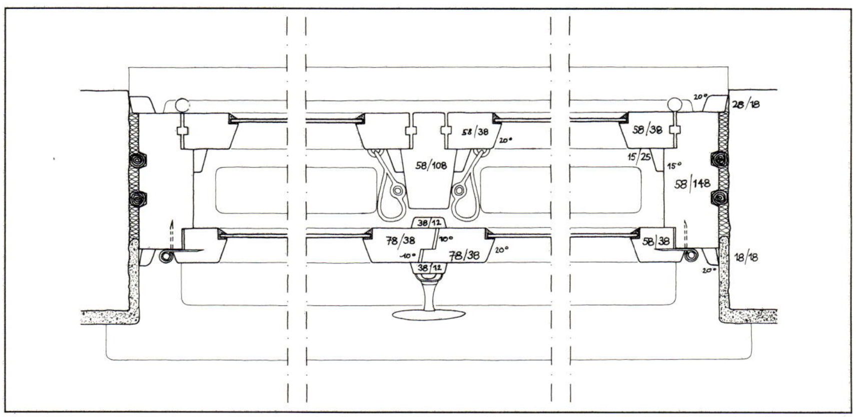

35 Horizontalschnitt Zargen-Kastenfenster.

8. Verbundglasfenster nach innen öffnend

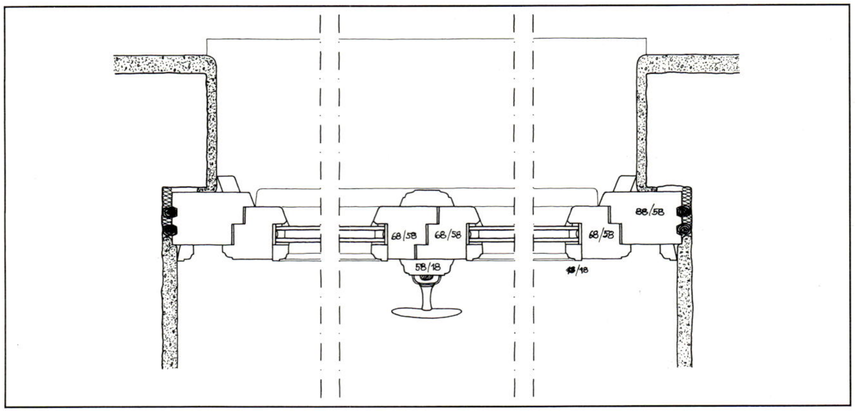

36 Horizontalschnitt.

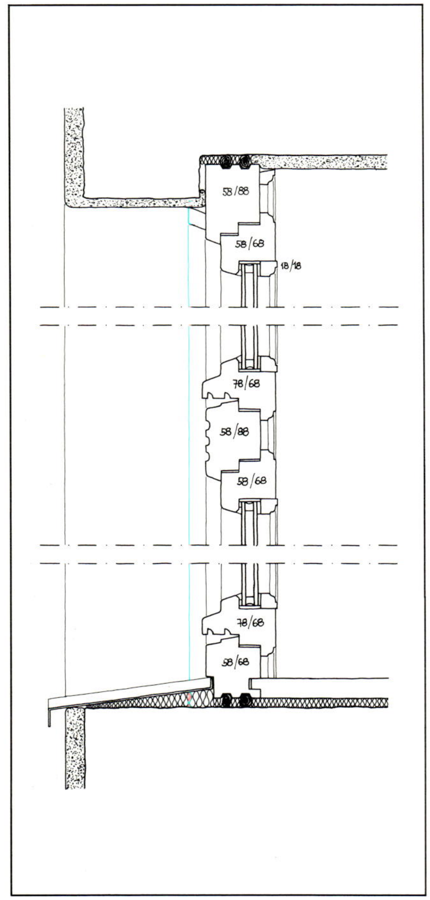

37 Vertikalschnitt Verbundglasfenster.

9. Verbundfenster nach innen öffnend

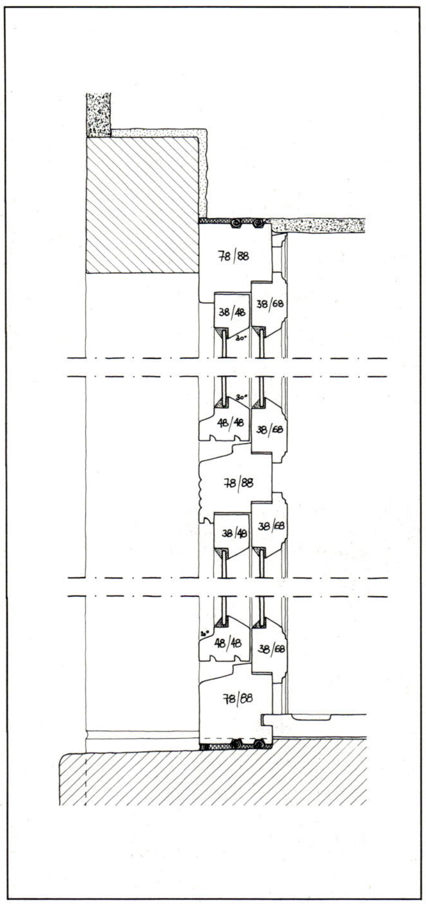

38 Vertikalschnitt Verbundfenster – äußerer Flügel durchlüftet.

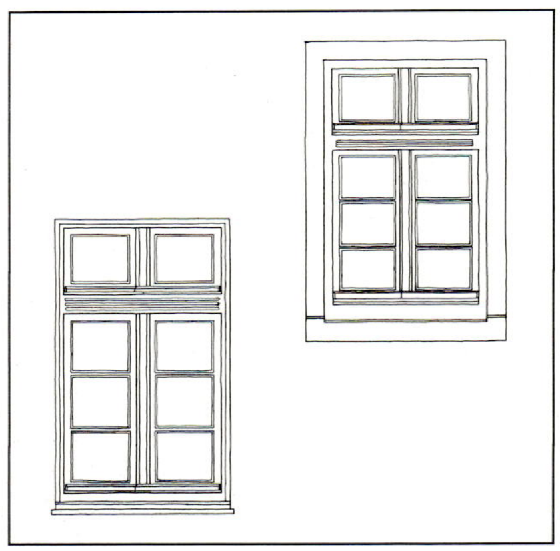

39 Ansichten.

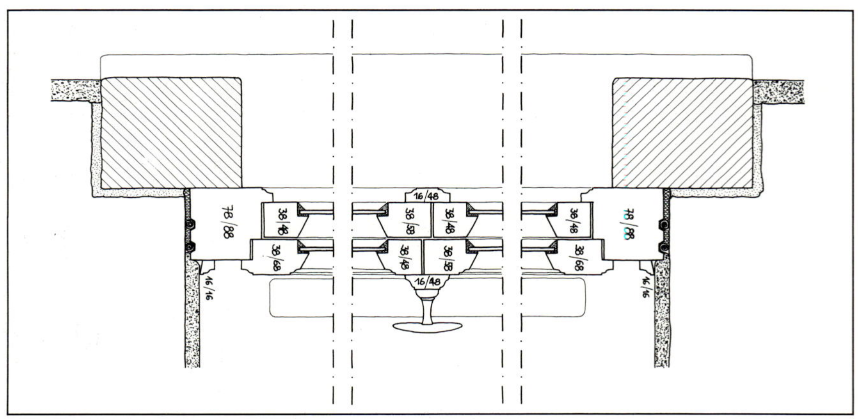

40 Horizontalschnitt Verbundfenster.

Grundsätze

Es gibt drei wesentliche bauliche Veränderungen bei Fenstern und Außentüren:
- Veränderung der Fensterteilung
- Veränderung der Größe
- Neuanordnung in der Fassade.

Die meistverbreitete Unsitte ist die Veränderung oder Aufgabe der Fensterteilung. Wenn es sich nicht um ein denkmalgeschütztes Gebäude handelt oder eine Gestaltungssatzung vorliegt, können Behörden bei der Verstümmelung von Fassaden nicht gestalterisch eingreifen, obwohl die Veränderung einer Fassade anzeigepflichtig ist. Wie segensreich eine strenge ortsbaurechtliche Gestaltungssatzung ist, zeigt z.B. ein Vergleich der Innenstädte von Lübeck und Kiel. In Kiel gibt es, wie überall in Deutschland, fast keine Sprossen in Fenstern mehr. In Lübeck ist das feingliedrige Bild der Fenster in den Fassaden noch im wesentlichen erhalten.
Die Veränderung von Fenstergröße und Anordnung verlangt bei reichgegliederten Fassaden viel Fingerspitzengefühl. Solche Veränderungen können bei Fachwerkbauten oft noch ohne Schwierigkeit vorgenommen werden, soweit man sich im vorhandenen Ständerwerk bewegt und die dadurch vorgegebenen Breiten- und Höhenmaße nicht verändert. Viel schwieriger ist dies bei einer Werksteinputzfassade, die in sich so ausgewogen ist, daß eine Veränderung der Fensteranordnung ohne Substanzzerstörung nicht möglich ist. Sieht man hier zusätzliche Fenster vor, so sollten sie den vorhandenen in Art und Ausbildung mit Gewänden usw. angepaßt werden.
Ein weiterer elementarer Einschnitt in die Fassade ist der Einbau von Schaufenstern und Ladeneingängen. Dieses Thema kann hier nur am Rande erwähnt werden. Die schlechten Beispiele, bei denen Sockel und Erdgeschosse vollständig aufgerissen und in Glas aufgelöst werden, sind üblich. Hier gibt es nur eine Regel: Einen begabten, feinfühligen Architekten wählen, der in der Lage ist, die kommerzielle Anforderung mit der Gestalt einer bestehenden Fassade in Einklang zu bringen.

41 Verpfuscht.

42 Geblendet.

43 Verschlossen.

44 Verkitscht.

B 2.4 Dach
1 Allgemeines

Funktion und Form

Dächer sind in ihrer ursprünglichen Funktion immer Schutzdächer und damit Inbegriff für die Urfunktion des Hauses. Dachräume waren Rauchsammler und -abzug des Herdfeuers, später Bergeräume für die Lagerung von Getreide, Heu und Stroh. Ihre Form und Neigung und ihre Proportion zum Gesamtbaukörper prägen wesentlich den Charakter von Einzelbauten, Ortsbildern und Kulturlandschaften.

Form und Gestalt waren jahrhundertelang abhängig von den am Ort zur Verfügung stehenden Konstruktions- und Deckungsmaterialien (Holz, Stroh, Reet, Schiefer, Steinplatten, später Ziegel), der daraus abgeleiteten zimmermannsmäßigen Konstruktion des Dachstuhls sowie den regionalen Witterungsverhältnissen. Diese Bedingungen bestimmen ihren landschaftstypischen Charakter.

Aber auch die baulichen Einzelheiten des Daches, seine Struktur, seine Trauf-, Ortgang- und Firstabschlüsse prägen die Substanz eines alten Gebäudes und sind nicht beliebig durch andere Details zu ersetzen.

Nur selten trifft man bei älteren Bauten noch auf im Original erhaltene Dächer. Durch spätere Umbauten oder zum Teil provisorische Instandsetzungen entstanden Mischformen und teilweise abenteuerliche Hilfskonstruktionen. Je nach Art des Deckungsmaterials ist dessen Lebensdauer erheblich kürzer als die der Gesamtkonstruktion. Einzig Ziegeldächer werden stellenweise noch mit Teilen der Originaldeckung angetroffen, was sich durch Ziegel mit eingeritzten Jahreszahlen (sogenannte Feierabendziegel) belegen läßt.

Solche handgeformten Materialien prägen wesentlich die Lebendigkeit einer Dachlandschaft. Sie werden auch heute noch aus Unverstand bergeweise auf Müllkippen und Feldwege gefahren. Dabei sind die guten unter ihnen, die bereits 100 bis 250 Jahre der Witterung standgehalten haben, von wesentlich höherer Lebensdauer als Ware aus der modernen Strangpresse.

Zit. Wieland [Lit. A1–21]: „Maschinen sind zu perfekt geworden. Mit ihrer Präzision verdrängen sie die Fantasie und den Zufall. Beides gehört zum Wesen der historischen Häuser. Wer heute an einem alten Haus Verbrauchtes ergänzen muß, ergänzt nicht nur, sondern verändert. Was er an Lebendigem wegnimmt, ersetzt er durch starre Präzision."

1 Steiles Dach als Bergeraum in regenreichen Gebieten.

2 Lebendige Dachoberfläche, handgestrichene Biberschwänze, ersetzt durch maschinelle Präzision der Betonpfannen.

Schadensquellen

Dächer sind der am stärksten der Witterung ausgesetzte Teil eines Hauses. Unbeachtete kleine Schäden in diesem Bereich ziehen unweigerlich auf Dauer schwere Folgeschäden nach sich. So kommt der Bauunterhaltung im Dachbereich eine zentrale Bedeutung für die Lebensdauer eines Gebäudes und für die Schadensvorbeugung auch bei anderen Bauteilen zu. Der einwandfreie Zustand von Dachstuhl und Deckung ist Grundlage jeglicher sinnvoller Sanierung.

Bauliche Veränderungen an Dächern bedeuten immer einen starken gestalterischen Eingriff, auch wenn es sich „nur“ um das Erneuern der Deckung oder das Einbringen einer Fensteröffnung handelt. Grundsätzlich sind alle Dachdurchbrüche anfälliger für Schäden als die Fläche, und darum sollten sie auf ein Minimum reduziert bleiben. Dächer im Altbau sind als Kaltdächer konzipiert. Die Durchlüftung war durch den offenen Speicherbereich sichergestellt. Dachräume dieser Art wirken als thermischer Puffer für die darunterliegenden Räume. Der Ausbau von Dachgeschossen stellt einen wesentlichen Eingriff in dieses System dar. Er gehört zu den häufigsten Modernisierungsmaßnahmen und muß, soll er nicht Ursache für potentielle Schadstellen werden, bauphysikalisch korrekt geplant und ausgeführt werden.

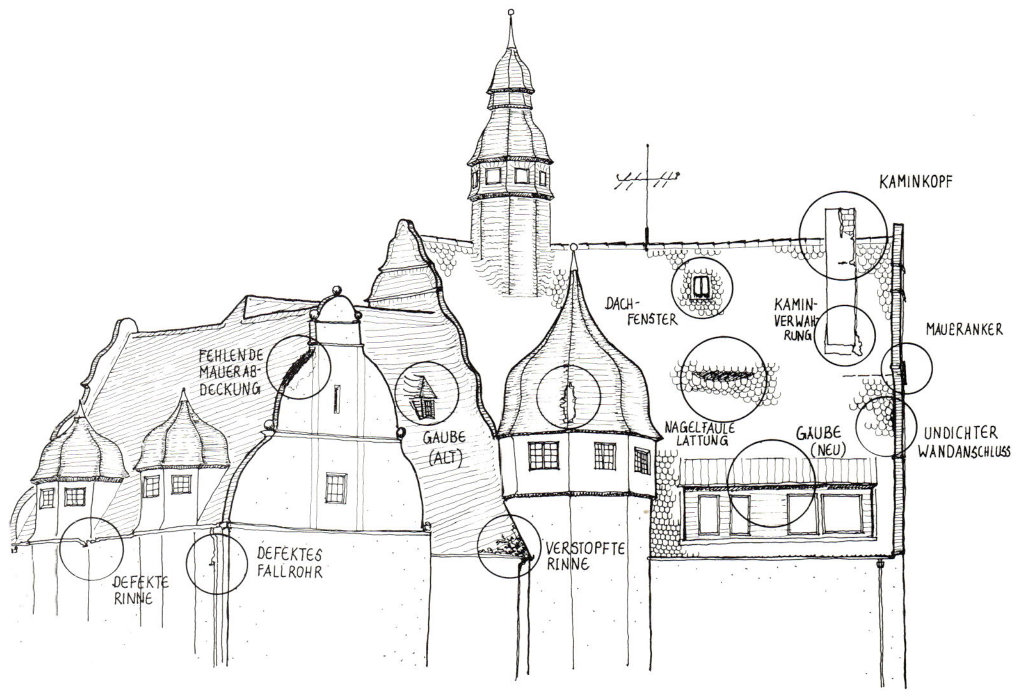

3 Hauptschadensquellen im Dachbereich.

B 2.4 Dach
1 Allgemeines

Bestandsüberprüfung

□ Begehen des Dachstuhls.

□ Überprüfen aller Holzteile auf ihre Trag- und Funktionsfähigkeit.

□ Feststellen von Schäden:
a) Fäulnis und Schwammbefall, Insektenbefall
b) ungenügende Tragfähigkeit, Überlastung
c) mechanische Schäden
fehlerhafte Umbau- und Hilfskonstruktionen
d) fehlende Windversteifung.

□ Überprüfen der Lattung bzw. Holzschalung unter der Dachhaut auf Fäulnisschäden, Bruch, Nagelfäule.

□ Untersuchen der Dachhaut, Zustand und Art der Deckung, Grate, Ortgänge, Traufen usw.

□ Überprüfen aller Anschlüsse (Kamine, Gauben, Fenster, Dachanschlüsse).

Bei der Begehung des Dachstuhls ist auf die besonders anfälligen Punkte zu achten. Der Dachfuß mit Traufausbildung muß an mehreren Stellen von innen offengelegt werden. Er ist besonders anfällig für Bauschäden, da hier der intensivste Feuchtigkeitsanfall besteht. Häufig sind Dachstühle vor allem in diesem Bereich mit Schutt oder alten Holzresten angefüllt, in denen sich Insekten und Fäulnis ideal halten und ausbreiten können. Zerstörte Fußpfetten und Lagerhölzer sind eine Gefährdung für den gesamten Dachstuhl, da hier die Dachlasten auf die Außenwände übertragen werden. Alle die Dachhaut durchbrechenden Bauteile und alle Anschlüsse von Dachteilen sind besonders schadensanfällig und daher sorgfältig auf ihren Zustand zu überprüfen.
Der bauliche Zustand von Dachkonstruktionen und Deckungsmaterial beeinflußt entscheidend die zu erwartenden Sanierungskosten. Art und Ausführung der Dachkonstruktion schaffen Bindungen für einen geplanten Dachausbau und Veränderungen in den unteren Geschossen.
Zur Instandsetzung des Dachunterbaus gehört auch die von Dachgesimsen und Ortgängen aus Holz oder Natursteinen. Sie müssen vor der Dachhaut repariert werden.

4 Die Begehung des Dachstuhls gibt Aufschluß über die Hauptschadenspunkte am Dach.

5 Handwerklich und gestalterisch durchdachte Trauf- und Ortgangausbildung.

Ausführungskonzept

Eine gründliche Aufnahme des Bestandes hilft, Fehler zu vermeiden und ein klares Instandsetzungskonzept zu entwickeln.
Auf folgende wichtige Schritte ist zu achten:

1. Entrümpeln des Dachstuhls von alten Ziegelresten und Bauschutt, vor allem im Traufbereich und in den schlecht zugänglichen Dachbereichen.
2. Bei Bedarf Bekämpfung von Pilz- und/oder Insektenbefall.
3. Instandsetzen des Dachstuhls, Verstärken, Ausbessern oder Auswechseln von nicht ausreichend tragfähigen oder schlechten Holzteilen.
4. Instandsetzen aller Kaminköpfe und sonstiger Dachaufbauten sowie aller Trauf- und Ortganggesimse aus Holz oder Stein.
5. Instandsetzen des Dachbelags und Wiederherstellen aller Anschlüsse.

Aus Gestaltungs- und Kostengründen ist sorgfältig abzuwägen, ob Ausbesserung, Umdeckung oder Neueindekkung notwendig ist. Der Erhaltung des Originalbelages bzw. seiner weitgehenden Wiederverwendung sollte immer der Vorzug gegeben werden. Er bildet eine Einheit mit dem ursprünglichen Gesamtkonzept des Gebäudes und mit der umgebenden Dachlandschaft.

Material

Das Material für die historischen Dachkonstruktionen in unseren Breiten ist fast ausschließlich Holz. Sein spezifisches Tragverhalten wird bestimmt durch die vergleichsweise hohe Aufnahme von Zug- und Druckkräften bei relativ geringem Eigengewicht. Aus diesen Eigenschaften in Verbindung mit den zur Verfügung stehenden Holzlängen und -querschnitten und den Ansprüchen an stützenfreie Raumüberspannungen wurden in der handwerklichen Tradition die Dachkonstruktionen entwickelt. Sie spiegeln, ähnlich wie die Fachwerkfassade, in besonderer Weise Bautradition und Entwicklung der Zimmermannskunst wider.

1 Stützenfreie Überspannung des Dachraums durch liegenden Stuhl.

Lastableitung

Alle vorkommenden Dachstuhlformen beruhen auf Dreiecksverbänden unterschiedlicher Ausbildungen. Die Art der Lastableitung weist jedoch je nach Konstruktion spezifische Unterschiede auf, deren Kenntnis unbedingte Voraussetzung für eine schadensfreie Dachsanierung bildet. Aus diesem Grunde ist schon bei der Bestandsaufnahme größte Sorgfalt bei der korrekten Erfassung der Tragkonstruktion (Tragsystem, Ausbildung der Knoten- und Anschlußpunkte, Dimensionierung der Einzelquerschnitte) angebracht:

- Aufnahme und schadensfreie Ableitung der Lasten aus Eigengewicht, Deckungsmaterial, Schnee, Winddruck und -sog
- Aussteifung der Giebelwandflächen.

Der Lastangriff auf das Dach erfolgt also nicht nur durch Eigenlasten und Schnee, sondern aufgrund der erheblichen Flächen vor allem durch Wind. Daher sind der Zustand und das Vorhandensein von Windverstrebungen für die Stabilität von ausschlaggebender Bedeutung. Ihr Fehlen führt zu Verschiebungen der Konstruktion bis zur Einsturzgefahr. Häufigster Fehler ist die leichtfertige Entfernung „störender" Windkreuze bei nachträglichen Dachausbauten.

Die Windversteifung wird hergestellt durch:

- Kopfbänder rechtwinklig zu den Giebeln
- Windrispen, Kreuze oder Streben in der Dachebene
- vertikale Kreuze oder Streben in der Firstachse.

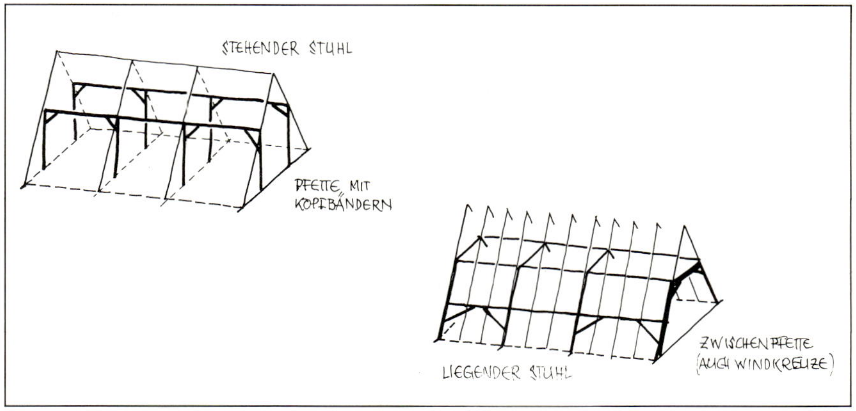

2 Windaussteifung beim stehenden Stuhl durch Kopfbänder in der Ständerebene, beim liegenden Stuhl in der Dachebene.

3 Älteste Tragkonstruktion, Lastableitung über Firstsäule.

Tragsysteme

Bei den Tragsystemen des geneigten Daches ist zu unterscheiden zwischen Pfettendach und Sparrendach. Beide Konstruktionsformen treten jedoch auch kombiniert auf. Sie sind charakterisiert durch die unterschiedlichen Funktionen der einzelnen Tragglieder, aus denen sich typische Detailausbildungen besonders im Dachfußbereich ergeben, die zur Identifikation eines Tragsystems dienen können. (Siehe Abb. 4 bis 10)

Die Art der Lastabtragung hat auch Folgen für die innere Grundrißaufteilung. Mit fortschreitender Entwicklung der Zimmermannskunst wurde diese von der Dachkonstruktion immer unabhängiger, mit der Entwicklung des liegenden Stuhls oder von Hänge- bzw. Sprengwerken wird die stützenfreie Überspannung auch größerer Räume möglich.

Pfettendach

- Sparren mit untergeordneter Funktion (schwache Querschnitte, auch Rundhölzer möglich), lastbündelnde Unterzüge, Lastableitung in den Binderachsen
- Stützenreihe im Innern; Vorgabe für Unterteilung des Grundrisses, kann nicht entfernt werden!
- Ursprüngliche Dachform; Frühform: Firstsäulengerüst, noch in einzelnen Exemplaren aus dem 14. und 15. Jahrhundert überliefert.

Pfettendach

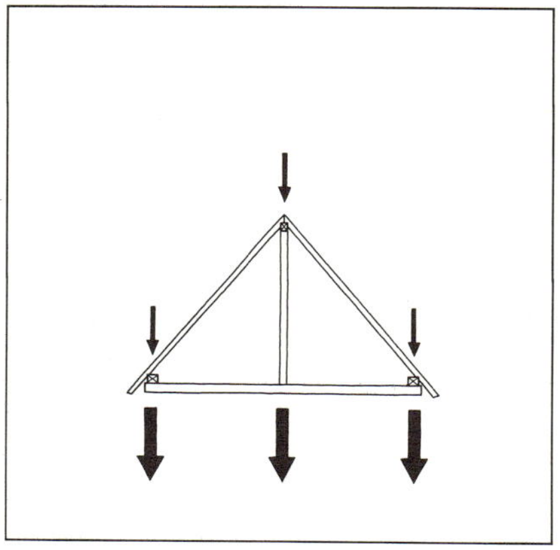

4 Pfettendach mit Firstpfette, senkrechte Lastableitung über Mittelstütze und Außenwände.

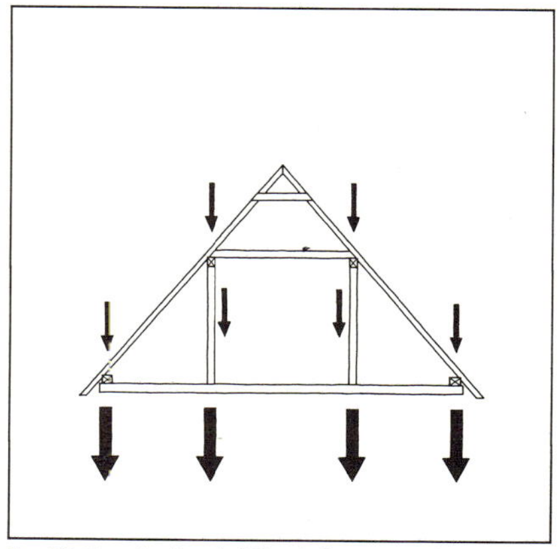

5 Pfettendach mit Mittelpfetten und stehendem Stuhl, Lastableitung über Stützen und Außenwände.

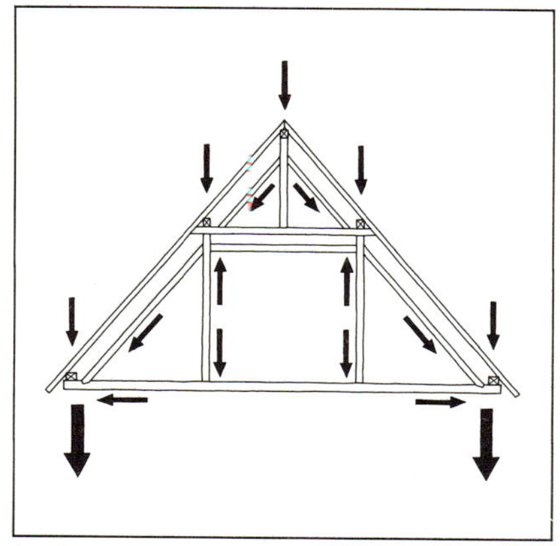

6 Pfettendach mit Spreng- und Hängewerk, Lastableitung ausschließlich über die Außenwände, aufgehängte Unterzüge als Auflage für Deckenbalken.

Sparrendach

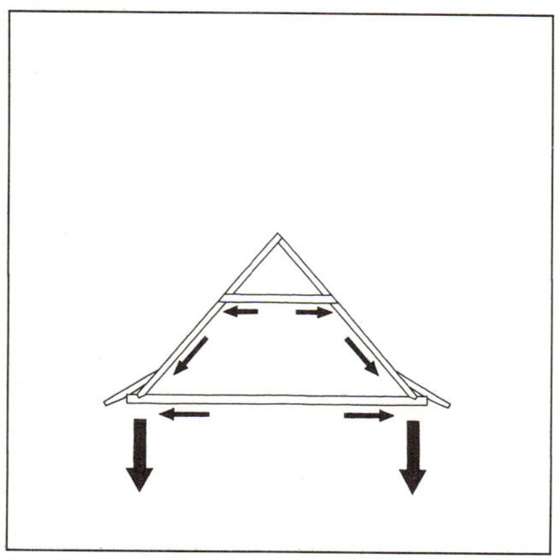

7 Einfaches Sparrendach mit Kehlbalken, Ableitung der Dachlast in der Sparrenebene, Deckenbalken auf Zug beansprucht.

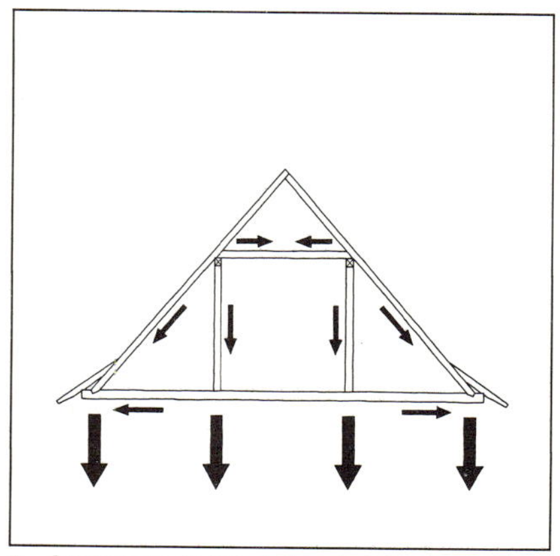

8 Sparrendach mit stehendem Stuhl, Lastableitung auch über Innenstützen in der Binderebene.

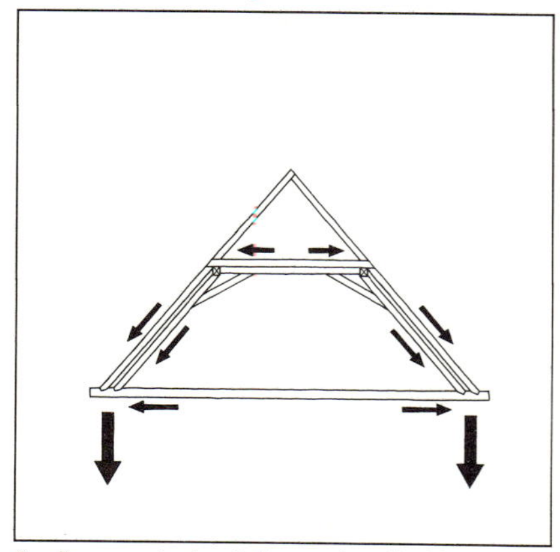

9 Sparrendach mit liegendem Stuhl, Lastabtragung über Außenwände.

Sparrendach
(Prinzip des unverschieblichen Dreiecks)

- In einfacher Form bei geringer Sparrenlänge möglich (bis ca. 4,5 m), sonst Aussteifung durch Kehlbalken
- Vorkommen: vor allem beim Fachwerkbau gebräuchlich nach Einführung der Geschoßzimmerung
- regelmäßiges, stark gebundenes Konstruktionssystem, stützenfreier Innenraum möglich
- Problempunkt: zugfeste Verankerung zwischen Sparrenfuß und Deckenbalken (äußeres Kennzeichen des Sparrendachs: Aufschiebling über dem Vorholz der Deckenbalken – Dachknick).

Bei der Überprüfung der Standfestigkeit von vorhandenen Dachkonstruktionen im Altbau sollten im Zweifelsfall erfahrene Statiker zu Hilfe genommen werden. Mit der speziellen Altbauproblematik nicht vertraute Fachleute oder Laien verursachen häufig unnötige Kosten und übersehen wichtige Hinweise auf versteckte Schadensursachen.

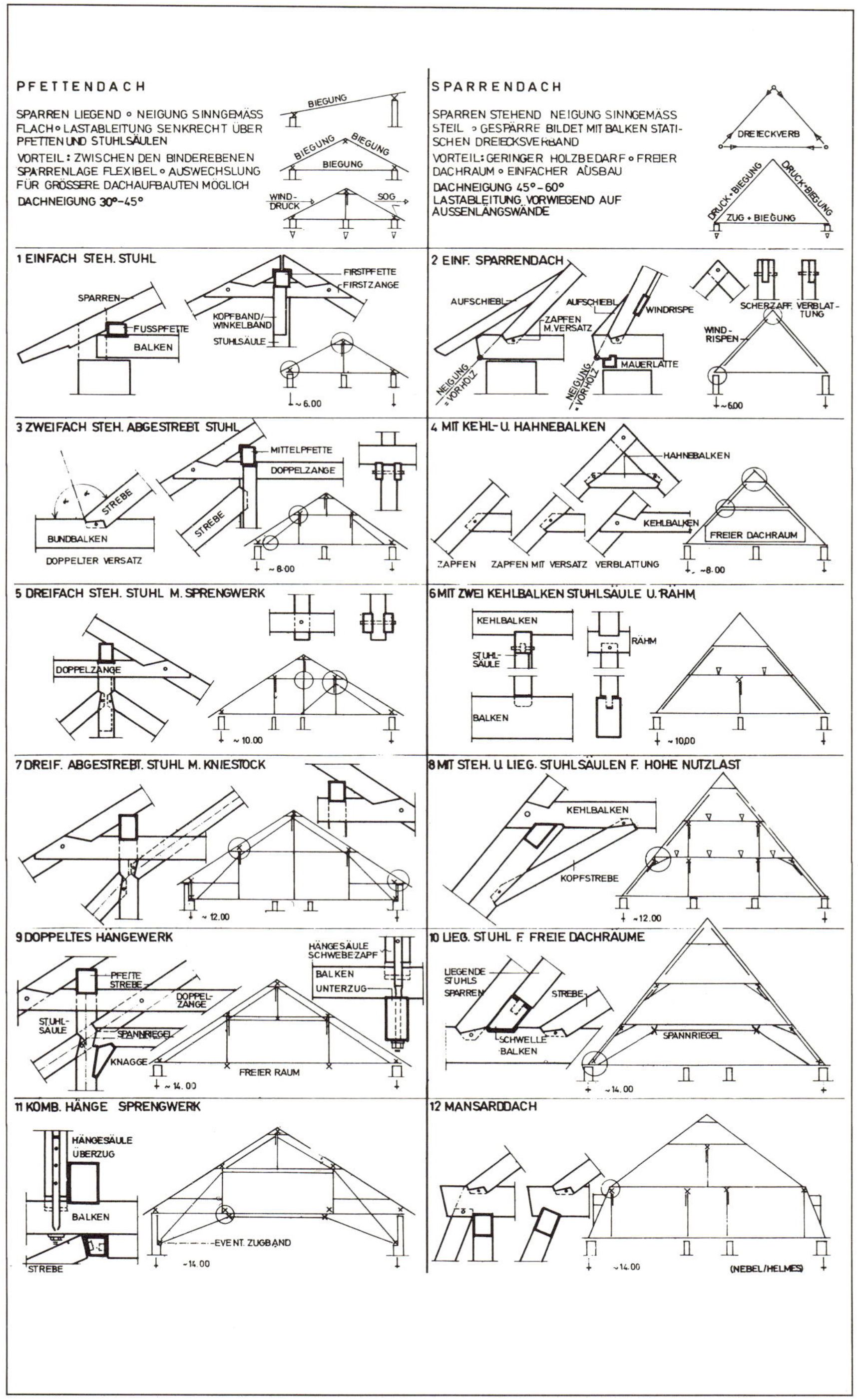

10 Grund- und Regelkonstruktionen des Pfetten- und Sparrendaches aus Nebel: „Sanieren und Modernisieren von Fachwerkbauten“ [Lit B 2.4–6].

Grundsätze

Die beste Schadensvorbeugung bietet eine regelmäßige gründliche Kontrolle von Dachhaut, Anschlußpunkten und Holzkonstruktion.

Auf folgende Punkte ist dabei besonders zu achten:
- Einwandfreier Zustand von Lattung, Dachhaut, Anschlüssen, Regenrinnen und Fallrohren, um jeglichen Feuchtigkeitseintritt zu vermeiden.

- Gute Durchlüftung von Tragkonstruktion und Dachhaut auch im ausgebauten Zustand gewährleisten.

- Regelmäßige Überprüfung der Holzteile auf aktiven Insektenbefall; auf frische Fraßmehlhäufchen und Fluglöcher achten, bei Nadelholz Proberitzen mit Messer oder Beil, da Hausbockbefall häufig nicht an der Oberfläche erkennbar (s. Kap. B 3.2). Bei älterem Holz, vor allem Eichenholz, wird in der Regel kein akuter Befall mehr vorgefunden, ebenso sind geschwärzte Dachstühle ehemaliger Rauchhäuser in der Regel nicht gefährdet. Bei Befall Tragfähigkeit der Restquerschnitte durch Abbeilen feststellen, erforderliche Verstärkungen oder Ersatz vornehmen. Eventuell vorbeugender Anstrich vorhandener Holzteile mit gesundheitlich unschädlichen Mitteln.
Floßholz (auch Weichholz) wird i. allg. nicht befallen.

- Überprüfung der Holzteile auf Pilzbefall vor allem an feuchten oder ehemals feuchten Stellen (Kaminanschluß, Dachfuß u. a.). Beurteilung des Befundes s. Kap. B 3.2 „Holzschutz“, im Zweifelsfall Fachfirma zuziehen! Beste Vorbeugungsmaßnahmen: Trockenheit und ungehinderte Luftzirkulation.

- Bei nicht ausgebauten Dachstühlen Freihalten des Dachfußbereiches (potentieller Herd für Schädlingsbefall).

11 Anfällige Anschlußpunkte regelmäßig kontrollieren.

13 Zustand von Dachhaut und Lattung regelmäßig überprüfen.

12 Kaminanschlüsse sind häufige Schadenspunkte.

14 Gesimsschaden durch zugesetzte Rinnen.

- Auf einwandfreien Zustand aller Verbindungspunkte achten (Holznägel, Zapfen). Schadhafte Verbindungen kraftschlüssig wieder herstellen.

- Auf Veränderungen in der äußeren Form achten, sie geben Hinweise auf beginnende Schäden (nagelfaule Lattung, Nasenzerfall der Ziegel, nachgebende Holzverbindungen der Tragkonstruktion, z. B. durchgebrochene oder fehlende Holznägel).

Grundsätze

Als häufigste Schadensursachen bei tragenden Dachbauteilen sind anzutreffen:

1. Durchfeuchtung der Holzteile
Bei undichter Deckung oder fehlerhaften Anschlüssen; führt zu Fäulnis, schafft den Nährboden für Pilzbefall und bestimmte Insekten. Folge: Holzzerstörung.

2. Insektenbefall
Befallen werden vor allem Splintholzbereiche, Befall führt zur Querschnittsschwächung und damit Reduzierung der Tragfähigkeit. Besondere Gefährdung durch Hausbockbefall (nur bei Nadelholz, geflößtes Holz wird nicht befallen). Wird oft spät entdeckt, da Fraßschäden ohne sichtbare Zerstörung der Oberfläche.
Vorbeugung: regelmäßige Kontrolle auf Fluglöcher, Fraßgänge und Fraßmehlhaufen. Bei Befall Abbeilen auf tragfähigen Querschnitt, eventuell stark reduzierte Holzteile verstärken oder auswechseln, chemische Holzbehandlung.

3. Statische Ursachen
Hier treten gehäuft die folgenden Schadensbilder auf:
- mangelhafte oder fehlende Windversteifung
- zerstörte Verbindungspunkte besonders am Sparrenfuß
- ausweichende Auflager z. B. durch ersatzloses Entfernen von Deckenbalken beim Sparrendach
- unzureichende Tragfähigkeit oder Bruch von tragenden Bauteilen als Folge von Feuchtigkeitsschäden, Pilz- oder Insektenbefall
- übermäßige Durchbiegung von Deckenbalken durch zu hohe Auflasten (Lagerung, Schutt).

4. Unsachgemäße Eingriffe in das Tragsystem, z. B. bei baulichen Veränderungen

15 Hausbockbefall an Nadelholzsparren.

Schadenspunkte
Schäden treten schwerpunktmäßig in den folgenden Bereichen auf:
- Dachfuß, vor allem an der Wetterseite
- Holzteile an bzw. unter Anschlüssen (Kamine, Gauben, Dachluken, aufgehendes Mauerwerk)
- Dachsparren oder Pfetten im Ortgangbereich
- Balken an und unter Dachverschneidungen (Kehlen).

Abbruch oder Reparatur?
Bei der Instandsetzung von Altbauten wird häufig schon bei geringem Schadensumfang oder vermuteter unzureichender Tragfähigkeit leichtfertig die vorhandene Konstruktion des Daches abgebrochen, ohne mögliche Sanierungsmaßnahmen gründlich genug zu überprüfen. Für die Entscheidung, ob Abbruch oder Reparatur des Dachstuhls sind folgende Punkte maßgebend:
- Zerstörungsgrad sorgfältig diagnostizieren (Aufschlüsse z. B. an Fußpunkten, Abbeilen usw.).
- Wert des alten Dachgebälks für die Originalität der Bausubstanz.
- Kostenvergleiche Reparatur zu Abbruch und Neuaufbau einschließlich aller erforderlichen Folgemaßnahmen (neue Deckung, Lattung, Gesimse, Ortgänge usw.).

16 Dachfuß und Gesims defekt.

17 Reparatur am Krüppelwalm.

Im Zweifelsfall sollte immer die Reparatur einer Totalerneuerung vorgezogen werden.

Fallbeispiele

1. Zerstörter Fußpunkt Sparrendach

Einer der häufigsten Schäden wird im allgemeinen durch eindringende Feuchtigkeit im Traufbereich verursacht.

Arbeitshinweise

Reparatur je nach Schadensumfang und Anforderungen an die Erhaltung der Unterdecke:
1. Verbindungslaschen zwischen Deckenbalken und Sparren.
2. Einbringen von Zugankern in die Deckenebene zur Aufnahme horizontaler Schubkräfte.
3. Ausbesserungen mit Epoxydharzmörtel (s. Kap. B2.2).
4. Armierte Kunststoffprothesen (nach Entfernen der vermoderten Holzteile, ohne Zerstörung der Unterdecke z.B. über Stuckdecken, Fresken und ähnlichem).
5. Zimmermannsmäßiges Anschiften, wo keine Beeinträchtigung wertvoller Substanz zu befürchten.

2. Verschieben der Dachkonstruktion

Fehlende oder nicht mehr kraftschlüssige Windaussteifungen.

Vorgehensweise

1. Lage, Qualität und kraftschlüssige Verbindung der aussteifenden Elemente überprüfen.
2. Entfernen der restlichen Aussteifung inklusive eventuell vorhandener Ausmauerung in der Verschiebungsebene.
3. Vorsichtiges Ausrichten der Konstruktion in den Gelenkpunkten mit Seilwinden.
4. Wiederherstellen aller erforderlichen Aussteifungen (Einsetzen von Kopfbändern, Windkreuzen zwischen, über oder unter den Sparren).

18 Verfaulter Deckenbalken durch eindringende Feuchtigkeit im Dachfußbereich.

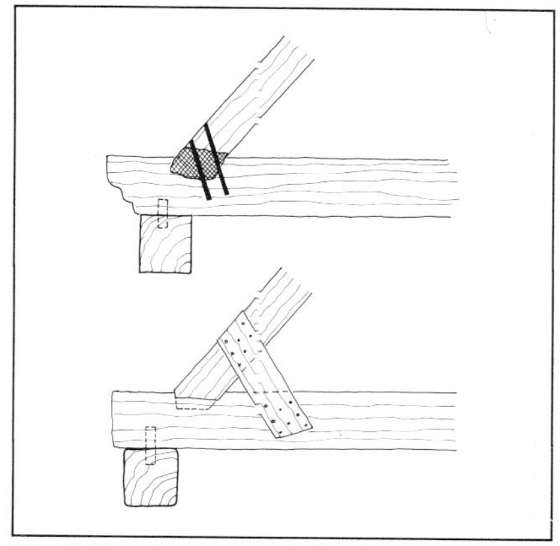

20 Fußpunktreparatur beim Sparrendach durch Kunststoffprothesen oder Holzverbindungslaschen.

19 Anschuhen durch Holzzangen.

21 Wiederherstellen der Zugverankerung durch genagelte Holzlaschen.

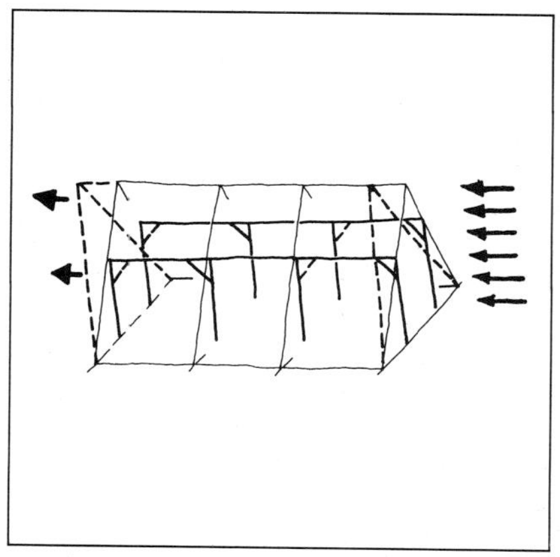

22 Entfernen der Kopfbänder führt zu Verschieben der Dachkonstruktion bei Winddruck.

23 Kopfbänder in der Dachebene beim liegenden Stuhl

3. Durchhängender First

- *Zeichen für Ausweichen des Dachfußes nach außen, Aufnahme des Horizontalschubs aus dem Sparren durch die Deckenbalken gestört*
- *Ursache: Zerstörter oder entfernter Deckenbalken, mangelnde Verankerung im Auflagerbereich (abgefaulte Zapfen) oder nach außen kippende Außenwände unter Pfettendach.*

Vorgehensweise
1. Behutsames Ausrichten der Tragkonstruktion.
2. Reparatur Dachfuß und Deckenbalken, Zugverankerung.

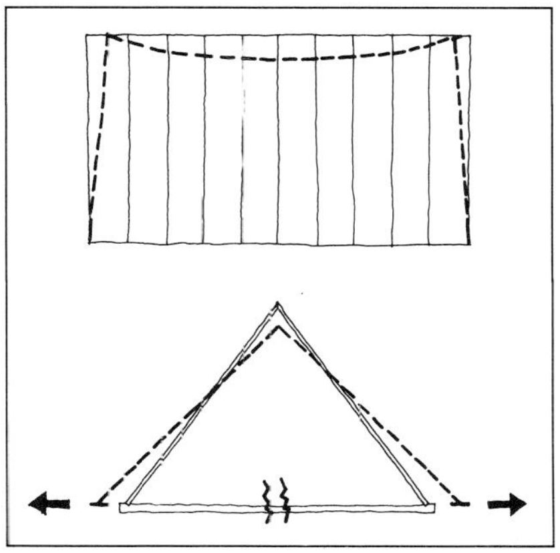

24 Gestörte Zugverankerung, durchhängender First.

25 Durchhängender First beim Sparrendach.

4. Hausbockbefall Sparren

Arbeitshinweise
- *Bei teilweise tragfähigen Restquerschnitten einzelne Sparren anlaschen oder unterstützen (Dachhaut kann beibehalten werden)*
- *starker Hausbockbefall mit weitgehender Zerstörung der bestehenden Holzquerschnitte macht Erneuerung der gesamten Sparrenlage erforderlich. Dabei sind alte Zapfenlöcher häufig für neue Sparren nicht mehr verwendbar (Fußpunkt z. B. mit durchlaufendem Schwellholz versehen)*
- *alle alten und neuen Holzteile mit vorbeugendem chemischem Holzschutz imprägnieren (auf Gesundheitsverträglichkeit achten!)*
- *nur Mittel verwenden, die ausdrücklich für Innenräume zugelassen sind*
- *Bekämpfung akuten Befalls z. B. durch Heißluftbehandlung wie in Kap. B 3.2 „Holzschutz" beschrieben.*

26 Sparrenverstärkung durch Anlaschen.

Grundsätze, Dachausbau

Bauliche Veränderungen im Bereich der Dachkonstruktion werden hauptsächlich im Zusammenhang mit dem Ausbau des Dachgeschosses zu Wohnzwecken vorgenommen. Maßnahmen dieser Art haben nicht nur konstruktive, sondern bauphysikalische und gestalterische Folgen. Je nach Umfang und geplanter Nutzung sind auch Anforderungen des Brandschutzes zu beachten.
Das alte Dach war ursprünglich Vorratsspeicher. Durch die Dachhaut und offene Giebelluken fand ein ständiger Luftaustausch statt und ein Temperaturausgleich zwischen innen und außen. Damit wurden Holzwerk und Deckung nur geringen Spannungen ausgesetzt und das Material weitgehend geschont (Kaltdach). Beim Dachausbau geht diese Pufferzone verloren.

Bauphysikalische Veränderungen
- Einbringen einer Dämmschicht mit oder ohne Durchlüftung unter der Dachhaut
- Anbringen von Unterspannbahnen als Schutz gegen Undichtigkeit der Dachhaut und Flugschnee
- Anbringen von Dampfsperren.

Grundsätzlich sollte die Durchlüftung von Holzwerk und Deckungsmaterial auch im Ausbauzustand erhalten bleiben. Hierzu sind regelmäßige, ausreichend große Lüftungsöffnungen an Traufe und First vorzusehen.

Größe und Art der Lüftungsöffnungen entsprechend DIN 4108, Wärmeschutz im Hochbau, Teil 3 (Traufbereich: 2% der Dachfläche, mindestens 200 cm^2/m, First: 0,5% der Dachfläche, freie Höhe mindestens 2 cm).
Bewährte Beispiele wärmegedämmter Dachausbauten s. Kap. B 3.1 „Wärmeschutz“.

Funktion der Dachdurchlüftung:
- durch starke Sonneneinstrahlung entstehenden Wärmestau unter der Dachhaut abführen, Kondenswasserbildung bei Wiederabkühlung vermeiden
- von außen eindringende Feuchtigkeit und von innen durchdringende Dampffeuchte abführen, damit längeranhaltende Durchfeuchtung von Dachkonstruktion, Deckungsmaterial und Dämmung vermeiden
- Materialspannungen verringern durch Temperaturausgleich.

27 Bauphysikalische Veränderung durch nachträglichen Dachausbau.

28 Konterlattung zur Durchlüftung der Dachhaut.

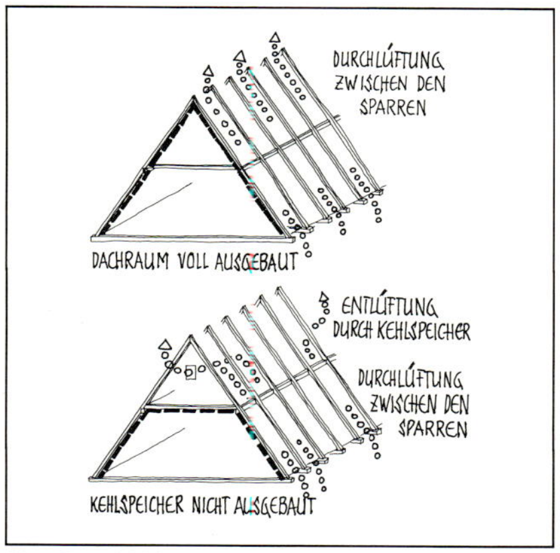

29 Durchlüftung des Dachraums bei Voll- oder Teilausbau.

Konstruktive Veränderungen
Als häufigste konstruktive Veränderungen sind anzutreffen:
- Herausnehmen von Deckenbalken für Treppeneinbau (s. Kap. B 2.5 „Geschoßdecke“)
- Entfernen von Kopfbändern, Windkreuzen oder -streben
- Auswechseln von Sparren für den Einbau von Fenstern, Gauben, Kaminen usw.
- Herstellen von Dacheinschnitten für Balkone
- Anheben des Dachfußes zur höheren Ausnutzung des Dachgeschosses
- Verändern der Dachneigung.

Alle Eingriffe in die Tragkonstruktion sind nach geltendem Baurecht statisch nachzuweisen, auch wenn es sich dabei nur um einen Sparrenwechsel handelt, wie er früher vom erfahrenen Zimmermann empirisch dimensioniert wurde. Bei Veränderungen im Dachbereich muß der gesamte Dachstuhl rechnerisch nachgewiesen werden. Dies kann je nach vorhandener Konstruktion und Holzdimensionierung und/oder statischen Systemvorgaben eine Verstärkung des gesamten Dachstuhls erforderlich machen. Hier gilt, wie schon an anderer Stelle gesagt, daß nur altbauerfahrene und mit der Zimmermannstechnik vertraute Statiker für diese Arbeiten herangezogen werden sollten, um unnötige und kostspielige Verstümmelungen der Konstruktion zu vermeiden.

Neue Dachöffnungen (Gauben, Fenster) müssen dem Charakter des Daches entsprechen. Ihre Maßverhältnisse müssen der Proportion des Daches angepaßt werden und sollten sich der Dachfläche unterordnen! Dabei sind Gauben auf historischen Dächern immer Fensterlöchern vorzuziehen. Aus der Vielfalt möglicher Formen sollten solche gewählt werden, die in der Umgebung historisch nachweisbar sind und in ihrem Charakter Dachform und Deckungsmaterial entsprechen. Ihre Anordnung sollte mit Rücksicht auf bestehende Windverstrebungen in der Dachebene erfolgen. Eine verbreitete Unsitte ist auch die Verwendung sprossenloser Gaubenfenster.

Größere Dacheinschnitte für Dachterrassen oder -balkone reißen die Dachfläche auf und stören die historische Dachlandschaft. Aus diesem Grund sollten sie höchstens in kaum einsehbaren Bereichen toleriert werden. Außerdem sind sie Angriffspunkte für Feuchtigkeit und damit äußerst schadensanfällig. Ihre korrekte Detailausbildung entspricht dem Neubaudetail. Ein Problem können jedoch Höhe und Gewicht für die vorhandene Holzbalkendecke darstellen (statischer Nachweis erforderlich!).

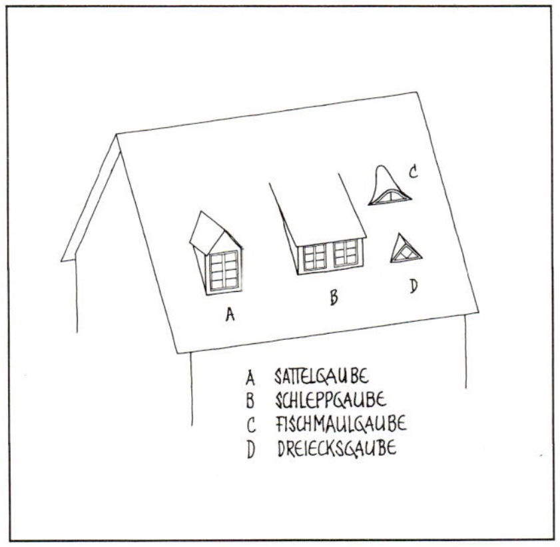

30 Verschiedene Gaubenformen zur nachträglichen Belichtung des Dachraums (je nach Charakter des Daches).

31 Belichtung – so geht's nicht!

32 Unmaßstäbliche Dachaufbauten.

Verändern der Dachneigung

Veränderungen der Dachneigung wurden und werden zum Teil heute noch bei Erneuerung des Dachgebälks vorgenommen, eventuell auch in Verbindung mit Höherlegen des Dachfußes (Kniestock, Raumgewinn) oder komplettem Aufstocken des Gebäudes. Eingriffe dieser Art können ein Haus bis zur Unkenntlichkeit verstümmeln. Dachform und -neigung sind charakteristische Merkmale eines Baukörpers, landschafts- und witterungsgebunden. Sie sollten, wenn überhaupt, nur geringfügig verändert werden. Solche Maßnahmen erscheinen zudem nicht recht verständlich, da besonders steile Dachstühle, z.B. in Verbindung mit Gauben, eine gute Ausnutzung des Dachbereichs ermöglichen und weniger anfällig für Undichtigkeiten sind.

Einziehen von Zwischenwänden

Die Lage von Trennwänden bei Dachgeschoßausbauten muß sich an den Konstruktionsvorgaben orientieren. Stehende Stühle, Hänge- oder Sprengwerke geben eine Unterteilung des Grundrisses vor. Auch bei liegenden Stuhlkonstruktionen sollten – besonders bei kleineren Dachstühlen oder sichtbarer Holzkonstruktion – Wandachse und Binderachse zusammenfallen. Beim Einbau von Türöffnungen ist darauf zu achten, daß keine statisch wirksamen Bauteile ersatzlos entfernt werden.

33 Vancalismus.

34 Verunstaltung durch Anheben des Daches.

36 Zwerchhaus maßstäblich gut eingefügt.

35 Trennwände beim Dachgeschoßausbau möglichst in der Binderebene.

37 Zwerchhäuser rhythmisieren die Dachfläche.

Gaubenkonstruktionen

Sattelgaube, Zwerchhaus

- Häufigste historische Gaubenform
- ursprünglich kleinformatig, Speicherbelüftung und -belichtung
- Fenster im Hochrechteckformat, immer mit gegliederten Scheiben!
- Weiterentwicklung zum Zwerchhaus
- sorgfältige z.T. profilierte Detailausbildung des Giebeldreiecks
- ruhige rhythmische Anordnung
- Giebelfläche entsprechend der Gebäudeaußenwand: Fachwerk, Ziegelsichtmauerwerk oder verkleidete Holzkonstruktion
- formale Abwandlung zum Beispiel im Barock
- Deckungsmaterialien für Dach- und Wandflächen s. Kap. B2.4/3 „Dachdeckung".

Vorkommen und Einsatzgebiet:
- Satteldächer mit unterschiedlicher Neigung, Mansarddächer
- historische Gaubenform mit weiter Verbreitung bei Ziegel-, Schiefer- und Schindeldeckung
- unterschiedliche Dachneigung je nach Dachform und verwendetem Deckungsmaterial.

38 Sattelgauben beim Mansarddach.

40 Historisches Zwerchhaus im Fachwerk.

39 Historische Sattelgaube mit profiliertem Giebeldreieck.

41 Unverständnis.

Walmgaube

- Abwandlung der Sattelgaube, vor allem bei ganz oder teilweiser Abwalmung des Hauptdaches
- historisch auch dekorativ eingesetzt (Übergangsformen zu Türmchen)
- Deckungsmaterial s. Sattelgaube bzw. im Kapitel B2.4/3.2 „Deckungsmaterialien"
- Fenster: als Lüftungsluken mit Laden oder gegliederte Scheiben (Sprossenfenster).

42 Walmgaube zur Speicherbelüftung.

Schleppgaube

- In der historischen Form als Dachluke zur Belüftung von z. B. Getreidespeicher
- Format: liegendes oder stehendes Rechteckformat, Wirkung: aus der Dachfläche „hochgeklappt“
- Querformat niedrig wählen, relativ hohe Brüstungshöhen in Kauf nehmen
- Herstellung über 1 bis 2 Sparrenfelder mit ausreichendem Abstand zwischen den Gauben und zum Dachrand, nie großflächig!
- Vorkommen und Einsatzgebiet: steilgeneigte Satteldächer, auch für ältere Fachwerkhäuser möglich, regionale Verbreitung beachten
- Neigung der Gaubendachfläche ≥ 30°, der Dachneigung angepaßt
- profilierte Sparrenköpfe oder Gesims entsprechend dem Hauptdachgesims
- Wandverkleidung der Gaubenseiten am Dachbelag orientiert (s. Kap. B 2.4/3 „Dachdeckung“).

43 Schleppgauben im Satteldach.

45 Gaube oder Stockwerk? Dachproportion zerstört.

44 Neue Schleppgaube – der Dachproportion angepaßt.

46 Neue Schleppgaube mit Sprossenfenstern.

Ochsenauge, Fischmaulgaube

- Geschwungene Schleppgaubenform
- ermöglicht Anschluß an die Dachdeckung ohne Kehlenbildung
- historischer Ursprung: weiche Bedachungen, vor allem Reet
- auch bei kleinformatiger, schuppiger Deckung, z. B. Biberschwanzziegel, Schindel, Schiefer, einsetzbar als kleine Öffnungen in relativ großen ruhigen Dachflächen.

47 Fischmaulgaube in Biberschwanzdach.

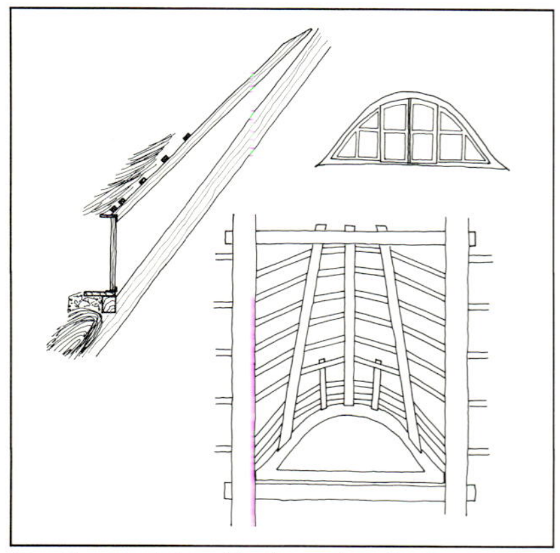

48 Konstruktion Fischmaulgaube im Reetdach nach „Der Holznagel“.

Dachstuhl und Deckung

Dachkonstruktion und Deckung bilden eine bauliche Einheit und sind als solche bei jeder Baumaßnahme zu behandeln. Der Bestand an historischen Deckungsmaterialien ist in den letzten Jahrzehnten stark zurückgegangen. Industriell geprägte Einheitsmaterialien ohne Bezug zu Landschaft und Baukörper haben sie in weiten Bereichen unserer Städte und Dörfer auch und gerade auf historischen Gebäuden zu stellenweise unbedeutenden Restbeständen zurückgedrängt. Dies obwohl eine Neueindeckung keineswegs immer eine höhere Lebensdauer oder größere Dichtigkeit aufweist.

Alte, meist feingliedrige Deckungsmaterialien können ohne Schaden Bewegungen des Dachstuhls aufnehmen, sie sind kleinflächig, problemlos auswechselbar und eignen sich gut zur Herstellung kleinteiliger Anschlüsse (Gauben, Krüppelwalm usw.). Veränderungen am Deckungsmaterial beeinflussen einschneidend die Gestalt des Gebäudes. Großflächige, gleichförmig eingefärbte Dachpfannen wirken auf feingliedrigen Dächern wie eine Zwangsjacke. Für fast alle alten Ziegelformen gibt es jedoch noch moderne Nachbildungen aus naturbelassenem Ton, die wenigstens in Format und Form den Charakter des Daches bewahren.

1 Feingliedriges Deckungsmaterial kann ohne Schaden Bewegung des Dachstuhls aufnehmen.

2 Gebäude und Dachdeckung bilden eine Einheit.

3 Veränderungen am Deckungsmaterial beeinflussen einschneidend die Gestalt des Gebäudes.

Material und Landschaft

Die natürlichen Materialvorkommen der Umgebung des Hauses lieferten die Baustoffe auch für die Dachhaut. So wurde in Gegenden mit langfaserigem Weichholz dieses als Schindel- oder Brettholz verwendet. In anderen Gegenden wurden geeignete Natursteine eingesetzt (Schiefer). In weiten Gebieten des mittleren und nördlichen Deutschlands bildeten Stroh oder Reet die ursprüngliche Dachhaut. Fast im gesamten Verbreitungsgebiet dieser Weichdeckung wurden diese Materialien, vor allem wegen der Brandgefahr und der relativ kurzen Lebensdauer, seit etwa dem 17. bis 18. Jahrhundert durch Ziegel ersetzt. Brandschutzverordnungen der einzelnen Städte schrieben diese Materialveränderung teilweise zwingend vor.

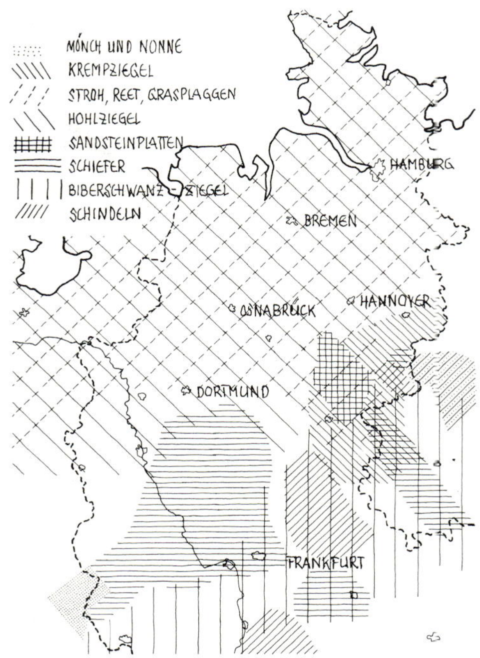

4 Historische Verbreitungsgebiete der wichtigsten Dachdeckungsmaterialien nach Lit B 2.4–2.

Reparatur oder Erneuerung

Die Entscheidung, auszubessern, umzudecken oder neuzudecken, beeinflußt wesentlich die Kosten jeder Sanierungsmaßnahme. Sie wird bestimmt von:

- dem Zustand des Dachstuhls
- dem Zustand der Lattung
- dem Zustand und der Dichtigkeit des Deckungsmaterials.

Bei der Beurteilung sind die materialspezifischen Besonderheiten zu beachten, auf die im folgenden kurz eingegangen wird. Typische Detailausbildungen an Traufe, Ortgang und First sind unbedingt in der ursprünglichen Form zu erhalten oder wieder herzustellen, da sie wesentlich den Charakter des Daches bestimmen.

5 Bei der Umdeckung dieses Daches können ca. 60% der Biberschwänze wieder verwendet werden.

Stroh, Rohr, Reet

Diese Weichbedachung war ursprünglich im bäuerlichen Bauwesen weit verbreitet. Im städtischen Raum sind Dächer dieser Art aufgrund der Feuergefährdung schon seit dem ausgehenden Mittelalter verboten. Die heutige Verbreitung beschränkt sich auf die Küstenzonen des norddeutschen Bereichs. Landschaftliche Unterschiede sind an den unterschiedlichen Firstausbildungen abzulesen. Dächer dieser Art werden wieder in größerem Umfang handwerklich hergestellt. Ob ein Dach ursprünglich für Reetdeckung vorgesehen war, ist in der Regel an seiner Form und der Ausbildung der Anschlußpunkte (z. B. Kaminverwahrung) zu erkennen.

Bei Reet handelt es sich um ein Naturmaterial, das in unveränderter Form bis heute zur Verfügung steht. Die Lebensdauer dieser Dächer beträgt ca. 30 bis 50 Jahre. Erste Ausbesserungsarbeiten werden nach ca. 15 bis 20 Jahren erforderlich. Im Gegensatz hierzu ist eine Strohdeckung in der ursprünglichen Form in der Regel nicht mehr herstellbar, da hierzu langstieliges, starkhalmiges Stroh benötigt wird, das früher aus dem sogenannten Hauwald (aus der ersten Ernte nach der Rodung) gewonnen wurde. Heutige kurzhalmige Getreidesorten aus „kunstdünger- und spritzmittelverseuchtem" Anbau sind aufgrund ihrer geringeren Haltbarkeit und Widerstandsfähigkeit als Deckungsmaterial nicht geeignet.

6 Reetgewinnung bei gefrorenem Boden.

8 Firstschmuck beim Reetdach, germanische Überlieferung.

10 Bündelweises Aufbringen des Reetmaterials bei der Neueindekkung.

7 Neueindeckung mit Reet.

9 Untersicht eines Reetdaches.

11 Auskragende Ziegelsteine als metalloser Kaminanschluß beim Reetdach.

Holzschindeln

Verbreitungsgebiet: Gegenden mit langfaserigem, langsam wachsenden Nadelholzbestand (Fichte, Lärche).

Herstellung: von Hand gespalten (Trennung entlang der Faser, hohe Haltbarkeit), feinringiges Holz aus der Winterfällung bevorzugen; Richtwert: 10 cm breite Schindel ≙ ca. 50 Jahresringe
gesägt (keilförmig oder gerade), weniger haltbar als gespaltene Schindeln.

Verlegung: ursprünglich als Legschindel (Dachneigung max. 20–25°) mit Steinen und Stangen beschwert. Diese Form wird heute noch teilweise im Alpenraum auf untergeordneten Bauten angetroffen.
Später genagelt für steile bis flachgeneigte Dächer und als Wandverkleidung. Ihre Form weist starke regionale Unterschiede auf: z.B. Vogelsberg und Rhön – lange Brettschindeln, im Odenwald und vereinzelt im Spessart – kleine ornamentale Schindeln (hier als Wandverkleidungen). Holzschindeln sind ein kleinschuppiges Dekkungsmaterial und damit sehr anpassungsfähig. Sie fanden und finden vor allem Verwendung für Dacheindekkung von Sonderbauten (Kirchen, Windmühlen).
Die Erneuerung oder Wiederherstellung von Schindeldächern wird dadurch erschwert, daß feinjähriges Fichten- oder Lärchenholz wintergefällt nicht mehr zu bekommen ist. Sommergefälltes Holz, besonders aus schnellwüchsigen Beständen (ca. 20 Jahresringe pro 10 cm breite Schindel) ist als Dachdeckung ungeeignet, seine Verlegung wäre wegen der geringen Haltbarkeit unwirtschaftlich. Die Verwendung von Fichten- oder Lärchenschindeln als seitliche Gaubenverkleidung bei Ziegeleindekkung ist in Gebieten ohne Schiefervorkommen der Verwendung von Asbestzementplatten vorzuziehen.

12 Holzschindeldeckung auf einem Kirchendach.

Lebensdauer: Sie ist stark abhängig von der Holzqualität, früher ca. 50–80 Jahre und mehr (bei feinjährigem, gespaltenem Holz).

Pflegemaßnahmen
Früher waren in der Regel keine Pflegemaßnahmen üblich. Naturbelassene Schindeloberflächen erhalten innerhalb einiger Jahre den typischen silberfarbenen bzw. braunen Holzton. Keine deckenden hautbildenden Anstriche vornehmen (führt zu einseitigen Spannungen). Vorsicht bei Verwendung von Imprägniermitteln nach DIN 68800, durch Regen ausgewaschene Giftstoffe könnten über die Dachentwässerung ins Grundwasser gelangen.
Die Ausbesserung defekter Einzelschindeln ist möglich und sollte bei Bedarf rechtzeitig vorgenommen werden.

Als alternative Materialien bei Erneuerungsmaßnahmen kommen, falls keine feinjährigen Fichten- oder Lärchenschindeln zur Verfügung stehen, eventuell gespaltene oder gesägte Schindeln aus Western Red Cedar (Kanada, USA) oder Alerzenschindeln (Chile) in Frage. Formate und Holzton entsprechen jedoch in der Regel nicht den historischen Formen. Außerdem ist auch hier auf Qualitätsunterschiede zu achten.
Für Dachdeckungen sollten möglichst nur gespaltene Materialien verwendet werden. Von besonderer Qualität sind handgespaltene Schindeln, da bei der Herstellung Rücksicht auf Faserverlauf und Besonderheiten des Stammes genommen werden kann.

13 Legschindeldeckung im Alpenraum, mit Steinen beschwert.

Schiefer, Naturstein

Materialien: Schiefer, Buntsandstein, Kalkstein.
Lebensdauer: ca. 60 Jahre.
Verbreitungsgebiet: entsprechend den geologischen Vorkommen (Buntsandstein Weserbergland; Kalksteinplatten: Main, Altmühl; Schiefer: Rheinisches Schiefergebirge, Harz). Schieferdeckung auch überregional für Sonderdeckungen, z.B. auf Kirchen, Schlössern, Rathäusern, ebenso für bestimmte Bauteile des Ziegeldachs, wie Grate, Firste und Gaubenseiten.
Geologische Gegebenheiten wie vorhandene Steinstruktur und -qualität führten zur Verwendung unterschiedlicher Plattenformate und Deckungsarten.

Altdeutsche Deckung
Sie arbeitet mit differenzierten Plattengrößen (von unten nach oben abnehmende Gebindehöhe), die am Ort vom Dachdecker angeschlagen werden. Die Form des Decksteins wird bestimmt von der Dachneigung (unter 45 °: spitze Ferse als Tropfpunkt, über 45 °: ausgerundeter Fuß).
Übliche Deckungsart vorwiegend bei älteren Gebäuden, feingliedrig, gut geeignet zum Beidecken von Kehlen, Gauben und Anschlüssen. Erfordert handwerkliches Können.

Englische Deckung
Entstehung in England, als Weiterentwicklung der von den Römern bekannten Kalksteinplattendeckung.
Deckungsmaterial: rechteckige, steinmetzmäßig bearbeitete Platten (englischer Schiefer ist schwer zu spalten).
Diese Deckungsart wurde in Deutschland in der zweiten Hälfte des letzten Jahrhunderts modern (auf repräsentativen Privatgebäuden).
Vorteil: Englische Deckung ist billiger als altdeutsche Deckung, da sie auf Lattenkonstruktion statt vollflächiger Unterschalung aufgebracht werden

14 Anschlußausbildungen beim Schieferdach.

16 Schiefereindeckung eines feingliedrigen Kirchturmdaches.

15 Eingeschieferte Sattelgaube, eingebundene Kehlen.

17 Westerwälder Dachlandschaft.

kann und mit geringerer Überdeckung auskommt.
Nachteil: Bei dünngespaltenem z.B. deutschem Schiefer bruchanfälliger. Eingebundene Übergänge sind schwieriger herstellbar, daher wurden bei Bauten mit englischer Deckung schon im 19. Jahrhundert Blechkehlen verwendet.
Verwendung: Aufgrund der oben genannten Eigenschaften für große ungestörte Dachflächen typisch und sinnvoll.

Schablonenschieferdeckung
Material: Decksteine gleichen Formats (Anreißen mit Schablone).
Schablonendeckung kommt im 19. Jahrhundert auf, sie ermöglicht Vorfertigung der Steine auch im Winter, problemlose handwerkliche Verarbeitung. Seit Ende des 19. Jahrhunderts in Normengrößen, dies führt zu überregional gleichartigen Deckungen.
Die Vielfalt möglicher Formen und Farbvarianten des Materials wurden zu Musterdeckungen verwendet (teilweise reizvolle Arbeiten hoher handwerklicher Qualität; erhalten!).
Für Dachneigungen unter 25 ° ist die Schieferdeckung in unserem Klima nicht mehr technisch sicher durchzuführen.
Durch starken Kostenanstieg des Naturmaterials und für die handwerkliche Herstellung werden heute Schieferdächer allerorts durch Asbestzementplattendeckungen ersetzt. Dies führt zu gestalterisch oft unbefriedigenden Lösungen in Form und Farbe. Vorhandene Schieferdächer sollten soweit möglich repariert und ergänzt werden. Regelmäßige Kontrollen erhöhen die Lebensdauer. Wesentlich für die Wirkung eines Daches ist die handwerkliche Detailausführung. Sie muß mit Sorgfalt und stilistischer Fachkenntnis durchgeführt werden.

18 Altdeutsche Deckung ergänzt mit Schablonenschieferdeckung.

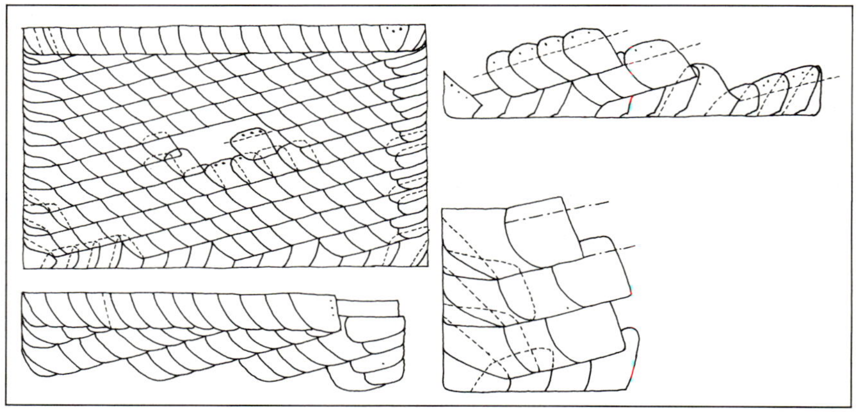

19 Verlegeplan altdeutscher Deckung.

20 Moderne Asbestzementplattendeckung.

Ziegel Historische Ziegeldächer mit unterschiedlichen Materialformen sind im gesamten deutschsprachigen Raum verbreitet. Schwerpunkte liegen in den Bereichen ergiebiger Tonvorkommen bzw. dort, wo keine geeigneten natürlichen Deckungsmaterialien wie Reet oder langfaseriges Holz zur Verfügung standen oder solche Dächer aus Gründen der Brandsicherheit verboten wurden. Historische Dachziegel sind in der Regel weiterentwickelt aus antiken Formen. Ihre Herstellung erfolgte von Hand in regionalen Ziegeleien aus dem örtlich anstehenden Ton. Dies und die handwerkliche Herstellung sind der Grund für ihre gute Haltbarkeit und lebendige Oberflächenstruktur und Farbe. Genaue Datierungen des vorgefundenen Deckungsmaterials können, soweit vorhanden, aufgrund von eingestreuten „Feierabendziegeln" erfolgen, die vom herstellenden Arbeiter oft mit liebevollen Formen, Signaturen und meist dem Datum der Herstellung geschmückt wurden.

Folgende historische Ziegelformen sind zu unterscheiden:

Krempziegel

- Älteste Funde in unserem Raum aus der Zeit um 1000 n. Chr. (z. B. im Schutt des 1046 zerstörten Hildesheimer Doms), nach der Überlieferung von Bischof Bernhard aus den römischen Leistenziegeln mit loser Wulstkrempe entwickelt
- Verbreitung vor allem im Gebiet des ehemaligen Fürstbistums Hildesheim
- Vorbild des im 19. Jahrhunderts auftretenden Falzziegels (dieser erfordert höhere Maßgenauigkeit)
- industrielle Nachbildungen im Format 26/34 erhältlich (Herstellung als Preßdachziegel aus der Stempelpresse)
- zulässige Dachneigung ≥ 35 °.

Mönch- und Nonnenziegel

- Ursprung im Orient, Verbreitung im gesamten Mittelmeerraum und nördlich der Alpen
- kleinere Elemente, anpassungsfähig an Verschneidungen und Rundungen (Turm- und Apsidendächer), leicht einzudecken
- überregional auf herrschaftlichen Gebäuden und Klostergebäuden verbreitet
- industrielle Nachbildung im Format 11/40 bzw. 21/40 erhältlich (Preßdachziegel)
- Dachneigung ≥ 40 °, Überdeckung mind. 8 cm, Lattenabstand ca. 32 cm
- lebendige, gut strukturierte Dachfläche auf alten Dächern mit lebhaftem Farbenspiel.

Hohlziegel

- Weiterentwicklung antiker Mönch- und Nonnenform
- Ursprung wahrscheinlich in den Niederlanden
- Verbreitungsgebiet: vorwiegend gesamte norddeutsche Tiefebene (Hannoversche Langschnittpfanne)
- überregionale Verbreitung durch frühe Normung
- Fugensicherung früher mit Strohdocken, später innenseitiger Mörtelverstrich, heute z. T. industriell gefertigte Pappdocken
- industrielle Nachbildung im Format ca. 23,5/40 cm als Strangdachziegel in Strangpressen hergestellt
- Deckung als Vorschnittdeckung bei steilen Dächern und Sparrenlängen bis ca. 6,00 m (Höhenüberdeckung mindestens 7 cm, Lattenabstand 33 cm) oder Aufschnittdeckung (Höhenüberdeckung mindestens 8–10 cm, Lattenabstand ca. 31 cm).

Biberschwanzziegel

- Hat keine antiken Vorläufer
- im deutschsprachigen Raum wahrscheinlich nach der Holzschindelform entwickelt
- regional stark variierende Maße

21 Biberschwanzdach mit Krüppelwalm, Odenwald.

22 Alte Krempziegeldeckung.

23 Vielzahl verschiedener Biberschwanzformen.

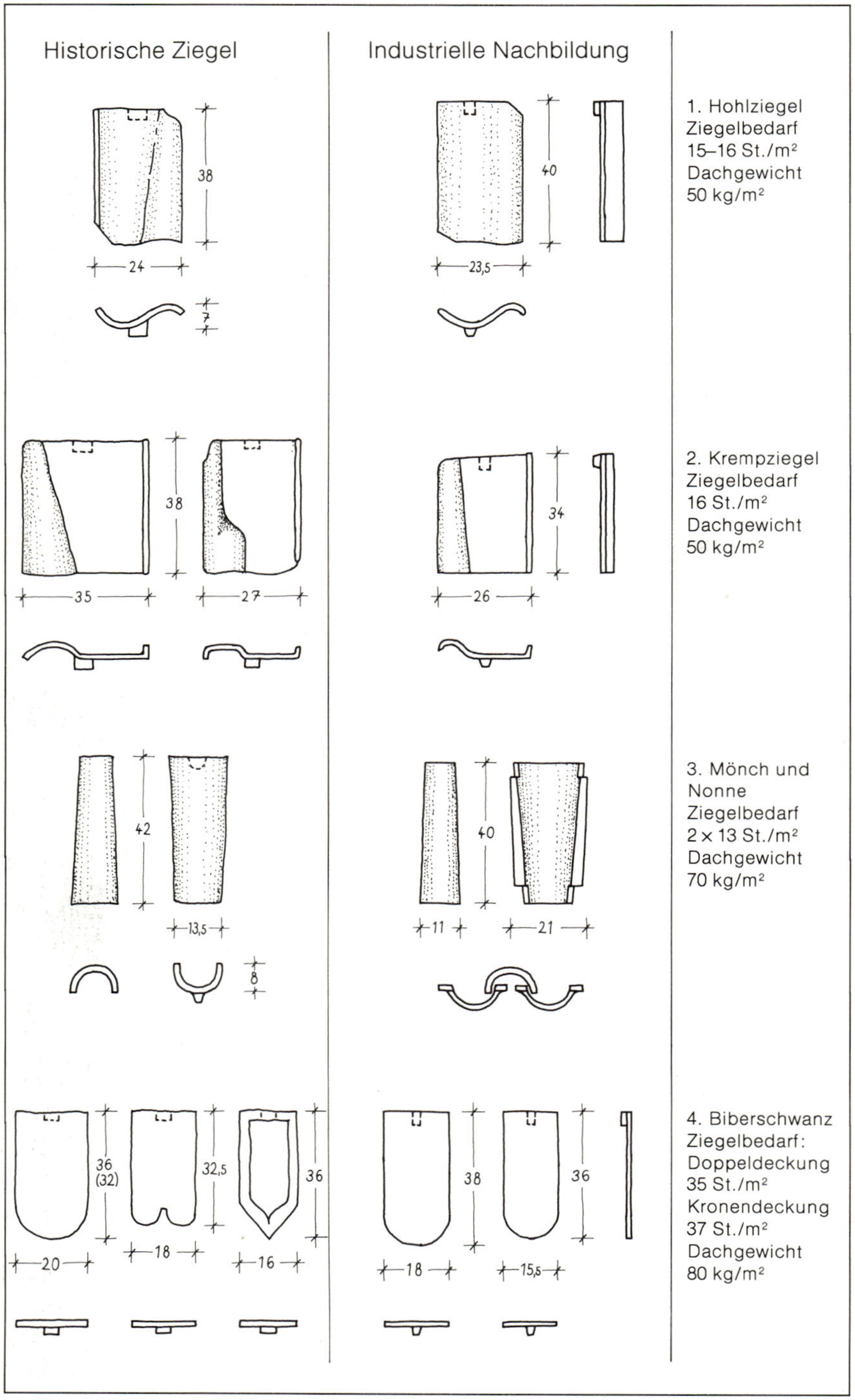

24 Historische Ziegelformen und ihre industrielle Nachbildung.

und Formen (vor allem in der Fußpunktgestaltung)

- unterschiedliche Deckungsformen möglich, historisch als Einfachdekkung mit Holzsplinten oder Kronendeckung (Lattenabstand 28 bis 30 cm). Heute weitgehend als Doppeldeckung (Lattenabstand 12,5 bis 15 cm). Höheres Gewicht beachten
- industrielle Nachbildungen in unterschiedlichen Formaten als Strangziegel mit Segmentschnitt, Rund- oder Gradschnitt. Auch zur Einmischung in alte Dächer oder Randeinfassung geeignet. Dachneigung ≥ 30°.

25 Hohlziegeldeckung.

26 Industrielle Nachbildung.

27 Dachdecker beim Einmörteln der Firstziegel.

28 Verschiedene Ziegelformen aus unterschiedlichen Zeiten.

29 Geflickte Dachlandschaft.

Metall

- Historisch vor allem als Blei- oder Kupferdeckung, vorwiegend auf öffentlichen Gebäuden anzutreffen
- später als Zinkblechdeckung auch auf untergeordneten Gebäuden
- Ausführung als Falzdach (weiche Bleche, Blei, Kupfer) mit stehendem oder liegendem Falz oder Leistendach (Zinkblech auf Holzleisten)
- oder rautenförmiges Dach für Kupfer- oder Zinkblechdeckung, besonders geeignet für gewölbte Flächen.

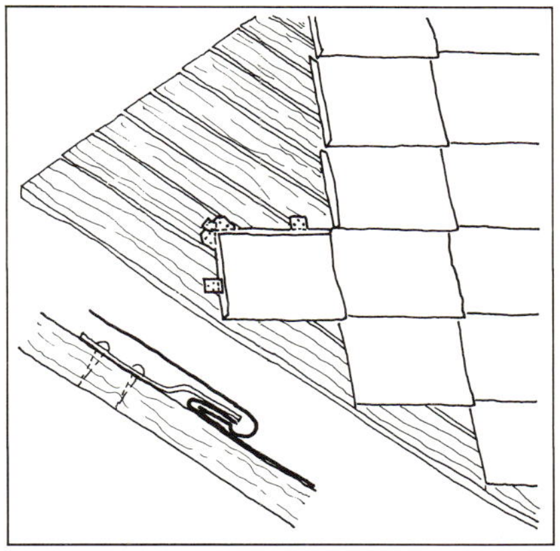

31 Rautenförmiges Dach.

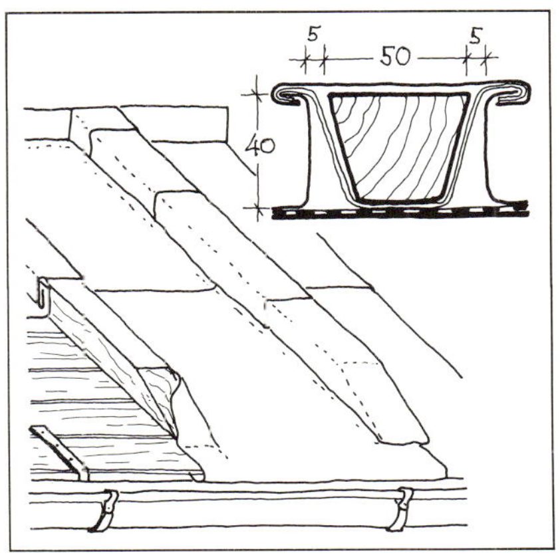

30 Leistendach.

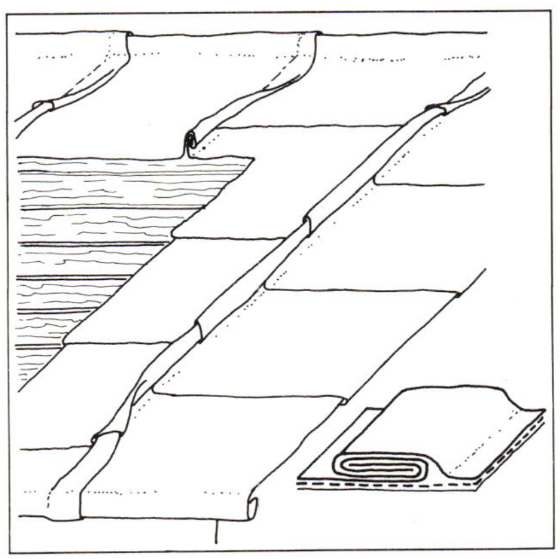

32 Falzdach.

33 Rautenförmige Blechdeckung.

Grundsätze

Dachbeläge erfordern – unabhängig vom Material – eine regelmäßige Kontrolle und bei zunehmendem Alter in bestimmten Abständen Reparaturarbeiten. Eine solche „Pflege" erhöht die Lebensdauer einer Deckung wesentlich und vermeidet kostenträchtige Reparaturen an der Unterkonstruktion. Ausbesserungen müssen grundsätzlich mit dem gleichen Material wie die vorhandene Dachhaut ausgeführt werden (keine Einmischung von Asbestzementschieferplatten in Naturschieferdächer u. ä.).
Ziegeldächer können – soweit passende Formate zur Verfügung stehen – ohne weiteres mit neuen Ziegeln ausgebessert werden.
Die Bestandsüberprüfung muß die Kontrolle der besonders schadensanfälligen Punkte wie Traufbereich, First, Anschlüsse, Kehlen und die Qualitätsprüfung von Deckungsmaterial und Unterkonstruktion beinhalten. Dabei sind Art und Dichtigkeit der Deckung sowie der Zustand von Lattung und Gebälk im schriftlichen Bestandsprotokoll festzuhalten.
Vor Instandsetzung der Dachhaut müssen Dachgesimse und Ortgänge überprüft und gegebenenfalls repariert werden. Regelmäßige Kontrolle von Dachhaut und Anschlußpunkten sowie periodisch durchgeführte Reinigungen der Rinnen und Fallrohre sind die beste Schadensprophylaxe für das Gesamtgebäude!
Für die erforderlichen Reparaturmaßnahmen sind, je nach Art des Deckungsmaterials, nachfolgende Grundsätze zu beachten.

34 Rinnen und Kehlen regelmäßig reinigen.

35 Latten und Biberschwanznasen intakt.

36 Defekter Schiefergrat eines Biberschwanzdaches.

Ziegeldeckung

- Alte Handstrichziegel keinesfalls leichtfertig entfernen und als „undicht" abwerten, sondern gezielte Kontrolle von Oberfläche und Nasenfestigkeit
- einzelne schadhafte Exemplare (Absprengungen, Risse, verrottete Nasen) auswechseln und durch intakte alte (auch von anderen Bauteilen oder Dacherneuerungen) ersetzen. Gegebenenfalls durch neue, industriell gefertigte passenden Formats. (Diese Reparaturen sind bei nicht ausgebautem Dachgeschoß auch ohne Gerüst von innen durchführbar.)
- bei vorhandenem alten Ziegelmaterial direktes Begehen der Dachhaut vermeiden, z. B. Handstrichbiberschwänze haben durch ihre individuelle Wölbung kein vollflächiges Auflager – Bruchgefahr
- sind mehr als 30 bis 40 % schadhaft, sollte umgedeckt werden unter Wiederverwendung des intakten alten Materials (in die Dachfläche eingestreut, z. B. bei Biberschwanzziegeln; sonst seitenweise)
- Schäden treten auf, wenn ein Dach jahrelang vernachlässigt wurde. Fehlende Unterhaltung führt somit zu enormen Folgekosten.

Naturschieferdeckung

- Lebensdauer ca. 60 bis 80 Jahre je nach Schieferqualität. Durch regelmäßige Kontrolle und Auswechseln einzelner schadhafter Platten läßt sich die Lebensdauer um weitere ca. 10 Jahre verlängern
- Zustand an mehreren Stellen (z.B. von Dachluken) überprüfen mit folgenden Handgriffen: bei aufgelegtem Handballen mit den Fingern versuchen, die Vorderkante des Steines hochzuknicken
- einzelne schadhafte Platten gründlich beseitigen incl. aller Reste, Nagelung mit Reißhaken entfernen, um Reparaturstein weit genug einschieben zu können
- Form und Stärke der Reparaturplatte den vorhandenen Steinen anpassen, keine nachträgliche Verklemmung des Steines
- auszuwechselnde Platten mit Hilfe von Reparaturhaken so einfügen, daß keine Nagelung sichtbar bleibt
- Umdecken ist bei Naturschiefer nicht möglich, bei hohem Anteil an schadhaften Platten muß Neueindekkung erfolgen.

37 Schieferschäden im Dachfußbereich.

38 Naturschieferdach mit Leiterhaken.

Holzschindeldeckung

- Ausbessern einzelner schadhafter Schindeln möglich und sinnvoll
- Reparatur mit verdeckter Nagelung durchführen
- bei Ersatzschindeln auf gleiche Form, Material und Materialstärke achten
- farbliche Anpassung erfolgt innerhalb kurzer Zeit durch natürliches Vergrauen.

39 Geschindelter Dachreiter.

40 Schindelausbesserungen an der Fassade.

Reet- und Strohdeckung

- Je nach Qualität des Materials und Lage des Daches erste Ausbesserungsarbeiten nach ca. 15 Jahren erforderlich
- Lebensdauer der Deckung bei Stroh ca. 25 Jahre, bei Reet ca. 35 bis 50 Jahre
- Ausbesserungsarbeiten nur mit Reet- oder Strohbündeln gleicher Länge und Qualität; sollte vom Fachmann durchgeführt werden
- im allgemeinen keine Dachrinnen vorsehen. Falls erforderlich nur Holzrinnen verwenden, da bei der Verwitterung der Dachhaut entstehende organische Säuren Zinkblech zerstören (dies gilt auch für Anschlüsse an Kamine, Gauben usw., die beim Reetdach blechfrei auszubilden sind).

42 Rinnenlose Dachrandausbildung beim Reetdach.

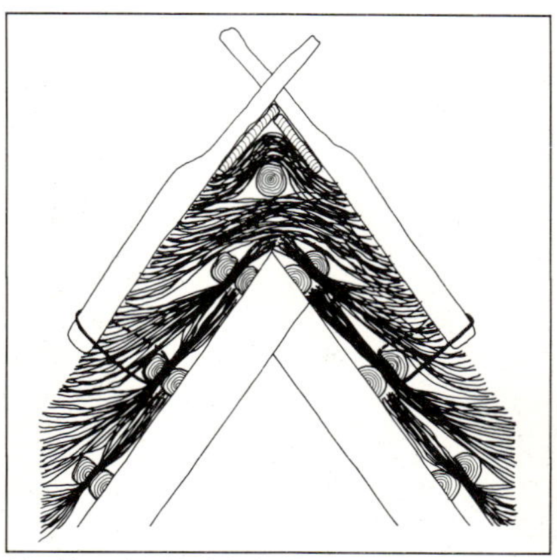

41 Firstabschluß beim Reetdach.

43 Schäden am Krüppelwalm.

44 Herrenlos, verwahrlost, zum Tode verurteilt.

45 Blech statt Reet.

Grundsätze Werden die im Kap. B 2.4/3.3 erläuterten Unterhaltungsarbeiten längerfristig vernachlässigt, treten Schäden im Bereich des Dachbelages auf, die zum Eintritt von Feuchtigkeit führen und in der Folge schwerwiegende Substanzschäden nach sich ziehen.

Schadensgruppen
- Schäden am Dachbelag
- Schäden an der Unterkonstruktion (Lattung, Schalung)
- Schäden an den Anschlußpunkten (Brandwand, Kamine, Gauben, Gesimse und Ortgänge).

Schäden, deren Ursache in der mangelhaften Standsicherheit der Dachkonstruktion zu suchen ist, wurden bereits im Kap. B 2.4/2 „Dachstuhl" behandelt.
Bei der Beurteilung vorgefundener Schäden ist sowohl aus Kosten- als auch aus Gestaltungsgründen zwischen Reparatur und Erneuerung gründlich abzuwägen. Dies kann um so schwerer fallen, je mehr sich nicht nur beim Bauherrn oder Bauhandwerker, sondern auch beim Architekt der Sog der zeittypischen Wegwerfmentalität und die Ansicht durchgesetzt haben, daß Altes schon an sich schlecht und Neues zu besitzen, immer ein Vorteil sei. Aber auch das Gegenteil ist falsch. Das Alter ist nicht schon an sich ein Zeichen für Qualität, sondern die durch handwerkliche Herstellung geprägte Struktur und Materialqualität weist häufig Vorzüge auf, die heute mit akzeptablem Kostenaufwand nicht mehr wiederholbar sind. Hier liegt – neben der eventuell vorhandenen kulturhistorischen Bedeutung – der „Wert" der uns als Hausbesitzer, Handwerker oder Planer anvertrauten Substanz, mit dem wir sorgfältig und sachkundig umzugehen verpflichtet sind.
Schonender Umgang mit vorhandenem Baumaterial ist Gebot Nr. 1 bei der Energieeinsparung am Bau. Erster Schritt in diesem Sinne sind regelmäßige Pflegearbeiten wie im Kapitel Schadensvorbeugung näher erläutert. Aber auch bei der Schadensbeseitigung und erforderlichen Erneuerungsmaßnahmen sind diese Grundsätze zu berücksichtigen.

46 Fehlendes Windbrett führt zu Sturmschäden am Ortgang.

47 Schadhafter Wandanschluß, verfaulter Streichbalken.

48 Anschlüsse an Ortgang, Traufe und Gauben sinngemäß wieder herstellen.

Wahl des Deckungsmaterials
Bei großflächigen Schäden an der Unterkonstruktion oder dem Dachbelag ist es erforderlich, die gesamte Fläche umzudecken oder neu einzudecken. Bei Ziegeldächern sollten intakte alte Ziegel unbedingt aufbewahrt und für sich oder mit neuen gemischt, vor allem an gut einsehbaren Dachflächen, wieder verwendet werden.
Muß die gesamte Deckung erneuert werden, so ist die Wahl von Material und Oberfläche, Form und Farbe an Alter und Charakter des Gebäudes, seiner Dachform und -neigung sowie den historischen Vorbildern der Umgebung zu orientieren. Die Dachfläche sollte sich in diesen gegebenen Rahmen bestmöglich einfügen. (Beispiele industrieller Nachbildungen historischer Ziegeldeckungen enthält Abb. 24.) Kleinschuppiges Deckungsmaterial ist besonders auf gegliederten Dachflächen nicht durch großflächige Dachsteine zu ersetzen.

Dachrandausbildung, Anschlüsse
Anschlüsse an Ortgang, Traufe und Gauben sind sinngemäß wieder herzustellen. Ortgangziegel oder Blechabschlüsse verfälschen den Charakter eines historischen Daches und haben hier nichts zu suchen.
Wandanschlüsse an aufgehende Wände wurden früher in der Regel eingemörtelt. Diese Vorgehensweise ist auch heute noch durchführbar (hydraulischen Kalk mit Traßzusatz verwenden, evtl. Haarmörtel, Lattung zur Wand hin überhöhen). Bei Bedarf ist auch ein Ersatz durch Blechanschlüsse möglich.

Bei allen Schäden im Bereich der Dachdeckung können nach relativ kurzer Zeit schon erhebliche Folgeschäden an Sparren, Deckenbalken, Fußböden und Deckenfüllungen auftreten. Schadensbereiche sind daher sorgfältig auf irgendwelche Folgeschäden zu untersuchen (gegebenenfalls probeweises Aufnehmen der Bodenbretter, Probebohrungen).
Schadhafte oder verstopfte Dachrinnen sind häufige Schadensursache für Durchfeuchtungen im Trauf- und Wandbereich. Eine Reparatur lohnt sich nur bei geringfügigem Schadensumfang. Wenn die Rinnen erneuert werden, sollten im allgemeinen Zinkrinnen bevorzugt werden. Dabei hat sich eine Oberflächenbehandlung mit Leinölfirnis statt eines Deckanstrichs bewährt. Kunststoffrinnen sind am Altbau möglichst zu vermeiden. Bei Stroh- oder Reetbedachungen sollte auf eine Rinne gänzlich verzichtet werden. Ist dies nicht möglich, sind Holzrinnen zu verwenden (s. oben).

49 Falsche Dachrandausbildung, Durchfeuchtung der Wandfläche.

51 Sturmschäden durch fehlende Windborde.

50 Traufpunkt mit Holzrinne beim Legschindeldach.

52 Repariertes Kastengesims.

53 Wasserführung nicht im Sinne des Erfinders.

Fallbeispiele

1. Schadhaftes Biberschwanzdach

- *Großflächige Schäden treten auf, wenn regelmäßige Unterhaltung vernachlässigt wurde*
- *sind ca. 30 % der vorhandenen Ziegel schadhaft, wird Umdeckung erforderlich.*

Vorgehensweise bei Umdecken

1. Lattung auf Haltbarkeit und Nagelfestigkeit kontrollieren, nachnageln empfehlenswert.
2. Abschnittsweise vorgehen von unten nach oben, am besten ohne Zwischenlagerung.
3. An Ortgang-, Trauf-, First- und Anschlußbereichen neue Ziegel verwenden, bei Bedarf nageln, Breite der Streifen je nach Dachproportion ca. 2 bis 4 Ziegelreihen.
4. Alte Ziegel in der Fläche eindekken, eventuell mit neuen gemischt.
5. Vor Verwenden Ziegel auf intakte Oberfläche (ohne größere Risse und Absprengung) und Haltbarkeit der Nasen überprüfen.
6. Direktes Begehen der umgedeckten Dachfläche vermeiden, Dachleitern verwenden.

Vorgehensweise bei Neudeckung

1. Ist ein höherer Prozentsatz der Ziegel zerstört (vor allem bei minderwertigem Ziegelmaterial der 50er Jahre, fast nie bei Handstrichbibern), wird Neueindeckung erforderlich.
2. Vor allem bei wertvollen historischen Bauten oder bei großflächigen Dächern eine Neueindeckung unter Verwendung alten Ziegelmaterials prüfen (Bezug über Dachdecker, von Abbrüchen oder Neueindeckungen der Umgebung oder durch Kleinanzeigen u. a.).
3. Neue Materialien in Art und Oberflächenstruktur der ursprünglichen Deckung anpassen.
4. Bei stark gegliederten Dachflächen und Dächern mit Krüppelwalm kleinschuppige Deckung nicht durch großformatige Decksteine ersetzen. Sie passen sich der Dachform nicht an und erfordern durch viel Verschnitt einen hohen Arbeitsaufwand.
5. Wahl des Deckungsmaterials und der Farbe an den landschafts- und gebäudetypischen Gegebenheiten orientieren, keine engobierten Materialien verwenden.

54 Regelmäßige Unterhaltung wurde vernachlässigt – höchste Zeit!

55 Umgedecktes Biberschwanzdach mit Randeinfassung aus neuen Ziegeln.

56 Neu ist nicht immer besser.

2. Nagelfaule Lattung

Äußeres Schadensbild siehe Abbildung 57.

Ausführungshinweis
1. Überprüfen des Schadensumfangs durch ruckartiges Herunterziehen der Lattung vom Dachraum aus.
2. Großflächige Nagelfäule macht neue Einlattung und Deckung erforderlich.
3. Bei neuer Lattung Ausbauabsichten im Dachraum berücksichtigen, z. B. durch Aufbringen einer Konterlattung und eventuell eines Windschutzpapiers (Unterspannbahnen sind oft überflüssig und bewirken bei unzureichender Belüftung höhere Materialbeanspruchung und früheren Zerfall der Ziegel).
4. Für die Lattung verzinkte Nägel verwenden.
5. Deckung wie schon beschrieben.

57 Nagelfaule Lattung.

58 Umdecken erhält die lebendige Dachwirkung.

B 2.5 Geschoßdecke
1 Allgemeines

Konstruktion

Geschoßdecken sind tragende Bauteile, die neben den Außenwänden entscheidende statische Funktionen (z.B. Lastabtragung, Aussteifung) wahrnehmen. Ihr Zustand kann die Wirtschaftlichkeit von Umbau- und Erneuerungsmaßnahmen entscheidend beeinflussen.
Als raumbegrenzende Bauglieder bewirken sie eine optische, akustische, wärme- und z.T. brandschutztechnische Trennung der einzelnen Geschoßebenen.
Ihr Material ist als größte Pufferfläche des Raumes von Bedeutung für das Raumklima. Ihre Gestaltung beeinflußt entscheidend den räumlichen Charakter.
Geschoßdecken im Altbau sind in der Regel – auch bei Massivbauten – als Holzbalkendecken ausgeführt. In Einzelfällen sind auch Kappendecken (seit Ende des 19. Jahrhunderts) oder Gewölbe aus Naturstein oder Ziegel anzutreffen. Im folgenden wird nur auf Holzbalkendecken mit unterschiedlichen Füllmaterialien eingegangen. Gewölbe- und Kappendecken wurden bereits im Kap. B 2.1 „Bauteile im Erdreich“ behandelt.

Holzbalkendecken sind mehrschalige Konstruktionen. Sie bestehen aus:
- den tragenden Balken, in der Regel Nadelholz, in Einzelfällen noch Eiche
- einem Belag und Oberbelag (Fußboden)
- einer unteren Schale (Deckenverkleidung, Putz).

Gemäß dieser Untergliederung und ihren unterschiedlichen Funktionen werden Balkenlage, Fußboden und Deckenuntersicht hier getrennt behandelt.
Die Hohlräume zwischen den Balken wurden je nach Baualter und zur Verfügung stehendem Material mit Einschubprügeln aus Eiche und Stroh-Lehm-Wickeln oder einer Sand- oder Schlackeschüttung auf Einschubbret-

1 Sichtbare Balkenlage aus handgesägtem Eichenholz.

2 Verputzte Holzbalkendecke.

3 Lehmverstrich als Deckenfüllung.

tern gefüllt. Die noch häufig anzutreffenden Stroh-Lehm-Decken sind im trockenen Zustand ausgezeichnete Bauteile mit guter Schalldämmung und häufig ausreichender Wärmedämmung. Ihre raumklimatische Ausgleichswirkung ist durch Neubaudetails nicht zu erreichen. (S. Kap. B 2.2/3 „Außenwand", Fachwerk.) Die Erhaltung intakter Lehmdecken gehört deswegen zu jeder fachkundigen Instandsetzung.
Der routinemäßige Ersatz von Holzbalkendecken durch Massivdecken im Zuge totaler Entkernung des Gebäudes ist unsinnig, kostenaufwendig und degradiert Modernisierung historischer Bauten zu reiner Fassadenarchitektur. Substanzsicherung, Erneuerung oder Verstärkung defekter oder nicht ausreichend dimensionierter Teile oder Teilbereiche unter Beibehaltung der charakteristischen Konstruktion sollte immer Vorrang vor einer vermeindlich oder tatsächlich einfacheren Totalerneuerung erhalten.

4 Kappendecke zwischen Holzbalken.

Bestandsprüfung, Mängelschwerpunkte

Holzbalkendecken sind anfällig für Durchfeuchtungen. Durchfeuchtete Bereiche sind potentielle Schadsteller und Angriffspunkte für Fäulnis- und Pilzbefall. Sie müssen, soweit keine gründliche Austrocknung möglich ist, entfernt und durch trockene Bauteile ersetzt werden.
Im Rahmen der Bestandsaufnahme und vor allen Sanierungsmaßnahmen im Bereich der Decken und Fußböden sollte eine eingehende Überprüfung der tragenden Holzkonstruktion erfolgen. Die Bestandsprüfung muß folgende Punkte umfassen:

- Zustand der tragenden Balken und Auflager (Fäulnis, Schädlingsbefall, Bruchstellen, fehlende Verankerung, vor allem bei gemauerten Giebeln oder Balkendecken von Massivbauten, aber auch beim Fachwerk)
- Zustand und Tragfähigkeit des Bodenbelages und Unterbodens, evtl. vorhandenes Gefälle und/oder Auffütterungen, Schädlingsbefall, Durchfeuchtung
- Zustand der Unterdecke, Putzbeschaffenheit und -haftung, nachträgliche Verkleidungen, ursprüngliche Deckenuntersicht z. B. balkensichtiges Verputzen (vor allem in Fachwerkbauten), Reste alter Stuckdekoration, Farbbefund der ursprünglichen Decke.

Bereits aus dem Verformungsverhalten der Decke, dem Zustand von Fußboden, Deckenverkleidung und Außenhaut sind bestimmte Rückschlüsse auf vorhandene Schäden zu ziehen. In Zweifelsfällen müssen gezielte Aufschlüsse Klarheit verschaffen.

5 Untergrundvorbereitung für Balkendecke mit sichtbarer Balkenstruktur, z. B. in Nordhessen.

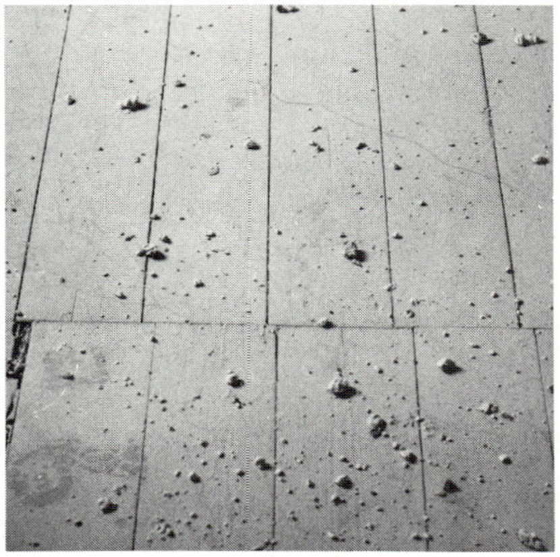

6 Alte Bodenbeläge wo möglich erhalten, Tragfähigkeit überprüfen.

7 Balkensichtig verputzte Holzbalkendecke vor der Reparatur.

Mängelschwerpunkte
- Auflagerpunkte an Außen- und Zwischenwänden sowie an den Sparrenfüßen
- Decken unter und über Feuchträumen
- Deckenbereiche unter Zapfstellen
- Deckenbereiche unter schadhaften Dachteilen oder -anschlüssen
- Deckenbereiche hinter defekten Regenrinnen und Fallrohren
- Deckenbereiche an hervorstehenden Balkenköpfen
- Fußböden und Balkenlagen über feuchten Kellerräumen
- Fußböden und Balkenlagen über nicht unterkellerten Bereichen.

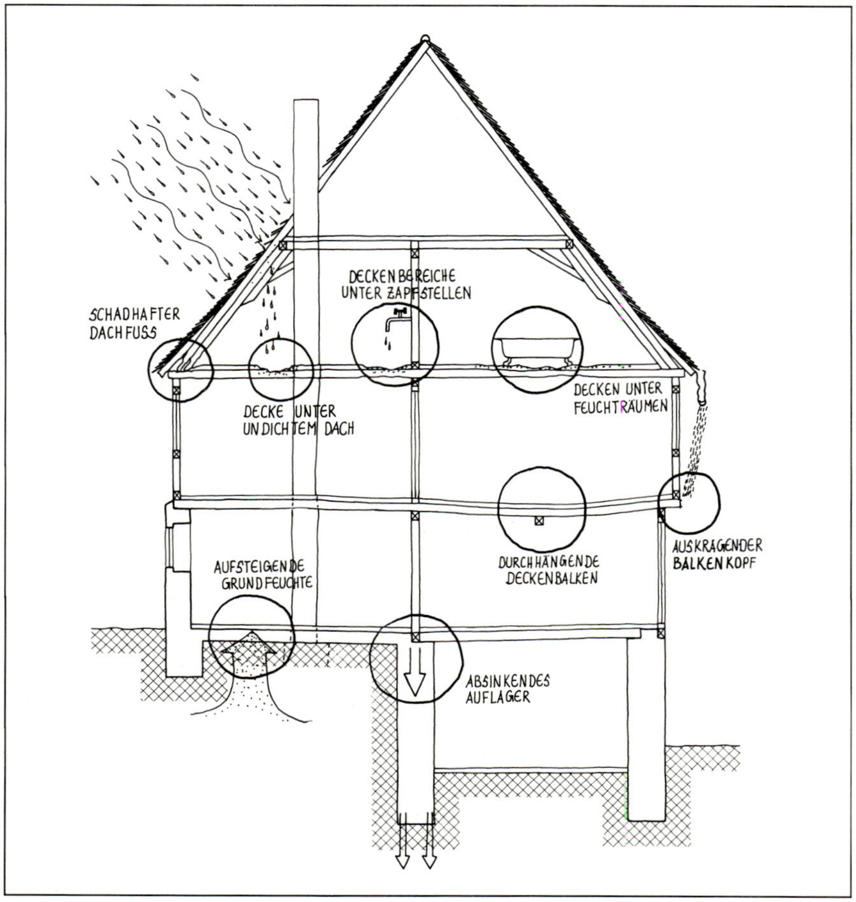

8 Mängelschwerpunkte im Bereich der Geschoßdecken und ihre Ursachen.

Raumhöhen

Raumhöhen in Altbauten weichen oft erheblich von den heutigen Normen ab. So sind bei kleineren Fachwerkhäusern und in Blockbohlenbauten häufig sehr niedrige Raumhöhen, z.T. unter 2,10 m anzutreffen; demgegenüber haben städtische Wohnhäuser und Villen teilweise Raumhöhen von mehr als 3,00 m. Veränderungen der Geschoßhöhe werden teils aus heizungstechnischen Gründen gewünscht, teils macht eine ordnungsgemäße Raumnutzung diese Maßnahmen erforderlich. Grundsätzlich erfordert die Reduzierung der Raumhöhe den geringeren handwerklichen Aufwand, das Abhängen von Decken wird häufig vom Eigentümer oder Mieter in Privatinitiative vorgenommen. Gestalterisch sind solche Maßnahmen jedoch äußerst problematisch und sollten in Wohn- und Aufenthaltsräumen nicht ohne zwingenden Grund durchgeführt werden (Anschnitte von Fensterleibungen, Veränderung der Raumproportionen, Zerstückelung von Stuckornamentik u.a.).
Eine Vergrößerung der Raumhöhe erfordert in der Regel hohen konstruktiven Aufwand und ist im allgemeinen nicht oder nicht rentabel durchführbar. Ausnahmen bilden hier evtl. Fußbodenabsenkungen in nicht unterkellerten Bereichen (Folgekosten z.B. Türen und Treppen usw. beachten! Abgrabungen nicht unter Unterkante Fundament). Gewerbliche Nutzung von Erdgeschoßbereichen kann in Altbauten evtl. durch eine mangelnde Geschoßhöhe beeinträchtigt werden, jedoch sind hier die zuständigen Stellen (Bauamt, Gewerbeaufsichtsamt usw.) in der Regel kompromißbereit, so daß bei historischer Bausubstanz

nicht unbedingt die gesetzlich geforderte Mindesthöhe von 3,0 m eingehalten werden muß. Diese Befreiungen sind jedoch rechtzeitig vor Inangriffnahme der Maßnahme mit den zuständigen Behörden abzuklären!

Brandschutz

Die im Rahmen einer Instandsetzung oder Modernisierung erforderlichen Erneuerungsmaßnahmen an Geschoßdecken werden insbesondere bei Nutzungsänderungen des Gebäudes stark von Forderungen des Brandschutzes bestimmt. Für Mehrfamilienhäuser gelten grundsätzlich die Bestimmungen der DIN 4102. Bei Einfamilienhäusern sind Ausnahmen zugelassen. Da diese Vorschriften aber ausschließlich für den Neubausektor entwickelt wurden und den speziellen Konstruktionen und Materialien im Altbaubereich keine Rechnung tragen, kommt es hier bei wörtlicher Einhaltung der Vorschriften zur unsinnigen Verstümmelung des alten Baukörpers und zur Verfälschung seines Charakters. Außerdem tragen diese Vorschriften dem speziellen Brandverhalten alter Baustoffe, z. B. Lehmziegel, Stroh-Lehm und Eichenbalken entsprechenden Querschnitts, keine Rechnung, obwohl z. T. gesicherte Erfahrungswerte vorliegen.
Grundsätzlich sollte im Rahmen des Baugesuches ein Ortstermin mit der zuständigen Behörde vereinbart werden, um am Objekt die speziellen technischen und gestalterischen Detailfragen abzuwägen. Evtl. können Vergleichsobjekte, die bereits durchgeführt wurden, aufgesucht werden. Auf diese Weise konnten die Verfasser z. B. beim Umbau eines ca. 350 Jahre alten Fachwerkhauses zum Kindergarten die historische, bemalte Balkendecke restaurieren und in Verbindung mit einem transparenten Feuerschutzanstrich sichtbar belassen.
Die Feuerwiderstandsklasse von Holzbalkendecken ist abhängig von ihrem Aufbau und den verwendeten Füllmaterialien sowie vor allem bei freiliegenden Balken vom vorhandenen Holzquerschnitt.

Als feuerhemmend (F 30) gelten z. B. die folgenden Deckenausführungen:
- Holzbalkendecke mit oberer Abdeckung aus Hobeldielen, 15 mm unterseitigem Putz und nicht brennbarer Fehlbodenauffüllung
- Lehmwickeldecken und Decken aus dicht aneinander verlegten Balken können nach Angabe der Hessischen Brandversicherungskammer feuerhemmenden Decken gleichgestellt werden, sofern sie in gutem Zustand sind.

9 Lehmwickeldecken in gutem Zustand können als feuerhemmend gelten.

Die Erfahrung hat gezeigt, daß z. B. Strohlehmdecken eine über zweistündige Brandbeanspruchung ohne nennenswerten Schaden überstanden.

Grundsätze

Die Dimensionierung tragender Deckenbalken im Altbau erfolgte früher empirisch durch den Zimmermann. Dabei werden die Lasten in der Regel über Querbalken abgetragen, die von einem oder mehreren Längsunterzügen unterstützt werden. In einer alten Baukunde von 1900 wird ein Verhältnis der Balkenhöhe zur Breite von 5:7 angegeben und als Anhaltspunkt für die Bestimmung der Balkenstärken die Regel: halbe größte Zimmertiefe in Dezimetern ≙ der Balkenhöhe in cm. Gemäß dieser Regel wurden die Deckenbalken stärker und die Unterzüge geringer dimensioniert als heute üblich. Heutige Berechnungen, die i. allg. über die Durchbiegungsbeschränkung laufen, ergeben außerdem einen Hochrechteckquerschnitt gegenüber dem historisch üblichen liegenden Rechteckquerschnitt.
Aufgrund der oben genannten Dimensionierungen weisen alte Holzbalkendecken oft erhebliche Durchbiegungen auf, die jedoch die Standsicherheit nicht gefährden, solange die zulässigen Spannungen nicht überschritten werden.
Hat sich dieser Vorgang stabilisiert und werden keine einschneidenden Lastveränderungen im Zuge des Umbaues durchgeführt, ist bei einwandfreiem Balkenzustand nicht mit einem Schaden zu rechnen.
Die Standfestigkeit einer überlieferten Konstruktion ist im allgemeinen durch ihre Existenz, ihr Baualter und die bisherige Nutzung sichergestellt. Heutige Vorschriften gehen jedoch von einer Standsicherheit gegen mögliche Überbelastungen (Sicherheitsfaktor bis zu 1,75) aus. Eine Anpassung vorhandener Holzbalkendecken an jetzt gültige Vorschriften (bei umfassenden Sanierungsmaßnahmen, bei öffentlicher Nutzung und ähnlichem) erfordert in der Regel eine Verstärkung der Konstruktion. (Siehe die einzelnen Fallbeispiele.)
Soll das Gebäude als Mehrfamilienhaus oder öffentlich genutzt werden, oder werden entscheidende Lastveränderungen vorgenommen, ist auf jeden Fall eine statische Überprüfung erforderlich.

1 Alte Holzbalkendecke mit liegendem Balkenquerschnitt.

Statik

Der statische Nachweis sollte mit möglichst großer Annäherung an das tatsächliche Tragverhalten der Decke erfolgen, z.B. durch die Berücksichtigung der elastischen Verformung der einzelnen Tragglieder.

Beispiel (entnommen aus Hofmann „Gefüge und Statik von Fachwerkhäusern" [Lit B2.5–6] – Umrechnungen in SI-Einheiten wurden eingefügt.)

„Bei einem Sanierungs- und Modernisierungsprojekt in Michelstadt/Odenwald wurde eine Holzbalkendecke vorgefunden, bei der Holzbalken b/d = 20/22 cm bei einer Haustiefe von 8,20 m durch zwei Querbalken b/d = 27/25 cm unterstützt waren.

Der statischen Berechnung liegen folgende Lastannahmen zugrunde: Eigengewicht 215 kp/m² (2,15 kN/m²), Verkehrslast 200 kp/m² (2 kN/m²). Für die Querbalken wurde die Verkehrslast gemäß DIN 1055, Blatt 2, Tabelle 1, Ziffer 3a, auf 150 kp/m² (1,5 kN/m²) reduziert. Das größte in den Deckenbalken auftretende Biegemoment ist jeweils das Stützmoment mit
$M_B = -230$ *kpm (–2300 Nm)*
während die Unterzugsbalken durch ein Biegemoment von
$M_B = 3950$ *kpm (39500 Nm)*
belastet werden. Die Biegespannungen betragen dementsprechend in den Deckenbalken
$\sigma = \pm 17{,}3$ *kp/cm² (± 173 N/cm²) < 100*
in den Unterzügen
$\sigma = \pm 140{,}4$ *kp/cm² (± 1,404 kN/cm²) > 100*

Die Deckenbalken scheinen stark überdimensioniert, während die beiden Querbalken erheblich unterdimensioniert wären. Werden bei der statischen Berechnung jedoch die elastischen Verformungen berücksichtigt, ergibt sich ein völlig anderes Bild.
Das maximale Biegemoment in den Deckenbalken wird
M_B = + 830 kpm (+ 8300 Nm)
und in den Unterzügen
M_B = + 2808 kpm (+ 28080 Nm)
dementsprechend die Biegespannungen in den Deckenbalken
σ = 62,3 kp/cm² (623 N/cm²) < 100
und in den Unterzügen
σ = ± 99,8 kp/cm² (998 N/cm²) ~ 100
Die maximale Durchbiegung beträgt
f = 2,64 cm < l/300.
Somit wurde mit nicht unerheblichem Aufwand die Standsicherheit der vorhandenen Deckenkonstruktion auch nach den heute gültigen Vorschriften nachgewiesen."

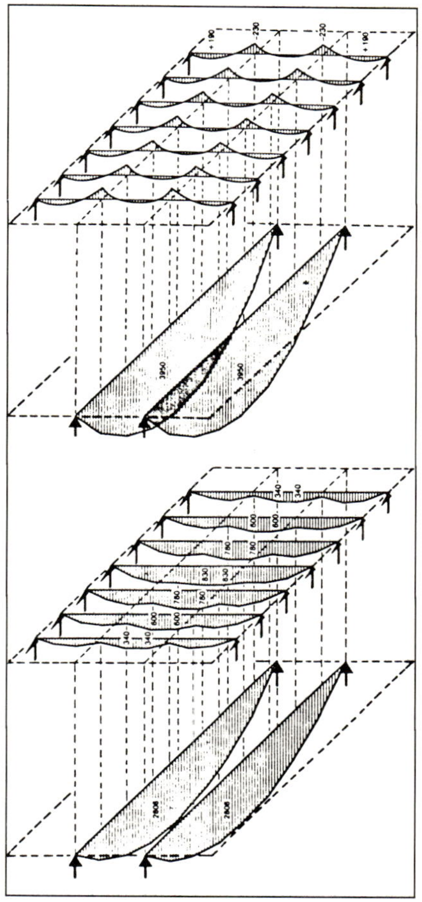

2 Momentenverlauf Holzbalkendecke – oben ohne, unten mit Berücksichtigung der elastischen Verformung.

3 Maueranker zur kraftschlüssigen Verbindung von Holzbalkendecken.

Bei Mauerwerksgebäuden mit Fachwerkinnenwänden und Holzbalkendecken muß der fehlende, queraussteifende Mauerverbund durch Deckenbalkenlage und eventuell vorhandene Querwände aufgenommen werden. Zur kraftschlüssigen Verbindung werden Maueranker eingesetzt. Bei Wänden parallel zur Balkenrichtung muß diese Verankerung immer über mehrere Balkenfelder erfolgen.

Bestandsüberprüfung

Vorgehensweise

1. Spannrichtung und Balkenlage der Decke genau feststellen.
2. Zustand der Auflagerpunkte überprüfen.
3. Potentielle Schadstellen lokalisieren (Absenkung, Feuchtstellen usw.).
4. Bestandsüberprüfung durch gezielte Aufschlüsse. Ergebnisse raumweise in Bestandsplan oder Bestandsraumbuch vermerken.
5. Beurteilen erforderlicher Maßnahmen evtl. unter Hinzuziehen des Statikers.

Hauptgefahrenquellen

1. Eindringende Feuchtigkeit im Bereich schadhafter Außenwände, unter undichter Dachdeckung und an schadhaften Anschlüssen sowie unter defekten Regenrinnen und an schadhaften Fallrohren.
2. Eindringen der Feuchtigkeit während der Bauzeit (mangelhafte Sicherung von offenen Dachbereichen, Fensteröffnungen, Fassadenbereichen), Lehmfelder schützen!
3. Aufsteigende Feuchtigkeit besonders in der Spritzwasserzone in Wänden ohne Horizontalisolierung sowie

4 Eindringende Feuchtigkeit führt zum Herunterbrechen der Lehmfelder.

bei Balkenlagen über feuchten Kellern und nicht unterkellerten Bereichen.
4. Durchfeuchtung bei fehlender oder falsch hergestellter Feuchtigkeitssperre in Böden von Feuchträumen sowie unter Zapfstellen.
5. Durchfeuchtung bei Undichtigkeiten an Wasserleitungen und Entwässerungen (Frostschäden!).
6. Ungenügende Durchlüftung durch dampfbremsende Verkleidungen und/ oder Bodenbeläge.
7. Mangelhafte oder beschädigte Verankerung zwischen Außenwänden und Deckenbalkenlage z. B. durch defekte Maueranker.
8. Absenkung von Auflagern infolge Fundamentabsenkung durch unterschiedliche Baugrundsetzungen, Grundwasserabsenkung usw. (s. auch Kap. B 2.1 „Bauteile im Erdreich").
9. Fehlende Zugverankerungen durch falsch angebrachte oder ungenügend abgesicherte Deckendurchbrüche im Zuge der Baumaßnahme bzw. frühere Treppeneinbauten.
10. Krasse Lastveränderungen z. B. durch Einbringen zusätzlicher Einzellasten.
11. Befall durch holzzerstörende Insekten (z. B. Hausbock, Klopfkäfer, s. Kap. B 3.2 „Holzschutz").

5 Gebrochener Unterzug.

6 Deckenuntersicht mit Eichenprügeleinschub.

Grundsätze

Schäden an Tragwerk und Deckenfüllungen von Holzbalkendecken lassen sich zu folgenden Hauptgruppen zusammenfassen:
- Feuchtigkeitsschäden
Folge: Fäulnis und/oder Pilzbefall, Hausschwamm
- statische Schäden durch Überlastung
- Folgeschäden bei Mängeln an der Unterkonstruktion
- Schäden durch mangelhafte Verankerungen zwischen Deckelbalken und Außenwänden bzw. Dachstuhl
- Folgeschäden falscher baulicher Eingriffe in das Traggefüge
- Insektenbefall, Schadensumfang je nach Befallgrad und -dauer sowie befallener Holzart.

Die Tragfähigkeit der Deckenkonstruktion ist grundsätzlich vor jeder Erneuerungsmaßnahme an Decken und Fußböden sicherzustellen. Der einwandfreie Zustand von Auflager und Verankerungen ist Voraussetzung für schadensfreie Lastableitung. Gerade hier liegen jedoch die Schwerpunkte der auftretenden Schäden, z.B. bei Mauerwerksauflagern fehlt in der Regel jegliche Horizontalisolierung. Aufsteigende und durch die Wand schlagende Feuchtigkeit führt so zur Fäulnisbildung mit den bekannten Folgeschäden. Hier gilt, wie schon in anderen Bereichen, die Regel, daß vor einer Totalerneuerung der bestehenden Decke sämtliche Möglichkeiten der Balkenverstärkung, des teilweisen Ersatzes oder der Verfestigung durch Epoxydharz überprüft werden sollten.

7 Großflächige Zerstörung vorhandenen Parkettbodens bei der Reparatur des Tragwerks.

Regel: Erhalten und Reparieren. Diese Teilmaßnahmen sind nicht nur kostengünstiger, sondern erhalten auch eventuell bestehende Unterdecken oder Fußböden weitgehend. Ebenso ist das Entfernen vorhandener Deckenfüllungen meistens unnötig und verursacht erhebliche zusätzliche Kosten.
Werden intakte Strohlehmdecken entfernt, so ist mit modernen Baumaterialien und erheblichem Kostenaufwand nur eine schlechtere Lösung wieder herzustellen. Grundsätzlich sollte als Füllmaterial nur absolut trockenes Material Verwendung finden, Feuchtigkeitseinflüsse jeglicher Art müssen vermieden werden.

Schadensfeststellung

Vorgehensweise
- Lokalisieren des Schadensbereichs und vermutliche Abgrenzung
- Ausbau der Dielung über einem oder mehreren Balkenköpfen und/oder Entfernung der Unterdecke
- punktuelles Entfernen des Füllmaterials bis zum Einschub
- Zerstörungsgrad an Balkeneinschub und Auflager feststellen
- verbleibenden, tragfähigen Querschnitt der Holzbalken eventuell durch Abbeilen feststellen
- erforderliche Maßnahmen bestimmen: Verstärkung, Ersatz, Auswechslung (eventuell in Rücksprache mit dem Statiker)
- Zustand der Verankerung überprüfen
- Zerstörungsursachen klären (eventuell erforderliche Maßnahmen an der Außenfassade, Dach, Regenwasserableitung usw.)
- bei Hinweis auf Schwammbefall unbedingt Fachfirma zuziehen (Gutachten über Schadensumfang und Kosten der Beseitigung)
- Erneuerungsbereich genau abgrenzen, eventuell durch zusätzliche Aufschlüsse.

Fallbeispiele

1. Reparatur Deckenbalken Auflagerbereich

8 Zerstörter Fußbodenbelag und verfaulter Eckschifter durch eindringende Feuchtigkeit.

Vorgehensweise
1. Vor Arbeitsbeginn Schadensbereich genau abgrenzen, Zerstörungsgrad und angemessene Maßnahmen festlegen.
2. Eventuell unterfangen.
3. Balkenquerschnitt nicht reparieren oder verändern, ohne seine Gesamttragfähigkeit durch weiteres Freilegen des Arbeitsfeldes sicherzustellen.
4. Auflagerlöcher im Mauerwerk nicht unnötig vergrößern, anschließend beimauern (u. a. bei Bruchstein statische Gefährdung der Außenwand).
5. Bei mangelnder Tragfähigkeit nur eines Auflagers die Möglichkeit zur Anbringung eines Wechsels überprüfen.
6. Keine Reparatur ohne Beseitigung der Schadensursache!

Tabelle nach Braun: Erforderliche Verstärkung bei Beschädigung der vorhandenen Holzbalken (Lit B 2.5–2)

	Fall	Beschädigungslänge in cm	Schwächung in cm		erforderliche Verstärkung
			seitlich	ober-/unterseitig	
Position 1 Auflagerbereich	1	bis 40 cm	≤9	≤9	keine
	2	bis 40 cm	größer >9	größer >9	2 Laschen 8/20
	3	größer 40 cm	wie Feldbereich		siehe Fall 4–6
Position 2 Feldbereich	4		≤4	≤2	keine
	5		≤8	≤5	2 Laschen 8/20
	6		größer >8	größer >5	2 Laschen 10/26

9 Neue Deckenbalkenauflage durch Metallwinkellaschen.

10 Überbrückung des Unterzugstoßes an der Reparaturstelle.

2. Reparatur Deckenbalken Feldbereich

Häufiger Schaden z.B. durch Feuchtigkeitseinwirkung (Zapfstellen, defekter Dachbelag) oder Lastveränderungen durch Auflagerabsenkung (Bruch).

Vorgehensweise
1. Bei lokal begrenzter Zerstörung durch Balkenverstärkung aus Holz oder Stahlprofilen ausgleichen.
2. Wahl der Konstruktion je nach Balkenzustand und baulichen Gegebenheiten (z.B. sichtbare Balkenlage).
3. Ausreichende Laschenlänge beachten! (S. Tabelle Seite 216)

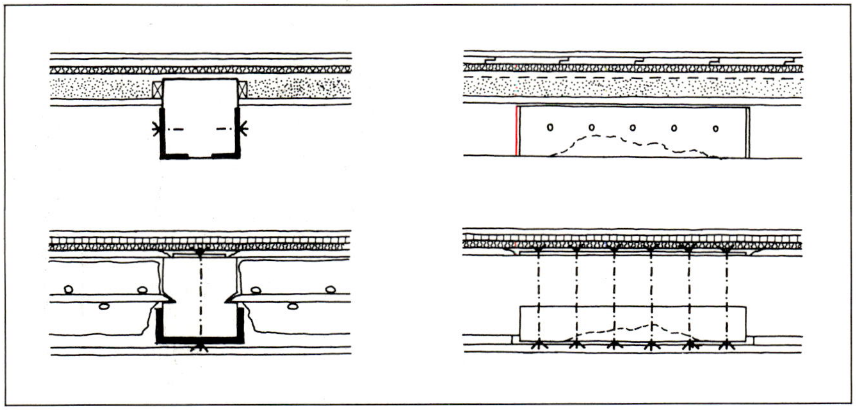

11 Verstärkung von Balkenschwachstellen im Feldbereich.

3. Reparatur Maueranker

Bei Mauerwerksgebäuden mit Fachwerkinnenwänden oder bei gemauerten Giebeln für kraftschlüssigen Anschluß alle Anker im unversehrten Zustand unbedingt erforderlich (Zug-Druck-Verankerung).

Vorgehensweise
1. Abgerostete, verbogene oder sonst nicht mehr funktionsfähige Teile richten und neu verschrauben.
2. Fehlende Anker ersetzen.
3. Verankerungslänge bei Bedarf vergrößern.

12 Maueranker in Klinkerfassade.

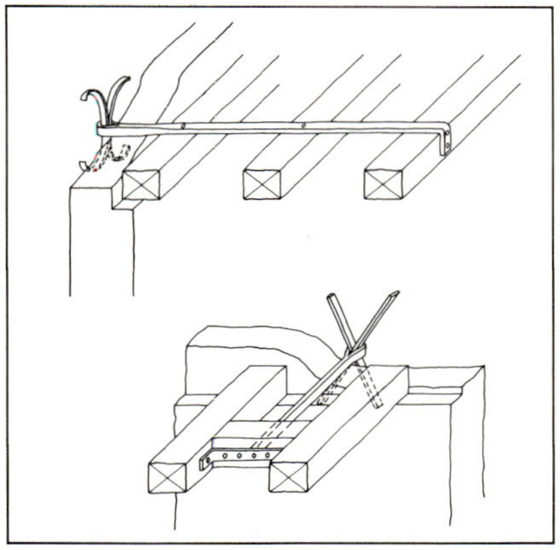

13 Maueranker in Massivwand bei Balkenlage parallel zur Wand und rechtwinklig zur Wand.

4. Zerstörter Balkenkopf – Dachfußbereich

- *Häufiger Schaden unter defektem Dachbelag oder ungenügend durchlüftetem Dachfußbereich*
- *besonders bei Sparrendächern Gefahr des Abrutschens der Sparren (fehlende Zugverankerung)*
- *In ausgebauten Dachbereichen nur durch gezielte Aufschlüsse festzustellen.*

Vorgehensweise
1. Freilegen der gesamten Schadensstelle erforderlich.
2. Abbeilen des Holzes bis zum gesunden, tragfähigen Querschnitt.
3. Wiederherstellen der zugfesten Verankerung durch Metallaschen, Holzlaschen oder Epoxydharzausbesserung. (S. auch Kap. B 2.4/2.3)

14 Zerstörter Balkenkopf, Gefahr des Abrutschens der Sparren.

5. Auswechseln defekter Deckenfelder

15 Defektes Deckenfeld.

Vorgehensweise

1. Feuchte bzw. lose Bestandteile von Balken und Füllung entfernen.
2. Tragfähigkeit des Restquerschnitts und Einschubs überprüfen.
3. Herstellen einer neuen Füllung mit Einschubbrettern auf neuer Lattung. Nichtbrennbare Füllmaterialien verwenden, auch auf der Baustelle anfallenden reinen Ziegelschutt.
4. Nur trockenes Füllmaterial verwenden!
5. Alle neu eingebrachten Holzteile gegen Schädlingsbefall und Pilzbefall imprägnieren.

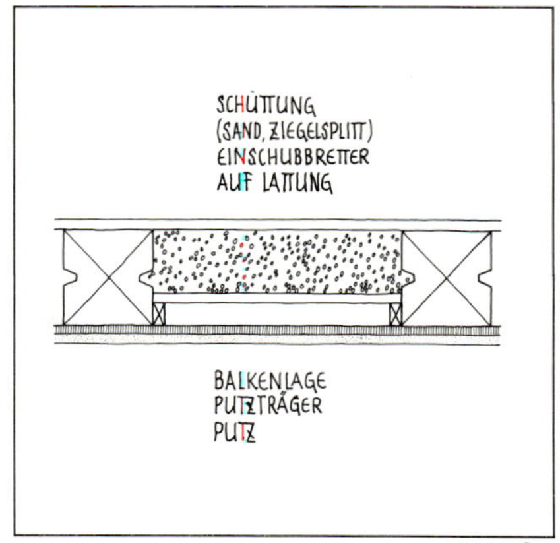

16 Deckenaufbau mit neuem Einschub auf Lattung.

6. Verstärkung Holzbalkendecke

Möglichkeiten

- *Verstärken des Unterzugs durch zweiten Holzbalken. Verbindung mittels Einpreßdübeln und Schraubenbolzen bzw. Hartholzknaggen*
- *Verbessern der Lastverteilung durch Einziehen zusätzlicher Deckenbalken oder Stahlträger*
- *Verkürzen der Spannweite durch Einziehen eines oder mehrerer zusätzlicher Unterzüge oder tragender Querwand (Zusätzliche Auflagermöglichkeiten erforderlich, zum Beispiel durch Pfosten vor der Wand. Lastabtragung bis zum Erdreich sicherstellen, eventuell neue Fundamentierung erforderlich.)*
- *Flächentragwirkung herstellen durch Verschrauben der einzelnen Balken mit dem Unterzug.*

Ausführungshinweise

1. Neue Verbindungen immer kraftschlüssig herstellen.
2. Folgearbeiten wie z. B. Wiederherstellen von zerstörtem Oberboden und/oder Unterdecke einkalkulieren.

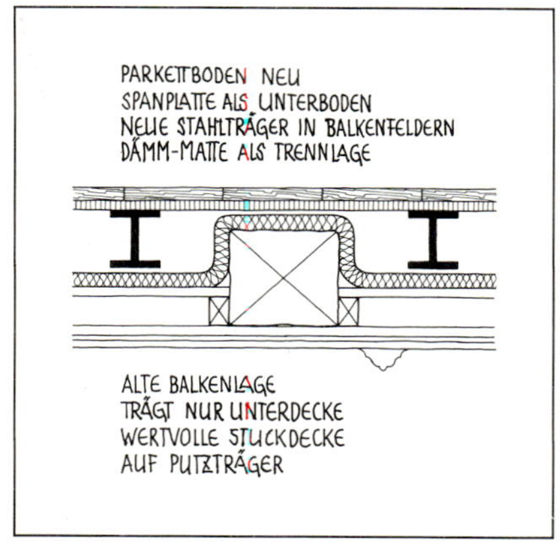

19 Einziehen einer neuen Stahlträgerdecke. Alte Balkenlage mit wertvoller Stuckdecke wird belassen.

17 Verstärkung der alten Balkenlage durch Holzzangen.

18 Entlastung des Deckenbalkens, Aufhängung am Überzug.

20 Zusätzlicher Unterzug mit neuer Stütze und Kopfband.

Grundsätze Bauliche Veränderungen am Tragwerk setzen die genaue Bestandsaufnahme aller lastableitenden und versteifenden Funktionen voraus. Die Hauptbeanspruchung der Balken erfolgt dabei auf Durchbiegung (Lastaufnahme) und Zug (Verankerung der Wandscheiben, Lastableitung aus den Sparren). Um die einwandfreie Lastableitung zu gewährleisten, muß die Kraftschlüssigkeit aller Verbindungen sichergestellt sein. Dies ist besonders bei der Planung von neuen und der Untersuchung alter Deckendurchbrüche zu beachten. Hier müssen, um Zugverankerung zwischen Deckenbalken und Außenwand bzw. Dach sicherzustellen, entsprechende Auswechselungen vorgenommen werden.
Deckendurchbrüche, z. B. für Treppen, sollten so gewählt werden, daß möglichst wenige Deckenbalken unterbrochen werden müssen.
Vor dem Einbringen zusätzlicher, ursprünglich nicht vorgesehener Belastungen ist die Tragfähigkeit und der bauliche Zustand der Decke zu überprüfen. Gegebenenfalls sind Verstärkungen durch zusätzliche Unterzüge bzw. Unterzugaufdoppelung, Entlastung der Deckenbalkenlage durch zusätzlich eingelegte Balken, Stahlträger oder Überzüge vorzusehen.

Bei baulichen Veränderungen am Tragwerk von Geschoßdecken ist zu unterscheiden zwischen:
1. „Historischen" Veränderungen, die im Laufe der Zeit in den Gebäuden vorgenommen wurden. Hierbei wurden häufig ohne Rücksicht auf die Tragwirkung der einzelnen Bauglieder ganze Deckenbereiche entfernt, z. B. zum Vergrößern der Geschoßhöhe bzw. zum Einziehen von Treppen. Unsachgemäß durchgeführte Maßnahmen dieser Art gefährden die gesamte Tragkonstruktion, Verformungen bis zur Einsturzgefahr können die Folge sein.

21 Schließen eines Treppenloches, Wiederherstellen der Zugverankerung.

2. Geplanten Veränderungen im Zuge einer umfassenden Gebäudesanierung.
Voraussetzung für eine schadensfreie Maßnahme sind sorgfältige Bestandsaufnahme sowie Sicherstellen von Lastabtragung und Aussteifung evtl. durch ergänzende Maßnahmen.

Fallbeispiele

1. Treppenauswechslung

Arbeitshinweise

1. Auswechslungen in Holzbalkendecken sorgfältig vornehmen, insbesondere bei Fachwerkbauten. Hier haben die Deckenbalken auch die Aufgabe, horizontale Verformungen an der Fassade zu vermeiden.
2. Zug- und Druckkräfte müssen von den Deckenbalken aufgenommen und schadensfrei abgeleitet werden können. Bei Entfernung eines Balkenteils verbleibenden Balkenteil kraftschlüssig verankern.
3. Unterzüge dürfen in der Regel nicht unterbrochen werden. Im Einzelfall können sie versetzt werden.
4. Bei Auswechslung über mehrere Balkenfelder ist eine Zug- und Druckverankerung am Wechsel mittels Holzklammern in der Regel nicht ausreichend. Umlaufende Bandeisen oder Kopfschrauben sind zu empfehlen.

Diese Regeln gelten sinngemäß für Kamin- und sonstige Auswechslungen.

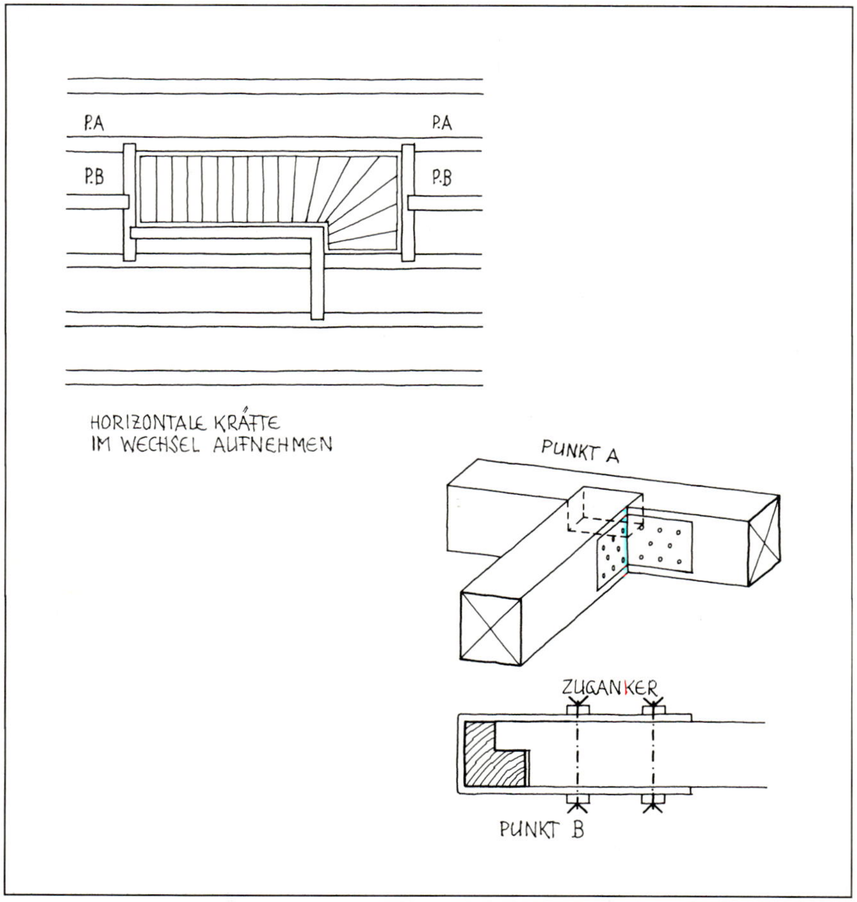

22 Treppenwechsel korrekt eingebracht. Achtung, Zugkräfte müssen aufgenommen werden!

2. Einziehen einer neuen Decke

23 Einziehen einer neuen Decke bei stark zerstörter Balkenlage.

Aufwendig! Nur bei stark fortgeschrittener Zerstörung der Balkenlage.

Ausführungshinweise

1. Komplette Erneuerung des Gesamtaufbaus notwendig.
2. Querschnittsveränderungen (Statik) einkalkulieren (Wandanschlüsse, Raumhöhe, Auflagerlöcher im Mauerwerk usw.).
3. Erforderliche Auflagertiefe = Balkenhöhe.
4. Arbeitsraum zum Einführen des Balkens, Tiefe = 2 × Balkenhöhe möglichst an Innenwänden, um eine Beschädigung der Fassade zu vermeiden.
5. Ausreichende Verankerung mit den Außenwänden wiederherstellen.
6. Anforderungen an Schallschutz und Wärmeschutz berücksichtigen, bringt evtl. zusätzliche Aufbauhöhen (s. Kap. B3.1 „Wärmeschutz").

Bestand

Fußböden historischer Bauten sind – je nach Baualter – häufig nicht mehr im Originalzustand erhalten. Ursprünglich waren Lehmstampfböden (in Kellern und Küchenbereichen im Erdgeschoß), Dielung bei Holzbalkendecken oder auf Rahmenschenkeln in Sand sowie Steinplattenbeläge in nicht unterkellerten Bereichen und über Gewölben die Regel. Heute trifft man vor allem Holzdielenböden unterschiedlichen Alters und unterschiedlicher Breite mit gestrichener oder gewachster Oberfläche sowie Parkettböden und Plattenbeläge an.

- Vor Baubeginn alle erhaltenswerten Fußbodenbereiche sorgfältig durch Abdecken vor Beschädigung schützen
- jegliche Durchfeuchtung während der Bauzeit unbedingt vermeiden! (Sicherungsmaßnahmen gegen eindringendes Regenwasser an Dach und Fenstern, Wasserzapfstellen für die Bauzeit möglichst außerhalb des Gebäudes.)

1 Durch Unachtsamkeit während der Bauzeit zerstörter Bodenbelag.

Grundregeln

- Vor Erneuerung grundsätzlich Bestand überprüfen, eventuell nur Teilbereiche erneuern
- starke Höhendifferenzen nur raumweise ausgleichen, Verringerung der Brüstungshöhe beachten
- alte Dielenbeläge in gutem Zustand belassen, nachnageln, eventuell abschleifen
- bei vorhandenen Holzböden nur diffusionsfähige Oberbeläge verwenden
- trockene Fußbodenaufbauten auf Holzbalkendecke bevorzugen
- beim Verlegen von Spanplatten sowie Trockenestrich-Verbundelementen wird die Durchlüftung nach oben wesentlich reduziert, auf ausreichenden Abstand zur Wand achten (mindestens 15 mm), keine Feuchtigkeitseinflüsse, keine absperrende Verkleidung oder Anstriche auf der Deckenunterseite.

Bei der Behandlung von Fußböden ist zu unterscheiden zwischen Unterboden und Gehbelag. Der Umfang erforderlicher Sanierungsarbeiten wird maßgebend bestimmt vom Zustand der Unterkonstruktion sowie schalltechnischen Anforderungen an die Gesamtkonstruktion. Die einfachste Lösung stellt eine Ausbesserung des vorhandenen Bodens gegebenenfalls mit Abschleifen oder neuem Anstrich dar. Schon das Aufbringen von Bahnenbelägen direkt auf Dielenböden stößt jedoch auf Schwierigkeiten, da diese sich im Gehbelag abzeichnen.

Unterboden, Gefälleausgleich

Beim Neuaufbau des Fußbodens können zum Gefälleausgleich zusätzliche Unterkonstruktionen erforderlich werden. Hier haben sich Aufbauten auf Schüttungen aus Naturkork oder anorganischen trockenen Schüttmaterialien sowie Trittschalldämmplatten bewährt und sind Unterkeilungen vorzuziehen (mangelnde Stabilität bei größeren Höhendifferenzen, Knarrgeräusche). Bei ausreichender Höhe können diese Schüttungen auch neu verlegte Rohrleitungen und Elektrokabel aufnehmen. Grundsätzlich sollte ein Gefälleausgleich im Altbau höchstens raumweise erfolgen, bei größeren Räumen sollte auch ein geringes Gefälle innerhalb des Raumes in Kauf genommen werden.

Für die Auswahl des Unterbodens mit und ohne Trittschalldämmung kommen folgende Materialien in Frage:
Spanplatten auf Lagerhölzern oder Schüttung. (Keine formaldehydgebundenen Platten verwenden, schädliche Ausdünstungen!)
Holzdielen, Nut und Feder, Materialstärke je nach Balkenabstand, mindestens 24 mm.

2 Unterboden aus magnesitgebundenen Spanplatten mit Trittschalldämmung.

Ziegeltrockenestrichplatten auf Schüttung.
Gußasphaltestrich auf Schüttung.
Zementestrich (nur für Fußböden gegen Erdreich und kleinflächig bei Fußböden von Feuchträumen verwenden).
Trockenestrichplatten aus Gips (auch als Verbundelemente mit Wärmedämmung).

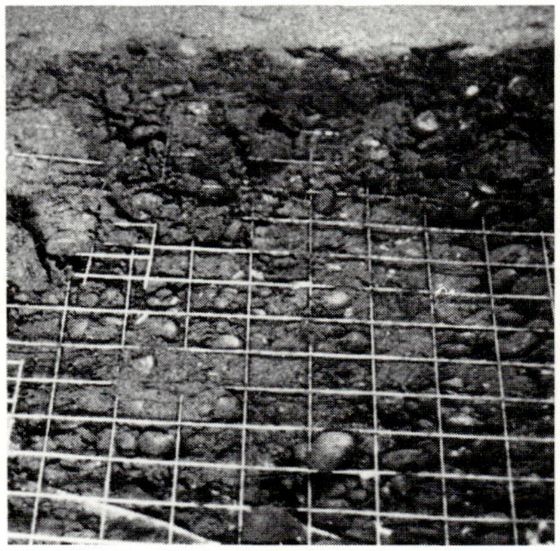

3 Armierter Estrich als Unterboden für Feuchträume.

4 Linoleumbelag auf Gußasphalt.

Bodenbelag

Für die Auswahl des Oberbelags sind die folgenden Faktoren entscheidend:

- Eignung auf vorhandener Unterkonstruktion (Unebenheiten, Durchlüftung usw.)
- ausreichende Trittschalldämmung und geringe Wärmeableitung
- geringer Pflegeaufwand
- ausreichender Verschleißwiderstand entsprechend der vorgesehenen Nutzung.

Neue Holzdielen sind meist künstlich getrocknet und nicht ausreichend gelagert. Mit starkem Arbeiten des Holzes muß gerechnet werden. Falls möglich, Dielen längere Zeit lose gesetzt in beheiztem Raum lagern.

5 Bodenbelag aus Kieferndielen, Trittschalldämmung durch Weichfaserplattenstreifen auf den Balken, Verarbeitung nach ausreichender Trocknungszeit des Holzes.

Fallbeispiele

1. Wiederherstellen alten Dielenbelags

- *Als Unterboden für neuen Bahnenbelag oder Anstrich kostengünstigste Lösung*
- *Abschleifen des alten Belags, Ausspänen und Wachsen optisch gut, jedoch relativ kostenaufwendig; lohnend v.a. bei breiten Dielenbrettern in gutem Zustand.*

6 Alte Holzdielen abgeschliffen und ausgespänt.

Arbeitshinweise
1. Alten Dielenbelag immer nachnageln.
2. Fehlende oder schadhafte Bereiche (z.B. Ofenstandorte usw.) mit vorhandenen alten Dielenbrettern ergänzen. Ausspänen der Fugen.
3. Schleifen nur mit Spezialmaschine quer zum Faserverlauf (ausgleichen grober Unebenheiten). Vorher Nägel versenken.

2. Gefälleausgleich

Arbeitshinweise
1. Schadhafte Dielung entfernen.
2. Montage von Kabeln oder Wasserleitungen auf vorhandenen Rohboden.
3. Ausgleichsschüttungen vollflächig aufbringen mit voller Überdeckung der Leitungen. Bituminöse Schüttungen verdichten gut, aber Folie für Geruchsabschluß erforderlich.
4. Verlegen von Trockenestrichplatten (Ziegel, Gipskarton, Spanplatten) auf druckverteilender Weichfaserplatte.
5. Bei größeren Höhendifferenzen raumweise arbeiten, eventuell geringes Gefälle belassen.
6. Aufdoppeln von Holzbalken nur bei geringen Niveauunterschieden, Gefahr des Lockerns der Schrauben.
7. Veränderte Anschlußhöhen bei Fensterbrüstungen (Mindesthöhe!) und Türen beachten (Einbau von Schwellen). Zusatzarbeiten erforderlich.

7 Neuer Bodenbelag Teppichboden auf Spanplatten und Trittschalldämmung.

3. Fußbodenabdichtung gegen Erdreich

Vorhandene Fußbodenbeläge in nicht unterkellerten Bereichen ohne Wärmedämmung und Feuchtigkeitssperre.

Arbeitshinweise
1. Bei Belagserneuerung kompletter Neuaufbau mit Feuchtigkeitssperre und Dämmschicht zu empfehlen.
2. Erforderliche Auskofferung ca. 30 cm, bei gewünschter Fußbodenabsenkung eventuell mehr, nie unter Unterkante Fundament!
3. Zur Verringerung der Wärmeableitung ca. 4 cm unverrottbare Dämmung vorsehen.

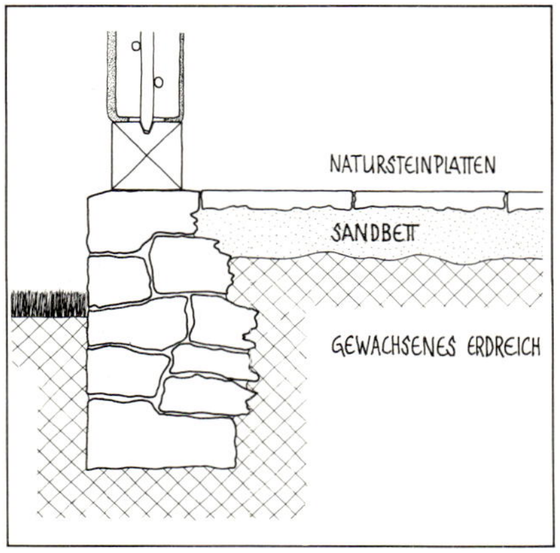

8 Alter Natursteinboden in nicht unterkellerten Bereichen.

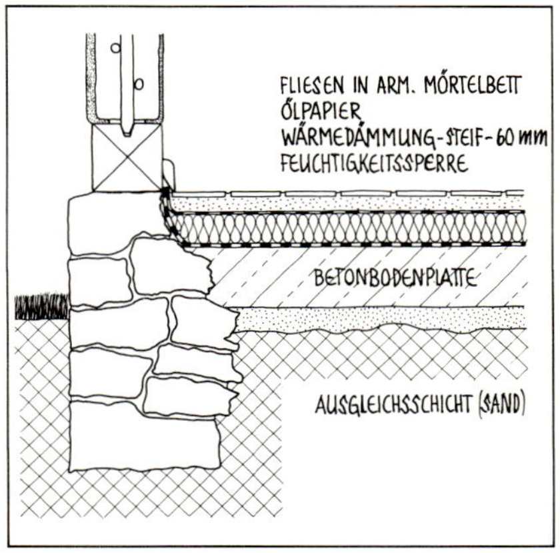

9 Fußbodenerneuerung mit Wärmedämmung und Feuchtigkeitssperre auf Unterbeton aus Leka/Kalkmörtel.

4. Schalltechnische Verbesserungen

- *Übertragung von Luft- und Trittschall in erster Linie vom Fußboden über die Holzbalken zur unteren Putzschale*
- *Fußboden und Unterschale im allgemeinen fest mit den Balken verbunden*
- *bei Balkenquerschnitten bis 16 × 22 cm wird kein ausreichender Schallschutz erreicht.*

Vorgehensweise

1. Trennung von Balken und Fußboden und/oder Balken und Unterdekke.
2. Dämmstreifen zwischen Fußbodenauflager und Deckenbalken einfügen.
3. Erhöhte Luft- und Trittschalldämmung durch Dämmschicht zwischen Gehschicht und Decke (Prinzip: schwimmender Estrich).
4. Schallbrücken z.B. an den Wandanschlüssen vermeiden.
5. Trittschallminderung durch weichfedernde Deckenbeläge (Teppichböden, Kork, Linoleum, Filzunterlagen, Korkplatten u.a.).
6. Erreichbares Schalldämmaß LSM bei schwerer Füllung durch Trennung von Balken und Fußboden ≥ 0 dB.

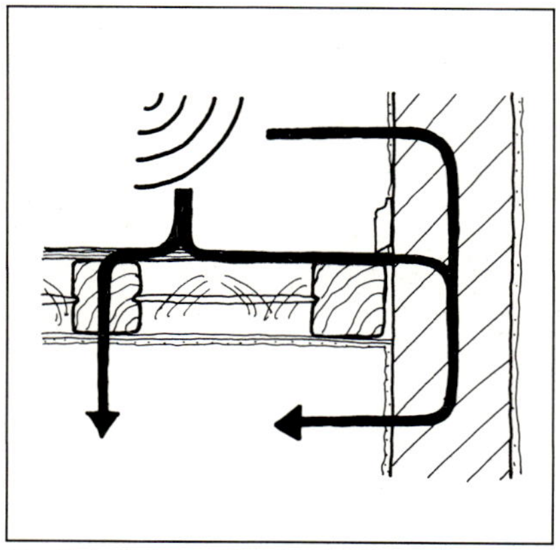

10 Schalleitung über Deckenbalken und Wände.

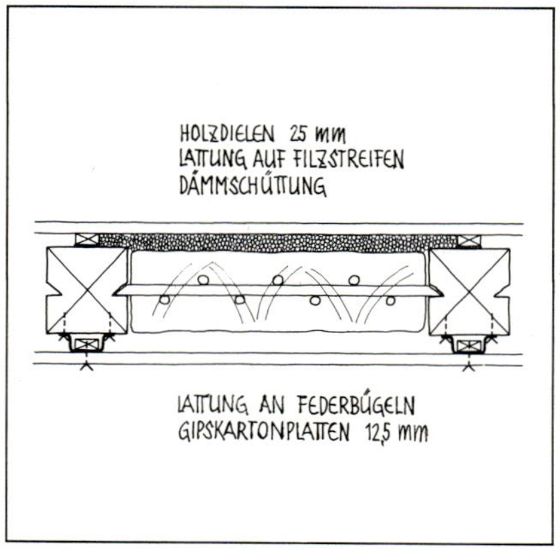

11 Schalltechnische Verbesserung einer Lehmdecke.

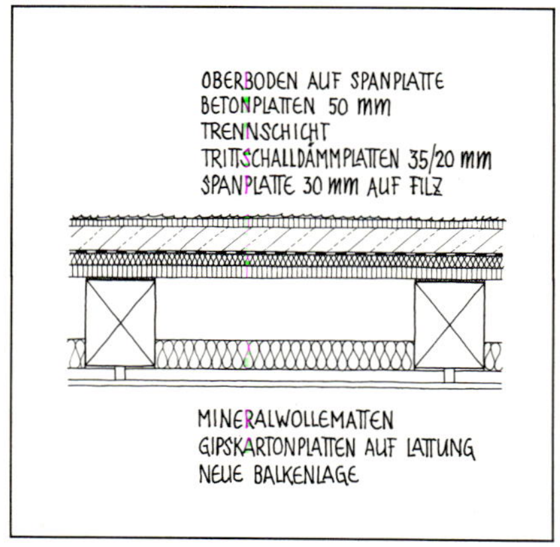

12 Erhöhte Luft- und Trittschalldämmung bei erneuerter Holzbalkendecke.

5. Schwimmender Estrich – Gußasphalt

Arbeitshinweise

1. Erforderliche Aufbauhöhe mindestens 5 cm über OK Balken.
2. Verlegen auf Gefälleausgleichsschüttung möglich.
3. Kostspieligere Lösung mit guten, schalldämmenden Eigenschaften, für Wohnungsbau (Mehrfamilienhäuser) zu empfehlen.
4. Verhindert die Durchlüftung der Balkenlage.
5. Alten Bodenbelag (Dielen) unbedingt vorher entfernen, auf diffusionsfähige Unterdecke achten.

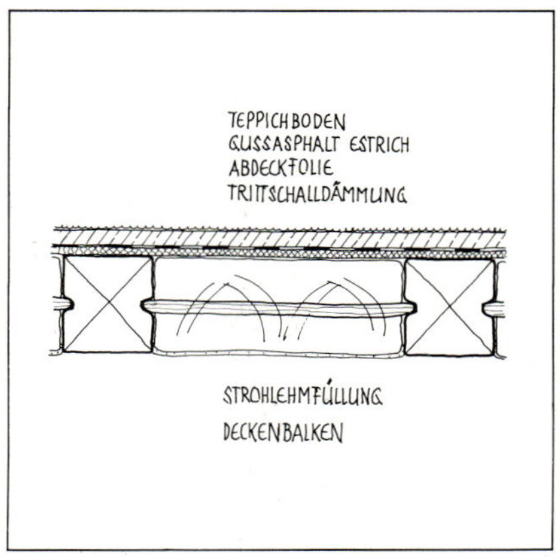

13 Trittschalldämmender Fußbodenaufbau mit Gußasphaltestrich.

6. Fußboden in Feuchträumen

14 Alter Fußboden in Feuchtraum, ungenügend abisoliert.

15 Neuer Einschub in alter Balkenlage.

17 Einbringen eines armierten Estrichs auf Folie und Trittschalldämmung.

Arbeitshinweise

1. Deckenbalken und Füllung vor Einbringen unbedingt mit Feuchtigkeitssperre versehen (Folie, Ölpapier, Bitumenpapier mit mindestens 20 cm Überlappung am Stoß).

2. Estrich immer schwimmend verlegen, durchstoßende Rohrleitung usw. sorgfältig ummanteln.

3. Installationsleitungen innerhalb der Dämmschicht durch hochwirksame Dämmstreifen abdecken.

4. Dämmschicht lückenlos mit einlagiger Abdichtung mit verklebten Stößen abdecken. Abdichtung im Randbereich 15 cm über OK Belag hochführen.

5. Bei Feuchträumen über Holzbalkendecken vorzugsweise Fliesenverlegung im Dünnbettverfahren auf mindestens 2 mm starker wasserdichter Spachtelung incl. Randstreifen, um Eindringen des Wassers in den Estrich zu vermeiden.

6. Wasserfest verleimte Spanplatten als Unterboden in Feuchträumen nur bedingt geeignet, Federn führt zu Rissen im Belag, nur mit wasserdichtem Belag verwenden. Randausbildung analog Dichtungsbahn unter Estrich.

7. Detailzeichnung s. Kap. B2.8/2.

16 Deckenfüllung aus Ziegelschutt und Kalkresten.

18 Plattenbelag auf Zementestrich und Folie.

19 Fliesenverlegung auf wasserfest verleimter Spanplatte über Holzbalkendecke. (Für Küche und Diele gut geeignet, nicht in Bädern.)

Bestand

Deckenuntersichten bei Holzbalkendecken sind im allgemeinen verputzt, z.B. auf Sparlattung und Rohr oder mit sichtbarem Deckengebälk gefachweise auf Lehmschlag. Oft werden auch mehrere Schichten dieser Art übereinander angetroffen.
Im Rahmen der Bestandsaufnahme sollten durch gezielte Aufschlüsse Aufbauschichten und Aufbauhöhe der Deckenverkleidung festgestellt werden. Die Proben sind sorgfältig abzulösen und auf eventuelle Farbbefunde zu untersuchen. Bei älteren Fachwerkhäusern mit Lehmdecken kann davon ausgegangen werden, daß sehr häufig eine Deckenuntersicht mit sichtbarem Deckengebälk vorhanden war. Farbiger Befund wurde vor allem in reicheren Bürgerhäusern festgestellt. Villen und städtische Bürgerhäuser sind seit etwa 1700 mit mehr oder weniger reichhaltigen Stuckdecken versehen worden. Befunde dieser Art sind selbstverständlich schonend zu behandeln, wenn irgend möglich zu belassen und auszubessern. Das Anordnen von neuen Zwischenwänden ist in solchen Räumen in der Regel nicht sinnvoll möglich.
Der Raumcharakter bestimmte die Art der Deckenuntersicht; beide bilden eine gestalterische Einheit.

1 Alte Holzbalkendecke mit verputztem Unterzug.

2 Deckendurchbruch für Installationsführung.

3 Durchfeuchtete Lehmdecke.

4 Großflächige Feuchtigkeitsschäden an Lehmdecke.

Schäden

Schäden an Deckenuntersichten treten auf als

- Haarrisse und größere Risse im Putz
- Ablösung von Putzteilen
- Absenken ganzer Deckenbereiche
- Schwamm- oder Schimmelbildung in durchfeuchteten Deckenzonen (z.B. unter Zapfstellen)
- Substanzzerstörungen der Deckenbalken durch Pilz- oder Insektenbefall.

Grundsätzlich ist vor jeder Reparatur an Deckenuntersichten das Tragwerk der Geschoßdecke auf seine Funktion zu überprüfen (s. Kap. B 2.5/2). Rißbildungen können Hinweise auf anfällige Bereiche, z.B. Balkenköpfe usw., geben. Bei hochwertigen Stuckdecken ist der Bestandsaufnahme besondere Sorgfalt zu widmen. Teilweise zerstörte, zu ergänzende Profile sind aufzumessen und fotografisch festzuhalten. Haarrisse in der Putzfläche können mit Glasfaservlies überzogen und überspachtelt werden. Bei gröberen Rißschäden ist die Ursache zu beseitigen, bevor mit der Reparatur begonnen wird. Grundsätzlich müssen alle losen Deckenteile entfernt werden.
Deckendurchbrüche ziehen meist großflächigere Zerstörungen der Deckenuntersicht nach sich und sollten daher nur gezielt an wenigen Stellen angebracht werden (möglichst Zusammenfassung sämtlicher Leitungen in Installationsschächten).
Während der gesamten Bauzeit sind die Deckenbereiche unbedingt sorgfältig vor Durchfeuchtung zu schützen.

Gestaltung

Material, Oberflächengestalt und Farbgebung einer Decke beeinflussen den Raumcharakter wesentlich. Diese Wirkungen sollten umfassend bei jeder Erneuerungsmaßnahme Beachtung finden.
Stärkere Deckenabhängungen sowie neu eingezogene Deckenverkleidungen mit glatter waagrechter Oberfläche können die Proportionen eines Raumes erheblich stören. Probleme treten hier auch in den Anschlußbereichen, z. B. an Fensterstürzen auf.
Niedrige Decken wirken höher, wenn Deckenverkleidungen, spätere Putzschichten und Sparlattungen entfernt und die Füllungen mit leichtem Rücksprung balkensichtig verputzt werden. Vorhandene Bemalung sollte, wenn es die Raumnutzung zuläßt, wieder hergestellt werden. Farbige Gestaltung überspielt starke Ungenauigkeiten in den von Hand gearbeiteten Balken und andere Deckenunebenheiten.
Bei Neuverputz von Decken muß der Putzträger ausreichend befestigt werden. Höhenausgleiche sollten nur optisch, nicht nach Wasserwaage erfolgen. Bei großflächigeren Putzablösungen und schlechter Untergrundhaftung kann eine Deckenverkleidung aus Gipskartonplatten oder Holzschalung bzw. Paneele (je nach Raumcharakter) auf Lattung sinnvoll sein. Ihre Befestigung sollte je nach erforderlichem Schalldämmwert erfolgen.

Raumklima, Schallschutz

Altbaudecken haben in Material und Aufbau im allgemeinen eine ausgleichende Wirkung auf das Raumklima. Ihre Putzflächen mit Kalk- oder Wasserglasanstrichen dienen als Feuchtigkeitspuffer. Ihr Füllmaterial (Lehm, Ziegelsplitt o. ä.) trägt zur Wärmespeicherung und damit zum Temperaturausgleich bei.
Alte Lehmschlagdecken haben in der Regel ausreichende Schalldämmwerte. Weitere Verbesserungen sind hier am effektivsten durch eine Trennung des Belags von der Tragschicht durchzuführen (s. Kap. B 2.5/3).
Schalldämmende Deckenverkleidungen werden zum Beispiel in Gaststätten oder über Durchfahrten erforderlich. Sie sind jedoch nur beschränkt wirksam, mit Schallbrücken an Wänden und Schornsteinen muß gerechnet werden.

5 Alten Lehmschlag an Decken nicht entfernen!

Brandschutz

Für Decken in öffentlichen oder geschäftlich genutzten Gebäuden werden je nach örtlichen Gegebenheiten Deckenuntersichten vorgeschrieben, die den Anforderungen F-30 bis F-90 entsprechen müssen. Dies führt im Altbau häufig nicht nur zu technischen Klimmzügen, sondern auch zu starken gestalterischen Beeinträchtigungen. Im Einzelfall sollten schon im Rahmen der Vorbereitung des Baugesuchs die zuständigen Behörden geladen und an Ort und Stelle die bestandsschonendste Möglichkeit ausgehandelt werden. So kann z. B. in historisch wertvollen Teilbereichen mit einem transparenten Feuerschutzanstrich die Deckenbalkenuntersicht eventuell erhalten bleiben.
Die Praxis zeigt, daß bei Bränden hölzerne Deckenbalken entsprechenden Querschnitts mit Lehmschlagfüllungen auch bei längerer Feuerbeanspruchung nicht zerstört wurden, sondern nur ein Verkohlen der Holzoberfläche stattfand.

6 Hoher Feuerwiderstand durch Dämmwirkung der verkohlten Holzoberfläche.

Fallbeispiele

1. Balkensichtiges Verputzen

Vorgehensweise

1. Sorgfältiges Abnehmen später angebrachter Deckenverkleidungen, gezielte Proben für eventuelle Farbbefunde entnehmen.

2. Lose Putzbestandteile entfernen, Fuge zwischen Lehm und Holz ca. 1 cm stark auskratzen.

3. Gut vorgefeuchteten Lehmuntergrund mit Kalk-Lehm-Sandschlämme als Haftungsbrücke versehen. Darüber dünnen 3–5 mm starken mageren Kalkputz (Sumpfkalk) aufbringen, MV 1:3,5–4.

4. Mineralischer Anstrich gemäß Befund, Balkenfarbe ca. 1 cm auf Putzfläche übernehmen, freihändig arbeiten! (S. Kap. B3.4 „Farbgebung und Anstrichtechnik".)

5. Je nach Charakter des Raumes historische Farbgebung der Decke mit Begleitstrich und Ritzer.

7 Alte Balkendecke balkensichtig verputzt.

8 Balkendecke neu verputzt, Balkenstruktur bleibt sichtbar.

2. Deckenverkleidung Gipskarton

Anwendung bei großflächigeren Putzschäden und problematischem Untergrund.

<u>Vorgehensweise</u>
1. Schadhafte, durchfeuchtete Teile gründlich entfernen.
2. Ausreichende Befestigung der Unterkonstruktion mit maßvollem Höhenausgleich falls erforderlich.
3. Bewegungsfuge zu angrenzenden Bauteilen vorsehen.
4. Diffusionsfähige Oberflächenbehandlung.
5. Feuerwiderstandsklassen nach DIN 4102 und Detailvorschriften der Herstellerfirmen.
6. In Feuchträumen nur kerngetränkte Platten verwenden.

9 Lattenunterkonstruktion für Deckenverkleidung.

3. Reparatur Stuckdecke

<u>Vorgehensweise</u>
1. Alte Putzhaut und Stuckteile sorgfältig auf Festigkeit untersuchen (abklopfen).
2. Feststellen der Zusammensetzung des alten Putzes und Putzträgers.
3. Prüfen des Farbbefundes (Bemalungsreste eventuell an geschützten Eckbereichen).
4. Reparatur von Haarrissen mit glasfaserarmierter Schlämme.
5. Größere Risse auskratzen und neu ansetzen, eventuell faserarmierten Gipsputz für Ergänzung verwenden.
6. Starke Rißbildung und Abfallen ganzer Stuckpartien deutet auf Schäden an der Tragkonstruktion hin. (Starke Durchbiegung der Deckenbalken, Schwingung der Decke.)
7. Fehlende Stellen sinngemäß ergänzen.

10 Stuckornamentik.

4. Schalltechnische Verbesserung

<u>Ausführungshinweise</u>
1. Verbesserung des Schallschutzes bestehender Decken durch Trennung von Balkenlage und Unterdecke.
2. Unterseitige Verkleidung mit geringer Biegesteifigkeit wählen, zum Beispiel Putz auf Putzträgern (Holzwolleleichtbauplatten oder anderes), Gipskartonplatten oder Holzfaserdämmplatten auf Lattung mit Luftabstand.
3. Höhe des Lufthohlraumes zwischen tragender Decke und Putzschale 2–3 cm (nach Goesele/Schüle).
4. Befestigung der Verkleidung z. B. mit Federbügeln, Abstand der Befestigungsstellen etwa 50 cm.
5. Deckenuntersicht je nach Raumcharakter verputzt oder tapeziert.

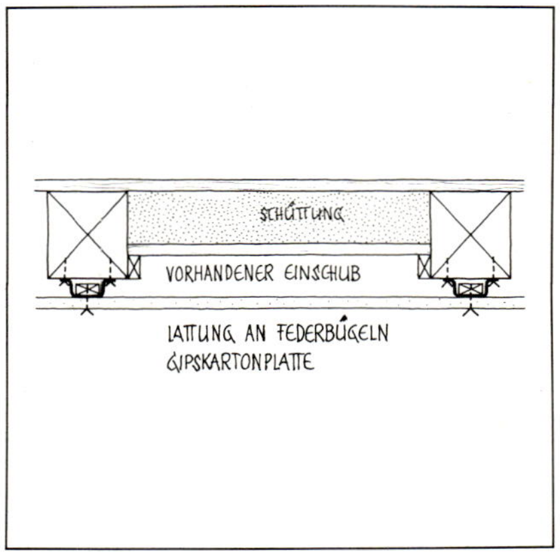

11 Schalltechnische Verbesserung durch abgehängte Unterdecke.

Wandarten

Innenwände werden unterschieden in tragende und nichttragende Innenwände bzw. Wohnungstrennwände und Raumtrennwände. Brandschutzanforderungen werden in der Regel an nichttragende Innenwände nicht gestellt, weil im Brandfalle keine konstruktive Gefährdung besteht. Eine Ausnahme können Brandabschnitte darstellen. Im Einzelfall ist der DIN 4102 „Brandverhalten von Baustoffen und Bauteilen" zu entsprechen. In jedem Falle sollte der örtliche Brandschutzbeauftragte schon während der Planung zugezogen werden, der je nach Situation im eigenen Ermessen über Bestimmungen der LBO hinaus Auflagen machen darf.
Es gehört zur Aufgabe des Aufmaßes bei der Bestandsaufnahme festzuhalten, ob Wände tragend sind, ob sie den Anforderungen einer Wohnungstrennwand entsprechen oder ob sie reine Raumtrennwand sind, die bei Bedarf entfernt werden kann. Bei einer Grundrißvorplanung ist diese Kenntnis wichtig, um teure Lösungen zu vermeiden. Grundrißlösungen sollten sich gerade bei der Innenaufteilung für neue Funktionen weitgehend an dem Vorhandenen orientieren. Es ist besser, aus der Not eine Tugend zu machen, als mit aller Gewalt eine Idee einzubringen, die nur mit teuren Unterfangungsmaßnahmen zu realisieren ist.

Tragende Innenwände

Massive Tragwände sind meist nach altem Ziegelmaß 25 cm stark und stärker. Man erkennt ihre Tragfunktion an der Laufrichtung der Balkenlage bzw. der Nagelung der Dielen. Durchlaufende Balken haben eine höhere Mittelbelastung als gestoßene. Bei Fachwerk- oder Massivbau mit Fachwerkinnenwänden sind tragende Wände oft nur 12 cm stark. Hier muß von Fall zu Fall entschieden werden, ob eine Belastung vorliegt oder nicht. Bei größeren Spannweiten werden „nicht tragende" Zwischenwände häufig durch die Durchbiegung der Balkenlage be-

1 Innenwand vor der Renovierung.

2 Alte defekte Wandoberfläche.

lastet. Vor der Entfernung einer vermeintlich nichttragenden Wand ist immer zu prüfen, ob keine Deckenbalken darauf gestoßen sind und ob ihr nicht im nächsten Geschoß eine Wand entspricht, die durch ihre Belastung eine Art Teiltragfunktion verursacht.
Vorsicht bei 12,5 cm Ziegelwänden, nicht alle sind nichttragend, nur weil sie heute nicht mehr belastet werden dürfen! Es gibt viele Beispiele, in denen 12,5er Ziegelwände bei ein- und zweigeschossigen Bauten belastet sind und bei ausreichender Queraussteifung sehr wohl auch diese Lasten aufnehmen können.
Innenwände erfüllen oft auch aussteifende Funktionen. Dies ist bei der planerischen Entscheidung zu berücksichtigen, ob eine Wand entfernt werden kann oder nicht. Bei Fachwerk dürfen Innenwände, die die Außenwand aussteifen, und Streben nicht ersatzlos entfernt werden. Die kraftschlüssige Verbindung zwischen Außen- und Innenwand muß sichergestellt sein (Kap. B 2.2/3).
Grundsätzlich ist bei der Planung der beste Grundriß der, der bei möglichst wenig Änderungen die gewünschten Funktionen so gut wie möglich erfüllt.
Wohnungstrennwände dürfen durch Installationsschlitze jeglicher Art nicht unter das Vollziegelmaß von 24 cm geschwächt werden. Alte Leitungsschlitze sind zu schließen (Schallschutz, Feuerschutz).
Beim Einbau von Elektroleitungen in Raumtrennwände, 12,5 cm und weniger (Bims, Gips), vorsichtig vorgehen. Sonstige Installation nicht in die Wand, sondern darauf oder davor führen.

Innentüren

Innentüren in Altbauten sollten soweit wie möglich erhalten werden. Sie sind bei Baubeginn zu entfernen oder gut zu schützen. Werden Türen durch Umbauten überflüssig, so sollten sie an anderer Stelle wieder verwendet werden. Futter und Bekleidung sind ohne Beschädigung nicht auszubauen. Es lohnt sich nur bei reichprofilierten Exemplaren. Für ein gut erhaltenes Türblatt ist leicht ein neues Futter mit Bekleidung zu fertigen. Türblätter können auch vergrößert, erhöht und geringfügig verkleinert werden. Neue Türöffnungen bei Umbauten sollten so bemessen sein, daß alte Türblätter wieder zu verwenden sind. Alte Türblätter haben oft noch Kastenschlösser und sind dann auch im Blatt zu dünn, um Steckschlösser aufzunehmen. Deshalb sollte man die Beschläge erhalten. Es gibt aber auch heute wieder Kastenschlösser auf dem Markt.
Beim Einbau neuer Türen sollten glatte Türen vermieden werden. Neue Türen sind den alten anzupassen, und wenn es durch Aufsetzen von Leistenrahmen geschieht, die den Charakter einer Füllung optisch herstellen.
Bei der Einplanung von neuen Türöffnungen immer Türanschlag vorsehen (mind. 12,5 cm), um hinreichend Platz für Bekleidung der Türen zu haben.

3 Altes Kastenschloß.

4 Alte Innentür mit 5 Füllungen.

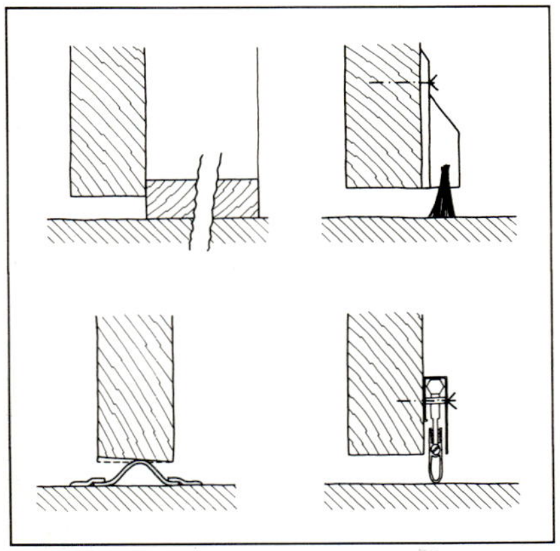

5 Vier Varianten für die Zugdichtigkeit alter Türen.

Sockel, Verkleidungen

6 Alte Wandvertäfelung mit Füllungen.

Alte Holzsockel sind möglichst zu erhalten. Sie wurden in der Regel vor den Putzerarbeiten mit Holzdübeln am Mauerwerk befestigt und dann eingeputzt. Entfernt man sie, beschädigt man den Putz und muß beiputzen, da die neuen Sockel niedriger sind und auf den Putz gesetzt werden. Das gleiche gilt für Holzverkleidungen von Wänden und Fensternischen. Sie sollten ebenfalls erhalten werden.

Oberfläche Wände

Die Innenseite der Außenwände und alle Innenwandoberflächen haben eine wichtige Bedeutung für die Qualität des Raumklimas (Diffusionsfähigkeit, Wärmespeicherung, Pufferwirkung für Luftfeuchtigkeit usw.).
Wände, Wandputz und Anstrich von Altbauten bestehen in der Regel aus mineralischen Substanzen. Sie ermöglichen eine ungehinderte Atmung, d.h. Dampfdiffusion und Wasseraufnahme bzw. -weiter- und -rückgabe. Meistens handelt es sich um Kalkanstriche auf Kalkputzen, die je nach Zusätzen (Quark, Leinöl) wisch- oder abwaschfest aufgebracht wurden. Diese guten Eigenschaften sind oft durch falsche Behandlung der Oberflächen zunichte gemacht. Deshalb sollten vor allem innen in jedem Fall mineralische Farben oder mindestens Dispersionssilikatfarben Verwendung finden und immer den Vorzug haben vor Innendispersionen oder gar Kunststoffbeschichtungen.

Regeln für die Behandlung der Wandflächen im Hause:

- hohe Atmungsfähigkeit erhalten oder wieder herstellen (offenporige Behandlung von Holz)
- giftfreie Anstriche verwenden
- Kalk und Mineralfarben wegen ihrer hohen Alkalität (keimtötend) einsetzen
- jede Wand, jede Tür oder Holzverkleidung, jede Oberfläche im Raum, die in ihrer Atmungsfähigkeit vermindert wird, führt zu höherer Luftfeuchtigkeit im Raum
- Tapeten nur verwenden, wenn es dem Zeitstil des Hauses entspricht. Rauhfaser mit diffusionsfähigen Anstrichen (z. B. Mineralfarben) versehen
- Oberflächenbehandlung sichtbarer Fachwerkinnenwände s. Kap. B 2.3/2 und Innendämmung s. Kap. B 3.1
- leider werden Kalkanstriche heute kaum noch für Innenwände verwendet, obwohl Kalk als Anstrich große Vorzüge hat (desinfizierend, hohe Leuchtkraft, preiswert). Zur Wischfestigkeit hat sich bewährt, auf 60 l Kalkmilch etwa 4 Pfund Quark zuzumischen. Nur kalkechte Pigmente verwenden (max. 5% der Gesamtmenge), Kalk mehrlagig, kreuz und quer mit der Bürste auftragen. Immer feucht in feucht arbeiten. Bei neuem Putz Kalkputz verwenden. Kalkanstrich in feuchten Kalkputz auftragen
- auf Lehm keine Mineralanstriche verwenden. Entweder Kalkanstrich direkt mehrlagig oder erst dünnen Kalkputz max. 7 mm und dann Mineralanstrich vorsehen.

7 Historische Wandbemalung in Kalktechnik (s. auch Kap. B3.4).

Oberfläche Holzteile

Holzteile wie Türen, Fenster, Sockel und Wandverkleidungen waren früher häufig naturbelassen. Erst im letzten Jahrhundert setzte sich immer mehr der Ölanstrich für Holzteile durch, sodaß heute auch ursprünglich naturbelassene Bauteile oft deckend gestrichen sind. Aus diesem Grund sollte man erhaltene Naturholzteile auch natur belassen. Reinigung und Pflege: Salmiakbehandlung bei Weichholz bzw. mit Natronlauge bei Eichenholz.
Alle für Ölanstrich vorgesehenen Holzteile sind gründlich zu reinigen (absäuern, abschmirgeln, abwaschen) und dann mit dem notwendigen Anstrichaufbau (Spachtelung, schleifen, vorlackieren und lackieren) zu versehen.
Es ist zu beachten, daß die Anstrichtechnik dem Charakter der Farbgebung des Originalbefundes anzupassen ist. Ende des letzten Jahrhunderts wurden Türen und Holzteile oft in lasierenden Techniken (Holzmaserungsimitation) u. ä. gestrichen. Diese Anstriche gehören zum Charakter des Hauses und sollten auch erhalten werden.

8 Alte Holzteile mit Bienenwachs und Kräuterfirnis behandelt.

9 Restaurierte Barocktür, Wickeltechnik.

10 Neue Innentür nach altem Muster, Oberfläche lasierend behandelt.

11 Alte Bauernvitrine, Oberfläche gewachst.

Grundsätze

Umbauten in Wohnungen sollten mit den geringsten Veränderungen von bestehenden Wänden erfolgen. Bäder sind häufig nicht da oder als Provisorium über die Küche zugänglich, deshalb nicht erhaltbar. Küchen sind oft zu groß und geben durch Unterteilung genügend Raum für Bad und Küche. Oft reicht der Platz für Küche, Speis und Berliner WC für die zukünftige Küche mit neuem Bad.

Beim Einbau der neuen Trennwände ist sorgfältig zu achten auf:

- zukünftige Nutzung der Räume und der dazu notwendigen Wandaufbauten
- Bodenaufbau (s. Kap. B2.5/3) und Wandaufbau bei Bädern und Naßräumen sind unbedingt im Zusammenhang zu sehen
- Bodenisolierung und Sockelausbildung bei Bädern einwandfrei ausbilden
- Schwellenausbildung s. Kap. B2.8/2
- statische Lastabtragung beachten
- bei Leichtbauwänden hinreichende Rahmenverstärkungen für Waschbekken, Wand, hängende Wasserboiler und WC's vorsehen.

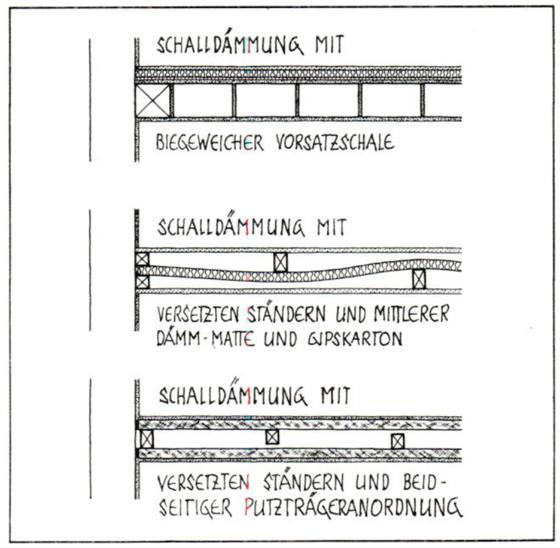

12 Schalldämmende Zwischenwände.

Wandsysteme

Auf dem Markt gibt es eine Vielzahl von leichten Trennwänden, die den verschiedensten konstruktiven brand- und schalltechnischen Anforderungen entsprechen. In der Regel sind die Toleranzen und Unebenheiten im Altbau jedoch so groß, daß es preiswerter ist, die Zwischenwände handwerklich von Fall zu Fall fertigen zu lassen. Systemwände müssen meist an den Kontaktstellen mit Paßstücken, Deckleisten und sonstigen wiederum handwerklich zu fertigenden Baumaterialien angepaßt werden.
Die Wahl des jeweiligen Materials für die Trennwände sollte den vorhandenen Materialien des Hauses angepaßt werden. Fachwerk sollte immer auch wieder mit Holzständerwänden verändert werden. Die einzelnen Wandsysteme sollen hier nicht vorgestellt werden. Sie werden über den Markt hinreichend bekanntgemacht.
Leichtbauwände, die quer zur Balkenlage stehen sollen, sind leicht durch eine Schwelle in Holz oder Stahl abzufangen, während Wände parallel zur Balkenlage, wenn möglich, auf einem vorhandenen Deckenbalken errichtet werden sollten. Kommt die Wand zwischen zwei Deckenbalken zu stehen, ist das deshalb kostspielig, weil die Füllung mit Putz und dem gesamten Deckenaufbau zwischen den Balken herausgenommen werden muß, um einen weiteren Balken einzuziehen. Eine andere Möglichkeit bei leichten Konstruktionen: Über den Einschubbrettern werden Holz- oder Stahlwechsel quer von Balken zu Balken eingezogen, auf die man dann die wandtragende Schwelle auflegt.

Wandfliesen

Das Entfernen von alten Wandfliesen im Zementmörtelbett ist mit beträchtlichen Beschädigungen des Mauerwerks verbunden. Deshalb vorsichtig vorgehen. Die gegebenen Unebenheiten sind im Altbau oft nicht mit Putz abzufangen, sodaß das Aufbringen der Fliesen im Dünnbettverfahren häufig nicht möglich und ratsam ist. Hier empfiehlt es sich, die Fliesen entweder im Mörtelbett zu verlegen oder kernimprägnierte Gipskartonplatten punktuell auf die Wand aufzudoppeln und die Fliesen auf Dichtungsspachtel im Dünnbettverfahren zu kleben.

Alle Abdichtungsfragen in den Feuchträumen von Altbauten mit besonderer Sorgfalt durchplanen, da Dauerfeuchtigkeit an Holzteilen zu Fäulnis durch Schwammbefall führt (s. Kap. B3.2 „Holzschutz“).

13 Bad, Wandfliesen im Mörtelbett.

Fallbeispiele

1. Fliesen – Mauerwand

Vorgehensweise

1. Boden reinigen.
2. Schutzpappe auf Sandausgleichschüttung.
3. Trittschalldämmplatte, 20/15.
4. Folie verschweißt oder geklebte Pappe seitlich auf Schwellenhöhe hochziehen (5 cm über OK FB).
5. Konstruktiv armierter Estrich mind. 4 cm einbringen.
6. Fliesen auf Dichtungsspachtel geklebt (PCI).
7. Fliesen geklebt auf neuen Wandputz.
8. Untere Fliese der Wand mit Überhang von 5 cm (Isolierung) mit dauerelastischem Kitt ringsum verfugen.
9. Dauerelastische Verfugung in allen Raumecken, vor allem zu neu eingebrachten Zwischenwänden.

2. Fliesen – Fachwerkwand

Vorgehensweise

1. Bodenfüllungen mit Sand.
2. Trittschalldämmplatte 20/15 bzw. 25/20.
3. Folie am Rand bis 5 cm über OK FFB verschweißt oder Pappe geklebt.
4. Estrich konstruktiv armiert mind. 4 cm.
5. Lattung auf Fachwerkwand senkrecht alle 30 cm.
6. Kernimprägnierte Gipskartonplatte.
7. Dichtungsspachtel auf Estrich und Gipskartonplatte.
8. Wand- und Bodenfliesen kleben in PCI-Zweikomponenten-Kleber.
9. Dauerelastische Verfugung zwischen Wand und Boden sowie in allen Raumecken.

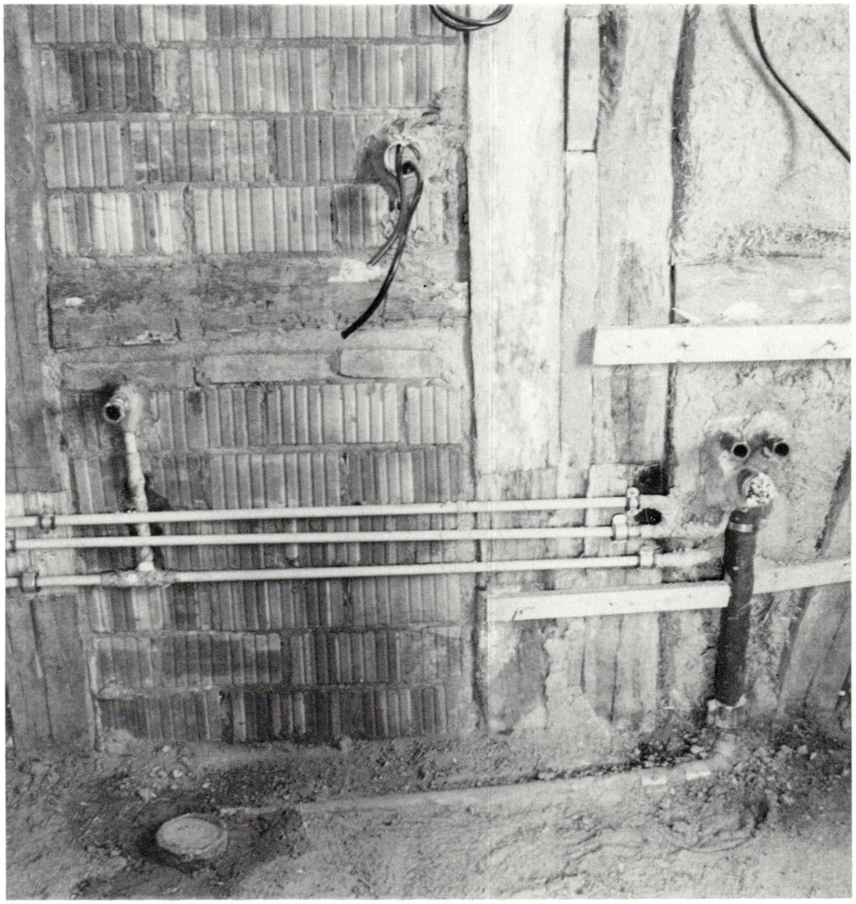

14 Installationsführung auf Fachwerk vor Anbringen der senkrechten Lattung und der kerngetränkten Gipskartonplatten.

Funktionen

Außen- und Innentreppen sind wesentliche gestalterische Elemente des Altbaus. Es gibt kaum einen Bauteil, der handwerklich und architektonisch über Jahrhunderte so viel gestalterische Varianten aufzeigt wie die Treppe. Somit hat diese eine Reihe von Funktionen eingenommen, die über die Notwendigkeit der Höhenüberwindung hinausgehen: Repräsentation; gestalterisches Element; soziale Trennung zwischen Herrschaft und Dienstboten; als Fluchtwege im Sinne der Sicherheit im Brandfall usw.

Außentreppen

1 Straßen verdrängen Eingänge – geplante Verstümmelung.

2 Schönheit des Zerfalls.

Sie sind meist aus Naturstein gefertigt und dienen in der Regel der Überwindung von Sockelgeschossen und als Kellerzugang. Die häufigsten Mängel sind:

- Absinken des Unterbaus durch Aus- und Unterspülung der Fundamente und des Mauerwerks. Hier hilft nur das Ausbessern des Unterbaus und der Fundamente (s. Kap. B 2.1) und das Neuversetzen der Werksteinstufen
- ausgetretene Stufen können gewendet werden, wenn sie auf der Unterseite werksteinmäßig bearbeitet sind bzw. nicht schon gewendet wurden. Ist die Rückseite nicht werksteinmäßig bearbeitet und ist die Stufe hoch genug, kann sie nachträglich bearbeitet werden. Ist dies auch nicht möglich, so können die Stufen mit Steinmehlmörtel an den ausgetretenen Stellen aufgefüttert werden
- Einschlüsse von Eisenteilen (Treppengeländer) in Naturstein müssen immer eingebleit sein, da sonst durch Massenausdehnung beim Rosten der Stein zersprengt wird.

Die größte Gefahr für viele schöne Sockeltreppen ist ihre Entfernung durch Straßenbauämter und Verkehrsbehörden, um Straßen und Bürgersteige zu verbreitern. Viele Häuser werden auf diese Weise verstümmelt und verlieren ihren einladenden Eingang.

Innentreppen – Treppenhäuser

Innentreppen gibt es in einer Vielzahl von Konstruktionen und Materialien. Die häufigsten sind aus Holz (gestemmte bzw. aufgesattelte Treppe), Naturstein (Stufen einseitig oder beidseits eingespannt), Naturstein auf Stahlprofilen gelagert, Eisentreppen (Guß und Eisen). Geländer sind häufig gefertigt aus Holz, Holz mit Eisenstäben, Gußeisen, aber auch aus Naturstein. Im letzten Jahrhundert wurden noch kombinierte Formen mit Gußgeländer und Holzhandlauf auf Holzwange und sonstige vielfältige Kreationen ausgeführt.

Die wichtigste Regel bei der Instandsetzung heißt: Reparieren, was zu reparieren ist, und möglichst nicht erneuern. Fehlen einige Geländerstäbe, die in ihrer Form nicht wieder herstellbar sind, so sollte man den obersten Lauf anders ausbilden und die anfallenden Stäbe zur Ergänzung verwenden. Bei der Reparatur von Treppenstufen ist darauf zu achten, daß die Steigungshöhen durchgehend einheitlich erhalten bleiben oder hergestellt werden (Stolpergefahr). Erhöht man die Stufen durch Aufdoppelung muß man selbstverständlich auch die Podeste erhöhen, was bei öffentlichen Treppenhäusern kein Problem darstellt, weil man die Höhendifferenzen an der Wohnungseingangstür durch einen Anschlag bzw. Schwelle ausgleichen kann. Auch bei Treppen in der Wohnung kann dieser Ausgleich bei den Schwellen zu den Einzelräumen hergestellt werden. Umgekehrt dürfen keine Böden erhöht werden, die an Treppen angrenzen, ohne zugleich die Treppenstufen zu erhöhen. Diese Gefahrenpunkte werden oft unterschätzt. Eine steile Treppe ist eine geringere Gefahr als ungleiche Steigungsverhältnisse.

In mehrgeschossigen Häusern sind naturgemäß die untersten Läufe am meisten ausgetreten. Reparaturbedürftig sind oft nur die zwei bis vier ersten Läufe. Alle Geländer sind auf intakte Verankerung und Horizontalversteifung zu überprüfen. Es ist grundsätzlich darauf zu achten, daß die gesetzlichen Bestimmungen für Geländerhöhen und Stababstände eingehalten sind. Podestbeläge und Treppenmaterial sind oft verschieden (Fliesen und Holz). Ausgetretene Dielen in Podesten sind durch Auswechslung der Dielenbretter leicht zu reparieren.

Viele Innentreppenhäuser haben eine reiche Ausgestaltung in Stuck, brüstungshohe Holzvertäfelungen oder Wandbespannungen, häufig aus Materialien, die auf dem Markt nicht mehr zu erhalten sind. Alle diese oft eigenwilligen Gestaltungsformen sollten erhalten – das heißt, wenn irgend möglich – repariert und ergänzt werden.

3 Treppenantritt Holztreppe mit ausgetretenen Trittstufen.

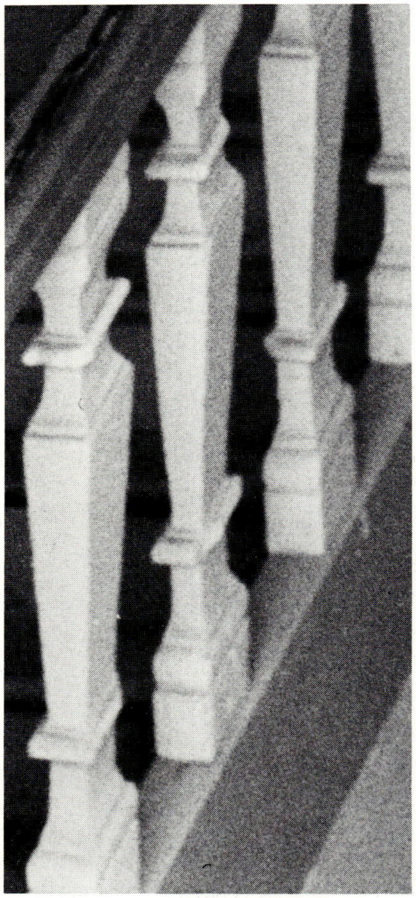

4 Renaissancetreppengeländer aus Holz mit geschnitzten Geländerstäben.

5 Fehlende Geländerstäbe nacharbeiten und ergänzen.

6 Erschließungstreppe für mehrere Wohneinheiten – in dieser Form heute aus Brandschutzgründen häufig nicht mehr zulässig.

Brandschutz

Einen wichtigen Faktor im Treppenhaus nimmt der Brandschutz ein. Im Einzelfall ist sorgfältig abzuwägen, ob man die Bauaufsicht einschalten muß oder nicht, denn ist sie einmal eingeschaltet, dann geht in der Regel vieles nicht mehr, was Jahrhunderte ging. Die Brandschutzbestimmungen sowie Bauordnungen der Länder müssen beachtet werden, wenn es sich um eine genehmigungspflichtige Maßnahme handelt. Ist dies nicht der Fall, so sollte man wichtige Grundsätze der Brandsicherheit einhalten, aber nicht unbedingt die Pferde scheu machen.

In der Regel müssen bei mehrgeschossigen Mehrfamilienhäusern die Treppenuntersichten verputzt werden. Muß die Brandschutzbehörde zugezogen werden, so sollte dies frühzeitig geschehen, um möglichst günstige Bedingungen auszuhandeln. (Bei Verhandlungspartnern mit wenig Einfühlungsvermögen mußten schon ganze Treppenhäuser abgerissen und durch Stahlbeton ersetzt werden, weil die Podestbreite etwa der Landesbauordnung nicht entsprach usw.)

Statt der Verkleidung von Holzteilen kann im Innenraum häufig die nötige Sicherheit durch im Brandfalle aufschäumende Schutzanstriche gewährleistet werden. Diese Anstriche sind pigmentierbar und auch lasierend aufzutragen, sodaß häufig auch Holzeingangstüren zu den Wohnungen erhalten werden können.

Grundlegende Grundrißneugestaltungen von Altbauten verlangen oft eine Veränderung des Treppenhauses, sei es, daß der Standort verändert oder ein massives Treppenhaus eingebaut werden muß. Letzteres ist häufig der Fall, wenn alte Villen z. B. in Mehrfamilienhäuser mit abgeschlossenen Wohnungen umgebaut werden. Der Neueinbau massiver Treppenhäuser in Altbauten sollte vor allem in Fachwerkbauten wenn möglich vermieden werden. Gerade hier ist das Gefüge gefährdet, wenn die Horizontalverankerungen im Bereich der Deckenbalken unterbrochen werden. Balken dürfen nicht in die 24er Brandwand eingemauert werden, sondern müssen auf Streichbalken oder Stahlkonsolen aufgelegt werden. Gestemmte Holztreppenläufe können demontiert und an anderer Stelle wieder eingebaut werden. Das gilt auch für fast alle Geländer. Voraussetzung ist, daß man beim Abbau des Geländers und der Treppe sorgfältig vorgeht, vor allem beim Ablösen der Auflagerpunkte. Treppenläufe nie wegwerfen. Wiedereinbau einer alten Treppe mit Geländer ist mit einem Kostenaufwand von ca. 1 800 DM (Kostenstand 1984) wesentlich billiger als die Neufertigung, die sicher nicht unter 6 000 DM bis 8 000 DM zu haben ist.

7 Nicht unbedingt besser, aber aus Brandschutzgründen bei der Nutzung als Kindergarten vorgeschrieben.

Fallbeispiele

1. Holztreppe ausgetreten

Vorgehensweise

1. Stufenhaupt abschneiden und Hartholzleiste vorschrauben. Zement-epoxydharzspachtel mit Quarzsand und Holzspänen ausgleichend einbringen. Sperrholzplatte in frische Spachtelmasse eindrücken.
2. Spachteln.
3. Teppich- oder PVC-Belag oder Stufenaufdoppelung (s. Abb. 8) auf Harzbett wie vor; versiegeln oder wachsen.

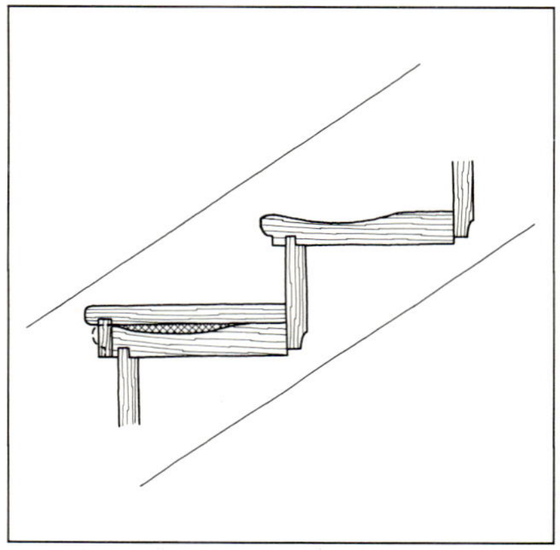

8 Aufdoppeln einer ausgetretenen Holztreppe.

9 Vor der Instandsetzung.

2. Holztreppe verlängern

- *Treppe für neuen Standort zu kurz*
- *sonst intakt*
- *Steigungsverhältnisse ermöglichen eine Verlängerung.*

Vorgehensweise

1. Überprüfen aller Teile, Wangenstufen, Geländer, Auflagerpunkte.
2. Detailzeichnung für den Neueinbau und die Verlängerung der Treppe.
3. Überprüfen der Höhenverhältnisse (Höhendifferenzen) durch Aufdoppelung der Podeste ausgleichen. Bei geringen Differenzen kann die Treppe in ihrer ganzen Länge um maximal 3 % nach oben oder unten gekippt werden.
4. Ein Lauf kann auch verkürzt werden. Herstellung des Auflagerprofils an der Wange. Neueinbau.

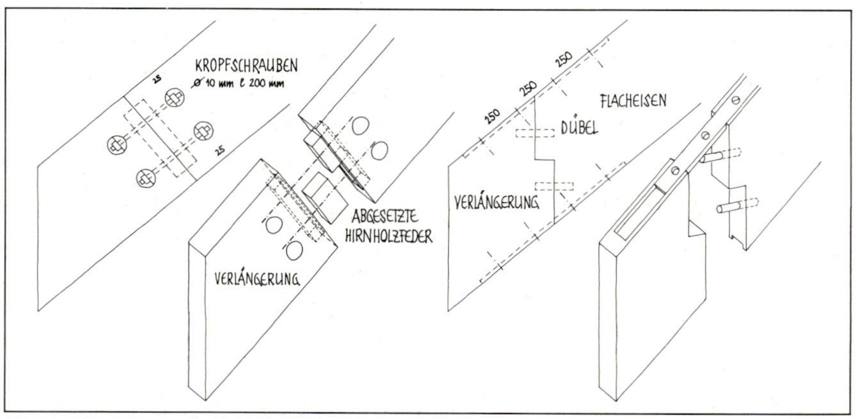

10 Verlängerungsmöglichkeiten einer Treppenwange.

11 Translokation – diese Treppe zieht mit dem Haus um.

3. Steintreppe – Steigung verlängern

12 Steigung verlängern und Stufen wenden bei einer Steintreppe.

- *Zu steile Steigung bei Natursteintreppen, Stg. 20/20 cm*
- *Stufen intakt bzw. ausgetreten, aber wendbar.*

Vorgehensweise

1. Herausnehmen der Stufen und eventuell auf Rückseite steinmetzmäßig bearbeiten.
2. Ausbessern des neuen Untergrundes.
3. Neuversetzen der alten Stufen.

14 Mangelhaft gegründete Außentreppe friert hoch.

13 Schon einmal gewendete Buntsandsteinstufen.

15 Erhalten und repariert.

Historische Entwicklung

Altbauten hatten bis weit ins letzte Jahrhundert hinein eigentlich keine Haustechnik. Toiletten waren – solange es nur Plumpsclosetts gab – wegen der starken Geruchsbelästigung nur von den Treppenpodesten aus oder über den Hof erreichbar. Erst mit dem Aufkommen der Wasserspülung (hochhängender Spülkasten) und der Einführung von Keramik-WC's mit Siphon konnten sie in den Wohnungen eingebaut werden (häufigste Form: Berliner WC mit Lüftung über Speisekammer).
Im städtischen Bereich wurden Ende des letzten Jahrhunderts Kerzen, Petroleumlampen und Carbitlampen abgelöst durch Gasbeleuchtung. In der Küche löste der Gasherd den Kohleherd ab. Auch die Warmwasserbereitung wurde stellenweise durch Gasbrenner vorgenommen.
Der elektrische Strom fand nach der Erfindung der Glühbirne (Edison 1879) erst Anfang der 20er Jahre dieses Jahrhunderts Einzug in die Wohnbebauung, zuerst für Beleuchtung und einfaches Küchengerät.
Die Technisierung des Haushaltes, wie wir sie heute selbstverständlich finden, hat also eine kurze Geschichte im Vergleich zur jahrtausendealten Geschichte des Wohnens. Wenn man heute über die hohen Baupreise klagt, so ist es vor allem der Kostenanteil des technischen Ausbaus, der mit bis zu 28 – 38 % der Gesamtbaukosten zu Buche schlägt (Erfahrungsdaten der Verfasser bei diversen Sanierungsprojekten in Frankfurt, Erbach u. a.). Der gewählte Ausstattungsstandard hat entsprechend starken Einfluß auf die Kostengestaltung des Projektes und ist im Rahmen des Entwurfes gründlich mit dem Bauherrn abzustimmen.

2 Historischer Wandbrunnen.

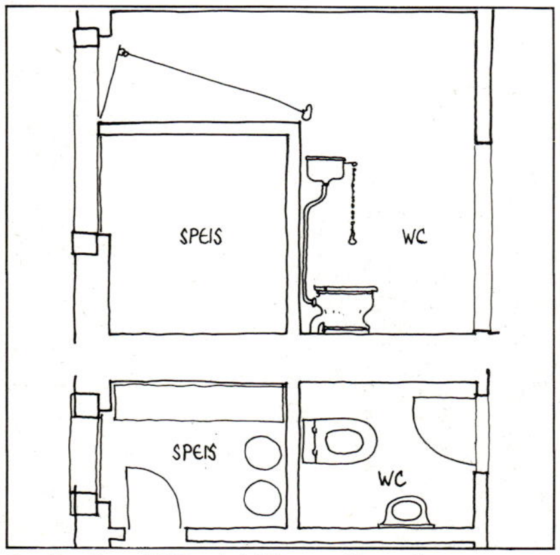

1 Berliner WC mit Lüftung über die Speisekammer.

3 Veraltete Elektroinstallation mit Zählerstandort im Flur.

Bestandsaufnahme

Die Bestandsaufnahme kann bei Häusern, deren Entstehungszeit vor der Jahrhundertwende liegt und deren Leitungsführungen über 60 Jahre alt sind, entfallen, da unter diesen Voraussetzungen alle Leitungen erneuert werden müssen. Die vorhandenen Leitungen weisen in der Regel im Innern kaum noch freie Querschnittsfläche auf oder sind an den Wandungen durch aggressives Wasser z.T. fast völlig aufgelöst. Fallstränge aus Guß oder Ton sind ebenfalls häufig durch Ablagerungen zugesetzt.
Leitungen haben je nach Material eine nur begrenzte Lebensdauer. Überschreiten Rohrnetze die in der folgenden Liste angegebene Altersgrenze, sind sie durch neue zu ersetzen (Zeitangabe in Jahre).

Leitungsart	Kupfer	Stahl	Guß
Kaltwasser	80	40	–
Warmwasser	40	25	–
Abwasser	–	60	80
Gas	–	60	80

Bei jüngeren Leitungen sind Querschnittsproben vorzunehmen (Abnehmen einer WC-Schüssel). Sämtliche Leitungsstöße sind auf ihre Dichtigkeit zu überprüfen. Bleirohre sind heute nicht mehr zulässig.
Was für die Qualität der Leitungen im Haus gilt, ist sinngemäß auch auf Hausanschlüsse anzuwenden. Meist entsprechen diese in Ausführung und Querschnitt nicht mehr dem Bedarf nach der Sanierung, und ihre Lage, oft in den Treppenhäusern, entspricht nicht mehr den Anforderungen.
In Miethäusern haben die Mieter oft in Eigeninitiative vorhandene Installationen verbessert oder völlig neue Installationen eingebaut (Modernisierung von Elektroinstallation und Bad, Etagenheizung usw.). Diese Modernisierungen sind in der Regel auf eigene Kosten und mit Genehmigung des Hausbesitzers erfolgt. Hier stößt man mit der Planung einer grundlegenden Umgestaltung und Erneuerung auf wenig Verständnis.
Vorhandene Etagenheizungen sind in der Regel nicht in eine neue Zentralheizungsanlage zu integrieren. Außerdem erlebt man nicht selten, daß Mieter vorhandene Kohle-, Öl- oder Gaseinzelöfen nicht gegen eine neue, teurere Zentralheizung eintauschen wollen oder die daraus entstehende Mieterhöhung nicht zahlen können.
All diese Fragen müssen in enger Zusammenarbeit zwischen Bauherr, Mieter und Architekt geklärt werden, bevor mit der Planung begonnen werden kann.
Vorhandene Schornsteine entsprechen in Wandaufbau, Material und Querschnitt häufig nicht den Anforderungen, die beim Einbau neuer Heizungssysteme gestellt werden. Eine Umstellung der Beheizung führt in der Regel auf diesem Bereich zu Folgekosten. Alle baulichen und heizungstechnischen Fragen im Zusammenhang mit Schornsteinanlagen sind mit dem zuständigen Bezirksschornsteinfegermeister abzustimmen. Bei der Untersuchung des Baubestandes ist dem Kaminkopf besondere Aufmerksamkeit zu widmen.

5 Altes WC auf dem Treppenabsatz mit hochhängendem Spülkasten.

4 Schnitt durch ein veraltetes, stark zugesetztes Gußstandrohr.

6 Alter Zählerplatz im Treppenhaus.

Planung

Nach gründlicher Bestandsaufnahme und Vorklärung des Planungskonzepts mit Bauherr und Mieter beginnt der eigentliche Planungsabschnitt.
Der Neueinbau von Bädern und WC's ist in der Regel mit Grundrißänderungen verbunden. Hierbei muß behutsam vorgegangen werden. Den Anforderungen des vorhandenen Tragwerks ist der Vorrang zu geben vor gestalterischen Idealvorstellungen. Das technisch und handwerklich Sinnvolle, am Bestand Orientierte ist der Einhaltung von DIN-Bestimmungen um jeden Preis vorzuziehen. Der beste Entwurf ist derjenige, der die geforderten Funktionen mit möglichst geringen konstruktiven und baulichen Veränderungen erreicht.

7 So nicht! Eingestemmte Abflußleitung schwächt tragende Balkenquerschnitte.

Leitungsführung

Vorhandene alte Leitungen, die nicht mehr verwendet werden, sind in der Regel zu entfernen, jedoch nur, wenn hiermit keine größeren Schäden an Wand- und Deckenbauteilen angerichtet werden. Eventuell können sie zusammen mit neuen Leitungen verkleidet werden.
Die senkrechte Leitungsführung ist für alle Leitungen möglichst zentral vorzunehmen, in der Regel in einem abgemauerten Schacht an einer Innenwand. Eventuell kann hierzu auch ein alter überzähliger Kamin bzw. der Bereich eines Kaminabbruches verwendet werden. Ist eine Führung in einem entsprechenden Sammelschacht nicht möglich, sollten Leitungen immer vor der Wand geführt werden. Hierfür kann z. B. der Bereich der Übergardinen neben den Fenstern (z. B. bei Heizungsleitungen) sowie der Bereich direkt oberhalb der Holzsockel verwendet werden. Wandschlitze im Altbau, vor allem bei Bruchsteinmauerwerk sind kostspielig, gefährden die Konstruktion und das Gefüge.
Bei der Leitungsführung ist sorgfältig auf eventuelle Schallbrücken zu achten. Schächte sollten, wenn möglich, im Treppenhaus oder abseits der Wohn- und Schlafbereiche geführt

8 Gußfallrohre bieten ausreichenden Schallschutz.

10 Rohrleitungsführung am Kamin, separate Halterung erforderlich!

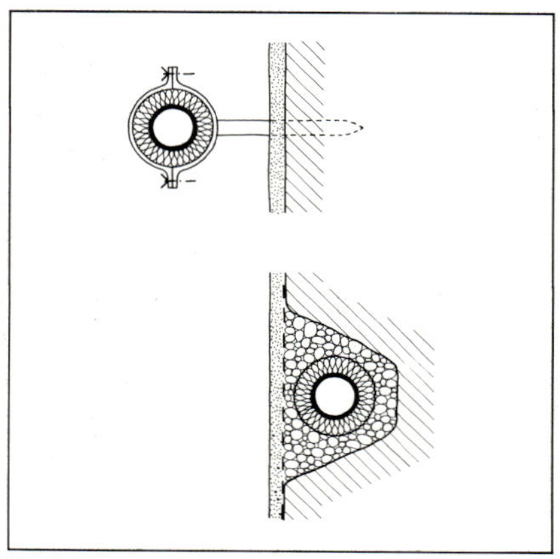

9 Schemaschnitte Leitungsverlegung: Wasserleitung mit Dämm-Mantel vor der Wand und in der Wand.

11 Leitungsverlegung auf Holzteilen: Achtung, Schwelbrandgefahr!

werden. Sie sind geschoßweise abzustellen und mit Dämmaterial auszustopfen bzw. auszuschäumen. Dies ist auch aus Brandschutzgründen erforderlich (Überschlag der Flammen bzw. Rauchübertragung).

Folgende Punkte sind zu berücksichtigen, um frühzeitigen Verschleiß des Leitungsnetzes, vor allem bei Warmwasserleitungen zu verhindern:

- Angaben über Beschaffenheit des Wassers besorgen. Bei aggressivem Wasser kann das Leitungsnetz schon nach 4 – 6 Jahren korrodiert sein. Beginn der Verrottung, z.B. bei den Schraubanschlüssen, wo die Verzinkung der Stahlrohre verletzt sein kann
- in Fließrichtung des Wassers Materialien nur mit gleichem oder ansteigendem elektrochemischen Spannungspotential anordnen (Materialfolge: Stahl-Kupfer, nie Kupfer-Stahl, Wasserzirkulation bei Umlaufsystemen beachten!)
- keinen Gips zur Leitungsbefestigung verwenden; er zieht Wasser an, was zur Korrosion der Leitungen führt
- Leitungen weitestgehend in der beheizten Zone, an Innenwänden bzw. in wärmegedämmten Rohren führen, um Frostschäden und Kondenswasserbildung zu vermeiden
- alle Rohrführungen leicht zugänglich belassen, Reparaturen ermöglichen. Leitungsschächte geschoßweise mit Revisionsklappen versehen.

Im folgenden werden in den Sachbereichen Sanitär, Heizung und Elektro die wichtigsten Gesichtspunkte behandelt, in denen sich eine Altbauneuinstallation oder -modernisierung von den üblichen Neubauverfahren unterscheidet.

Elektrochemische Spannungsreihe verschiedener Metalle bei 18° C und 1 at Druck
(Potentiale der Elemente in Lösungen ihrer Ionen gegenüber „Normalwasserstoffelektrode“)

Metall	Chem. Zeichen	Potential in Volt
Calcium	Ca	−2,76
Magnesium	Mg	−2,35
Aluminium	Al	−1,69
Mangan	Mn	−1,10
Zink	Zn	−0,76
Chrom	Cr	−0,51
Eisen	Fe	−0,44
Cadmium	Cd	−0,40
Nickel	Ni	−0,24
Zinn	Sn	−0,14
Blei	Pb	−0,13
Wasserstoff	H	±0
Kupfer	Cu	+0,34
Silber	Ag	+0,80
Gold	Au	+1,50
Platin	Pt	+1,60

12 Leitungsführung leicht gemacht.

Planungsgrundsätze

Die Verbesserung der sanitären Verhältnisse ist eine der wichtigsten Modernisierungsmaßnahmen. Die vorhandene Installation ist überaltert, die Steig- und Falleitungen zugesetzt oder verrottet. Bäder fehlen zum Teil ganz oder sind nur provisorisch von der Küche aus zugänglich.
Die Planung der neuen Grundrißlösung muß sich eng am Bestand orientieren und diesen mit den technischen Notwendigkeiten koordinieren. Bei der Modernisierung der Sanitärinstallation bieten sich Sammelschächte oder Installationswände (neu) zwischen Küche und neuem Bad als in der Regel günstigste Lösung an. Sie ermöglichen eine rationelle Leitungsführung und störungsfreien Betrieb. Wasser- und Abflußleitungen sollten aus Frostschutzgründen nie in der Außenwand geführt werden, vor allem verkleidete oder eingefliese Leitungen sind frostsicher zu ummanteln.

Für die Warmwasserbereitung stehen folgende Alternativen zur Auswahl:

- dezentrale Warmwasserbereitung über Elektroboiler oder Durchlauferhitzer; bei kurzen Leitungswegen können hier auch Bad und Küche an ein Gerät angeschlossen werden
- dezentrale Warmwasserbereitung über Gastherme; für zentrale Warmwasserbereitung und größere Leitungswege nicht geeignet, da keine Umlaufpumpe angeschlossen werden kann
- zentrale Warmwasserbereitung bei Öl- bzw. Gaszentralheizung mit Kombikessel oder Etagenheizung mit Kombitherme. Hier sind Systeme mit Durchlauferhitzer oder Speicher möglich
- Warmwasserbereitung mittels Gas- oder Elektrowärmepumpe (s. Kap. A5 „Energieeinsparung"); auf Wirkungsgrad ≥ 1 achten
- Warmwasserbereitung mittels Solarabsorber, auch in Verbindung mit Wärmepumpe; nur für bivalenten Be-

1 Vorhandene Sanitärinstallationen sind häufig veraltet.

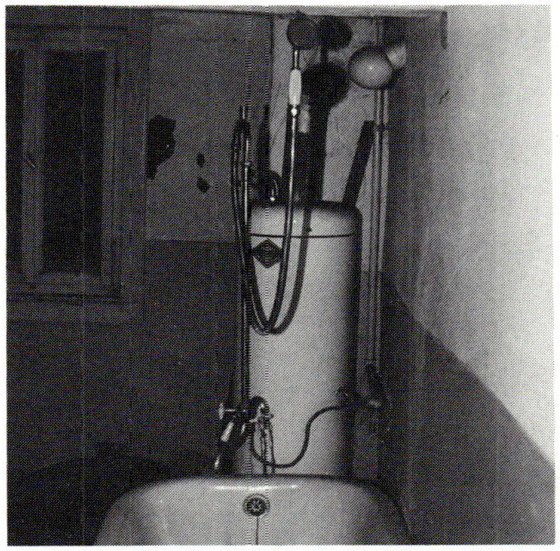

2 Alter Badezimmerofen, Heizung und Warmwasserliefe·ant zugleich.

trieb (Kombination mit Zentralheizung o. ä.) geeignet, funktionsfähig in den Monaten April – Oktober, relativ hohe Investitionskosten.

Die Wahl des geeigneten Systems und der Energiequellen ist abhängig
- □ von Verfügbarkeit
- □ von Verbrauchsmenge
- □ von Anlagekosten
- □ von Verbrauchskosten
- □ vom Gesamtprimärenergiebedarf.

Kombinierte Systeme, evtl. auch mit Kachelofen bzw. offenem Kamin oder Wärmepumpe bzw. Solaranlage sind in der Regel in den Anschaffungskosten höher, jedoch evtl. krisensicherer.
Bei der Ausarbeitung der Grundrisse sollten kurze Leitungswege von den oben erwähnten Sammelschächten für die Plazierung der Objekte in Bad und Küche berücksichtigt werden. Vor allem in Mehrfamilienhäusern ist die Führung der Falleitungen unter abgehängten Decken aus Schallschutzgründen nicht zu empfehlen. Eine solche Verteilung ist generell zu vermeiden, da sie das Abhängen der Decke im Raum darunter erforderlich macht und immer eine Geräuschbelästigung darstellt.

3 Neuzeitliche Heizung und Warmwasserversorgung mit Gastherme.

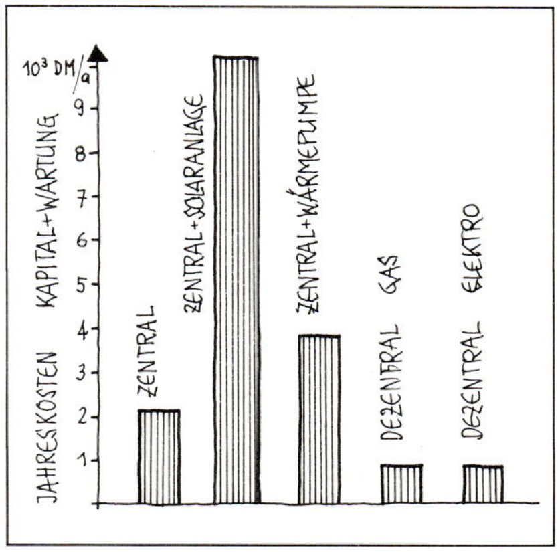

4 Jahreskosten verschiedener Warmwasserbereitungssysteme nach Moog [Lit. B 3.1-8].

5 Neue Leitungsführung in ummantelten Kupferrohren.

6 Alte Fallstränge an der Außenseite des Gebäudes sind frostgefährdet.

Die Rangfolge der Objekte nach ihrer Entfernung vom Fallstrang:

1. WC
2. Bidet
3. Dusche und Wanne
4. Waschbecken.

Bei einer solchen Anordnung kann z. B. die Falleitung der Waschbecken im Hohlraum einer Wanne bzw. Dusche bis zum Fallstrang geführt werden. Die Zahl der Objekte richtet sich nach Platzgründen und Ausstattungsstandard. In der Regel sollte, falls kein getrennter Hauswirtschaftsraum vorhanden ist, im Bad ein Platz für eine Waschmaschine vorgesehen werden. Bei der Plazierung der Objekte ist die DIN 18022 „Abstandsflächen in Bad, WC und Hauswirtschaftsraum" zugrunde zu legen. Ist ein Waschmaschinenanschluß vorgesehen, sollte die Breite der Türöffnung 75 cm nicht unterschreiten. Für die Entlüftung der Falleitungen gelten die Vorschriften der Neubauinstallation. Für Maßnahmen, die in bewohnten Wohnungen durchgeführt werden, sollen im besonderen Maße schon während der Planung ein rationeller Arbeitsablauf und eventuell eine Zugänglichkeit von außen (Gerüst) berücksichtigt werden.

Ausführung

Bei der Erneuerung der Sanitärinstallation ist in besonderem Maße der zeitliche Ablauf sorgfältig zu planen und abzustimmen. Bei Maßnahmen in bewohnten Räumen ist ein mit den einzelnen Handwerksfirmen abgestimmter Terminplan als verbindliche Vertragsgrundlage vorzusehen. Hier wie nirgends sonst an der Baustelle ist Disziplin in der Einhaltung der Termine Voraussetzung für eine zügige Abwicklung.

Arbeitsabfolge

1. Rohbauarbeiten.
2. Rohinstallation Sanitär, Elektro, Heizung, Lüftung.
3. Schachtabmauerung.
4. Fenstereinbau.
5. Bodeneinbau – Unterboden (incl. Dämmung, Schallisolierung).
6. Wandunterbau.
7. Wandisolierung im Bereich von Wanne oder Dusche.
8. Einbau von Wanne oder Dusche.
9. Erdung von Wanne oder Dusche.
10. Fliesenarbeiten incl. Duschwannen- oder Wannenabmauerung.
11. Türeinbau.
12. Putzer- und Malerarbeiten.
13. Objektinstallation Sanitär, Heizung, Elektro, Lüftung, Anschluß Waschmaschine.
14. Nacharbeiten und Reinigung.

7 Bei fehlendem Anschluß an das Kanalleitungsnetz muß eine Mehrkammer-Klärgrube gesetzt werden.

8 Handwerkliche Badeinbauten sind entsprechend kostenaufwendig.

Vorfertigung

Durch den Einsatz von vorgefertigten Teilen kann der zeitliche Ablauf beschleunigt und die Zahl der beteiligten Handwerker vermindert werden. Die Einsatzmöglichkeiten vorgefertigter Teile sind jedoch aufgrund der Maßverhältnisse im Altbau beschränkt. Vorgefertigte Komplettbäder sind aufgrund der Größe und des Gewichts der Einzelteile weder über das Treppenhaus noch durch das Fenster an Ort und Stelle zu bringen. Im Einzelfall können eventuell Teile über das Dach mittels Kran angeliefert werden. Eine solche Lösung ist jedoch die Ausnahme. Sie setzt voraus, daß ein entsprechend großer Schacht bis zum Dach durchgeführt wird und ein Kran an der Baustelle vorhanden ist.
Die handwerkliche Arbeit ist im Altbau preiswerter und anpassungsfähiger, zumal auch bei sämtlichen vorgefertigten Teilen die Anschlüsse in der Regel handwerklich hergestellt werden müssen. Diese Arbeiten werden von den Herstellerfirmen meist nicht geleistet und sind kostenmäßig einzukalkulieren.

Wand- und Fußbodenaufbau

Der Wand- und Fußbodenaufbau in Bädern und Naßräumen ist besonders sorgfältig zu planen und auszuführen. Die gefürchtetsten Schadensursachen sind Leckstellen an Duschen und Wannen, wo durch schadhafte Verfugung oder Schäden im Anschlußbereich zum dauerelastischen Kitt ständig geringe Mengen Feuchtigkeit in Holz und Mauerwerk eindringen. Auch mangelhafte oder fehlende Dampfsperren vor allem an Außenwänden mit Innendämmung führen zur Tauwasserbildung und Kondensat im Gefüge. Hier liegt die Ursache für Fäulnis durch Pilzbefall (s. Kap. B 3.2 „Holzschutz").
Bodenabläufe in Naßräumen sollten mit Ablaufanschluß von der Dusch- oder Badewanne ausgerüstet sein, um ein Austrocknen zu vermeiden. Sie sollten vor allem in Räumen mit einer Waschmaschine vorgesehen werden. (DIN 1986, Teil 1, Pkt. 6.2.3 beachten.) Achtung: Hinreichende Schwellenhöhe an der Tür und Gefälle zum Ablauf vorsehen! Auf alle DIN-Bestimmungen zur Leitungsführung, Dimensionierung, Lüftung usw. wird hier nicht hingewiesen. Sie gelten sinngemäß.

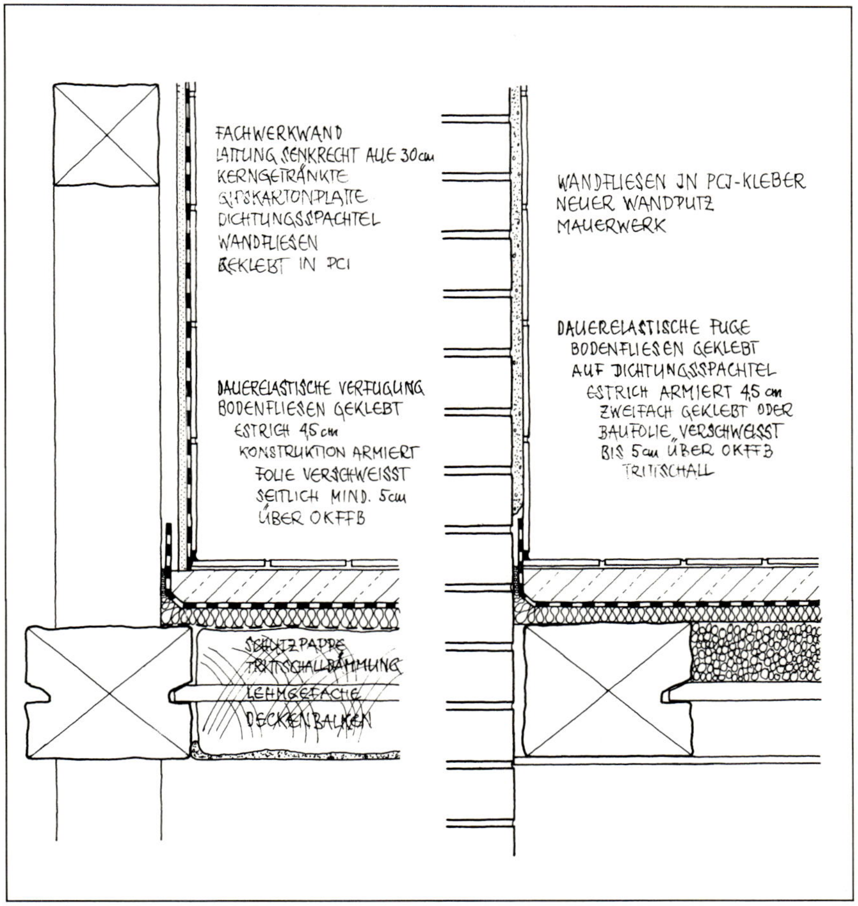

9 Fußboden und Wandaufbau in Feuchträumen beim Fachwerk und beim Massivbau mit Holzbalkendecken.

Ausführungsbeispiele

In Abbildung 10 sind die wichtigsten Detailpunkte bei der Planung von Feuchträumen zeichnerisch erläutert.

1. Wand- und Bodenaufbau Duschwanne. Häufigster Schadenspunkt im Altbau, weitreichende Folgeschäden an der Konstruktion.
2. Bodenanschluß an Türschwelle.
3. Aufhängung Waschbecken Fachwerk oder Ständerwand, Riegel in Aufhängungshöhe.
4. Aufhängung Waschbecken an Stahlrahmen vor dünnen Trennwänden, Sockelbereich für Installationsführungen nutzen.

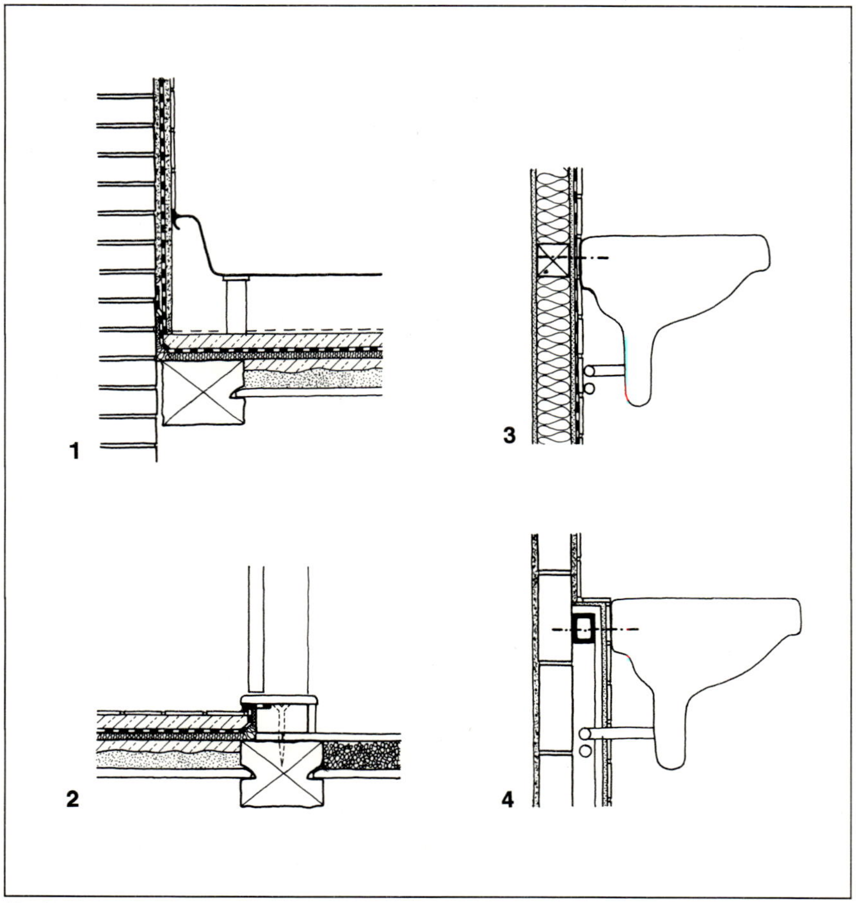

10 Wichtige Detailpunkte bei Feuchträumen.

Planerische Gesichtspunkte

Im Zeitalter der Energieverknappung hat das Thema Heizung eine bedeutende Stellung in der gesamten Haustechnik eingenommen. Erstellungs- und Verbrauchskosten müssen in ihrer wechselseitigen Abhängigkeit von Fall zu Fall gründlich gegeneinander abgewogen werden unter Berücksichtigung aller Faktoren wie z. B.:

- Kosten für die Projektierung
- Kosten für die Ausbesserung oder Erneuerung von Schornsteinen
- Kosten für Heizzentrale, Anschlüsse, Lagerraum, Installation
- Kosten der Unterhaltung
- Verbrauchskosten.

Bei jedem Bauvorhaben müssen erneut die verschiedenen möglichen Heizsysteme nach diesen Gesichtspunkten einander gegenübergestellt und optimiert werden.

Optimierungsziele

1. Die Angemessenheit der Anlagekosten in Bezug auf den Verbrauch und umgekehrt.
2. Die Angemessenheit der Folgekosten wie Verbesserung des Wärmeschutzes an Fassade und Fenstern usw. in Verbindung mit den Anlagekosten und der zu erwirtschaftenden Verbrauchsminderung.
3. Die Anpassungsfähigkeit von Heizungsanlagen an verschiedene Energieträger wie feste, flüssige oder gasförmige Brennstoffe, hierdurch bedingte Mehrkosten und ihre Angemessenheit in Bezug auf mögliche Ersparnisse.
4. Physiologische und baubiologische Gesichtspunkte für die Verträglichkeit einer Heizung, ihre positiven und negativen Auswirkungen auf Raumluftqualität, Temperatur der raumumgrenzenden Teile, Staubentwicklung usw. (s. Kap. A4 „Baubiologie").

Die technische Entwicklung auf dem Gebiet der Beheizung, vor allem bei den zentralen Feuerungsanlagen hat sich in den letzten Jahren im Zuge der Energieverknappung stark beschleunigt und kann hier nicht erörtert werden. Gesprächspartner hierfür ist der kompetente, altbauerfahrene Fachingenieur oder eine entsprechende Fachfirma. Zu Spezialthemen wie die Beheizung von Kirchen und Großräumen zur Versammlung und Produktion wird auf die im Anhang genannte Literatur verwiesen.

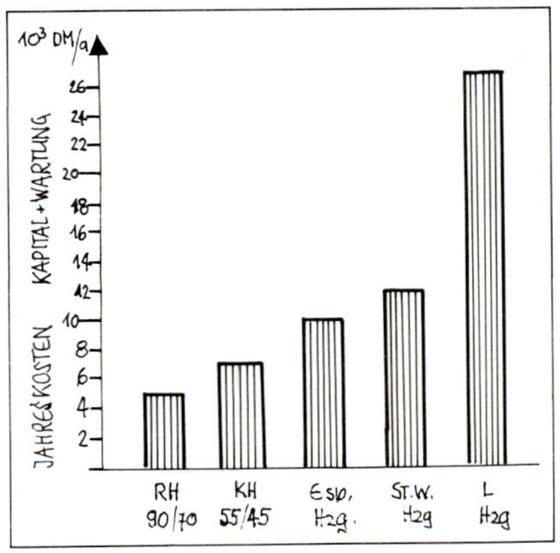

1 Jahreskosten verschiedener Heizsysteme nach Moog [Lit. B 3.1-8].

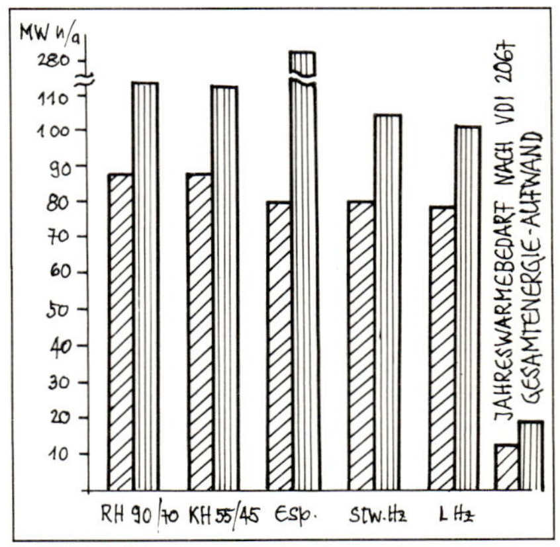

2 Jahreswärmebedarf und Gesamtprimärenergieaufwand verschiedener Heizsysteme nach Moog [Lit. B3.1-8].

Ausführungshinweise

Heizungsanlagen und ihre Rohrsysteme haben mit ca. 40 Jahren eine wesentlich geringere Lebensdauer als ein umfassend modernisierter Altbau, der unter normalen Bedingungen noch mindestens 100 Jahre bestehen kann. Deshalb sind Ausführungsqualität und Erneuerungsmöglichkeit (Zugänglichkeit usw.) besondere Aufmerksamkeit zu widmen. Alle Regeln zur Vermeidung von Schallbelästigungen sind wie unter Kap. B 2.8/2 erläutert zu befolgen. Speziell bei Heizleitungen ist darauf zu achten, daß sie bei allen Wand- und Deckendurchgängen Filz oder ähnliche Ummantelungen erhalten, die wärmebedingte Bewegungen geräuschlos ermöglichen (sonst Knackgeräusche bei Leitungsausdehnung). Alle Rohrführungen sind leicht zugänglich zu erhalten, um Reparaturen zu ermöglichen (evtl. Revisionsklappen).

3 Heizungsleitungen sind an allen Wand- und Deckendurchbrüchen mit Filz zu umwickeln.

Situation

An die technische Mängelfreiheit von Schornsteinen werden heute vor allem beim Anschluß von optimierten Zentralheizungsanlagen wesentlich höhere Anforderungen gestellt als früher. Die Schornsteine, die wir im Altbau antreffen, haben in der Regel eine lichte Weite von 27/27 cm (altes Ziegelmaß) und sind einschalig mit 12,5 cm Ziegelmauerwerk in Kalkmörtel ummauert oder als Lehmziegel im Lehmmörtel ausgeführt (gute Haltbarkeit und hohe Elastizität!). Sie waren für den Anschluß von Einzelöfen mit festen Brennstoffen vorgesehen (Holz, Braunkohle, Steinkohle, Torf).
Historische Öfen haben einen Wirkungsgrad von maximal ca. 65%. Die Ausnutzung des Brennstoffs ist also erheblich geringer als bei modernen Zentralheizungsanlagen. Dies hat jedoch den Vorteil, daß die Rauchgase mit höheren Temperaturen den Schornstein erreichen.

4 Schornsteinköpfe – Abdeckung der Dachform angepaßt oder rein funktional.

Anschluß neuer Feuerstätten

Moderne Heizkessel haben häufig eine Energieausbeute von 90 – 95%. Die verbleibende Restwärme reicht daher vor allem bei zu großem Schornsteinquerschnitt häufig nicht aus: die stark abgekühlten Rauchgase unterschreiten schon im Schornsteinzug den Taupunkt. Dies führt zur Durchfeuchtung und Versottung der Schornsteinwandungen. Werden an alte, mit Kalkmörtel vermauerte Schornsteine moderne Ölfeuerungsstätten angeschlossen, so wird bei der Unterschreitung des Taupunkts Schwefelsäure frei. Diese hat die Eigenschaft, Kalk in wasserlöslichen Gips zu verwandeln. Dieser Prozeß führt zur Versandung der Mörtelfugen und zur Zerstörung des früher voll funktionsfähigen Kamins (bei der Verbrennung von 1 l Öl wird 1,25 l Wasser freigesetzt). Beim Abbrand von Gas ist die entstehende Schwefelsäurekonzentration geringer. Bei der Verbrennung von 1 m^3 Gas wird 0,5 l Wasser frei.
Holz enthält im frischgeschlagenen Zustand einen hohen Anteil an zellgebundenem Wasser. Für die natürliche Trocknung werden 1 1/2 – 2 Jahre benötigt, besonders bei Laubhölzern. Brennholz darf nicht mehr als 20% Feuchtigkeit enthalten, wenn es wirtschaftlich eingesetzt werden soll. Zu hoher Feuchtigkeitsgehalt des Brennholzes führt zur Kondensatbildung noch bei Temperaturen von 60 °C und zur Versottung des Kamins.
Glanzrußbildung im Kamin entsteht, wenn Holzabbrand bei zu geringer Zuluft erfolgt (Verschwelung, Gefahr des Kaminbrandes).

Bestandsüberprüfung

Vorhandene Schornsteine sind nach folgenden Gesichtspunkten zu untersuchen:

- □ Sind Mauerwerk und Mauerwerksverband in Ordnung (Abspiegeln)?
- □ Sanden die Fugen?
- □ Sind alte Ofenrohranschlüsse vorhanden und wurden sie gründlich genug verschlossen?
- □ Sind Ausblühungen vorhanden?
- □ Ist der Schornstein verzogen (nicht mehr zulässig?
- □ Wo liegen die Putztürchen (in Wohnräumen nicht mehr zulässig)?
- □ In welchem Zustand ist der Kaminkopf?
- □ Wieweit sind Holzteile (Sparren, Deckenbalkenauswechselungen) von der Innenkante des Zugs entfernt (Vorschrift: mind. 20 cm)?
- □ Wie groß ist der vorhandene lichte Querschnitt, Abstimmung mit der geplanten künftigen Beheizung.
- □ Ist die Kaminwandung ausreichend, um eine zu starke Reduzierung der Rauchgastemperaturen (Tauwasserbildung, Versottung) zu vermeiden.
- □ Sind zusätzliche Dämm-Maßnahmen erforderlich?

5 Sanierungsbedürftiger Schornsteinkopf.

Die Bestandsprüfung soll Klarheit darüber verschaffen, ob der vorhandene Kamin wiederverwendet werden kann oder abgebrochen werden muß. In Zweifelsfällen und bei dem geplanten Anschluß neuer Feuerstätten (Zentralheizungskessel, Thermen, Kachelöfen, offene Kamine) sollte in jedem Fall der zuständige Schornsteinfegermeister hinzugezogen werden. Er muß feststellen, ob der Schornstein für die gewünschte Beheizungsart ausgelegt ist, welche Reparaturen vorgenommen werden müssen oder ob er nicht verwendet werden kann.

6 Setzungsrisse beim einschalig gemauerten Lehmkamin.

Verbesserungsmaßnahmen

Heutige Einzelöfen und Zentralfeuerungsstätten benötigen einen geringeren Schornsteinquerschnitt als früher üblich. Eine Verbesserung der vorhandenen Schornsteine durch Einzug einer neuen Innenschale gibt die Möglichkeit vorhandene Schornsteinquerschnitte den neuen Erfordernissen anzupassen.

Nachfolgende Möglichkeiten der Innenverkleidung gibt es:

<u>Verengung des Durchmessers durch Leichtbeton</u>

Nur bei Anlagen, deren Abgastemperatur über 250 °C liegt geeignet; nicht für Niedertemperaturkessel (Abgastemperatur 180 °C).

Mindestquerschnittsmaß ist baurechtlich aus Sicherheitsgründen vorgeschrieben. Herstellung: Einführung einer „Glocke" durch Rütteln, Anpressen des Mörtels an gemauerte Wangen, langsames Hochziehen wie Gleitschalung.

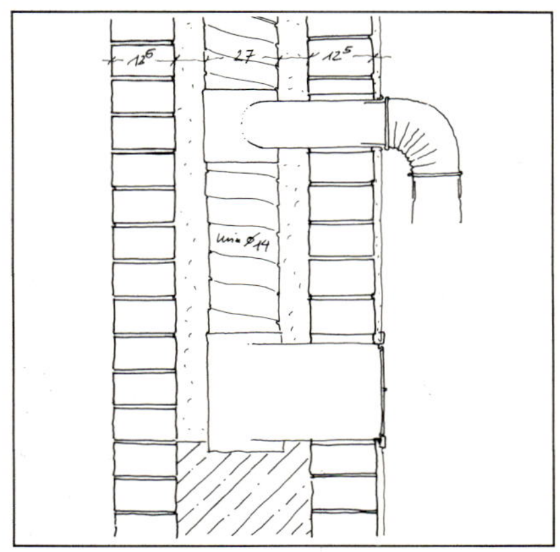

7 Alter einschalig gemauerter Schornstein mit neuem Innenrohr und Dämmschüttung.

Edelstahlrohr einführen
Zwischenraum mit nichtbrennbarer Dämmschüttung auffüllen. Benötigt den geringsten Platz (bei Normalkamin 27/27 cm neuer Rohrdurchmesser 8 – 10 cm kleiner). Vorteil: schnelle Aufheizung. Nur für flüssige und gasförmige Brennstoffe zugelassen. Kunststoffverbrennung führt zur Salzsäurebildung im Kondensat und zersetzt das Metall.

Einsetzen von Schamotteformteilen
Raum zwischen Schornsteinwand und Einsatz mit nichtbrennbarer Dämmschüttung ausfüllen. Erfordert größere Materialstärken als Edelstahlrohr. Alten Schornstein evtl. seitlich aufstemmen, Schamotterohr und Isolierung einsetzen, mit Bimsplatten vormauern. Verwendung auch von Formstücken möglich.

8 . . . weitab moderner Ausführungsrichtlinien.

9 Leistungsfähiger mehrschaliger Formsteinkamin.

10 Ging das wirklich nicht anders?

Bei der Veränderung von Schornsteinen sind die folgenden Regeln einzuhalten:

- Vor der Dimensionierung der Querschnitte mit dem Bauherrn verbindlich alle Feuerstätten, Brennstoffwahl und Kessel festlegen und schriftlich bestätigen, um die erforderliche optimale Abstimmung zwischen Schornstein und Feuerstätte zu gewährleisten
- genaue Dimensionierung der erforderlichen Querschnitte durch Schornsteinfegermeister, die dafür bereits Computerprogramme einsetzen können
- Faustregel: Holzfeuerung Mindestquerschnitt 18/18 cm (Gefahr des Zulaufens bei kleineren Querschnitten). Gasfeuerung Mindestquerschnitt 10/10 cm
- verschiedene Feuerungsarten nie an einen Schornstein anschließen
- mehrere Einzelfeuerstätten können an einen Kamin angeschlossen werden (Warmluftkachelofen mit Heizkessel gilt als Einzelfeuerstätte)
- Kachelgrundöfen sind keine normgeprüften Feuerstätten. Sie brauchen einen eigenen Kamin. Den Querschnitt bestimmt am besten der Ofensetzer (zugabhängig)
- offene Kamine und Kaminöfen benötigen je einen eigenen Schornstein
- ein für Öl- und Gasfeuerung ausgelegter Schornstein kann nicht ohne weiteres auf feste Brennstoffe umgestellt werden. Ist dies beabsichtigt, sollte ein zweiter Schornsteinzug vorgesehen werden
- alte, nicht mehr benötigte, aber noch intakte Schornsteine können evtl. mit einer Abdeckplatte (Beton) verschlossen werden. Diese ist bei späterem Bedarf leicht wieder zu entfernen.

Grundsätze

Guter Wärmeschutz und sparsamer Verbrauch mindern die Energiekosten spürbarer, als es durch eine Optimierung von Energieträger und Heizungssystem möglich ist. Mit Ausnahme von Holz (nur in ländlichen Bereichen sinnvoll) sind die Kosten des Energieträgers bezogen auf die nutzbare Wärmeeinheit heute kaum nennenswert unterschiedlich. Sparsamen Energieverbrauch garantieren Kessel mit hoher Ausnutzung (85 – 95%), thermostatgesteuerte Vorlauftemperatur-Regelung mit Witterungsfühler und eventuell getrennte Vorläufe für Nord- und Südseite eines Hauses, Nachtabsenkung usw.
Die Wahl des Energieträgers ist eine Frage des Standards und der verfügbaren Energien und nur in Verbindung mit Gebäudeart, gewähltem Heizsystem und technischem Zubehör zu optimieren.

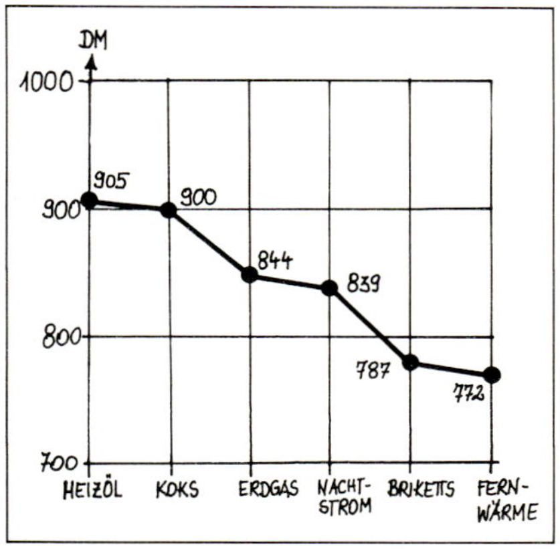

11 Energiekosten der wichtigsten Energieträger nach „Das Haus" 2/82.

Entscheidungskriterien

Die Wahl des Energieträgers hängt ab von:
- Verfügbarkeit bzw. Transportmöglichkeit (Gas, Fernwärme, Holz, Torf)
- Anschlußkosten (z. B. Gasanschluß, Nachtstrom)
- Lagermöglichkeit (Lagerbedarf bei Holz, Kohle, Öl)
- Platz für Heizzentrale im Keller (Zentralheizung, mit allen Brennstoffen möglich).

Die Abbildungen 1 und 2 zeigen, daß höhere Anlagekosten in der Regel zu geringeren Verbrauchskosten führen. So kostet eine Luftheizungsanlage mehr als eine Radiatorenheizung, während die Verbrauchskosten sich umgekehrt verhalten.
Einen wichtigen Aspekt bei der verantwortlichen Wahl des Energieträgers sollte in Zukunft der Primärenergieverbrauch sein. Hier schneidet z. B. Strom extrem ungünstig ab, da bei seiner Erzeugung bereits ca. 70% der Gesamtprimärenergie als Abwärme verloren gehen.
Der Einsatz von elektrischem Strom zu Heizzwecken sollte daher auf Ausnahmen beschränkt bleiben. Ist keinerlei Lagermöglichkeit vorhanden, stehen als Alternative Erdgas (nur im städtischen Bereich bei vorhandener Zuleitung) und – falls vorhanden – Fernwärme zur Verfügung. Lagermöglichkeiten außerhalb des Gebäudes kommen für Öl und Flüssiggas in Frage sowie für Holz. Kohle und Öl können bei vorhandenen Lagerflächen kostengünstig in der Heizzentrale benachbarten Kellerräumen untergebracht werden.
Sogenannte alternative Energieträger kommen zur Zeit in der Regel als Zusatzheizungen oder für den bivalenten Betrieb in Frage. Nähere Angaben hierzu s. Kap. A 5 „Energieeinsparung" und Spezialliteratur.

12 Holz – erneuerbarer Energieträger.

Grundsätze

Die Wahl des Heizsystems kann nur in Verbindung mit den Fragen des Standorts, der Gebäudeart, der Verfügbarkeit von Energie und den persönlichen Ansprüchen an Sicherheit und Komfort erfolgen. Dabei müssen die spezifischen Gegebenheiten des alten Gebäudes genau erkannt werden und als Rahmenbedingungen in die Überlegungen einfließen.

Folgende Punkte müssen zwischen Bauherr und Architekt sorgfältig abgestimmt werden:

- bevorzugter bzw. zur Verfügung stehender Energieträger
- Beheizungsrhythmus (Dauerbeheizung oder kurzer sporadischer Betrieb) und Anzahl der zu beheizenden Räume
- Reaktionszeit der Anlage, Anpassung an Wärmebedarfsschwankungen
- Kombination mit alternativen Energieträgern z.B. über Solaranlagen oder Wärmepumpen (bivalenter Betrieb)
- wohnphysiologische Aspekte, Raumklima, Strahlungswärmeanteil der Heizung
- Bedienungsaufwand
- Abrechnungsart der Heizkosten

13 Plazierung der Heizkörper beim Fachwerk in der Gefachfläche.

14 Doppelkessel-Kombination für verschiedene Energieträger. Foto: Haas + Sohn

- Art der Leitungsführung und -verteilung
- Kombination von Heizung und Warmwassererzeugung gewünscht
- Art der Heizkörper und technischen Zusatzausstattungen.

Die Art des Heizsystems muß je nach Gewichtung der einzelnen Punkte von Fall zu Fall am Ort entschieden werden.
Ein Großteil der vorhandenen Altbauwohnungen verfügt noch über alte Ofenheizungen oder veraltete Zentralheizungssysteme. Grundsätzlich muß jedoch davon ausgegangen werden, daß die zentrale Beheizung als Etagenheizung oder Gebäudezentralheizung bzw. Fernwärmeanschluß dem geforderten Modernisierungsstandard entspricht.
Einzelfeuerstätten sind die Ausnahme, werden jedoch im privaten Wohnungsbau wieder in steigendem Maße als krisensichere Zusatzheizung üblich.

Rohrführung

Bei der zentralen Beheizung liegt neben der Wahl des Energieträgers und den Fragen der Heizzentrale das planerische Schwergewicht auf Art und Umfang der Leitungsführung.
Ähnlich wie im Neubau besteht die Möglichkeit, mit Ein- oder Zweirohrsystem zu arbeiten.

Das Zweirohrsystem führt Vor- und Rücklauf getrennt in 2 Leitungen. Vorteil: gleichmäßige Wärmeverteilung.
Beim Einrohrsystem wird 1 Rohr über mehrere Heizkörper geführt mit dem Nachteil der Abkühlung nach hinten (bedingt steigende Heizkörpergrößen mit der Entfernung vom Wärmeerzeuger). Das Einrohrsystem wird in Verbindung mit Etagenheizungen beim Altbau bevorzugt, weil es preiswerter zu erstellen ist und die Leitungen mit geringerer optischer Beeinträchtigung im Sockelbereich zu montieren sind.
Wird der Fußboden ohnehin erneuert, ist besonders bei Mehrfamilienhäusern eine geschoßweise horizontale Verteilung mit einer vertikalen Zuleitung im Installationssammelschacht (bei zentralem Wärmeerzeuger) zu bevorzugen. Hier besteht jedoch evtl. die Gefahr der Beschädigung der neu verlegten Heizungsleitungen – insbesondere Kupferrohren – durch spätere Arbeiten am Fußboden (nageln, bohren usw.).
Bei unterer Verteilung in den Kellerräumen und senkrechter Leitungsführung an den Außenwänden wäre für eine verdeckte Leitungsführung ein erheblich größerer Schlitzanteil erforderlich. Wird eine solche Verteilung gewählt, empfiehlt es sich, die Leitungen frei vor der Wand zu führen und Deckendurchbrüche nur im erforderlichen Querschnitt zu bohren, so daß

die Leitungen in Gleithülsen durchgesteckt werden können.
Bei der Wahl des Heizungssystems ist auch die Art der Warmwasserbereitung mit zu berücksichtigen. Wird das Warmwasser nicht in unmittelbarer Nähe der Zapfstellen produziert, sollte eine Umwälzung stattfinden.
Für eine schnelle und unkomplizierte Rohrführung ohne Schweißen und Löten (Brandgefahr!) wurden Spezialrohre und Verlegeverfahren entwickelt. Hier gibt es Systeme mit vorgefertigten Bögen, Deckhülsen und Paßstükken, die wasserdichte Verbindung geschieht durch Preßzangen. Kupferrohre werden in Rollen oder Stangen geliefert und verlötet.
Läßt sich Schweißen nicht vermeiden, müssen vor Arbeitsbeginn alle benachbarten Holzteile mit Asbest oder anderem abgestellt werden (Gefahr des Schwelbrandes). Eventuell verkohlte Holzteile gründlich nässen!

15 Führung der Heizungsleitungen auf der Rohdecke bei Erneuerung des Unterbodens.

16 Absenkung bei Leitungskreuzung im Boden.

17 Sichtbare Rohrführung auf der Wand oberhalb des Sockels.

Brennstelle

Es wird hier darauf verzichtet, im einzelnen auf Öfen, Kessel, Thermen und die entsprechenden Brennerarten einzugehen, weil sich diese Fragen nicht vom Neubau unterscheiden. Für alle zur Verfügung stehenden Energieträger gibt es mittlerweile Brennstellen mit ausgezeichnetem Wirkungsgrad (Nachteile s. Kap. B 2.8/3.2 „Schornstein"). Im Einzelfall liegt es beim Auftraggeber, zwischen den Möglichkeiten zu entscheiden, die im Rahmen der verfügbaren Energie- und Lagermöglichkeiten in Frage kommen. Die Wirtschaftlichkeit jeder Maßnahme ist im Einzelfall durch vergleichende Kostenaufstellungen zu überprüfen. In der Kostenrelation schneiden z. B. bei größeren Mehrfamilienhäusern zentrale Kessel günstiger ab als die wohnungsweise Beheizung mit Thermen.
In den letzten Jahren hat sich eine Feuerstätte als krisensichere Zusatzheizung besonders im Altbau wieder stärker durchgesetzt: der Kachelofen. Die Techniken des Kachelofenbaus sind nach dem starken Rückgang der Aufträge schon seit den 30er Jahren weithin in Vergessenheit geraten. Heizungen dieser Art werden jedoch nicht nur von erfahrenen Fachbetrieben, sondern von fast jedem Fliesenlegergeschäft und sogar per Versand angeboten.
Um der wachsenden Nachfrage gerecht zu werden, soll auf die wichtigsten Punkte hier kurz eingegangen werden.

Grundsätze

Kachelöfen sind seit dem 14. Jahrhundert bekannt. Neben alten bäuerlichen Formen mit verputzter Lehmoberfläche sind in unserem Bereich gekachelte Außenflächen, häufig handgefertigt und mit Zierart oder Malerei geschmückt, gebräuchlich. Kachelöfen sind in ihrer ursprünglichen Form Speicheröfen mit handwerklich gemauerter Feuerung für Holz, Torf und Braunkohlebriketts. In ihnen wird die durch die Verbrennung freigewordene Wärme gespeichert und mit zeitlicher Verzögerung und sinkender Wärmeleistung abgegeben. Dabei besteht selbst bei hohen Oberflächentemperaturen der Kacheln (90 – 100 °C) keine Verbrennungsgefahr (geringe Wärmeleitung der Kacheloberfläche).
Kachelöfen werden in der Regel als Zusatzheizung, seltener als Hauptheizung eingebaut. Eine verwirrende Vielzahl von Typen und Bauarten, die in handwerklicher Herstellung oder als Fertigbausätze auf dem Markt angeboten werden, erschwert die Wahl für Bauherr und Architekt.

18 Warmluftkachelofen mit handgeformten Kacheln.

Voraussetzungen für den Einbau

Vor dem Einbau eines Kachelofens sind die folgenden baulichen Voraussetzungen zu überprüfen:

Schornstein
- Lage und Eignung vorhandener Schornsteine
- Querschnitt und Höhe (erforderlicher Zug)
- baulicher Zustand.

Bei der Beurteilung bzw. Planung des erforderlichen Schornsteinanschlusses sollte in jedem Fall der zuständige Schornsteinfegermeister hinzugezogen werden.

19 Variante eines Warmluftkachelofens.

20 Reinigungsöffnung zur späteren Reinigung der Kachelofenzüge.

Wärmebedarf, Art der Beheizung

- Lage und Größe der zu beheizenden Räume
- Ein- bis Zweiraumheizung: Grundofen, evtl. durch die Wand gemauert, Wärmeleistung je nach Größe der Kacheloberfläche und Bauart, max. 6000 kcal/h
- Mehrraumheizung: Warmluftofen ohne und mit Warmwassereinsatz, Wärmeleistung bis 13000 kcal/h Grundofen mit Warmwassereinsatz, Wärmeleistung bis 9000 kcal/h
- Wärmezuführung über Kachelflächen (Strahlungsheizung); Luftschächte (Warmluft); Heizkörper (Warmwasser, Niedertemperaturheizung)
- eventuell Brauchwassererwärmung über Wärmetauscher (Warmwassereinsatz)
- Kombination mit vorhandener Zentralheizung möglich (Warmwassereinsatz).

Brennstoff und Art des Ofens

1. Holz:

- Holzbrandofen (gemauerte Feuerstelle ohne Rost)
- Grundofen (gemauerte Feuerstelle mit Rost, evtl. mit Warmwassereinsatz)
- Warmluftofen mit Gußkesseleinsatz (mit und ohne Warmwasser).

Geringer Ascheanfall, relativ großer Platzbedarf für Holzlager, Arbeitsaufwand Holzbearbeitung.

2. Brikett und Kohle:

- Grundofen (gemauerte Feuerstelle mit Rost)
- Warmluftofen mit Heizkessel (mit und ohne Warmwasser).

Hoher Ascheanfall, Lagermöglichkeiten erforderlich, keine Bearbeitungskosten.

Lage der Feuerstelle

- Wegen des hohen Gewichts auf ausreichende Tragfähigkeit der Unterkonstruktion achten
- Lage des Ofens immer an der Innenwand, Wandoberflächen des Ofens den Außenwandflächen direkt gegenüber (Erwärmung der Außenwand über Strahlung)
- toten Strahlungswinkel beachten
- Lage der Feuerungsöffnung in Flur oder Küche, Nähe zum Brennstofflager, Schmutzanfall
- Bodenfläche vor der Feuerungsöffnung mit feuerfestem Belag versehen
- Stapelmöglichkeit für Tagesbrennstoffbedarf.

21 Gußeinsatz mit Wasserregister und Überhitzungsschutz.

22 Kachelinnenflächen werden mit Schamottefutter versehen zur Verbesserung der Speicherfähigkeit.

Bauart

Die erforderlichen Befeuerungsintervalle und die Speicherdauer des Ofens sind abhängig von der gewählten Bauart.

Bauart	Befeuerungsintervall – täglich –
schwer	1 × heizen
mittelschwer	1 × heizen, 1–3 × nachlegen
leicht	1 × heizen, mehrmals nachlegen

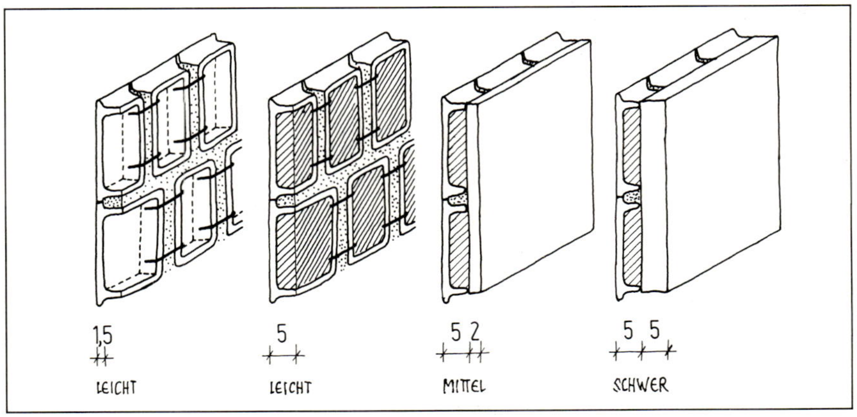

23 Wandaufbau der Warmluftzüge bei verschiedenen Bauarten (nach Grützmacher, Lit B2.8–10).

• Schwere Bauart
Wärmeabgabe nach 4 – 5 Stunden, niedrige Oberflächentemperatur (50 – 60 °C), Speicherdauer ca. 10 – 20 Stunden, Heizleistung 0,698 kW/m² h
• Mittelschwere Bauart
(auch Warmluftofen mit gemauerten Zügen) Wärmeabgabe nach 1 – 2 Stunden, Oberflächentemperatur 60 – 80 °C, Speicherdauer ca. 6 – 15 Stunden, Heizleistung 0,93 kW/m² h
• Leichte Bauart
(mit Warmlufteinsatz) Wärmeabgabe nach 1/2 – 1 Stunde, Oberflächentemperatur 80 – 90 °C, Speicherdauer ca. 3 – 5 Stunden, Heizleistung 1,163 kW/m² h.

Die Wahl der Bauart richtet sich nach der gewünschten Nutzung und den möglichen Feuerungsintervallen.
Grundsätzlich ist für eine Kachelofenzusatzheizung für 1 – 2 Räume (z.B. Wohn-Eßbereich) ein Kachelgrundofen zu empfehlen. Sein hoher Strahlungswärmeanteil und sein günstiger Einfluß auf die Luftionisation machen ihn zur physiologisch gesündesten Heizung. Grundöfen werden in der Regel vom Kachelofenbauer an Ort und Stelle gemauert. Es gibt auch Fertigbausätze zur Selbstmontage.
Sollen mehrere Räume von einem Grundofen aus beheizt werden, ist dies mit Hilfe eines Warmwassereinsatzes in der gemauerten Feuerstelle möglich. Bewährt hat sich vor allem ein Schweizer Patent. Deutsche Bauarten sind zur Zeit in der Entwicklung.
Handelsübliche Gußheizeinsätze werden in Kombination mit metallischen Nachheizkästen oder gemauerten Rauchgaszügen verwendet. Erstere gibt es auch als Fertigbausätze auf dem Markt. Kachelofen im ursprünglichen Sinne ist ein solcher Ofen nicht. Der Anteil an gesunder Strahlungswärme ist vergleichsweise gering, eine Speicherfähigkeit kaum vorhanden. Diese Nachteile werden bei Verwendung örtlich gemauerter Züge erheblich verbessert. Um eine Tauwasserbildung im Schornstein zu vermeiden, ist jedoch darauf zu achten, daß die Heizleistung der nachgeschalteten Züge nicht mehr als 20% der Heizleistung des Gesamteinsatzes betragen darf (genauere Angaben über die Herstellerfirmen).
Gußeiserne Heizeinsätze gibt es auch mit Wassertaschen zur Erwärmung von Brauch- oder Heizungswasser. Heizungswasser kann direkt eingespeist werden; für Brauchwasser ist die Kombination mit einem Standspeicher mit innerer Rohrschlange (Wärmetauscher) zu empfehlen. In jedem Fall muß eine Überhitzung des Wassers (Temperaturen ≧ 100 °C) vermieden werden. Ähnlich wie bei Zentralheizungen ist der Anschluß des Wasserkreislaufs als offenes oder geschlossenes System möglich. Bei geschlossenen Systemen ist der Anschluß eines Temperaturbegrenzers zu empfehlen. Der heizungstechnische Anschluß solcher Anlagen – auch eine eventuelle Kombination mit der vorhandenen Zentralheizung – erfolgt durch den Heizungsbauer. Für die Beratung in Detailfragen sind die entsprechenden Kachelofenbauer zuzuziehen.

25 Eingemauerte Feuerungstür eines Grundofens.

24 Wiederaufbau eines historischen Kachelofens.

26 Österreichischer Kachelgrundofen nach dem Wiederaufbau.

27 Kachelgrundofen für Holzfeuerung.

Bestand

Die in Altbauten vorhandene Elektroinstallation entspricht in der Regel nicht den neuesten VDE-Bestimmungen. Dies betrifft vor allem

- Hausanschluß, Ausführung und Dimensionierung
- Standort und Ausführung der Zähler
- Dimensionierung der Hauptverteilung
- Anzahl der Stromkreise
- Potentialausgleich, Nullung, Schutzschaltung
- Art und Anschluß von Steckern, Schaltern und Brennstellen.

Selbst bei neueren Installationen fehlt häufig die korrekte Erdung. Eine Erdung über die Wasserleitung ist nicht ausreichend und generell nicht zulässig.
Bei der Instandsetzung der Gebäudefundamente ergibt sich die Möglichkeit, einen neuen Banderder einzulegen. Wird das Fundament nicht freigelegt, empfiehlt sich die Verlegung von Banderdern auf dem Grundstück oder besonders in städtischen Bereichen die Anbringung von Staberdern.
In der Regel müssen Hausanschluß, Zähler, Verteilung, Unterverteilung und die Rauminstallation komplett erneuert werden.

1 Veraltete Leitungsführung – unzulässig und Gefahrenquelle.

Leitungsführung

Der Strombedarf, die Anschlußstellen in den einzelnen Räumen ändern sich schon deshalb, weil oft Veränderungen am Grundriß vorgenommen werden. Nach abgeschlossener Grundrißplanung werden auf der Grundlage eines präzisen Möblierungsplans in Absprache zwischen Architekt und Bauherr alle notwendigen Elektroanschlüsse (Steckdosen, Schalter, Brennstellen, Fernsprech-, Haussprech-, Klingel- und Antennenanschlußstellen) festgelegt. Die Lage dieser Anschlüsse sollte so gewählt werden, daß möglichst wenig Putzflächen beschädigt werden. Die Art der Leitungsführung beeinflußt erheblich die Folgekosten. Zentrale Verteilung und Verlegung an nur zwei Zimmerwänden sowie Deckenbrennstelle mit Affenschaukel von Wandverteilerdose ist die sparsamste Möglichkeit.

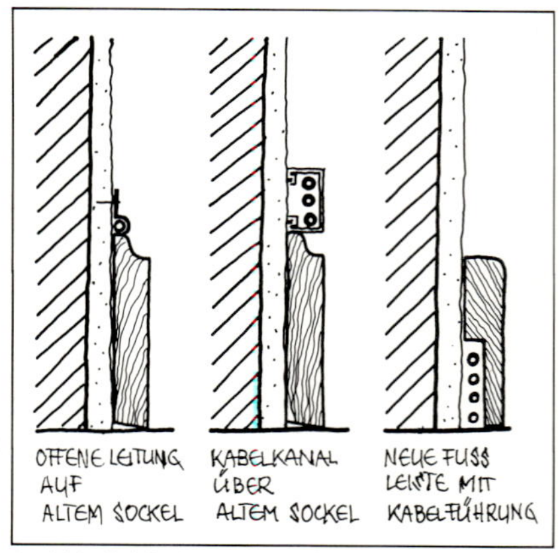

2 Möglichkeiten der Leitungsführung im Sockelbereich.

Verteilung, Absicherung

Die Verteilung kann oberhalb der Sockelleiste entlang der alten oder innerhalb neuer Türfutter erfolgen. Aufwendiger ist die Anbringung spezieller Sockelleisten. Werden bestimmte Installationsschlitze gewünscht, müssen in der Regel ganze Wandflächen neu verputzt werden oder mit einer neuen Putzschicht überzogen werden, da Ausbesserungen sich optisch abzeichnen. Bei Fachwerkhäusern mit inner sichtbarem Fachwerk muß besondere Sorgfalt bei der Leitungsführung erbracht werden. Alle Leitungen sollten bei freien Gefachen entlang der Holzteile geführt werden (Balkendurchführungen mittels Bohrung). Bei geschlossenen Füllungen in der erweiterten Fuge zwischen Lehm und Holz oder Ziegel und Holz bzw. im Holzstoß fahren, bei Erneuerung von Fußbodenaufbau oder Deckenuntersicht auch untere bzw. obere Verteilung in der Decke möglich. Grundsätzlich sind Putzbeschädigungen so gering wie möglich zu halten.

Wird die Leitungsführung nicht sorgfältig überlegt, sind die Folgekosten oft größer als die eigentliche Installation. Auch hier sollte nur mit Firmen gearbeitet werden, die bereit sind, mit Fingerspitzengefühl vorzugehen.

Die Hauptverteilungen für Stromnetz, Klingel-/Sprechanlage und Antenne sind möglichst im Treppenhaus im Sammelschacht zu führen, um in den Wohnungen Deckendurchbrüche und unnötigen Dreck zu vermeiden. Grundsätzlich kann mit Stegleitungen gearbeitet werden. Lage der Unterverteilung: möglichst an einer benachbarten Treppenhauswand (kurze Leitungswege, wenig Stemmarbeiten, geringe Belästigung der Bewohner).

Die Absicherung ist so vorzunehmen, daß pro Raum ein eigener Stromkreis vorhanden ist, Geräte mit mehr als 2 kW werden einzeln abgesichert. Für Drehstromgeräte ist ohnehin ein eigener Stromkreis erforderlich.

Bei der Elektroinstallation vor allem in der Nähe von Naßräumen stehen Gesundheit und Sicherheit im Vordergrund. Es ist deshalb nicht gestattet, Elektroinstallationen von einem Nichtfachmann machen zu lassen. Hier übernimmt der Architekt die Haftung für alle Folgen, falls dies mit seinem Wissen geschehen ist.

In Holzhäusern sollte die Stromzufuhr mit FI-Schaltern abgesichert sein, die schon bei geringen Störströmen (Gerätedefekt, Leitungsbeschädigung) das gesamte Netz abschalten. Hierdurch wird die Brandgefahr verringert.

Bei einer Erneuerung der Elektroinstallation empfiehlt es sich, vom Keller aus Leerrohre für Telefonanschlüsse vorzusehen. Bei Mehrfamilienhäusern ist die erforderliche Anzahl mit dem zuständigen Fernmeldeamt abzustimmen.

Alle weiteren Bestimmungen und technischen Informationen sind den entsprechenden DIN-Normen, den örtlichen Vorschriften der EDU und den Bestimmungen des VDE zu entnehmen.

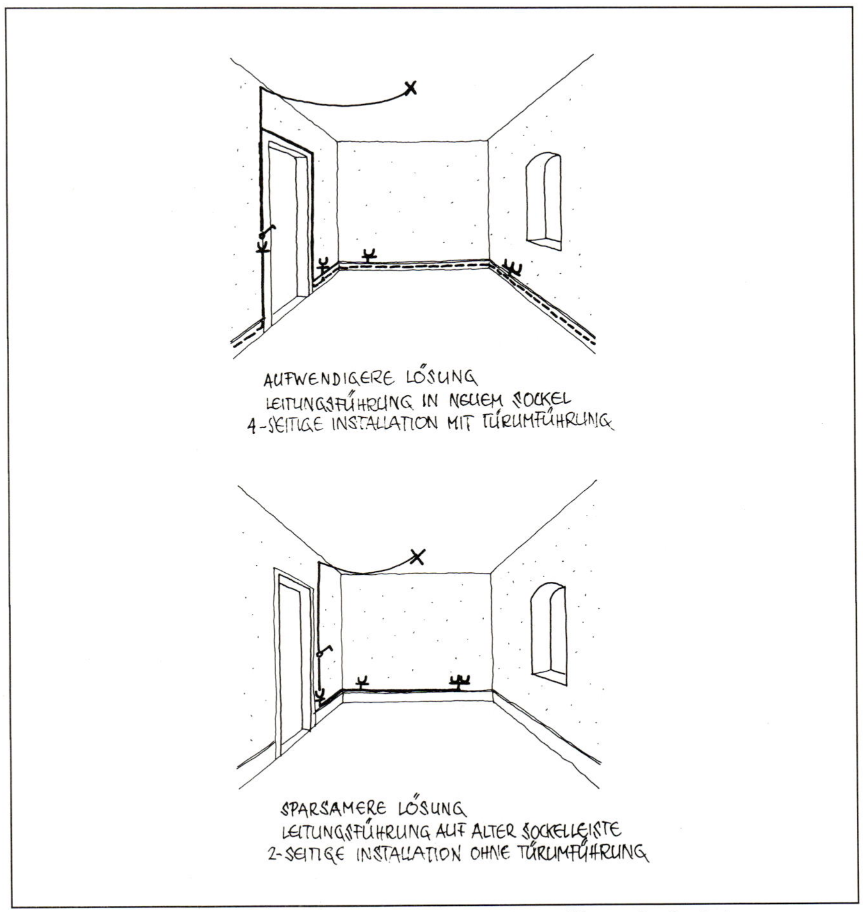

3 Sparsamere und aufwendigere Möglichkeiten zur Leitungsführung im Sockelbereich bei Neuinstallation.

Grundsätze für Wärmeschutzmaßnahmen

Gezielte Maßnahmen zur Verbesserung des Wärmeschutzes eines bestehenden Gebäudes sollen mit vertretbarem finanziellem Aufwand den Heizenergiebedarf merklich verringern und die Qualität des Innenraumklimas spürbar verbessern. Als Kriterium für die Behaglichkeit des Raumklimas kann dabei die Differenz zwischen innerer Oberflächentemperatur der raumumschließenden Flächen und der Raumlufttemperatur gelten. Als Richtwert ist hier eine Temperaturdifferenz $\leq$ 3K anzustreben. Dies bedeutet bei den üblichen Raumtemperaturen eine innere Oberflächentemperatur der Wand von 16 bis 18 °C. Unter diesen Bedingungen stellt sich keine übermäßige Wärmeabstrahlung des menschlichen Körpers ein. Die Situation wird als behaglich empfunden.

Die allgemein gültigen Grundsätze für den Einsatz von Wärmeschutzmaßnahmen im Altbau wurden bereits im Kapitel A5 „Energieeinsparung" erläutert. Hierbei wurde zwischen technischen und baulichen Maßnahmen unterschieden.

Schwerpunkte baulicher Maßnahmen sind entsprechend der Verteilung der Energieverluste (s. Abb. 1) im Bereich der Außenwände, Fenster, Kellerdekken und obersten Geschoßdecken bzw. Dächer anzusetzen.

Art und Umfang müssen an Ort und Stelle entsprechend den Anforderungen konzipiert und anschließend im Hinblick auf wirtschaftliche Vertretbarkeit überprüft werden.

Gesetzliche Bestimmungen zum Wärmeschutz enthalten die DIN 4108, das Energieeinsparungsgesetz vom Juli 1976, geändert 1980, sowie die Wärmeschutzverordnung vom 24. Februar 1982, in Kraft getreten am 1. 1. 1984. Darin werden bestimmte Mindestdämmwerte zwingend vorgeschrieben. Sie gelten in der Regel für den Neubaubereich und haben für Altbauten nur Orientierungscharakter.

Die Wärmeschutzverordnung vom Februar 1982 bringt jedoch in ihrem 4. Abschnitt sowie in der Anlage bindende Aussagen für Veränderungen an bestehenden Gebäuden. Die genannten Anforderungen sind für Gebäudeteile einzuhalten, die erstmalig eingebaut, ersetzt oder erneuert werden (diese Formulierung läßt einen gewissen Interpretationsspielraum frei).

Dessen ungeachtet wächst bei steigenden Energiepreisen und dem ständigen Abbau nicht erneuerbarer Energieträger immer mehr die Notwendigkeit, sinnvolle, auf Materialien und Charakter des Gebäudes, seine Nutzung und den zur Verfügung stehenden finanziellen Rahmen abgestimmte, bauliche Maßnahmen für eine Erneuerung anzustreben.

Wärmeschutzmaßnahmen sollten so ausgeführt werden, daß unter Berücksichtigung der oben genannten Rahmenbedingungen vermeidbare Wärmeverluste unterbleiben.

Dabei ist vor einer einseitigen Überbewertung des winterlichen Wärmeschutzes (extrem hohe *k*-Werte, sehr leichte Wandkonstruktionen) abzura-

Begrenzung des Wärmedurchgangs bei erstmaligem Einbau, Ersatz und bei Erneuerung von Bauteilen (aus Wärmeschutzverordnung vom 24. Februar 1982)

Zeile	Bauteile	max. Wärmedurchgangskoeffizienten W/(m² K) [1]	erf. Mindestdämmstoffdicke ohne Nachweis [2]
	1	2	3
1	Außenwände	0,60	50 mm
2	Fenster	Doppel- oder Isolierverglasung	
3	Decken unter nicht ausgebauten Dachräumen und Decken (einschließl. Dachschrägen), die Räume nach oben oder unten gegen Außenluft abgrenzen	0,45	80 mm
4	Kellerdecken und Decken gegen Erdreich, Wände und Decken, die an unbeheizte Räume grenzen	0,70	40 mm

[1]) Der Wärmedurchgangskoeffizient kann unter Berücksichtigung vorhandener Bauteilschichten ermittelt werden.

[2]) Die Dickenangabe bezieht sich auf eine Wärmeleitfähigkeit $\lambda = 0{,}04$ W/(mK). Bei einzubauenden Dämmstoffen oder Baustoffen anderer Wärmeleitfähigkeiten sind die Dämmstoffdicken entsprechend anzugleichen. Vorhandene Mineralfaser- oder Schaumkunststoffe dürfen mit einer Wärmeleitfähigkeit von 0,04 W/(mK) bewertet werden.

ten und auf die Bedeutung des sommerlichen Wärmeschutzes (Wärmespeicherfähigkeit der Baustoffe, Temperaturamplitudendämpfung, Phasenverzögerung) für die Qualität des Raumklimas hinzuweisen.
Die beste Wärmedämmung leisten trockene Bauteile. Daher ist der erste Schritt für einen sinnvollen Wärmeschutz, übermäßige Durchfeuchtung von Bauteilen durch aufsteigende Grundfeuchte, Regen, Grund- und Oberflächenwasser zu vermeiden (s. z. B. Kap. B 2.1 „Bauteile im Erdreich“, B 2.2 „Außenwand“). Auch falsch ausgeführte Dämmung kann zur Durchfeuchtung von Bauteilen durch Kondensatbildung führen. Entsprechende Ausführungshinweise in Absatz 3.

Im folgenden werden in Fallbeispielen nach Bauteilen geordnet Lösungsmöglichkeiten für Verbesserung des Wärmeschutzes, ihre Durchführung und Auswirkungen behandelt.

Wärmeverluste eines Gebäudes

Hauptwärmeverluste

a) Außenwandflächen, Heizkörpernischen und Außentüren;
b) Fensterflächen (Transmissionswärmeverluste und Lüftungswärmeverluste), Rolladenkästen;
c) oberste Geschoßdecke bzw. Dachfläche;
d) Kellerdecke bzw. Fußboden des untersten Geschosses.

Baumaßnahmen zur Reduzierung der Wärmeverluste

Zu a)
- Außendämmung unter hinterlüfteter Verkleidung oder Putz
- Innendämmung
- Gefacherneuerung mit wärmedämmenden Materialien (Fachwerk)
- Falzdichtung von Außentüren
- Windfang.

Zu b)
- Reparatur oder Ersatz beschädigter Teile
- Anbringen zusätzlicher Fensterflügel
- Isolierverglasung
- Klappläden.

Zu c)
- Zusätzliche Dämmschichten auf der obersten Geschoßdecke
- Dachdämmung zwischen oder unter den Sparren (hinterlüftet!).

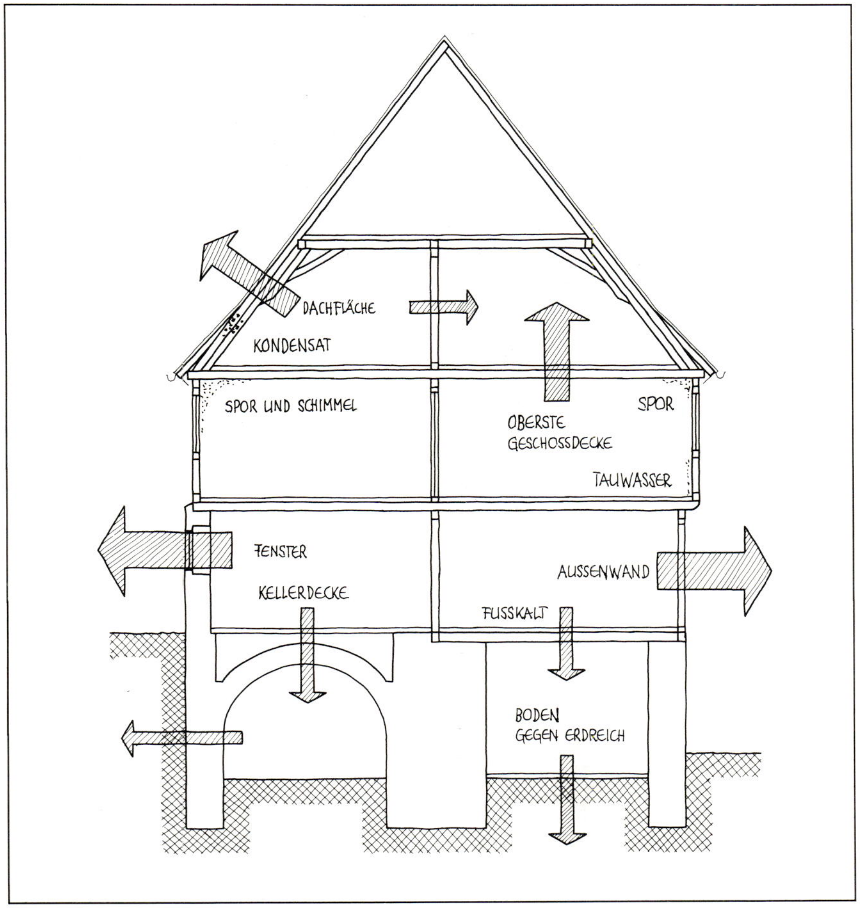

1 Hauptwärmeverluste eines Gebäudes und ihre Auswirkungen.

Zu d)
• Unterseitige Dämmung der Kellerdecke bei Holzbalkendecken oder Stahlbetondecken
• wärmedämmende Fußbodenaufbauten über Gewölbekellern oder in nicht unterkellerten Bereichen.

Schäden bei ungenügender oder falsch ausgeführter Dämmung
1. Winterliche Wärmeverluste.
2. Tauwasseranfall, Spor- und Schimmelbildung in den Raumecken.
3. Kondensatbildung in der Außenwand.
4. Kondensatbildung oberhalb der Dachdämmung (Durchfeuchtung der Dämmschicht).
5. Überhitzung der Räume im Sommer.
6. Barackenklima.

2 Sporbildung in den Raumecken bei ungenügender Wärmedämmung der Außenwand.

Fallbeispiele Außenwand

1. Ziegelmauerwerk
$d = 24$ cm

Einschalige Außenwand: Vollziegelmauerwerk d = 24 cm, k = 1,53 W/m²·K;
▷ Wärmeschutz unzureichend.
Dampfdiffusionswiderstandsfaktor μ = 9. Kondenswasserbildung im Winter: ca. 180 g/m²; Austrocknung im Sommer (rechn. Wert): 840 g/m²;
▷ bei ausreichender Lüftung i. allg. schadensfrei.
[Berechnung s. Dittert Lit. B 3.1–1]

Wärmetechnische Verbesserungen

- *Bauphysikalisch günstigste Lösung: Außendämmung, erhält die Speicherfähigkeit der Wand*
- *wirtschaftlich in der Regel nur bei sowieso fälliger Fassadenerneuerung*
- *aus gestalterischen Gründen bei gegliederten Fassaden wie z. B. Sichtmauerwerk oder Mauerwerk mit Werksteinteilen (Fensterlaibungen usw.) abzulehnen, bei denkmalgeschützten Gebäuden i. allg. untersagt*
- *in diesen Fällen prüfen, ob bei geschütztem Standort evtl. Wärmeschutzmaßnahmen an anderen Bauteilen zu ausreichenden Verbesserungen führen (z. B. Fenster, Dach u. a.)*
- *Innendämmung wie unter Beispiel 1.3 beschrieben als Notlösung*
- *Regional auch Kerndämmung mit Außenhaut aus Klinkern.*

1 Einschalige Außenwand aus Vollziegelmauerwerk mit dekorativen Werksteingewänden.

1.1 Außendämmung unter hinterlüfteter Verkleidung

Ausführungshinweise

1. Nur Dämm-Materialien mit Dampfdiffusionswiderstandsfaktor ≤ μ – Ziegelwand verwenden, sonst Gefahr der Kondensatbildung in der Wärmedämmung.
2. Aufbringen der Dämmschicht nur auf ausreichend trockene Wände (Durchfeuchtung der Dämmschicht).
3. Ausreichende Hinterlüftung gewährleisten.
4. Verkleidungsmaterial dem Charakter des Gebäudes anpassen, keine verunstaltenden Verpackungen mit sterilen Materialien.

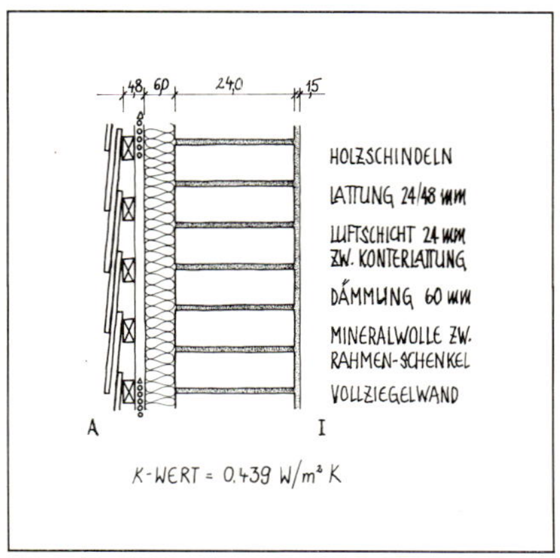

2 Außendämmung unter hinterlüfteter Verkleidung, Lufteintritt im Sockelbereich, Luftaustrittsöffnungen am Dachanschluß.

3 Alte Holzverschindelungen sind in der Regel nicht hinterlüftet angebracht.

1.2 Außendämmung unter armiertem Putz

Ausführungshinweise

1. Für die Ausführung werden häufig komplette Systeme angeboten.
2. Außenseitige Wärmedämmung ohne Hinterlüftung sollte die Diffusionsfähigkeit des Mauerwerks nicht behindern.
3. An historischen Bauten i. allg. nur solche Dämmsysteme anwenden, die mit mineralischen Putzen und Anstrichen arbeiten, die Putzstruktur dem Gebäudecharakter anpassen (z. B. glatte Spachtelputze).
4. Fensterlaibungen in die Dämmung einbeziehen.

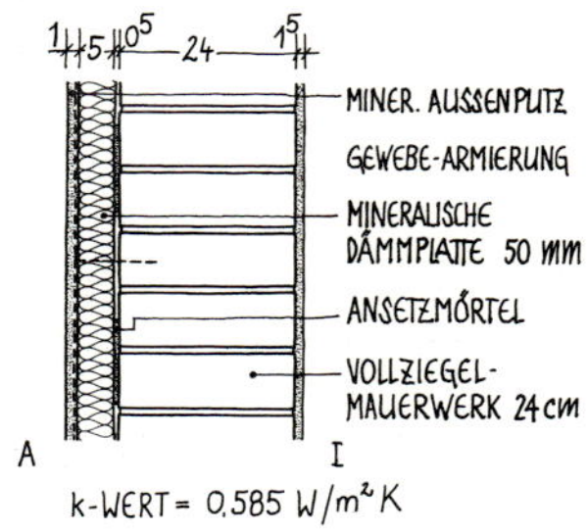

α_i = 8,3 W/m²K
α_a = 23,3 W/m²K

Nr.	d m	λ W/mK
1	0,015	0,820
2	0,240	0,470
3	0,005	0,820
4	0,050	0,820

Temperaturverlauf	
ϑ_i =	20,0 °C
ϑ_{wi} =	17,5 °C
$\vartheta_{w1/2}$ =	17,2 °C
$\vartheta_{w2/3}$ =	6,7 °C
$\vartheta_{w3/4}$ =	6,6 °C
$\vartheta_{w4/5}$ =	–13,9 °C
ϑ_{wa} =	–14,1 °C
ϑ_a =	–15,0 °C

Taupunkt 50% = 9,3 °C

4 Außendämmung mit mineralischen Dämmplatten, verputzt, mit Temperaturverlauf und Taupunkt.

1.3 Innendämmung mit Dampfsperre

Ausführungshinweise

1. Keine gestalterische Beeinträchtigung der Außenfassade.
2. Kostengünstige Lösung.
3. Verringert die Raumgröße.
4. Dampfsperre erforderlich, um Kondensatbildung zwischen Mauerwerk und Dämmschicht zu vermeiden.
5. Sorgfältige Fugenausbildung, evtl. zweilagige Dämmschicht mit überlappten Stößen.
6. Bei Unebenheit des Untergrunds Montage auf Ausgleichslattung.
7. Diffusionsfähigkeit und Speicherfähigkeit der Wand gehen verloren.

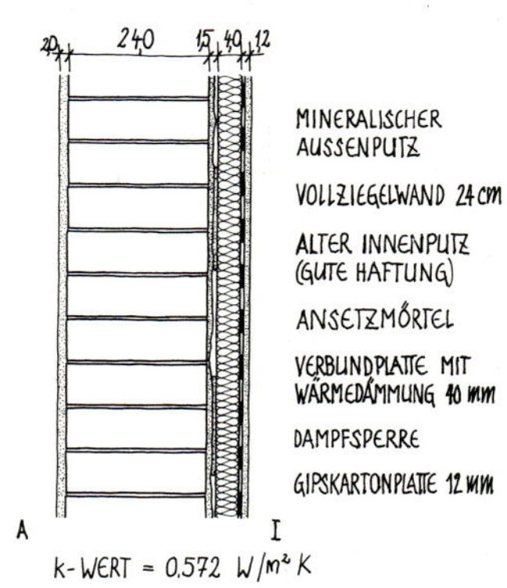

5 Innendämmung mit Dampfsperre.

6 Alufolie als Dampfsperre bei Innendämmung.

2. Ziegelmauerwerk
d = 50 cm

Einschaliges Ziegelmauerwerk d = 50 cm, beidseitig verputzt. Wärmedurchgangskoeffizient k = 0,784 W/m²·K

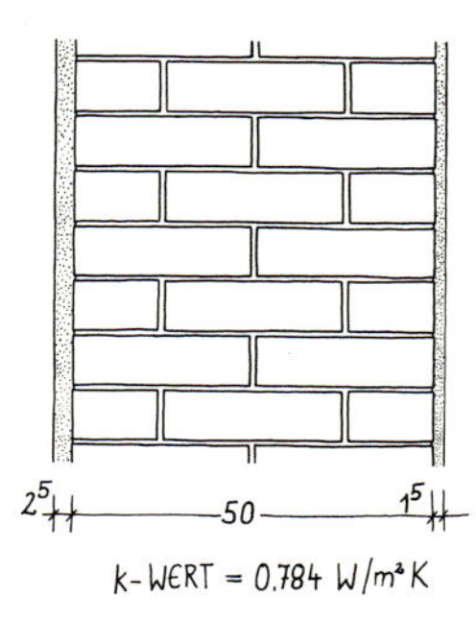

7 Einschaliges Vollziegelmauerwerk d = 50 cm.

Wärmetechnische Verbesserungen

- *Anbringen von Dämmschichten bringt keine Verbesserung der Wandeigenschaften*

▷ *zusätzliche Dämmung nicht sinnvoll*

- *für Trockenheit der Wand sorgen (höhere Dämmwirkung)*
- *das Ausdiffundieren anfallenden Kondensats ermöglichen durch Belassen bzw. Verwenden hochdiffusionsfähiger mineralischer Putze und Anstriche vor allem im Außenbereich.*

3. Natursteinmauerwerk

Einschaliges Natursteinmauerwerk d = 45 cm; Wärmedurchgangskoeffizient k = 2,675 W/m²·K;
▷ Wärmeschutz unzureichend.

Wärmetechnische Verbesserungen

- *Wände aus Natursteinmauerwerk besitzen i. allg. hohe Eigenfeuchte (z. B. Sandstein) und geringe Dämmwirkung, daher niedrige innere Oberflächentemperatur, jedoch vor allem im trockenen Zustand hohe Speicherfähigkeit und gute Temperaturamplitudendämpfung*
- *Verbesserung evtl. durch Anbringen einer Innendämmung möglich (mit Dampfsperre), unter Verlust der Wärmespeicherung und des Wärmegewinns durch Sonneneinstrahlung; bei dieser Ausführung Decken, Böden und Innenwände als Feuchtigkeitspuffer ausbilden, vor allem in Feuchträumen*
- *hinterlüftete Konstruktionen sind weniger schadensanfällig und sollten bei der Innendämmung bevorzugt werden*
- *empfohlene Dämmschichtstärke ≥ 6 cm.*

3.1 Innendämmung mit hinterlüfteter Vorsatzschale

Ausführungshinweise

1. Dämmschichten mit geringer Wasseraufnahme bevorzugen.
2. Durchgehende Dampfsperre aufbringen (nicht dicht schließende Stoßfugen erhöhen die Gefahr von Kondensatbildung im Mauerwerk).
3. Verkleidungsmaterialien i. allg. ohne absperrenden Deckanstrich verwenden (Pufferwirkung für auftretende Raumluftfeuchte).
4. Auf ausreichende Belüftung achten (keine dichtschließenden Fenster und Türen mit Lippendichtungen verwenden).
5. Kältebrücken zu anschließenden Bauteilen vermeiden.

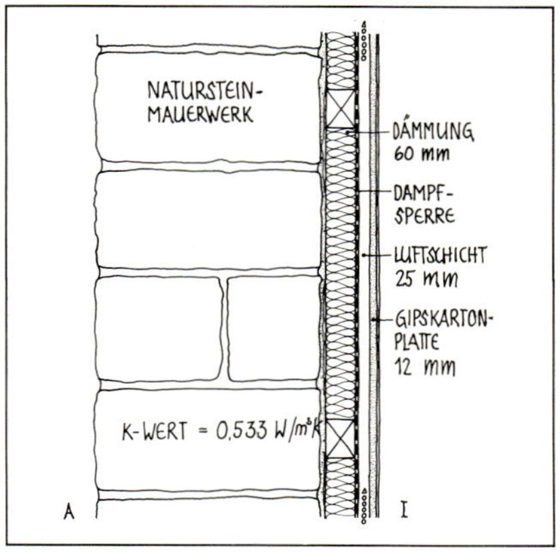

8 Innendämmung mit hinterlüfteter Verkleidung.

9 Trockene sauber verputzte oder verfugte Natursteinfassaden bedürfen häufig keiner zusätzlichen Wärmedämmung.

4. Fachwerk ausgemauert

Fachwerkkonstruktion, Holzquerschnitte 14/14 bis 16/16 cm. Ausmauerung Vollziegel d = 12,5 cm; Wärmedurchgangskoeffizient k = 2,959 W/m²·K;
▷ ohne Zusatzmaßnahmen wärmetechnisch nicht ausreichend.

10 Mit Ziegeln ausgemauerte Fachwerkgefache bringen keine ausreichende Wärmedämmung.

Wärmetechnische Verbesserungen
- *Außendämmung oder Innendämmung wie in Beispiel 1.3, 3.1 und 6.1 beschrieben sind möglich*
- *soll das Fachwerk innen und außen sichtbar bleiben, muß die Backsteinausfachung entfernt und durch eine Konstruktion mit besseren Dämmwerten ersetzt werden (s. Beispiele 4.1 und 7.1).*

4.1 Neuausfachung Sichtfachwerk mit Außendämmung

Ausführungshinweise
1. Nur mineralische Dämmplatten verwenden.
2. Anwendung mit ausreichender Dämmplattenstärke (≥ 6 cm) auch bei geringeren Balkenquerschnitten möglich, Konstruktion mit wärmedämmender und -speichernder Wirkung.
3. Auch mit innen sichtbarem Fachwerk möglich (gute Festigkeit der inneren Wandoberfläche).
4. Um Schlagregendurchfeuchtung im Anschlußbereich Holz/Ausfachung zu vermeiden, Dreikantleiste mit Moosgummidichtung vorsehen.

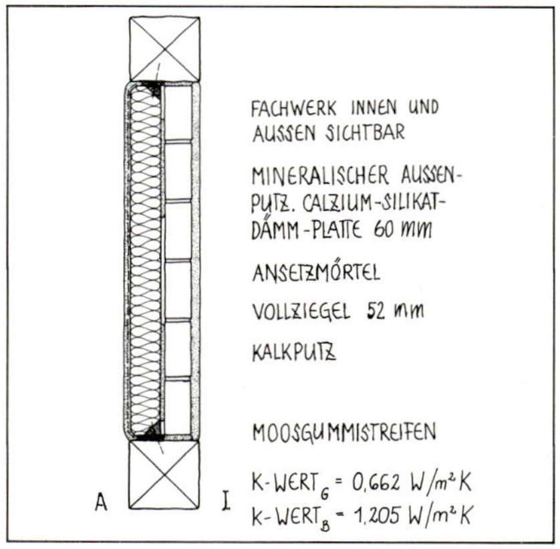

12 Wandaufbau bei Neuausfachung mit mineralischen Dämmplatten und Ziegeln.

5. Ziegelausmauerung in jeder Fuge nageln!
6. Dämmplatten mit 1 cm Abstand zum Holz einbringen, Fuge mind. 3 cm tief bzw. bis Moosgummi sorgfältig mit Außenputz auswerfen.
7. Dämmplatten hydrophobieren.
8. Hydraul. Kalkputz oder glatten Spachtelputz (mineralisch) zweilagig auf Spritzwurf, Putzstruktur s. Kap. B2.3.
9. Gewebestreifeneinbettung im Stoßbereich ohne Kontakt zur Platte.
10. Putzauftrag nach Angabe der Herstellerfirma.

11 Neuausfachung mit Vollziegeln als Untergrund für mineralische Dämmplatte.

13 Mineralische Dämmplatte mit seitlichem Abstand zu den Holzbalken auf Mauerwerk geklebt.

14 Sauberes Auswerfen der Fugen in einem Arbeitsgang mit dem Putz.

5. Fachwerk-Gefache Sichtmauerwerk

Sichtfachwerk mit Klinkerausmauerung $d = 12{,}0$ cm, *innen verputzt; Wärmedurchgangskoeffizient* $k_{Gefach} = 2{,}959$ W/m²·K *und* $k_{Holz} = 1{,}205$ W/m²·K;
▷ *wärmetechnisch auch für Klimazone 1 unzureichend.*

Wärmetechnische Verbesserungen
- *Bei Sichtmauerwerk nur als Innendämmung oder Kerndämmung mit Mauerwerksinnenschale durchführbar*
- *Anwendung raumweise nach Bedarf möglich, erforderliche Dämmschichtdicke nach Raumnutzung variabel*
- *auf einwandfreien Zustand der Verfugung und der Klinkeroberflächen achten, um eindringende Feuchtigkeit gering zu halten*
- *Innendämmung wie Beispiel 3.1 mit Lattung, Verbundplatten, hinterlüftete Konstruktionen (mit Dampfsperre!)*
- *Achtung bei Verwendung von Polystyrol: auf Unverträglichkeit mit Holzschutzmittel achten!*

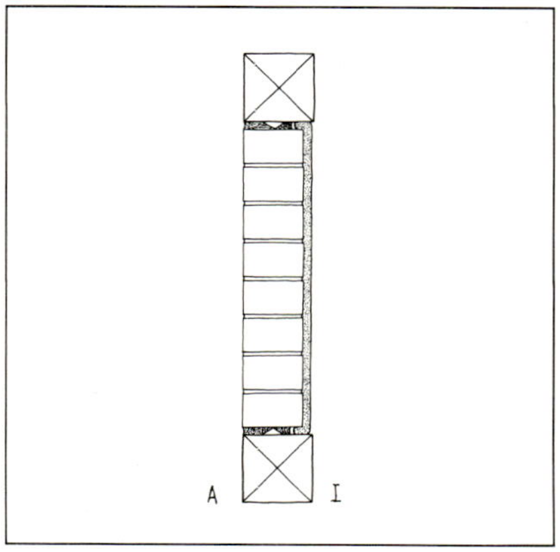

15 Klinkerausfachung beim Fachwerk, typische Wandausbildung im norddeutschen Bereich.

6. Fachwerkausfachung Lehmstakung

Stakung im allgemeinen Eiche, Weidengeflecht mit beidseitigem Strohlehmbewurf, Kalkputz außen, Kalkanstrich oder -putz innen.
Hochwertiges Material mit sehr guten Eigenschaften für das Raumklima, unbedingt erhalten.
Für den Dämmwert von Strohlehmausfachungen werden z.Z. sehr ungünstige Werte eingesetzt, die den Erfahrungen nicht entsprechen. In der Praxis bewährt, auch für sommerlichen Wärmeschutz.
rechn. k-Wert$_{Gefach} = 2{,}257$ W/m²·K

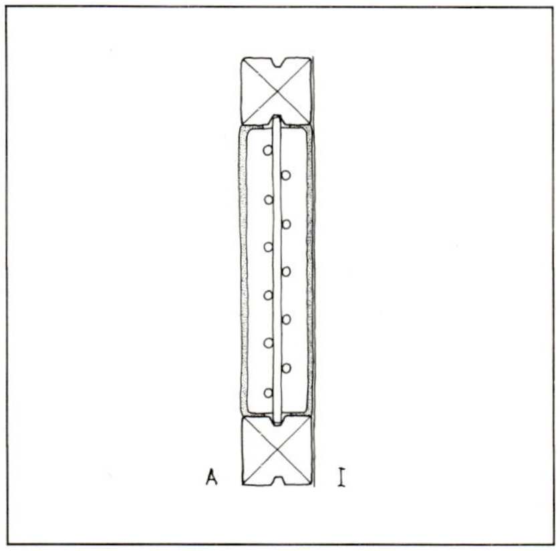

16 Gefachausbildung als Lehmstakung, im mittel- und süddeutschen Bereich üblich.

Wärmetechnische Verbesserungen
- *Beschädigte Gefache ergänzen wie in Kap. B 2.2/3 beschrieben*
- *überprüfen, ob durch andere Maßnahmen der Wärmeverlust ausreichend gesenkt werden kann*
- *für zusätzliche Dämm-Maßnahmen Außendämmung unter hinterlüfteter Verkleidung bevorzugen*
- *wo dies aus gestalterischen Gründen nicht möglich oder erwünscht ist, Innenverkleidung hinterlüftet, evtl. mit zusätzlichen Dämmschichten, bei geringer Dicke auch diffusionsfähig;*

▷ *Taupunktberechnung!*

6.1 Fachwerk-Außendämmung hinterlüftet

Ausführungshinweise
1. Art der Außenverkleidung dem Charakter des Gebäudes anpassen, i. allg. Holzverbretterung oder Verschindelung bzw. Verschieferung.
2. Hinterlüfteter Bereich ist Pufferzone für winterlichen und sommerlichen Wärmeschutz (wird bei der Berechnung des Wärmedämmwertes nicht angerechnet).
3. Dämmschicht darf den Dampfdurchgang nicht verhindern:
▷ μ*-Dämmung* $\leq$ μ*-Ausfachung!*
4. Auf ausreichende Lufteintritts- und -austrittsöffnungen ist zu achten.

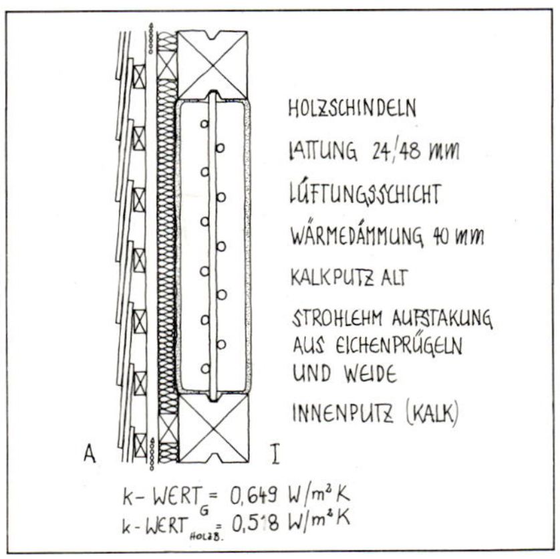

17 Außendämmung mit stark diffusionsfähigem Dämmaterial unter hinterlüfteter Verkleidung.

5. Luftöffnungen unbedingt mit Fliegengitter oder ähnlichem absichern gegen Eindringen von Insekten, Vögeln, Mäusen.
6. Verträglichkeit der Dämmung mit Holzschutzmittel beachten.

7. Fachwerk-Bruchsteinausmauerung

Eichenfachwerk mit Gefachausmauerung aus Bruchstein verputzt, d = 14 cm; Wärmedurchgangskoeffizient k_{Gefach} = 3,976 W/m^2·K.

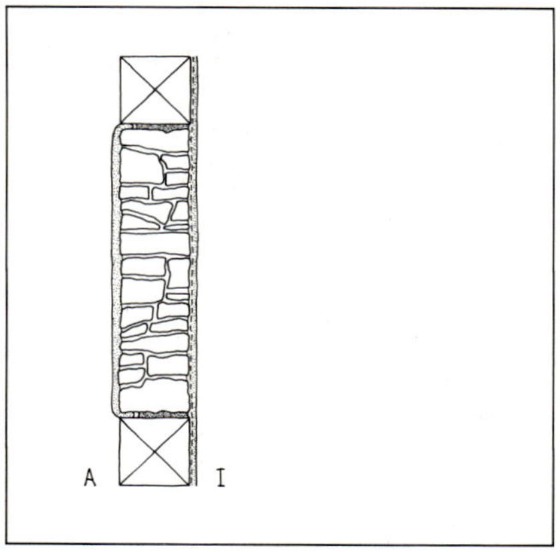

18 Fachwerkgefache mit Bruchstein ausgemauert.

Wärmetechnische Verbesserungen

- *Außendämmung unter hinterlüfteter Verkleidung z.B. aus Holzschindeln oder Holzschalung möglich*
- *aus gestalterischen Gründen und zur Erhaltung der konstruktiven Hölzer i. allg. Freilegen des Fachwerks zu empfehlen (bei Sichtfachwerk)*
- *ausreichende Dämmwerte erfordern in der Regel eine Entfernung der Gefache und Ersatz durch hoch wärmedämmende Konstruktionen*
- *aus Kostengründen auch Innendämmung wie unter Beispiel 1.3 und 3.1 beschrieben durchführbar.*

7.1 Neuausfachung Dämmung zwischen Putzträgern

Ausführungshinweise

1. Gefacherneuerung nur bei vorhandenen Ziegel-, Bims- oder Bruchsteinausmauerungen, Lehmgefache wo möglich immer reparieren und unbedingt belassen.
2. Leichtbaukonstruktion mit guter Wärmedämmung aber ohne Wärmespeicherung.
▷ Innenbauteile aus speicherfähigen Materialien belassen bzw. herstellen
3. Um Schlagregendurchfeuchtung im Fugenbereich zu vermeiden, vor allem an den Wetterseiten Moosgummidichtungen vorsehen (Fugen Holz/Ausfachung), evtl. auch dauerelastischen Kitt.
4. Bei Mineral-, Glas- oder Steinwolle nur halbsteife oder steife Platten verwenden, Matten rutschen nach einigen Jahren zusammen
▷ Verlust der Dämmwirkung.
5. Konstruktion mit geringen Materialkosten und relativ hohem Arbeitsaufwand, auch für Eigenbauarbeiten.
6. Trockenausbau, nicht frostgefährdet, Herstellung relativ witterungsbeständig, Schlagregendurchfeuchtung der Holzwolleleichtbauplatten vermeiden (Oberflächenschutz).
7. Mit zweilagigem mineralischen Putz auf nichtmetallischem Gewebe versehen, Fugen sorgfältig schließen!

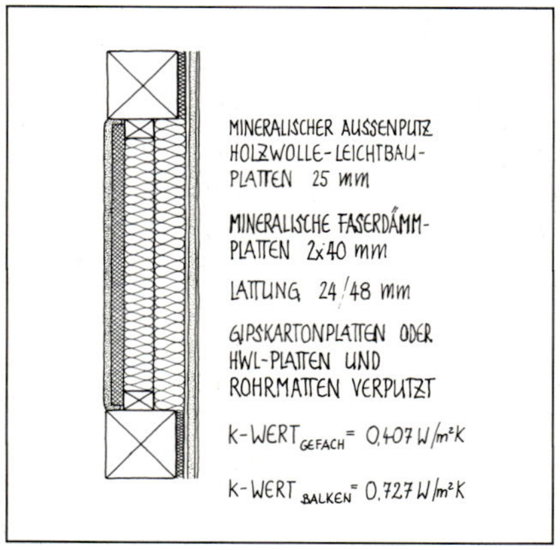

19 Neuer Gefachaufbau mit hoher Wärmedämmung, Fachwerk innen verkleidet.

21 Holzwolleleichtbauplatten müssen ausreichende Fuge zum Balken aufweisen, gut mit Putz auswerfen.

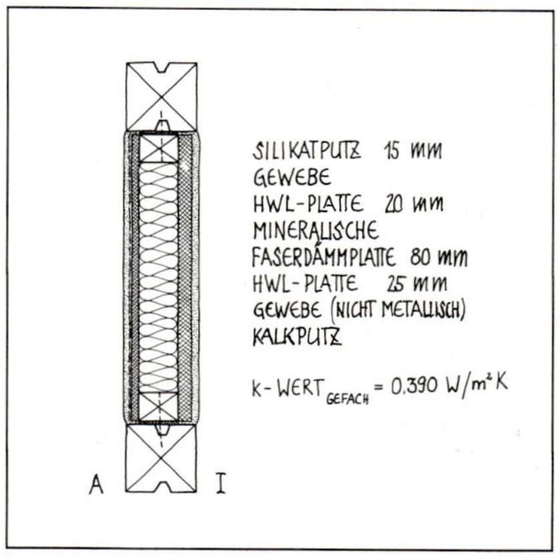

20 Neuer Gefachaufbau, Fachwerk innen und außen sichtbar.

22 Neue Fachwerkausfachung – fertig verputzt.

Fallbeispiel Geschoßdecke

1. Decke zum Dachraum

- *Holzbalkendecke mit Eicheneinschub (gespaltene Holzprügel) und Strohlehmwickel*
- *durchschnittliche Wärme- und Schalldämmung*
- *gute Diffusionsfähigkeit.*

Wärmetechnische Verbesserungen

- *Bei nur als Speicher genutzten Dachräumen Dämmung an der Dekkenoberseite am wenigsten aufwendige Lösung ohne Belästigung der Benutzer*

▷ kostengünstig bei Erhaltung der Speicherkapazität und Verbesserung der Dämmwerte!

- *i. allg. bestehende Materialien nur ergänzen und nicht entfernen*
- *bei sehr niedrigen Deckenhöhen im obersten Geschoß evtl. Entfernen der Deckenfüllung, Aufbau zwischen den Deckenbalken*
- *raumseitige Deckendämmung nur mit Dampfsperre. Dekordämmstoffkassetten bringen wärmetechnisch keinen Effekt und führen evtl. zu Durchfeuchtungsschäden.*

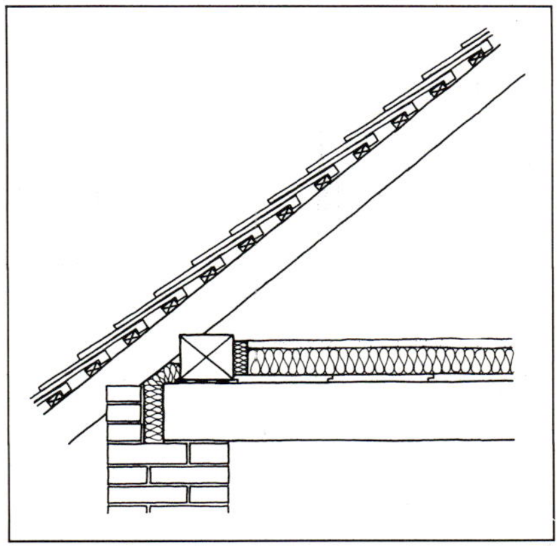

23 Dämmung der obersten Geschoßdecke.

1.1 Dachseitige Wärmedämmung

Ausführungshinweise

1. Alte Dielung entfernen.
2. Dämm-Matten zwischen Lagerhölzern (μ-Dämmung ≤ μ-Deckenfüllung).
3. Spanplatten Nut und Feder verleimt (zement- oder gipsgebunden) oder Dielung.
4. Raumseitige Dämmung bringt alle Nachteile einer Innenisolierung.
5. Bei geringer Raumhöhe im Dachgeschoß Ersatz der Füllung (Schlakke, Schutt) durch Dämmung (nur in Ausnahmefällen). Nicht bei Lehm!

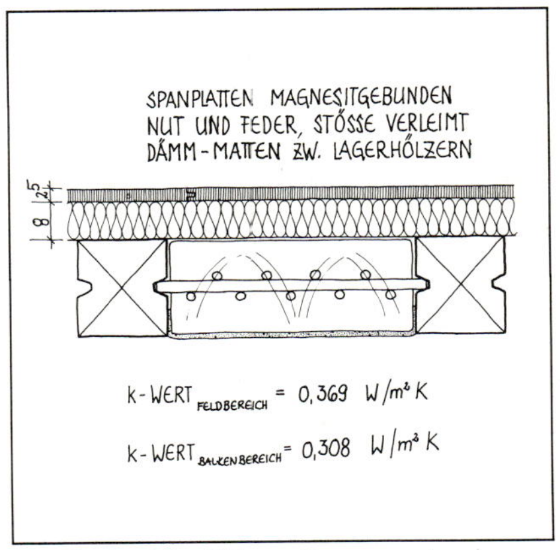

24 Dachseitige Wärmedämmung der obersten Geschoßdecke vermindert spürbar den Energieverbrauch.

26 Dachseitige Wärmedämmung mit Gehbelag aus Spanplatten.

25 Ungenutzter Speicher – Dämmplatten oder -matten können auf der Dielung lose verlegt und bei späterem Ausbau im Dach verwendet werden.

27 Dämmschüttung aus Korkschrot zwischen neuen Deckenbalken.

Fallbeispiel Dach

1. <u>Dach-Dämmung</u>

Dachräume in der Regel als Speicher genutzt, nicht ausgebaut.
Dachraum wirkt als thermischer Puffer und dient zur Durchlüftung der Dachfläche. Evtl. vorhandene Teilausbauten i. allg. mit nur einer Putzschicht auf Sparlattung oder Rohrmatten auf der Sparrenunterseite ohne zusätzliche Wärmedämmung.
Vorhandene Sparrenquerschnitte je nach Dachkonstruktion stark variierend.

28 Alte Dachausbauten besitzen in der Regel keinerlei Wärmedämmung.

29 Attraktiver Wohnbereich im ausgebauten Dach.

<u>Wärmetechnische Verbesserungen</u>
- *Nutzung von Dachräumen zu Wohnzwecken erfordert ausreichend dimensionierte und sorgfältig montierte Dämmung der Dachflächen*
- *Giebelflächen sind entsprechend den Angaben zu Außenwänden zu behandeln*
- *hinterlüfteten Konstruktionen ist gegenüber Warmdachkonstruktionen der Vorzug zu geben*
- *für ausreichende Lüftungsquerschnitte, Lufteintritts- und -austrittsöffnungen sorgen!*
- *fehlerhafte Ausführung und unzureichende Belüftung der Zwischenräume zwischen Dachhaut und Ausbauschale führen zu Schäden durch Feuchtigkeit*
- *nachträgliches Ausschäumen vorhandener Konstruktionen erscheint i. allg. nicht sinnvoll, bei Verwendung bestimmter Produkte wurden erhebliche Schädigungen durch giftige Materialausdünstungen gemeldet*
- *Wärmedämmung über den Sparren ist bei Altbauten aus gestalterischen Gründen i. allg. abzulehnen, führt zu aufgeblasenen Ortgangprofilen*
- *Dampfsperren sind bei ausreichender Hinterlüftung nur über Feuchträumen notwendig und sinnvoll (raumseitig montieren!).*

1.1 Dämmung zwischen den Sparren

<u>Ausführungshinweise</u>
1. Durch Aufdoppelung der Sparren gute Luftzirkulation möglich.
2. Freier Lüftungsquerschnitt zwischen Ausbauschale und Dachhaut ≥ 4 cm.
3. Lufteintrittsöffnungen an der Traufe in jedem Sparrenfeld, Luftaustritt durch Lüftungsziegel am First bzw. über Giebelöffnungen im Kehlspeicher. Fehlerhafte Ausführung führt zu Kondensatschäden!
4. Gut diffusionsfähige Dämmstoffe (μ = 1,0 – ca. 9,0) *verwenden.*
5. Windschutzpapiere ohne dampfbremsende Wirkung auf der Außenseite der Dämmschicht als Schutz gegen Flugschnee, Wind und kurzfristige Dachundichtigkeiten.
6. Bei korrekter Ausführung Dampfsperre nur in Feuchträumen notwendig.

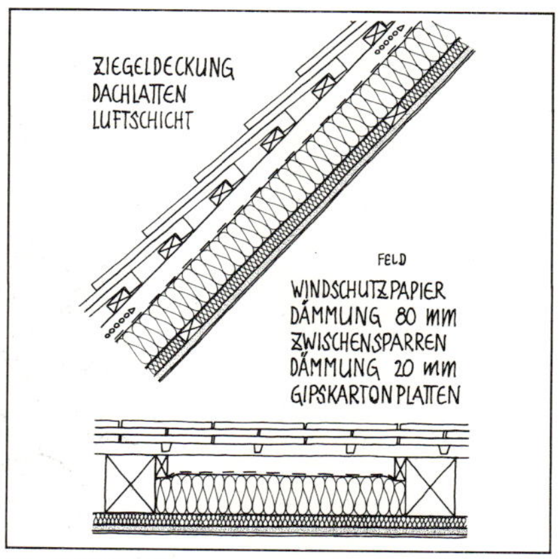

30 Wärmedämmung zwischen den Sparren bei Erhaltung von Lattung und vorhandener Deckung.

Fallbeispiele Kellerdecken und Fußböden gegen Erdreich

1. Holzbalkendecke

Erdgeschoßboden über Keller oder Kriechkeller häufig aus Holzbalkenlage, teils Eiche teils Nadelholz; Füllungen Strohlehm oder Schüttung aus Schlacke bzw. Schutt auf Einschubhölzern wie bei Geschoßdecken.
▷ Wärmeschutz unzureichend, fußkalt.

Wärmetechnische Verbesserungen
- *Bei gutem Zustand von Holzbalken und Einschub kellerseitige Dämmschicht als preiswerte, handwerklich einfache und bauphysikalisch sinnvolle Lösung*
- *kellerseitige Ausführung bei Kappendecken weniger, bei Gewölben kaum wirksam; hier raumseitige Dämmung bei Erneuerung des Fußbodens bevorzugen, evtl. auch Bodenbeläge mit geringer Wärmeableitung über bestehendem Fußboden (auf trockenen Zustand der vorhandenen Balkendecke und des Füllungsmaterials achten)*
- *falls Erneuerung der Kellerdecke erforderlich (Beurteilung des baulichen Zustandes s. Kapitel B 2.5 „Geschoßdecke") je nach Kellernutzung Aufbau mit vorwiegend wärmedämmenden oder einer Kombination von wärmedämmenden und wärmespeichernden Baustoffen wählen*
- *in jedem Fall gute Austrocknung durch ausreichende Belüftung und trockene Außenwände gewährleisten*
- *bei Mehrfamilienhäusern auf ausreichende Schallisolierung zwischen Erdgeschoßwohnung und Keller achten (s. DIN 4109).*

31 Holzfußboden gegen Erdreich verrottet besonders schnell, wenn er mit nicht diffusionsfähigen Belägen abgedeckt wurde.

32 Alter Holzboden war auf Rahmenhölzer direkt ins Sandbett verlegt, Wärmedämmung unzureichend.

1.1 Kellerseitige Dämmung

Ausführungshinweise

1. Entspricht bauphysikalisch dem Prinzip der Außendämmung. Ausreichende Tragfähigkeit der Balken und des Einschubs überprüfen, alle Holzteile, vor allem Weichholz, mit offenporiger Holzimprägnierung behandeln (auf Unschädlichkeit achten!).

2. Anbringen der Dämmplatten auf Lattung, Lattenabstand entsprechend der Plattenbreite (kein Verschnitt).

3. Kriterien für die Dämmstoffwahl:
a) Diffusionsfähigkeit (sonst Schäden am Holz zu erwarten);

33 Kellerseitige Dämmung einer Holzbalkendecke.

b) Feuchtigkeitsbeständig (organische Dämmstoffe für Kellerbereiche weniger geeignet);
c) evtl. streichfähige Oberfläche (auch Verbundplatte).

2. Fußboden über Gewölbekeller

Dielenboden auf in Sandschüttung verlegten Rahmenschenkeln, fußkalt, evtl. feucht, bei eindringendem Wasser oder absperrendem Bodenbelag Gefahr des Feuchtigkeitsstaues: Fäulnis, Schwammbildung.
▷ Wärmetechnisch unzureichend, fußkalt, feucht.

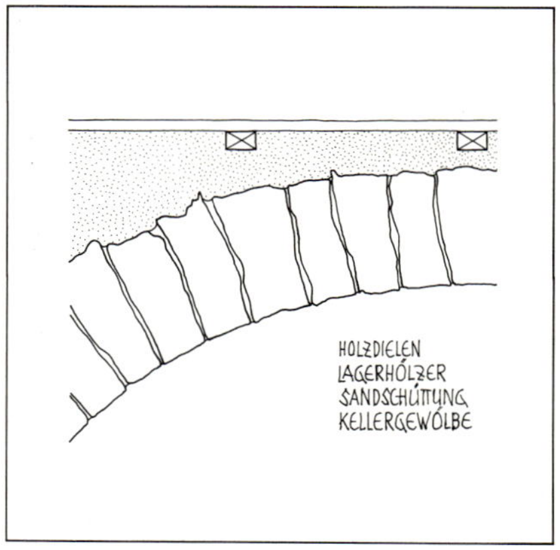

34 Dielenfußboden über Kellergewölbe – Bestand.

Wärmetechnische Verbesserungen

- *Wirkungsvoll nur bei raumseitiger Anordnung der Dämmschicht*
- *erfordert komplette Erneuerung des Bodens*
- *im erdfeuchten Bereich bzw. bei ungenügender Austrocknung des Gewölbekellers Ersatz des Holzbodens durch wärmegedämmten schwimmenden Estrich auf Magerbeton aus Lecakalk*
- *bei niedrigen Raumhöhen Aufbaustärke evtl. problematisch.*

2.1 Raumseitige Wärmedämmung

Ausführungshinweise

1. Erforderliche Höhe des Aufbaus ca. 8 bis 10 cm (Raumhöhe beachten!).
2. Evtl. zusätzliche Auskofferung möglich (bei Gewölben Stichproben am Gewölbescheitel).
3. Dämmschicht ausreichend gegen aufsteigende Feuchtigkeit isolieren. Falls Horizontalisolierung vorhanden, Anschluß der Feuchtigkeitssperre an Horizontalisolierung herstellen.
4. Bei Fußböden gegen Erdreich ebenso verfahren, evtl. erforderliche Absenkung des anstehenden Bodens nie unter Unterkante Fundament; in Ausnahmefällen Unterfangung erforderlich (s. Kap. B 2.1 „Bauteile im Erdreich").
5. Bodenbelag z. B. Tonplatten in armiertem Mörtelbett.
6. Dämmschichtdicke mindestens 4, besser 6 cm.

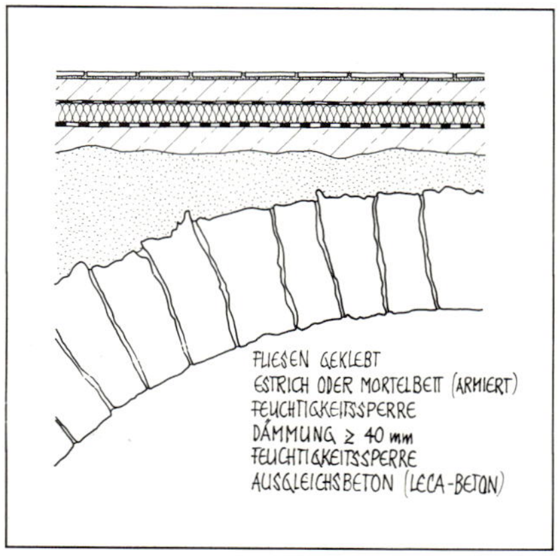

35 Neuer Plattenbelag auf Wärmedämmung und Feuchtigkeitssperre.

Fallbeispiel Fenster

Im allgemeinen Einfachfenster mit schadhaften Holzrahmen und/oder Kittfugen.
Bei Fenstern mit Futter und Bekleidung Undichtigkeiten im Anschlußbereich.

Wärmetechnische Verbesserungen

- *Ausbessern des beschädigten alten oder fehlenden Fensterkitts*
- *Nachstellen oder Erneuern vorhandener Beschläge*
- *Anbringen neuer Dichtungen in den vorhandenen Fensterfalzen*
- *Abdichten von Anschlußfugen durch Ausspritzen oder Ausschäumen*
- *Reparieren bzw. Neueinbau von Klappläden*
- *Einbau von zusätzlichen Fensterflügeln*
- *Einbau neuer Fenster auf vorhandenem Blendrahmen*
- *kompletter Fensteraustausch.*

Bei allen Maßnahmen ist neben entscheidenden gestalterischen Anforderungen die Erhaltung einer ausreichenden Fugenlüftung zu berücksichtigen. Aus diesem Grund sollten erst in Häusern ≥ 4 Geschosse Falzdichtungen verwendet werden.
Nähere Erläuterungen und Ausführungshinweise s. Kap. B2.3 „Fassade" und A5 „Energieeinsparung".

36 Altes Einfachfenster aus Holz, schließt nicht mehr dicht.

38 Fensterläden als Sonnenschutz und Energiesparer.

37 Neue Verbundglasfenster mit profilierten durchgehenden Sprossen.

39 Energieeinsparung?

Fensterkonstruktionen (Holzrahmen)
(Werte nach Nebel [Lit. B2.4–6])

Fensterart	Verglasungsart	k_F (W/m² K)
Einfachfenster	Einfachverglasung	5,8
Einfachfenster	2-Scheiben-Isolierverglasung 12 mm	3,0
Verbundfenster	2 × Einfachverglasung, Scheibenabstand ≥ 4 cm	2,6
Kastenfenster	2 × Einfachverglasung, Scheibenabstand ≥ 10 cm	2,6
Verbundfenster	Einfachverglasung und 2-Scheiben-Isolierverglasung	2,1
Zargenfenster	Einfachverglasung und 2-Scheiben-Isolierverglasung	2,0

Empfehlung zum Einsatz von Dämmstoffen im Altbau

Anwendungsbereich	Material	Wärmeleitzahl (W/m K)	Diffusionswiderstandsfaktor μ	spez. Wärmekapazität c (J/kg K)
Außenwände: Außendämmung a) hinterlüftet	• mineralische Faserdämmstoffe (DIN 18165)	0,041	ca. 1,2	840
	• pflanzliche Faserdämmstoffe (DIN 18165)	0,046	ca. 2,7	840
	• Korkplatten	0,041	3...30	1880
	• Holzwolle-Leichtbauplatten (magnesitgebunden)			
	d = 2,5 – 3,5 cm	0,093	2	2000
	d = 5,0 cm	0,081	2	
b) unter Putz	• mineral. Dämmputz	0,05...0,09	5...9	920
	• Kalzium-Silikat-Platten	0,05	5	
	• mineralische Faserdämmstoffe auf mineralischen Trägerplatten			
	• Holzwolleleichtbauplatten (magnesitgebunden) (kleinflächig anwenden)			
	d = 2,5 – 3,5 cm	0,093	2	1590–
	d ≥ 5,0 cm	0,08	2	2000
Außenwände: Innendämmung a) hinterlüftet mit raumseitiger Dampfsperre (Alufolie, Bitumenpappe)	• mineralische Faserdämmstoffe (DIN 18165) mit Alukaschierung	0,041	∞	840
	• Holzfaserplatten HFD, DIN 68750	0,046	∞	2100
	• Korkplatten	0,041	∞	1880
	• pflanzliche Faserdämmstoffe	0,046	∞	840
ohne Dampfsperre!	• Nadelholz	0,14		1670
b) ohne Hinterlüftung mit Dampfsperre	• EPS-Hartschaumplatten	0,041	100...300	1380
	• Polyurethan-Hartschaumplatten	0,035	50...100	1380
	• Schaumglas (Foamglas)	0,056	dampfdicht	840

Empfehlung zum Einsatz von Dämmstoffen im Altbau

Anwendungsbereich	Material	Wärmeleitzahl (W/m K)	Diffusionswiderstandsfaktor μ	spez. Wärmekapazität c (J/kg K)
Geschoßdecken Dämmung über, zwischen und unter den Balken	• Korkschrot-Schüttung	0,05	1	2000
	• Korkplatten	0,041	3...30	1880
	• Bimskies	0,185		
	• Blähton			
	• Perlite, Hyperlite	0,06	1	920
	• Weichfaserplatten	0,046	3...5	2100
	• mineralische Faserdämmstoffe	0,041	ca. 1,2	840
	• bituminierte Getreidespelzen			
	• Holzwolleleichtbauplatten	0,093 0,08	2 2	1590– 2000
Fußböden gegen Erdreich (mit eingebauter Sperrschicht)	• Korkschrot	0,05	1	2000
	• Hyperlite	0,06	1	920
	• EPS-Hartschaum	0,041	100...300	1380
	• Schaumglas			
Dach Dämmung hinterlüftet	• pflanzliche Faserdämmstoffe (z. B. Kokosfasermatten)	0,046	ca. 2,7	840
	• mineralische Faserdämmstoffe	0,041	ca. 1,2	840
	• Korkplatten	0,041	3...30	1880
	• Holzfaserplatten DIN 68750 (in Kombination mit anderen Dämmstoffen)	0,046	3...5	2100

Baustoff Holz

Seit frühester Zeit hat der Mensch in allen seinen Lebensbereichen Holz verwendet, als Brennstoff, zur Herstellung von Werkzeugen, zum Hausbau. Die ältesten, in unserem Raum überlieferten Holzbauten sind ca. 600 Jahre alt und haben chemische Holzschutzbehandlung nie gesehen. Fachkundige Verwendung und Verarbeitung gewährleisten eine hohe Dauerhaftigkeit dieses Materials.
Holz ist als natürlicher Werkstoff an seinem ursprünglichen Standort eingebunden in die Prozesse des Werdens und Vergehens. Holzzerstörende Organismen wie Pilze und Insekten wandeln totes Material im Zuge der natürlichen Stoffkreisläufe wieder um zu Erde und schaffen damit die Grundlage für neues Leben.
In diesen Entwicklungsprozeß greift der Mensch bei der Holznutzung steuernd ein, indem er den Abbauprozeß durch konstruktive oder chemische Maßnahmen verzögert bzw. verhindert. Die Grundlage hierzu bildet die Kenntnis der Lebensbedingungen (u.a. Feuchtigkeit und Temperatur) der einzelnen Schädlingsgruppen.

1 Holzskelett eines Fachwerkhauses aus dem 17. Jahrhundert – Eichenkernholz bis heute gut erhalten.

Historische Holzschutzmaßnahmen

Für einen langen Zeitraum der historischen Entwicklung stellten Holzschädlinge keine akute Bedrohung der Bausubstanz dar. Der Mensch machte sich die natürliche Schädlingsresistenz des Kernholzes zunutze und die materialspezifischen Besonderheiten einzelner Holzarten (z.B. hohe Dauerhaftigkeit des Eichenholzes unter Wassereinwirkung). Nach dem Prinzip: „Kernholz + Trockenheit = Holzschutz“ [Zit. Cymorek Lit. B3.2 – 1].
Bei steigendem Holzbedarf wurde im Bausektor das widerstandsfähige

2 Nadelholz, vor allem Splintholz, wird im Gegensatz zu Eichenholz vom Hausbock befallen.

3 Sichtbares Eichenfachwerk mit konstruktiv einwandfrei ausgebildeten Gefügeanschlüssen überlebt Jahrhunderte (Hof aus dem 18. Jahrhundert).

4 Vor allem an den gelenkigen Stößen der Fachwerkhölzer muß das Eindringen des Wassers verhindert werden.

5 Fehlende Unterhaltung und das Eindringen von Wasser führt zu schnellem Verfall.

Kernholz z.B. der Eiche durch schnellwüchsiges Nadelholz mit hohem Splintanteil ersetzt. Hier liegt eine der Grundursachen für das gehäufte Auftreten von Schäden.
Die zweite heißt Feuchtigkeitsanfall bzw. unzureichende Belüftung und Austrocknungsmöglichkeit des Holzes. Ursachen hierfür sind:
1. Mangelnde Unterhaltung des Gebäudes, Schäden an den wasserführenden Teilen.
2. Konstruktive Fehler.
3. Oberflächenverschluß bzw. „Verpacken" des Holzes durch ungeeignete, nicht ausreichend diffusionsfähige Verkleidungen, Dämmstoffe, Putze und Anstriche bzw. fehlende Hinterlüftung.

Historische Holzschutzmaßnahmen
- Verwenden von resistenterem Kernholz
- Flössen des Holzes vor der Verwendung (Entzug der Gerbsäure)
- gezielter Einsatz bestimmter Holzarten
- Einsatz von trockenem Holz aus der Winterfällung (Zeit des geringsten Saftdruckes, schnelle Austrocknung)
- Rußüberzug vor allem des Dachgebälks bei offener Feuerstelle ohne Schornsteinanschluß (Rauchhaus)
- konstruktiv einwandfrei ausgebildete Gefüge, die Eindringen von Wasser möglichst verhindern und schnelle Austrocknung gewährleisten.

Heute ist das Angebot ausreichend abgelagerter trockener Hölzer aus der Winterfällung so gering, daß neben den konstruktiven häufig chemische Holzschutzmaßnahmen erforderlich werden, um die Dauerhaftigkeit der Konstruktion zu sichern.

Chemischer Holzschutz

„Das Ziel eines ernsthaft gemeinten vorbeugenden Holzschutzes mit chemischen Mitteln ist die Idee, aus Kiefernsplintholz ein Eichenkernholz zu machen. Dies ist die natürliche Konzeption, wie sie uns der lebende Baum bei seiner Verkernung bei der Bildung und Ablagerung von abiotischen Kerninhaltsstoffen lehrt." [Zit. Cymorek Lit. B3.2–1]
Dies zeigt sogleich, daß eine vorbeugende chemische Holzschutzbehandlung an z.B. alten Eichenkernholzbalken überflüssig, ja unsinnig ist. Neu eingebaute Nadelholzteile sollten geschützt werden, wenn ihre Einsatzbedingungen einen eventuellen Befall begünstigen. [Nähere Angaben über Materialien und ihre Anwendung enthalten die DIN 52175 und 68800 sowie z.B. Sasse, Lit. 3.2–5.]
Chemischer Holzschutz ist in Altbauten – vor allem bei sichtbarem, der Luft zugänglichem Balkenwerk – in der Regel nicht notwendig, wenn kein akuter Befall vorliegt. Im Innenraum aber sollten für Holzbehandlungen nur giftarme, für Mensch und Haustier unschädliche Mittel eingesetzt werden.

6 Neue Holzteile nur mit Mitteln imprägnieren, die für Mensch und Haustier unschädlich sind.

Konstruktiver Holzschutz

Konstruktiver Holzschutz umfaßt alle Maßnahmen, die Trockenheit und die Belüftung eingebauter Holzteile gewährleisten. Er wurde bei Altbauten in aller Regel sorgfältig beachtet, da chemische Mittel nicht zur Verfügung standen.
Der Witterung ausgesetztes Holz muß Wasser ableiten und unbehindert austrocknen können. Die Oberfläche sollte evtl. bei Schlagregen ausgesetzten Bauteilen (z.B. Fenstern) vor dem Eindringen von Wasser geschützt werden. Je nach Beanspruchung müssen geeignete Holzarten für bestimmte Einsatzbereiche ausgewählt werden.
Schäden an Dachrinnen und sonstigen Außenbauteilen sind zu vermeiden. Kontrollen müssen regelmäßig durchgeführt werden.
Verbautes Holz sollte ausreichenden Abstand zur Erdoberfläche haben (Spritzwasserschutz). Anschwemmungen im Sockelbereich sind zu entfernen (s. Kap. B2.1 „Bauteile im Erdreich"). Feuchtigkeitsgefährdete Stellen im Innern von Bauteilen sind durch fugendichte Sperrschichten zu schützen. Dabei sollte die Diffusionsfähigkeit der Wand oder Decke nach außen erhalten bleiben. Bei nachträglicher falscher Anbringung von Innendämmschichten besteht die Gefahr von Tauwasserbildung zwischen Holz und Dämmung.
Durchfeuchtete, schlecht belüftete Holzteile sind immer durch Pilz- bzw. Insektenbefall gefährdet. Ausreichende Durchlüftung aller Holzbauteile auch im Innern sollte stets gewährleistet sein!

7 Alte Holzbohlenwand – sauber gefügt.

8 Intakter Sockel, gute Wasserableitung.

9 Undichtigkeiten im Kehlen- und Rinnenbereich führen zu Schäden am Holzwerk.

Schadensbilder

Holz ist im Rahmen natürlicher Abbauprozesse Nährboden für Pilzbefall. Pilzsporen sind ubiquitär (überall vorhanden). Bei geeigneten Umweltbedingungen keimen sie aus. Sie bilden Zellfäden – sogenannte Hyphen – die das Holz durchziehen und ihm dabei für ihr Wachstum notwendige Stoffe entnehmen. Der chemische Abbau des Holzes erfolgt im Rahmen dieser Wachstumsprozesse durch Enzyme, die an den Hyphenspitzen erzeugt werden. Er führt zu einem Masseverlust, der gleichzeitig eine Abnahme der mechanischen Festigkeit des Holzes zur Folge hat (bei 10 % Masseverlust = Festigkeitsverlust ca. 50 %).
Erst nach größerer Ausbreitung des Pilzmycels (Summe der Hyphen) werden Fruchtkörper gebildet. Sie tragen die sporenbildende Fruchtschicht. Ihre Beseitigung ist keine Ausrottung des Befalls!
Je nach vorhandener Pilzart entstehen unterschiedliche Schadensbilder:
Weißfäule (Ligninabbau).
Häufiger an Laubholzarten als an Nadelholz, Holz schrumpft ohne starke Rißbildungen, wird weich.
Braunfäule (Zelluloseabbau).
Häufiger an Nadelholz als an Laubholz, Rißbildung auch quer zur Faser, Würfelbrüchigkeit (im trockenen Zustand auch „Trockenfäule" genannt).
Verblauen (Bläuepilze).
Bevorzugt bei Kiefernsplintholz, kein Beeinträchtigen der Holzfestigkeit, Verfärben des Holzes, evtl. Beschädigung von Farbanstrichen.

Voraussetzung für die Entwicklung holzzerstörender Pilze ist eine Holzfeuchtigkeit von mindestens ca. 25 % und ein Temperaturbereich von 3 bis 39 °C. Längere Kälte- oder Trockenperioden werden in einer Kälte- oder Trockenstarre überbrückt. Die Lebensfähigkeit bleibt dabei zum Teil über Jahre erhalten. Wassersättigung des Holzes hemmt aufgrund des Sauerstoffmangels den Pilzbefall.

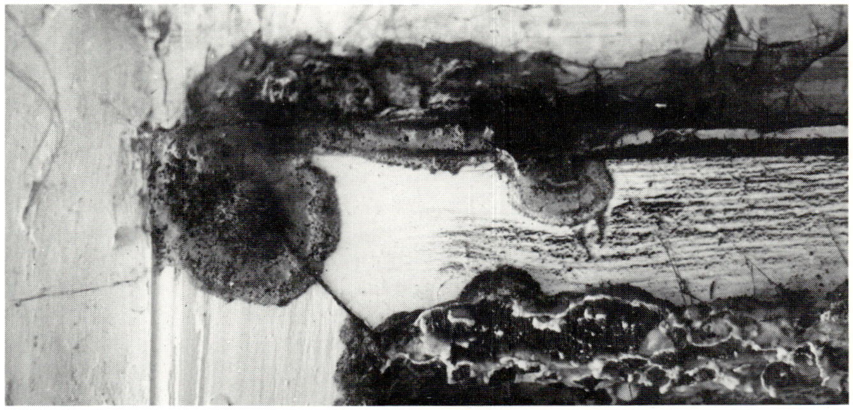

1 Schwammbefall – Fruchtkörper an der Türbekleidung eines leerstehenden Hauses.

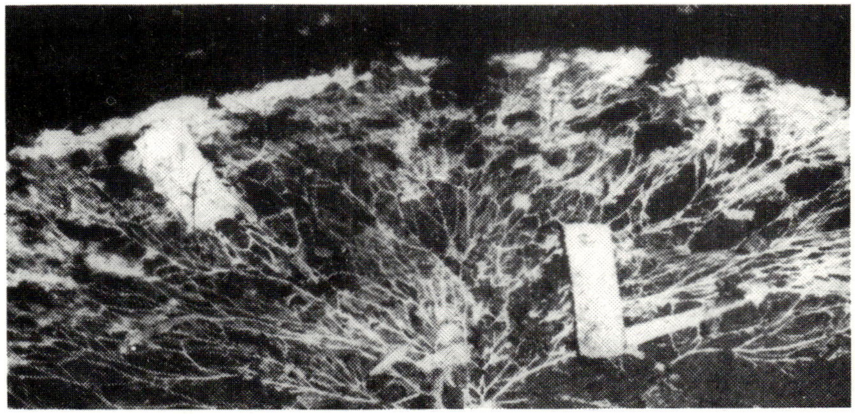

2 Schwamm-Mycel.

3 Schwammbefall an einer Holzbalkendecke wird oft erst erkannt, wenn Fruchtkörper aus Ritzen oder Fußleisten hervorwachsen.

Fallbeispiele

1. Echter Hausschwamm

Charakteristik

- *Braunfäuleerreger*
- *gefährlichster Gebäudepilz*
- *Temperaturoptimum 18 – 22 ° C*
- *befällt vorwiegend Nadelholz, zerstört aber auch Laubholzarten*
- *Befallsbeginn häufig in Abbruchholz, Kellern oder feuchten Erdgeschoßbereichen*
- *überwächst rasch größere Distanzen auch durch Mauerwerk*
- *Vermehrung nicht nur durch Sporen, sondern auch durch Mycelteile.*

Erscheinungsbild

- *Dichtes, wattiges, weißes Mycel, bei zunehmendem Alter Verfärbung*
- *Mycelstränge bis zur Bleistiftdicke*
- *Fruchtkörper liegen am Holz fest an, fleischig mit weißem, wulstigem Rand*
- *Hyphenwachstum 7 – 8 mm/Tag*

▷ *bei Verdacht des Hausschwammbefalls immer Fachfirma zuziehen!*

- *nachgewiesener Hausschwammbefall berechtigt zur Rückgabe eines Kaufobjekts.*

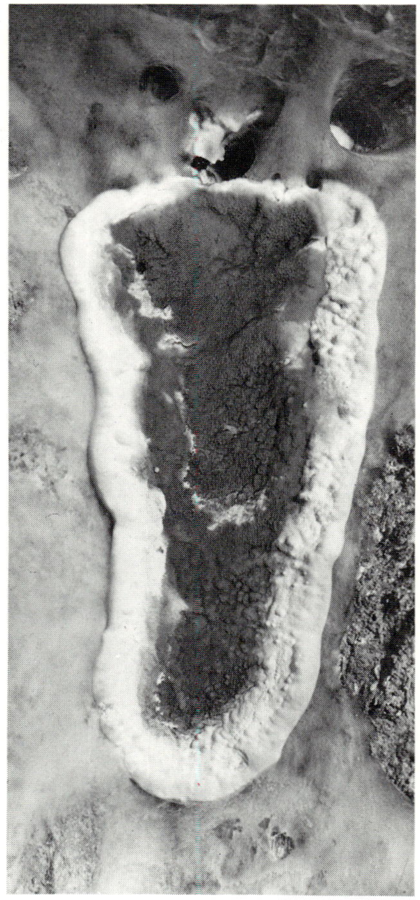

4 Fruchtkörper des echten Hausschwammes (serpula lacrimans).

2. Kellerschwamm

Charakteristik

- *Braunfäuleerreger*
- *häufiger Holzzerstörer in Gebäuden*
- *benötigt zur Entwicklung hohen Wassergehalt des Holzes (50 – 60 %)*
- *Befall vor allem bei feucht eingebautem Holz oder Schüttmaterial*
- *Temperaturoptimum 27 – 28 ° C*
- *große Zerstörungskraft, Hyphenwachstum mehr als 15 mm/Tag.*

Erscheinungsbild

- *Wenig gelbliches bis braunes Mycel an der Holzoberfläche*
- *Fruchtkörper unansehnlich, selten zu finden, gelblicher Zuwachsrand innen dunkelbraun mit Warzen. Nach dem Abtrocknen ledrige dünne Krusten*
- *nach Austrocknung der Holzoberfläche Quaderbrüchigkeit.*

3. Weißer Porenhausschwamm

Charakteristik

- *Braunfäuleerreger*
- *befällt vor allem Nadelholz*
- *seltener als Echter Hausschwamm und Kellerschwamm*
- *Temperaturoptimum 27 ° C*
- *Naßfäulepilz, benötigt erhöhte Holzfeuchtigkeit*
- *wächst auch in Mörtelfugen hinein.*

Erscheinungsbild

- *Reinweißes Mycel mit z. T. kräftigen Strängen*
- *Fruchtkörper meist an der Unterseite von Holzteilen, weiß mit poriger Struktur.*

5 Weißer Porenschwamm, Oberflächenmyzel und befallenes Holz (Würfelbruch). Foto Dieter Grosser

Schadensursachen

Pilzbefall in Gebäuden ist immer mit Feuchtigkeitsanfall verbunden (s. auch Lebensbedingungen der einzelnen Arten). Die Ursachen hierfür müssen vor jeder sinnvollen Sanierungsmaßnahme aufgefunden und beseitigt werden.

Mögliche Durchfeuchtungsursachen

- Vorhandene oder früher aufgetretene Installationsschäden (Rohrbrüche, defekte Abflußleitung, unzureichende oder defekte Feuchtigkeitssperren in Feuchtraum- und Küchenböden)
- Einwirkungen von Regenwasser (beschädigte Ziegel, schadhafte Rinnen und Fallrohre, Putz- oder Anstrichschäden, Anschwemmungen im Sockelbereich)
- aufsteigende Grundfeuchte (stark durchfeuchtete Kellerwände mit Gefügeschäden)
- absperrende Bodenbeläge auf Holzböden (PVC, Linoleum, beschichtete Teppichböden).

An solchen gefährdeten Stellen sowie in Kellern und zwischen Abfallholz ist auf jeden Fall sorgfältig auf Anzeichen für Pilzbefall zu achten! Vor jeder Bekämpfungsmaßnahme muß eine gründliche Befallbestimmung – bei Verdacht von Hausschwammbefall auf jeden Fall von Fachfirmen – vorgenommen und der Schadensumfang sorgfältig abgegrenzt werden. Übersehene Mycelstränge sind Quellen neuen Befalls!

Bekämpfungsmaßnahmen

- Von Pilzen angegriffenes Holz und Schüttmaterial muß restlos entfernt und verbrannt werden (keine Zwischenlagerung in der Nachbarschaft gesunden Holzes, Infektionsgefahr u.a. durch Mycelstränge des Hausschwamms)
- verbleibendes, nicht angegriffenes Holz und Füllmaterial gründlich chemisch behandeln (Schutzmittel mit Kennzeichnung „P"); auf Durchschlagen durch Putz achten!
- benachbartes bzw. überwachsenes Mauerwerk ist Infektionsquelle, es muß mit der Lötlampe abgebrannt und chemisch behandelt werden
- Bohrlochbehandlung (Tränken) des Mauerwerks in der Umgebung von Balkenköpfen, evtl. auch bei Deckenbalken zu empfehlen
- chemische Behandlung von Mauerwerk nur mit speziell geeigneten Mitteln (Prüfprädikat „M"). Fluorverbindungen sind ungeeignet (bei der Reaktion mit Kalk entstehendes Kalziumfluorit ist gegen Pilze unwirksam).

6 Schwammbefallene Bodendielen müssen restlos entfernt und verbrannt werden.

Entwicklungsstadien

Insekten durchlaufen vier Entwicklungsstadien: Ei, Larve, Puppe, Vollinsekt. Das Dasein der Vollinsekten dient nur der Fortpflanzung und ist meistens kurz. Nahrung wird teilweise gar nicht aufgenommen. Die eigentlichen Holzzerstörer sind die Larven, ein Lebensabschnitt, der beim Hausbock 3 – 10 Jahre dauert. Die Entwicklungsgeschwindigkeiten der einzelnen Stadien sind abhängig von Temperatur- und Feuchtigkeitsbedingungen. Die meisten Insektenarten meiden Kernholzbereiche, sind z.T. auf bestimmte Holzarten spezialisiert.

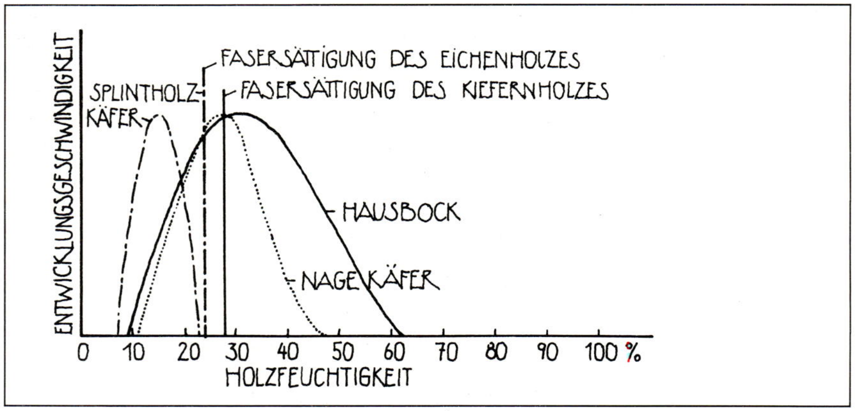

1 Einfluß der Feuchtigkeit auf das Larvenwachstum holzzerstörender Käferarten (nach Sasse Lit. B3.2–5).

Fallbeispiele

1. Hausbock (Hylotrupes Bajulus L.)

Charakteristik

- *Befällt verarbeitetes trockenes Nadelholz*
- *bevorzugt warme Dachböden*
- *verbreitetster Zerstörer von Dachgebälk und Nadelholzfachwerk*
- *Larven fressen vor allem Splintholz, selten Kernholz (Eiweißgehalt des Holzes nimmt von der Rinde zum Kern ab)*
- *Schäden sind an der Oberfläche kaum sichtbar (auf Fluglöcher achten!)*
- *auf Fraßgeräusche (nachts) achten, evtl. abhören lassen.*

Erscheinungsbild

- *Fluglöcher Ø 3 – 4 mm, oval bis länglich*
- *Fraßmehlhäufchen*
- *Käfer 8 – 25 mm lang, dunkelbraun bis schwarz*
- *Käfer schlüpfen Juni – August*
- *bei Holzoberfläche ohne Fluglöcher (evtl. druckempfindlich) und Verdacht auf Hausbockbefall Holz mit dem Messer quer zur Faser einritzen. Tritt Fraßmehl aus, ist akuter Befall vorhanden.*

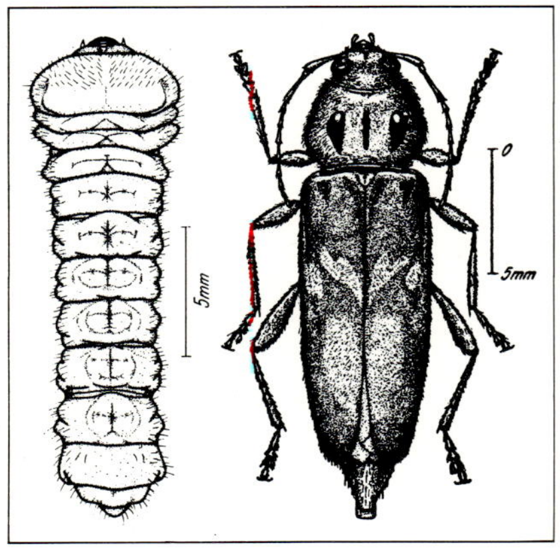

2 Hausbock-Männchen, Originalgröße 7–17 mm; Larve und Käfer.

2. Nagekäfer (Anobienarten)

Charakteristik

- *Im Volksmund auch „Holzwurm“ genannt*
- *bevorzugen Holzfeuchte in der Nähe der Fasersättigung*
- *befallen Splintholz von allen einheimischen Nadel- und Laubhölzern, führen zu erheblichen Schäden*
- *Vorkommen: in Holzkonstruktionen, Möbeln, Fußböden, Treppen, Schnitzereien, Regalen, Kisten. Nur in beschatteten Bereichen, nicht in warmen Dachräumen, Erdgeschoß und Kellerräume werden bevorzugt*
- *Temperaturoptimum 22 – 23 ° C*
- *Larven bauen Eiweiß und Cellulose ab*
- *Entwicklungszeit 2 – 5 Jahre*
- *belegen das verlassene Holz erneut mit Eiern bis zur Zerstörung der Holzteile.*

Erscheinungsbild

- *Käfer 3 bis 5 mm lang, schlüpfen im Mai/Juli*
- *kleine, kreisrunde Fluglöcher Ø 1 – 3 mm*
- *Fraßmehlhäufchen.*

3 Gewöhnlicher Nagekäfer (Anobium punctatum), Originalgröße 3–5 mm.

Schadensfeststellung

Anzeichen für Insektenbefall im Altbau sind nicht immer ein Alarmsignal. Häufig ist der Befall längst erloschen. Frische Fraßmehlhäufchen bei den kleineren Käferarten (vor allem Anobien) bzw. herausrieselndes Fraßmehl bei Anritzen der Balken (Hausbock) sind Anzeichen für akuten Befall. Größe und Art der Fraßgänge und Bohrlöcher geben Hinweise auf die Schädlingsart. Befallsbestimmung und Abgrenzung des Zerstörungsumfangs müssen exakt vorgenommen werden. Angegriffene Holzteile sind abzubeilen und mit der Drahtbürste zu säubern (Holzabfälle verbrennen). Die verbleibende Konstruktion ist auf ihre Tragfähigkeit zu überprüfen.
Später unzugängliche Hölzer (z. B. Sparren) evtl. vorbeugend imprägnieren mit gesundheitlich unschädlichen Mitteln (für Innenräume zugelassen, nicht bienengefährlich).

4 Durch Hausbockbefall zerstörte Nadelholzschwelle.

Bekämpfungsmaßnahmen

Bei akutem Schädlingsbefall kommen die nachfolgenden Bekämpfungsmaßnahmen in Frage.

<u>Heißluftbehandlung</u>

- Temperatur der eingeblasenen Heißluft max. 100 – 120 °C, 55 °C in Balkenmitte nach 4 bis 10 Stunden (Kontrollmessungen)
- Larvenabtötung bei 52 – 55 °C nach 1 – 2 Behandlungsstunden
- Gesamtbehandlungsdauer daher 5 bis 12 Stunden
- Aufstellung der meist ölgefeuerten Geräte außerhalb des Hauses (Brandgefahr)
- wirkungsvolles, giftfreies Verfahren, dessen Anwendung allen chemischen Verfahren vorgezogen werden sollte
- unzugängliche Stellen, wie zum Beispiel Deckenbalken, Pfetten und andere, chemisch nachbehandeln, befallene Holzteile restlos entfernen und verbrennen.

<u>Vergasung</u>

- Nur bestimmte, amtlich zugelassene Präparate verwenden
- nur Firmen mit entsprechender Konzession beauftragen
- benachbarte Räume von Menschen und Tieren freihalten
- nur zweckmäßig in Räumen mit vielen einzelnen Holzteilen
- vor Benutzung ausreichend lange gründlich lüften.

<u>Flüssige Holzschutzmittel</u>

- Vor Anwendung von Holzschutzmitteln Abbeilen der zerfressenen Splintholzbereiche und Reinigen mit Stahlbürste
- alte Farbanstriche entfernen
- nur Mittel mit großer Eindringtiefe verwenden.

a) wasserlösliche Holzschutzmittel
<u>Achtung:</u> Hydrogenfluoride ätzen Glas und keramische Baustoffe und korrodieren Metall, Gefährdung benachbarter Nadelbäume.
Anwendungsmenge: 100 – 150 g Salz je m² Holzoberfläche; auf (vorher entfernten) Kalkanstrich ca. 50 % mehr.
Holz 2 – 3 Tage nach Behandlung durch Besprühen mit Wasser feucht halten.

b) ölige Holzschutzmittel
Kein Anfeuchten des Holzes.
Je geringer die Dichte der Öle, desto besser die Eindringtiefe.
Enthalten Kontaktinsektizide und Atmungsgifte.
Anwendungsmenge: 300 – 350 ml/m² Holzoberfläche.

- Aufbringen des Mittels durch Spritzen (gleichmäßig) oder Streichen
- biologische Holzschutzmittel (Imprägnieren mit Holzessig) zur punktuellen Bekämpfung auf Altholz häufig ausreichend.

5 Auf tragfähigen Restquerschnitt zurückgebeilte Schwelle, vor Verputz Aufdopplung mit Eichenbohle.

Grundsätze

1 Lebensraum gebaute Umwelt.

Alle räumlichen Strukturen bilden Lebensräume oder Biotope, das sind durch einheitliche Lebensbedingungen charakterisierte und abgegrenzte Lebensstätten [Definition nach dtv-Lexikon]. So definiert kann auch jede menschliche Siedlung als Biotop im ökologischen Sinne gelten. Bestandteil dieses Lebensraumes sind neben der gebauten Umwelt und den Freiflächen Pflanze, Tier und Mensch – im Idealfall als Funktionsgefüge mit mannigfaltigen lebendigen Wechselwirkungen.

Das Selbstverständnis des sogenannten modernen Menschen westlicher Prägung akzeptiert jedoch nicht dieses Neben- und Miteinander als notwendige Voraussetzung für ein lebendiges Gleichgewicht und sich selbst als Glied einer Lebensgemeinschaft, als verantwortlichen Bestandteil des Ganzen. In der verhängnisvollen Trennung von Geist und Materie in unserem naturwissenschaftlichen Verständnis, in der Folge der unheilvollen Interpretation des Bibelwortes: „Macht Euch die Erde untertan“, sieht der westliche Mensch Materie als seelenlose Masse, losgelöst von sich selbst, nahezu unbegrenzt manipulierbar, benutzbar, verbrauchbar, entbehrlich. Die apokalyptische Sackgasse scheint vorprogrammiert. Ohne Rücksicht auf die natürlichen Stoffkreisläufe, hat der Mensch die Gegebenheiten der Natur verändert. Er beutet sie rücksichtslos aus, er lebt nicht von ihren Überschüssen, sondern von ihrer Substanz. Damit entzieht er sich auf Dauer die eigenen Lebensgrundlagen und bedroht sich mit ökologischem Ruin.

Viele Großstädte und Wohnsiedlungen entsprechen aufgrund ungenügenden Luftaustauschs, Überhitzung, geringer Luftfeuchtigkeit, hoher Luftverschmutzung und verminderter UV-Bestrahlung nicht mehr den gesundheitlich zu fordernden Lebensbedingungen und sind Ursache gehäuft auftretender Erkrankungen von Herz, Kreislauf und Atmungsorganen.

Unsere Aufgabe ist es, angesichts dieser Erkenntnisse, wieder Leben in unsere Siedlungen zu holen, intakte Kerne zu bewahren, zu pflegen und auszubauen, mit dem Ziel der Rekultivierung unserer gebauten Umwelt.

2 Wohnstraße im Altstadtkern.

Regeln für die Bauzeit

Nahezu jede Baumaßnahme – auch an Altbauten – greift mehr oder weniger stark in die gewachsenen natürlichen Zusammenhänge ihrer Umgebung ein. Verantwortungsvoller, schonender Umgang mit dem nur sehr langsam erneuerbaren Mutterboden und dem teils in Jahrzehnten gewachsenen Pflanzenbesatz eines Grundstücks muß zum selbstverständlichen Verhalten werden – ähnlich wie bei der vorgefundenen Bausubstanz.

Folgende Regeln sind für die Bauausführung unbedingt zu beachten:
1. Alle im Rahmen der Baumaßnahmen nicht benötigten Flächen und besonders schutzwürdige Bereiche des Grundstücks einzäunen!
2. Wurzel- und Stammbereiche durch Bauzaun schützen, Sträucher und kleinere Bäume eventuell während der Saftruhe zurückschneiden und/ oder umsetzen.
3. Gewachsenen Boden vor Verdichtung durch Befahren und Versiegelung bzw. Verschmutzung durch einsickernde Schadstoffe aus Baumaterialien schützen (geeignete Lagerplätze, eventuell mit Bodenabdeckung vorsehen).
4. Anfallenden Aushub in getrennten Mieten für Mutter- und Unterboden lagern und diese einsäen, Grassoden vorher abstechen, Wiederverwendung für Geländemodellierungen u.ä.
5. Keinerlei Spritzmittel zur „Bereinigung" des Grundstücks verwenden, mähen bzw. umgraben sind geeignetere Mittel!
6. Beschädigte Flächen rekultivieren durch Lockern, Mulchen mit zerkleinerten Gartenabfällen, Kompost.

Handwerker, Polier und verantwortlicher Bauleiter sind – falls erforderlich – vertraglich in diesem Sinne zu binden, Schäden an Boden und Pflanzenbewuchs müssen entsprechende Haftungsansprüche begründen!

3 Wirksamer Baumschutz während der Bauzeit: Einzäunung des Wurzelbereiches, Stammschutz durch Bretterverschlag.

4 Bepflanzte Grundstücksbereiche sollten vor Baubeginn abgezäunt werden.

5 Vor Befahren des Baugeländes Mutterboden abschieben und seitlich in Mieten lagern.

Grundsätze

Üppige Pflanzenpolster an Fassaden sind eine vielbestaunte Augenweide. Aber nicht nur das, sie verbessern das Kleinklima, filtern die Luft und beeinflussen – richtig angebracht – Wärmehaushalt und Haltbarkeit von Fassaden günstig. Die vielfältigen Wirkungen von Pflanzenteppichen werden im folgenden näher erörtert.
Sachliche Information soll helfen, Vorurteile abzubauen bei Bauherr und Planer, die die berankte Wand beim Nachbarn vielleicht bewundern, für ihr eigenes Gebäude jedoch wahre Horrorvisionen von einfallenden Insektenscharen oder Putzschäden durch Wurzelwerk vor Augen haben. Es soll Verständnis geweckt und Sympathie gewonnen werden für Pflanzen am Haus als nützliche Helfer, Freude für Bewohner und Betrachter und achtens- und schützenswerter Bestandteil unseres Lebensraumes.

1 Bei der Freiraumplanung Fassadenbegrünungen gleich mit vorsehen, sie brauchen nur wenig Platz.

Funktion, Wirkungsweise

Hausbegrünungen sind Gestaltungselemente zur Betonung oder Abschwächung architektonischer Details. Diese ästhetische Wirkung kann gezielt vom Planer eingesetzt werden, wie auch vom Bewohner zur individuellen Umgestaltung von Fassadenflächen und zur Schaffung differenzierter Übergangsbereiche zwischen Haus und Natur (Garten, Landschaft) genutzt werden. Neben dieser Aufgabe erfüllen Pflanzenteppiche auch vielfältige klimatische, wärmetechnische und luftverbessernde Aufgaben, bis hin zur Nahrungsproduktion.

Windschutz

- Ablenken der Windströmung
- Windbremse (Abbau der Windenergie durch Umwandlung in kinetische Energie und Wärme). Dadurch geringere Wärmeverluste der Fassade (Energieverlust durch Wind bis zu 50% des Gesamtenergieverlustes).

Wärmeschutz

- Verringerung des Wärmetransports von Wand zu Außenluft durch Luftpolster zwischen Wand- und Blattoberfläche (Energieeinsparung bis zu 30%), [Lit. B 3.3–10]
- verringerter Strahlungswärmeverlust durch Teilreflektion langwelliger Wärmeabstrahlung des Gebäudes
- sommerlicher Wärmeschutz durch Absorption und Reflexion kurzwelliger Sonneneinstrahlung, dadurch Kühleffekt durch Wasserverdunstung und Fotosynthese (bis zu 90% der eingestrahlten Sonnenenergie [Lit. B 3.3–10])
- Wärmerückgewinnung durch Kondensation (morgendliche Taubildung), dadurch Reduzierung von Temperaturschwankungen.

Regen- und Feuchtigkeitsschutz

- Schutz vor Schlagregen und Fassadenauswaschungen, besonders an der Wetterseite, dadurch verringerte Durchfeuchtung der Außenbauteile, Bautenschutz, verlängerte Lebensdauer
- gegebenenfalls Austrocknung von berankten Fassaden durch Wassertransport des Wurzelwerks [Lit. B 3.3–6].

Luftverbesserung

- Sauerstoffanreicherung und Kohlendioxydverbrauch bei dem Prozeß der Fotosynthese der Blattoberflächen (stündliche Sauerstoffproduktion von 25 m² Blattoberfläche = stündlicher Sauerstoffbedarf eines Menschen; im Jahresmittel: 150 m² Blattoberfläche zur Deckung des Sauerstoffbedarfs eines Menschen erforderlich). Als Beispiel: wilder Wein, 10 cm dickes Polster ≙ 3 m² Blattoberfläche/m²; Efeu, 25 cm dickes Polster ≙ ca. 11,8 m² Blattoberfläche/m²
- Staub- und Schmutzfilterung durch Ablagerung an der Blattoberfläche (bis zu 75% des anfallenden Luftstaubs, nach Henebo [Lit. B 3.3–6]).

2 Üppige Pflanzenpolster bieten Schutz vor extremen Witterungseinflüssen.

Schallabsorption

- Schallminderung bis zu 5 dB [Lit. B 3.3–6] durch Umwandlung in Bewegungsenergie, Wärme, Reflexion und Strahlung.

Lebensraum

- Im Schutz des Fassadenpolsters gute Brutplatzmöglichkeiten für Vögel
- blühende und/oder fruchttragende Pflanzenteppiche bieten Nahrung für Bienen, Schmetterlinge und andere Insekten sowie Vögel.

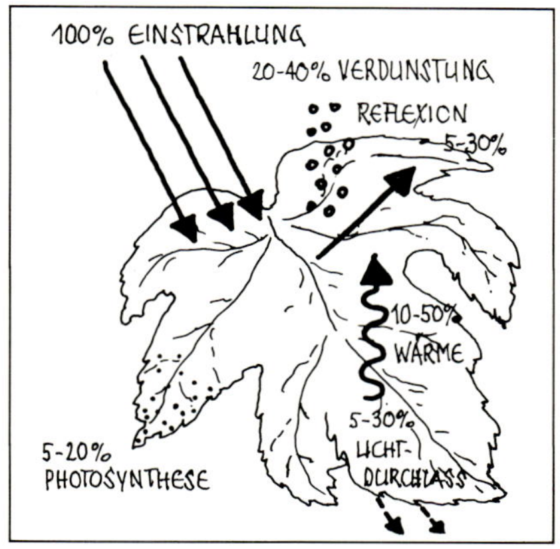

3 Funktionen eines Blattes, nach Krusche [Lit. B3.3–8].

Bauliche Gegebenheiten

Für eine optimal angepaßte Fassadenbegrünung sind je nach Orientierung der Fassade bestimmte Pflanzen zu verwenden:

Südfassade

- Blattwerfende Arten verwenden
- Klettergerüste mit Abstand von der Wand (Kühlwirkung und Regenschutz im Sommer, Wärmegewinn durch flacheingestrahlte Wintersonne)
- fruchttragende Pflanzen empfehlenswert, auch einjährige Gemüse- und Kräuterkulturen.

Westfassade (Wetterseite)

- Immergrüner dichter Bewuchs, Wärmepolster, selbstklimmend oder mit Kletterhilfe.

Ostfassade

- Je nach örtlichen Klimaverhältnissen bei guter Besonnung wie Südwand, sonst wie Westwand
- trockenheitsgefährdet (Regenschatten, schnelle Tauverdunstung).

Nordfassade

- Volle, immergrüne Berankung als Schutzpolster (nur Schattenpflanzen).

4 Die Art der Bepflanzung sollte sich nach Standort und Besonnung richten.

Pflanzenarten

Die für Fassadenbegrünungen in Frage kommenden Pflanzen haben unterschiedliche Klettertechniken.

a) Wurzelkletterer
Ranken selbständig mit Hilfe von Haftwurzeln, lösen keine Oberflächen ab! Langsam wachsend!
Arten: Efeu, Kletterhortensie.

b) Ranker
Halten sich mit Hilfe von Blättern oder Ranken an Drähten und dünnen Stäben.
Arten: Weinrebe, Klematis.

c) Schlinger
Junger Trieb windet sich um Drähte, Stäbe oder Stützen, gut zu führen.
Arten: Blauregen, Geißblatt, Knöterich, Prunkwinde.

d) Spreizklimmer
Haftung durch Dornen, Stacheln, Triebe. Müssen meist angebunden werden, Schnitt erforderlich.
Arten: Winterjasmin, Brombeere.

e) Spalierbewuchs
Gerüst erforderlich, ohne größere Gewichtsbelastung, aber für Windangriff dimensionieren.
Arten: Obstbäume, Tomaten.

6 Reicher Blütenschmuck im Mai, Clematis montana rubens.

5 Spalierbewuchs braucht Spanndrähte oder ein Rankgerüst.

7 Selbstklimmender Wein (Haftwurzel).

8 Die Glycinie schlingt sich um Stäbe, Stützen oder auch die Regenrinne.

Rankhilfen

Je nach Art der Klettertechnik werden für Fassadenberankung unterschiedliche Rankhilfen benötigt. Geeignet sind:
- Holzspaliere und Gitter aus Dachlatten
- Gitterroste und Drahtnetze (Baustahlgewebe, Zaungitter)
- gespannte Seile oder Drähte (möglichst aus UV-beständigen Kunstfasern, Metall starke Wärmeleitung).

9 Kletterrosen müssen in regelmäßigen Abständen an Rankgittern oder direkt an der Wand befestigt werden.

10 Gitterroste können bei Fassadenrenovierungen leicht wieder entfernt werden.

Pflanzgruben

Pflanzgruben müssen ausreichenden Entwicklungsraum für die Wurzeln und entsprechenden Feuchtigkeitsvorrat bieten.
Erforderliche Größe: ca. 0,5 m^3; Tiefe 0,60 – 1,00 m; Breite 0,40 – 0,50 m; Länge 0,60 – 0,80 m.
Sie sollten mit hochwertigem Humus (Komposterde, guter Mutterboden) gefüllt oder mindestens angereichert werden. Zusätze und Bodenzusammensetzungen sind der Pflanzenart anzupassen und über Gärtnereien oder Baumschulen zu erfragen. Die Oberfläche kann, falls erforderlich, maximal bis zu einer Restfläche von ca. 0,5 m^2 befestigt werden. Bei Pflanzungen an Fußwegen oder Straßen empfiehlt sich außerdem die Verwendung von Kantensteinen und Schutzgittern.
Nähere Angaben zur Pflanzenauswahl, Pflege und anderem enthalten die einschlägigen Fachbücher. Ausführliche Beratung geben Gartenarchitekten, Gartenbaubetriebe und Baumschulen.

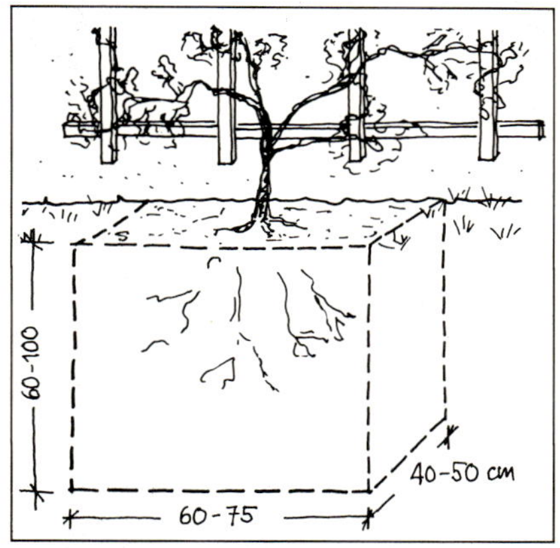

12 Pflanzgrubenmaße nach Minke [Lit. B3.3–10].

11 Pflanzgruben am Haus müssen ausreichenden Entwicklungsraum für die Wurzeln bieten.

13 Pflanzungen an Fußwegen oder Straßen sollten mit Kantensteinen gesichert werden und geringfügig höher als der Straßenbelag sein.

Funktion

Zu Häusern in der Landschaft, zu Straßen und Plätzen gehörten seit altersher Bäume. Bäume boten Schutz vor Wind und heißer Sommersonne, sie markierten Eingänge, waren Trennpunkt und Wegzeichen. „Bäume waren heilig. Heute stehen sie im Wege. Einst wohnten Götter und Nymphen in ihren Kronen. Heute muß man blühende Kirschbäume durch Baumverordnungen schützen. Daß man Menschen, die je einen goldenen Ahorn im Herbst gesehen haben oder eine Birke im Rauhreif, vorrechnen muß, was Bäume als Staubfänger, Sauerstofflieferanten und Schallschlucker leisten, ist ein Thema für Psychiater und Anthropologen." [Zitat aus Lit. B 3.3–15]

Es ist schon so oft gesagt worden und soll hier nur kurz wiederholt werden: Bäume sind „Nützlinge", wenn wir die Erhaltenswürdigkeit schon nach solch egozentrischen Wertmaßstäben zu bestimmen gewohnt sind. Sie sorgen für:

- Sauerstoffproduktion
- Luftfilterung
- Temperaturausgleich
- Windschutz
- Regulierung des Wasserhaushaltes am Boden und in der Luft
- Nahrungsproduktion für Tier und Mensch
- Wohnungsangebot für vielfältige Tierwelt
- Abschirmung von Insektenplagen (z. B. Walnußbaum).

14 Der Hausbaum – Schutz- und Wahrzeichen.

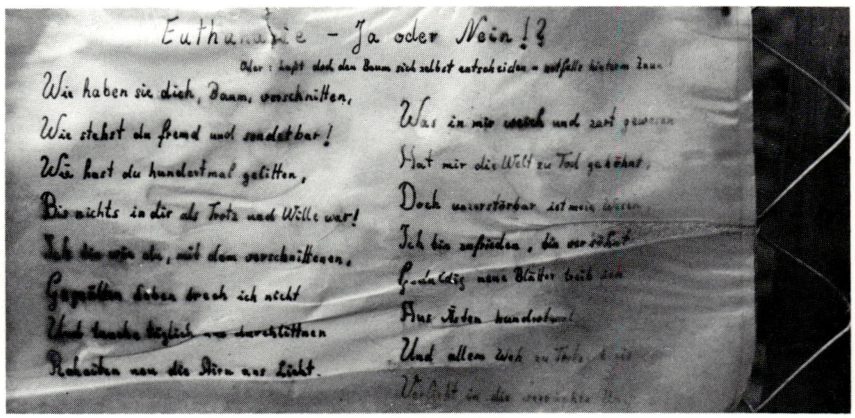

15 Mitleid mit einem von Baumchirurgen verstümmelten Baum.

Gefährdung

In bebauten Bereichen sind Bäume nicht nur von Vernichtungsaktionen aus blindem Reinlichkeitssinn, Unverständnis oder Achtlosigkeit bedroht, sondern in steigendem Maße auch durch schleichende Schäden, wie zum Beispiel:

- fehlende, unterbrochene oder ungenügende Wasser- und Nährstoffversorgung durch Bodenversiegelung im Wurzelbereich, Laubentfernung, reduzierte Luftfeuchtigkeit in städtischen Bereichen, Absenkung des Grundwasserspiegels durch bauliche und wasserbauliche Maßnahmen
- Verdichtung des Bodens im Wurzelbereich durch Befahren und Lagern führt zu Sauerstoffmangel, Zerstörung des Bodenlebens
- Beeinträchtigung der Stoffwechselfunktionen durch Schadstoffanreicherung der Luft
- Bodenverseuchung durch Streusalz, Öl, Pestizidanwendung und sauere Niederschläge
- Beschädigungen im Wurzel-, Stamm- und Kronenbereich sowie Anschüttungen und Abgrabungen durch bauliche Maßnahmen, Straßenbau, Verkehr.

16 Eindrucksvoller Baumveteran.

Schutzmaßnahmen

Folgende Maßnahmen sollten im Rahmen einer umfassenden Sanierungsaufgabe zum Schutz des vorhandenen Baumbestands getroffen werden:

- Vermeiden von Beschädigungen und Verdichtung durch Einzäunen des Wurzelbereichs, schwere Güter oder Fahrzeuge nicht unter Bäumen abstellen
- Baugrube in unmittelbarer Nähe des Wurzelbereichs vermeiden, falls erforderlich: nicht näher als 2,50 m zum Stamm, Wurzelvorhang eine Vegetationsperiode vor der Bauausführung anlegen
- unvermeidliche Bodenauffüllungen nur mit lockeren, wasserdurchlässigen Materialien (Schotter, Kies, Sand, Pflaster oder Verbundwirkung)
- notwendige Kabelunterführungen in mindestens 2,00 m Abstand vom Stamm, von Hand graben, Schutzrohre anbringen
- bei beschädigten Wurzelteilen Entlastungsschnitt in der Krone vornehmen, nicht düngen!
- Staunässe oder Grundwasserabsenkung eventuell durch kiesgefüllte Bohrlöcher ausgleichen, bei Bedarf in der Bauzeit bewässern.

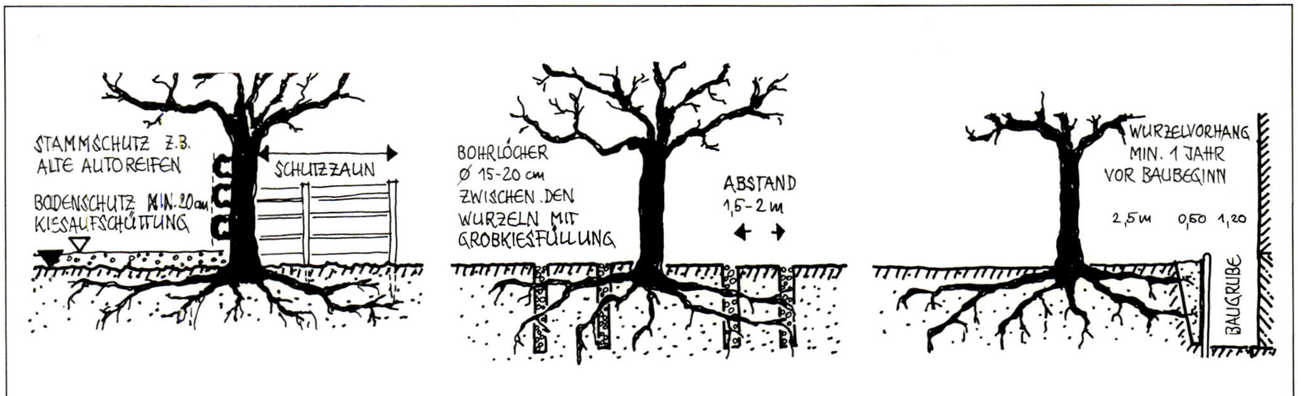

17 Verschiedene Maßnahmen zum Schutz der Bäume während der Bauzeit, nach Krusche, Lit. B3.3-8.

Artenwahl

Hausbäume waren und sind grundsätzlich Laubbäume. Nur sie bieten ein vielfältiges, mit den Jahreszeiten wechselndes Bild und keine unnötigen Verschattungen im Winter. Einheimische Arten sind zu bevorzugen, orientiert an den natürlichen Vorkommen der näheren Umgebung und der Belastungssituation der vorgesehenen Standorte. Ihre Entwicklungsgeschwindigkeit und Endgröße sowie eventuelle Pflegeansprüche (Schnitt) müssen berücksichtigt werden. Nähere Hinweise sind der im Anhang in Auszügen genannten Fachliteratur zu entnehmen.
Baumsorte und gewählte Pflegemaßnahmen (geschnitten/natürlich wachsend) sollten sich Gebäudeart und Bauepoche anpassen. Beispiele üblicher Hausbäume:

Walnuß: hält Fliegen und andere Insekten ab, fruchttragend, Schalen zum Färben verwendbar.
Stieleiche: markanter Hausbaum, Symbol für Schutz und Stärke.
Linde: schnellwüchsig, Schnitt möglich, zum Teil üblich. Blüten für Tees, duftend.
Roßkastanie: markanter Baum, Blütenschmuck, duftend, Früchte als Wildfutter.

19 Baumgruppe um eine kleine Kapelle.

18 Linden markieren den Eingang zu einem Holsteiner Bauernhaus.

20 Alte Buchen im Hof eines Schlosses.

Funktion Hecken schützen in windausgesetzten Lagen unsere Kulturlandschaft, Einzelgehöfte, Häuser und Ortsränder. Sie sind lebendige Grenze von Gartenräumen und bieten Wind- und Sichtschutz. Ihre vielfältige Artenzusammensetzung diente früher als Nutzholz, nicht nur zum Brennen, sondern auch für Fruchtertrag (Brombeere, Hasel), Werkzeugstiele und Rechen, Leitern (Hasel, Weide, Esche). Bekannte historische Beispiele zur Anwendung von Hecken sind die norddeutschen Knicks, Hainbuchenhecken in bäuerlichen Siedlungsbereichen, beschnittene Laubengänge in Schloßgärten und Klosteranlagen. Funktion von Hecken: Nutzholz, Windschutz, Nahrung und Lebensraum für Tierwelt, Gestaltungselement.

Nutzholz
Über ihre Funktion als Brennholz hinaus wurden die einzelnen Strauch- und Baumarten früher vielfältig genutzt. Als Beispiel:
Haselnuß: Rechenstiele, Bohnenstangen, Erbsenreisig, Fruchtertrag.
Birke: Besenreisig.
Weide: Körbe, Sensenbäume, Schaukelstühle, Flechtwerk für Lehmwände, Kienspäne, Peitschenstiele.
Esche: Axtstiele, Keulen, Hockerbeine, Leitersprossen, Eggenzinken.
Brombeere: Fruchtertrag, Blätter für Tees.
Weißdorn: Hammerstiele, Flechtmaterial für Zäune.
Holunder: Fruchtertrag, Blüten für Tees.

Windschutz
Die optimale Windschutzwirkung von Hecken beruht auf dem Prinzip, daß die auftreffende Windkraft am besten gebrochen wird, wenn sie auf ein nur zu 2/3 geschlossenes Hindernis trifft. Die Windgeschwindigkeit kann bis zu 60 % reduziert werden. Damit verringern sich auch die Energieverluste des Gebäudes.

21 Schützende Hecken und alter Baumbestand um einen ländlichen Friedhof.

22 Das Holz für Hackenstiele, Sichelgriffe und Sensenstiele wuchs früher in den Hecken beim Hof.

Nahrung und Lebensraum für Tierwelt
Artenreiche Heckenpflanzen bieten – im Gegensatz zu tristen „Friedhofsbegrenzungen" aus Tannen-, Fichten- oder Thuja-Monokulturen – vielfältige Lebensmöglichkeiten, Nahrungs- und Wohnraumangebot für zahlreiche Vogelarten, Bienen, Hummeln, Schmetterlinge und Kleinsäuger. Sie sind damit eine aktive Pflanzenschutzmaßnahme für Nutz- und Ziergärten.

Gestaltungselement: Wirkung von Hecken

1. Optische Wirkungen:
a) Einbinden von Gebäuden, Wegen und Anlagen in die Landschaft
b) Markierung und Wegführung
c) raumbildend, Abgrenzung von Bereichen
d) Sichtschutz.

2. Klimatische Wirkungen:
a) Verringerung von Verdunstung und Windgeschwindigkeit
b) Erhöhung der Tau- und Niederschlagsmenge.

3. Biologische Wirkungen:
a) Nahrungs-, Schutz- und Deckungsfunktion
b) wertvoll für die Ansiedlung von nützlichen Boden- und Strauchbrütern (Nistgelegenheit)
c) als Bienenweide (besonders früh blühende Arten, wie Weide, Hasel, Erle, Birke)
d) Nahrungs- und Entwicklungsmöglichkeiten von Nutzinsekten.

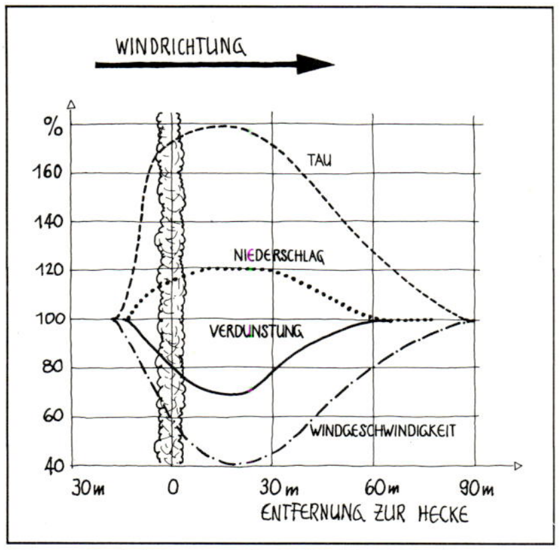

23 Auswirkungen einer Hecke in freier Landschaft auf Taufallniederschlag, Verdunstung und Windgeschwindigkeit, nach Kreuter.

Aufbau und Anlage

Bei der Anlage und Pflege von natürlichen Hecken sind die morphologischen und physiologischen Eigenschaften der Bäume und Sträucher zu beachten, wie Wachstumsverlauf, erreichbare Endhöhe, Kronenform, Zeitpunkt von Austrieb und Blätterfall, Lichtdurchlässigkeit, Lichtbedürfnis, Wurzelwachstum, Stockausschlagvermögen, Frosthärte, physiologische Windfestigkeit, Laubzersetzungsgeschwindigkeit.
Die Mindesttiefe von freiwachsenden Hecken sollte 1,50 m nicht unterschreiten. Höhere Wirkungen werden mit dreireihigen Hecken gemäß Abbildung 24 erreicht.

Hinweise für Böschungspflanzungen
- Schüttwinkel der Erdböschungen mind. 1:2, an Böschungsfuß und Krone 1:3 und mehr
- Böschungen mit mindestens 35 cm Mutterboden abdecken
- für die Böschungspflanzungen vorzugsweise stark pumpende Baumarten verwenden: Esche, Erle, Birke, Weide, Holunder.

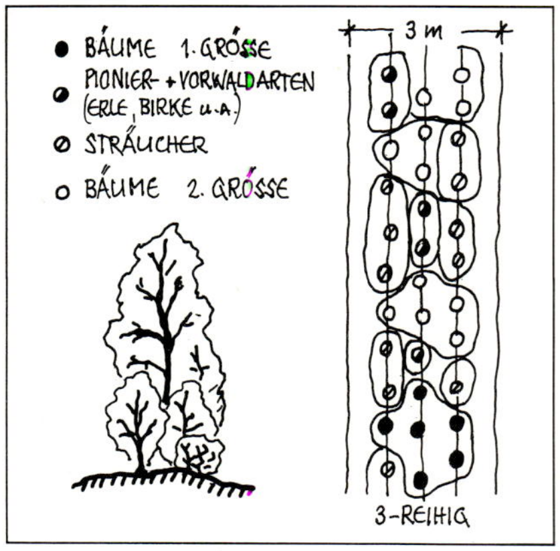

24 Mehrstufiger Aufbau und Artengruppierung bei der Anlage einer Hecke.

Stilrichtungen, Merkmale

Garten und Haus bilden im Idealfall eine Einheit und sollten auch als solche behandelt werden. Ihre Funktion und Gestalt sind integrierte, bestimmende Faktoren für historisch überlieferte Gärten. Die Gartenkultur hat eine jahrhundertelange Entwicklungsgeschichte in Anlehnung an die baulichen Stilepochen. Bestimmt wurden diese von den herrschaftlichen Gärten der Klöster und Schlösser. Einzelne Stilelemente und Arten wurden in Hausgärten übernommen.
Je nach Anlage und Nutzung sind unterschiedliche Gartenarten zu unterscheiden. Ihre wesentlichen Merkmale werden hier kurz aufgezeigt.

Klostergärten: Selbstversorgergarten als verzierter Nutzgarten, frühe Kräuterkulturen, Wegkreuz mit Brunnen oder Sonnenuhr, zeittypische Stilelemente der Bauepochen in die Gartenkultur übernommen.

Bauerngarten: Selbstversorgergarten als verzierter Nutzgarten, landschaftsgebundene Stilelemente und Einzäunung, Ordnungselement Wegkreuz (aus klösterlichen Gärten übernommen).

Pfarrgarten: Mittler zwischen Herrschafts- und Bauerngarten, zur Selbstversorgung und für den Altarschmuck; spezielle Kulturen: Rosen, Lilien.

Burggarten: Herrschaftlicher Selbstversorgergarten, auf kleiner Fläche mit Gemüse, Kräutern, Obst; typisches Element: „Lustgarten" mit Rasenbank.

Schloßgarten: Weiter großzügiger Landschaftsgarten, stark variierende Stilformen, Ziersträucher und -bäume (auch Exoten), Blumen, aber auch Ziergemüse anstelle von Blumenrabatten.

Apothekergarten: Heilkräuteranbau für Arzneien und Tees.

Bürgerlicher Garten: „Naturersatz", auch Selbstversorgung, als Schrebergarten mit Lauben, Rankbogen, Pergolen, Spalieren (Gartenkolonien vor den Stadtmauern seit etwa 1500).

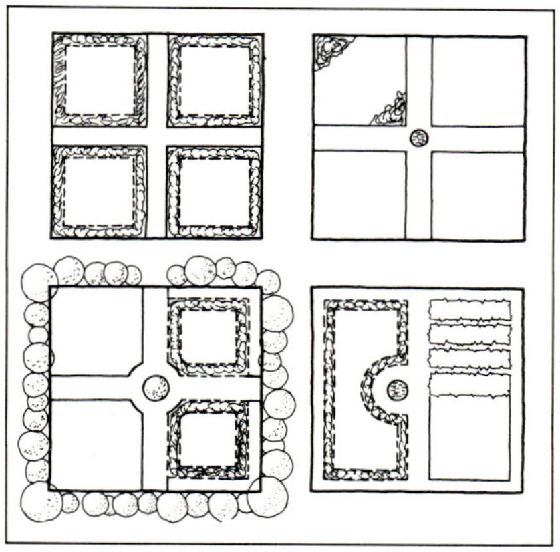

25 Typische Grundrißlösungen alter Bauerngärten, nach Nowack [Lit. B3.3–11].

26 Selbstversorgergarten an einem Bauerngehöft.

Grundregeln

Gartenanlagen sollten den Typus und Charakter des Hauses aufnehmen und unterstreichen. Die Proportion zwischen Haus und Garten kann nicht beliebig zugunsten der bebauten Fläche verschoben werden.
Landschaftsgebundene Gestaltungselemente wie Natursteinmauern, Holzzäune aus Latten, Flechtwerk oder Stangen und anderes sind zu erhalten bzw. bei Neuanlagen zu verwenden.
Bei der Artenwahl sollten in der Regel standortgerechte heimische Hölzer bevorzugt werden.
Sämtliche Erhaltungsarbeiten sowie Neuanlagen von Gärten sollten in Anlehnung an den historischen Charakter erfolgen, zeittypische Stilelemente sind zu erhalten bzw. zu pflegen.

27 Lindenlaubengang aus dem 19. Jahrhundert.

Umweltbedingungen

Gebäude und ihre nähere Umgebung können je nach Ausformung lebensfeindliche Steinwüsten sein oder vielfältige Lebensräume mit günstigen Standortbedingungen für bestimmte Tierarten.
Die Umgebung von Häusern war seit Beginn der Kultivierung als Wohnraum oder Nistplatzangebot und Nahrungsquelle für wildlebende Tiere interessant. Dabei bewiesen bestimmte Arten und Einzelindividuen eine erstaunliche Anpassungsfähigkeit an die veränderte Umwelt. Mit Ausbreitung der oberflächenversiegelten Betonwüsten , Abholzungsaktionen aus falschverstandenem Reinlichkeitssinn und der Parole „Ordnung" bis in den letzten Gartenwinkel und Speicher, mit dem Siegeszug von Rasenmäher, Heckenschere, Unkrautvernichtungsmitteln und „pflegeleichtem" Dauergrün war für viele Arten die Toleranzgrenze überschritten. Eklatanter Nahrungs- und Wohnstättenmangel vertrieb sie, manche unwiderbringlich für immer.
Dieser Prozeß wiederholt sich im Kleinen bei fast jeder Bau- und Umbaumaßnahme. Mauernischen und Ritzen werden beseitigt, alte Dachstühle entrümpelt und ausgebaut, Eulenlöcher verschlossen. Alte Hausbäume, Wohnung und Nahrung für vielfältiges Leben, müssen häufig rationellem Maschineneinsatz oder „unvermeidlichen" Tiefbauaktionen weichen. Fassadenbewuchs wird als lästiger, angeblicher Insektenförderer gleich mit entfernt, verwilderte Gartenbereiche werden bis in den letzten Winkel „bereinigt". Die Ausrottung bedrohter Tierarten beginnt im Garten. Da nützt kein noch so teures Futterhaus im Winter – nur Spatzen, Amseln und vielleicht ein paar Meisen können hier noch Gast sein.

2 Wasserflächen am Haus bieten Wildenten und Hausenten begehrten Lebensraum.

1 Berankte Mauer – Neuschaffung kleiner Rückzugsbereiche.

Wir sollten es anders machen. Uns als Teil der belebten Natur um uns herum empfinden, sie nicht verdrängen, sondern uns einordnen.
Dazu sind Grundkenntnisse erforderlich, die hier nur angerissen werden können. Auf die zahlreiche und ausführliche Literatur wird verwiesen, der erste Schritt liegt jedoch bei jedem selbst, durch aufmerksame Beobachtungen Einblick in die mögliche Vielfalt hausnaher Lebensräume zu bekommen.

Arten

In der Nachbarschaft von Gebäuden finden, je nach Situation, folgende Tiergattungen Nahrung und Wohnung: Vögel, Insekten, Kleinsäuger, Amphibien.

Unabhängig von der Tiergattung handelt es sich hierbei um
- anpassungsfähige Tiere
- kulturspezialisierte Arten
- oder Felsbiotopbewohner (Häuser = Kunstfelsen) wie Steinmarder, Fledermaus, Schleiereule, Eidechse.

Ihre Existenzmöglichkeit ist eng mit bestimmten Anforderungen an den Lebensraum verbunden. Schon vermeintlich geringe Änderungen können ihnen die Lebensgrundlage entziehen. Verluste, die durch unvermeidliche bauliche Maßnahmen entstehen, sollten gezielt ausgeglichen werden. Schon kleine Schritte sind hier ein Anfang. Sei es ein Fenster, ein Balkon, ein Hof, eine Fassade.

3 Vögel nutzen jede geschützte Nische als Brutplatz.

Anforderungen an den Lebensraum

Es kann in diesem Rahmen nur auf einige Beispiele stellvertretend eingegangen werden. So haben viele Vogelarten in und an Gebäuden günstige Brutmöglichkeiten gefunden. Höhlen- oder Halbhöhlenbrüter wie Grauschnäpper und Hausrotschwanz, Schleiereulen, die auf offene dunkle Speicherräume angewiesen sind, Mehlschwalben und Rauchschwalben, die unter Dachvorsprüngen mit Hilfe von feuchtem Lehm ihre Nester bauen – um nur einige zu nennen. Aber auch Igel, Steinmarder, Siebenschläfer und Gartenschläfer können unsere häusliche Wohnumwelt bevölkern, wenn sie geeigneten Lebensraum vorfinden.
Igel benötigen unaufgeräumte Winkel im Garten, Haufen von Reisig, Laub und Kompost, auch Holzstapel. Übertriebener Ordnungssinn wird ihnen zum Verhängnis.
Lebensbereiche von Steinmardern sind Scheunen, Schuppen, Hinterhöfe, eventuell auch Tiefgaragen und Lagerhallen. Auch er braucht Schlupfwinkel und Rückzugsmöglichkeiten.
Schwalben galten früher als Glücksbringer. Heute werden die letzten Nester oftmals gewaltsam entfernt, oder Stanniolstreifen unter den Dachvorsprüngen halten sie vom Nestbau ab, da manche Hausbesitzer die Verschmutzung der Fassade fürchten.
Schleiereulen waren früher nicht nur im Dachstuhl von Kirchen und Scheunen zuhause, sondern im dörflichen Raum auch in den Dachstühlen der Wohnhäuser. Noch heute zeugt manches dekorative Eulenloch in Fachwerkfassaden oder Reetdächern vom früheren Untermieter. Meist ist ihnen jedoch durch Ausbau des Dachstuhls oder Schließen der Öffnungen jegliche Einschlupfmöglichkeit genommen.
Andere Arten sind auf Bäume und Sträucher in der Nähe der Gebäude angewiesen. Hier bieten vor allem angeblich nutzlose überalterte Obst- oder Laubbäume günstige Lebens- und Nahrungsbedingungen für Insektenjäger und Höhlenbrüter. Der großflächige Verlust von siedlungsbegleitenden Streuobstflächen im Zuge von Flurbereinigungen und Baulanderschließungen zerstörte das natürliche Gleichgewicht und hat vielen Arten die Lebensmöglichkeit völlig entzogen. Wir sollten die erschreckend fortschreitende Verarmung unserer Lebensumwelt nicht unterstützen, sondern aufhalten. Hier kann der Mensch durch gezielte Bereicherung der häuslichen Umwelt helfend eingreifen.

4 Alter Scheunengiebel mit Einflugloch für Eulen.

Wohnungsangebot

- Geschützte Mauerschlitze und -nischen z.B. unter Dachvorsprüngen, Balkenköpfe hinter Fassadenbegrünungen erhalten
- Wohnschlupflöcher für Eulen und Fledermäuse wieder öffnen oder neu anbringen
- dunkle Nischen und versteckte Ruheplätze erhalten oder schaffen
- großflächige Fassadenberankungen erhalten oder neu anlegen
- naturnahe Gartengestaltung, Hekken mit vielfältigen blühenden und laubwerfenden Gehölzen als Nistplatz, Rückzugsbereich, Bienenweide, Schmetterlingsnahrung
- Erhaltung alter auch teilweise morscher Bäume, auch Obstbäume, als Nistplatz für Specht, Steinkauz, Meisen und andere
- Reisighaufen, Holzstapel und Steinhaufen im Garten für Igel, Marder, Eidechsen
- keine Grundstücksteile, Hecken, Böschungen abflämmen (Vernichtung von unzähligen Nutzinsekten, Igeln, Vögeln und anderen).

Als Ersatzangebot für fehlende natürliche Wohnräume können dienen:

- eingemauerte Niststeine für Meisen, Rotschwanz
- Anbringung künstlicher Schwalbennester oder Nistunterlagen, besonders in Gegenden ohne feuchten Lehmboden in der Nähe
- Aufhängen und regelmäßige Kontrolle von Nistkästen
- Anbringen künstlicher Storchennester auf geeigneten Dächern.

5 Künstliche Schwalbennester als Nisthilfe unter dem Dachvorsprung.

6 Alte Obstbäume bieten ideales Wohnungsangebot für Höhlenbrüter.

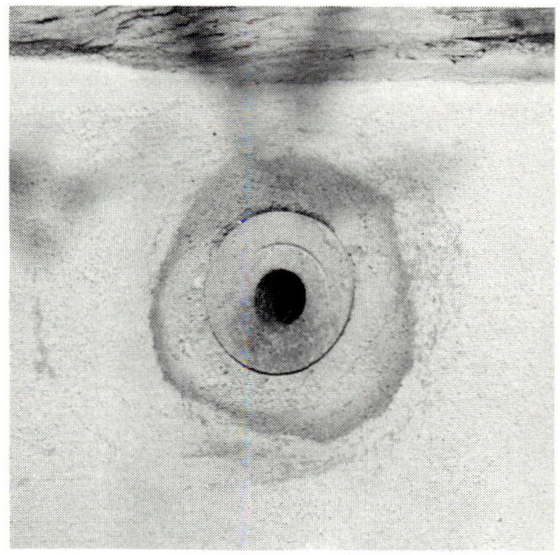

7 Eingemauerter Niststein – für Höhlenbrüter. Auf benachbarten Anflugast achten!

8 Dichte Hecken mit blühenden und fruchttragenden Gehölzen bieten ideale Lebensbedingungen.

Nahrungsangebot

- Blühende und fruchttragende Bäume und Sträucher als Bienenweide, Schmetterlings- und Käfernahrung (natürliches Vogelfutter)
- Anbau von Blütenpflanzen wechselnder Blütezeit von Frühling bis Herbst für Bienen, Schmetterlinge, Hummeln, Käfer
- Blumenwiese statt Einheitsrasen mit akkurater Kurzschnittfrisur, ist pflegeleicht im guten Sinne (1- bis 2mal im Jahr zu mähen je nach Nährstoffreichtum des Bodens), bietet Nahrung für Schmetterlinge, Bienen und Käfer und ist weniger trockenheitsgefährdet
- Brachflächen, Raine, Böschungen mit Disteln, Farn und anderem erhalten, ebenso Brennesselgestrüpp für vielfältige Schmetterlingsarten.

10 Dichte Fassadenberankungen bieten vielen Vogelarten Unterschlupf.

9 Bienenstock.

11 Schmetterlinge sind besonders im Raupenstadium an bestimmte Nahrungspflanzen gebunden.
Foto: Werner Zepf

12 Igel benötigen unaufgeräumte Ecken im Garten, Holzstöße, Steinhaufen als Schlupfwinkel.
Foto: Hans Reinhard

Situation

Auf keinem anderen Gebiet der Architektur wird so leichtfertig produziert, vertrieben und bedenkenlos verkonsumiert. Oft wissen Maler und Architekten nicht mehr, aus was sich die Anstrichmittel und Pigmente zusammensetzen, die zur Anwendung kommen sollen. Wie in vielen anderen Gebieten bestimmt auch hier das industrielle Angebot weitgehend das Verhalten der Verbraucher und nicht mehr der echte Bedarf den Markt.
Das material- und farbbewußte Entwerfen ist nahezu ganz aus den Lehrplänen der Hochschulen verschwunden. Maler sind oft nur noch mit Widerwillen bereit und nicht selten gar nicht mehr in der Lage, am Bau individuell Farben zu mischen und Farbproben anzubringen. Seit dem zweiten Weltkrieg sind die über Jahrhunderte entwickelten Rezepte der Zubereitung von natürlichen Anstrichmitteln und Pigmenten sowie der Behandlung des Untergrundes immer mehr verloren gegangen. Bis vor einigen Jahren versanken unsere Städte und Dörfer in einer diffusen grauen Farblosigkeit. Das Bewußtsein für Farbe am Bau fehlte. Die Wende brachte die Hippiebewegung. Sie erhob die Farbe zum Protestsymbol. Diese von vielen mißverstandene starke Jugendbewegung brachte es fertig, ein neues Farbbewußtsein zu wecken, das sich in vielen Bereichen durchsetzte. Man tobte sich in grellen Farben aus, bemalte Brandwände und strich ungestalte Häuser weg oder malte fehlende Architekturdetails auf. Es fehlte noch jegliche farbliche Differenzierung.
Die Empfindsamkeit für feine farbliche Nuancen und differenzierte Farbkompositionen muß erst wieder entwickelt werden. Jeder, der guten Willens ist, ist dazu in der Lage, denn die Sensibilität für Farbe ist schulbar. Es ist also nur eine Frage der Bereitschaft des Einzelnen.

Im übrigen gibt es auf dem Gebiet der Farbgebung Regeln, die ein hilfreiches Rüstzeug sind, der allgemeinen Diskussion über Geschmacksfragen fachkundig zu begegnen.
Das Ziel dieses Kapitels ist es, wieder Interesse zu wecken an der wunderbaren, aber auch schweren Kunst der Farbgebung und an der Verantwortung, die wir bei der Farbgestaltung unserer Häuser übernehmen. Wer einmal erlebt hat, wie die Neugestaltung der Farbgebung eines Straßenzuges zur Kommunikation und Belebung der gegenseitigen Beziehungen der Bewohner beiträgt, kann etwas von den psychischen Auswirkungen erahnen, die mit der Neugestaltung und Farbeinstimmung jedes einzelnen Gebäudes verbunden sind. Er wird merken, daß Farbe nicht Beiwerk, sondern Bestandteil der Architektur ist.

Farbe und Befund

Altbauten und vor allem historische Bauten sind die besten Lehrmeister für die Entwicklung eines differenzierten Farbempfindens in der Architektur. Alte Bau- und Malermeister kannten noch die vielfältigen Techniken und Künste der Malerei. Meist wurden Bindemittel, Füllstoffe, Pigmente und Zutaten der pflanzlichen, tierischen und mineralischen Umgebung entnommen. Kalk, Jauche, Molke, Quark, Käse, Ruß, Blutserum, pflanzliche und mineralische Pigmente, pflanzliche Öle, natürliche Wachse sind nur einige Beispiele von vielen. Materialien

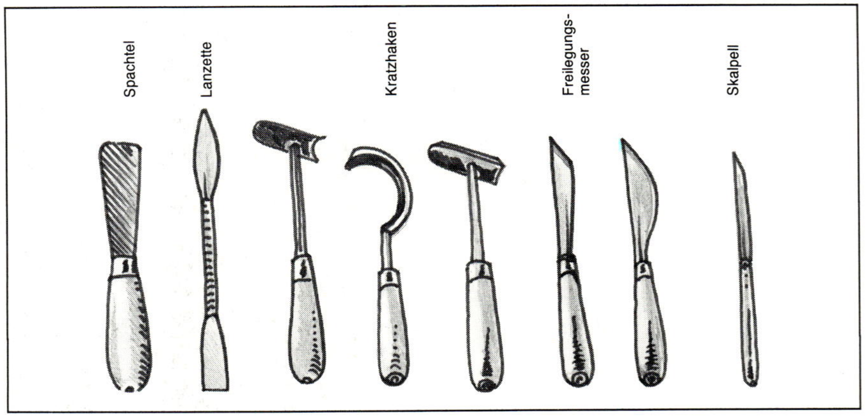

1 Gerätschaften zur Freilegung des Farbbefundes.

und Farben wie Marmor, Gold, Ultramarin, Purpur usw., die nicht am Ort vorgefunden wurden, waren teuer und deshalb nur für gehobene Zwecke zu verwenden.
Viele Techniken und Rezepte lassen sich auch heute noch mit örtlichen Materialien und alten Rezepten preiswert anwenden, wie etwa Kalk als Mörtel und Anstrich oder Bienenwachs und Leinöl als Holzlasur. Diese Materialien haben in der Regel eine lebendigere Farbigkeit und Leuchtkraft als die modernen, meist kunststoffgebundenen Anstriche.
Material, Farbe und Gestalt des Hauses bildeten früher eine Einheit. Es empfiehlt sich deshalb zuerst einmal, den Farbbefund, das verwendete Material und die Technik des Auftrags sorgfältig freizulegen und zu sichern. Eine eigene neue Farbgebung soll die Ausnahme sein und nur dann entwikkelt werden, wenn entweder kein Befund da ist oder der Befund schlecht ist, was selten vorkommt.
Die Farbe sollte der Architektur dienen, sie erhöhen, sollte nie Selbstzweck sein. Bauteile sollen sich gegeneinander absetzen aber nicht einander trennen. Sie sollten in die bauliche und landschaftliche Umgebung in Material und Farbe eingebunden sein. Auch diese Gesetzmäßigkeiten kann man oft aus dem Befund des ehemaligen Anstrichs ablesen.

2 Farbharmonie verwandter Töne.

Farbe und Natur

3 Material, Farbe, Landschaft – eine Einheit.

5 Wechselspiel von Licht, Laub und Farbe.

Früher wurden aus Kostengründen die Materialien und Farben der örtlichen Landschaft entnommen. Schon daraus ergab sich die oft wohltuende farbige Einbettung von alten Bauwerken in die Landschaft. Da die Farben die Eigenschaft haben, bei bedecktem Himmel und Regen mehr zu leuchten und in der Sonne stark aufzuhellen und zurückzutreten, wächst im allgemeinen Farbbewußtsein und Farbfreudigkeit, je weiter man in den (sonnenärmeren) Norden kommt.

Die meisten modernen Gebäude sind zu hell gestrichen (Industrieweiß ohne Pigmentzusatz) oder in ihrer Farbigkeit zu grell. So ein Weiß wie heute stand früher nicht zur Verfügung. Die Kalke waren je nach Vorkommen gelblich, bräunlich, rötlich oder in ihren Grundfarben schon natürlich gefärbt. Je nach Region wurden sie mit kalkechten Pigmenten zusätzlich eingefärbt. Lediglich im Klassizismus hellte man möglichst weiße Kalke durch Zugabe von Blau optisch auf.

Zu dunkle Farbtöne sind zu vermeiden. Sie zeigen ein anderes thermisches Verhalten, was zu Spannungen im Putzuntergrund führt und wirken an der Oberfläche papieren und unarchitektonisch.
Die Natur ist der beste Lehrer für Farbe. Beleuchtung, Helligkeit, Sonne, Schatten, Regen, Tag, Morgen, Abend, Wind, Wolken bringen die lebendige Bewegung in das Statische der Architektur. In all diesen Wandlungen des Lichtes verändert sich ein Farbton auf einer Wand ebenfalls tausendfach.

4 Materialien aus der Umgebung wie Lehm, Holz, Ton, Kalk fügen sich farblich ein.

6 Architektur, Farbe und Bepflanzung als bewußt komponierte gestalterische Einheit.

7 Naturbelassene Baustoffe wie Reet, Ziegel, Naturstein und Holz bestimmen die Farbgebung des Hauses und lassen es mit der natürlichen Umgebung harmonieren.

Gerade helle Farbflächen und lebendige Lasuren (durchscheinende Farbgebungen) bieten sich zum Spielplatz des Lichtes an, während starke, dunkle, homogene, hautige Farbflächen dem Licht kaum noch Chancen lassen, sich zu entfalten.

Farbe und Untergrund

Im Kapitel B 2.3/2.1 wurde ausführlich über Putztechniken gesprochen. Altbauten haben keine ebenen Wandflächen. Vor allem bei Bruchsteinmauerwerk und Fachwerk sind die Oberflächen des Putzes den Unebenheiten des Untergrundes, der aus der handwerklichen Erarbeitung oder durch Verschiebungen des Gefüges entstanden ist, anzupassen. Es sollte hier nie unser Ziel sein, eine technisch glatte Fläche herzustellen, sondern immer eine bewegte handwerklich geformte lebendige Oberfläche zu erhalten, auf der das Licht spielen kann. Großflächige Unebenheiten und kleinteilige Bearbeitungsstrukturen fördern die erwünschte Lebendigkeit der Farbwirkung, weil hier, je nach Lichteinfall, die Farbe ein und derselben Fläche vielfältige Helligkeitsgrade aufweist.
Innen- und Außendämmungen bringen oft schon von der Verarbeitung her eine zu glatte Oberfläche mit sich, einfach deshalb, weil die verwendeten Materialien zu glatt sind oder Putze zu dünn aufgetragen werden müssen

8 Alte pigmentierte Kalkanstriche in mehreren Schichten bilden eine lebendige Oberfläche, „sympathische" Alterung.

9 Buntsandstein mit filmbildendem Anstrich – nicht materialgerecht, platzt ab.

10 Farbspiel bei natürlicher Alterung des Holzes.

Farbe und Alterung

Naturmaterialien und natürliche Anstriche haben in der Regel sehr gute Alterungseigenschaften. Holz wird auf der Sonnenseite dunkelbraun und auf der sonnenabgewandten Seite silbergrau, vor allem, wenn es ohne farbige Lasuren belassen wird. Streicht man altes Holz mit Leinöl, so wird zum Beispiel Eiche dunkelbraun. Naturbelassene großporige Natursteine wie Sandstein und Kalkstein sowie Ziegelmauerwerk und Dachziegel aller Art patinieren vielfältig und vielfarbig durch Witterungseinflüsse, Verschmutzung, Abschwemmung, Veralgung, Vermoosung. In Sand verlegte Natursteine (Platten und Pflaster) verhalten sich ähnlich, und die Fugen durchgrünen. Behandelt man Natursteine im Fassadenbereich, so kommen nur mineralische Farben in Frage (Haltbarkeit des Steines, Leuchtkraft der Farbe). Mineralische Putze und Kalkanstrich bzw. Mineralanstrich verkieseln miteinander und verhalten sich somit an der Oberfläche ähnlich wie Gestein. Sie erhalten trotz Patina beim Altern ihre farbige Leuchtkraft im Gegensatz zu Anstrichen mit wenig mineralischen Bestandteilen (stark kunststoffgebundene, hautbildende Anstriche). Metalle patinieren durch Oxidation. Bei Eisen ist der Anstrich zugleich der Schutz gegen den Rost. Eingebranntes Öl ist ein lang haltender Schutz für Eisen. Kupfer patiniert Grün (Grünspan). Es ist zu beachten, daß Grünspan durch Regen abgeschwemmt wird und Fassaden stark verunreinigen kann. Ein guter Schutz für Zinkrinnen und Fallrohre, die naturbelassen werden sollen, ist ein Anstrich mit Leinölfirnis.

Grundsätze und Regeln

1 Neuanstrich im Ganzen gut. Schönheitsfehler: Farbwechsel an den Gewändeecken der Erdgeschoßfenster.

Die folgenden praktischen Hinweise helfen, viele handwerkliche und formale Fehler zu vermeiden. Es sind Regeln, die von altersher als ungeschriebene Gesetze für alle galten, die sich auf die Kunst der Farbgebung verstanden:

- Bestandsaufnahme der verwendeten Materialien, ihrer Oberflächenstrukturen und der natürlichen Farbigkeit des Bauwerkes
- Untersuchung des Farbbefundes an allen Bauteilen
- Einbeziehen der natürlichen Umgebung und der Landschaft in die Farbgebung
- Einbeziehen des Bauwerks in das farbige Ensemble der Nachbarschaft
- alle Untergründe für Anstriche in Konstruktion und Material vor dem Anstrich ausbessern, reinigen und Schadensursachen entfernen
- Nachvollziehen probeweise von alten Techniken mit dem Handwerker (üben) vor dem Beginn der Arbeit
- aufgrund des vorliegenden Farbbefundes und aufgrund des Zustandes der Untergründe die Entscheidung für die anzuwendenden Materialien (Anstrichmittel, Pigmente, Zutaten usw.) fällen
- Fertigen von Farbproben an allen Bauteilen möglichst zusammenfassend an einer Stelle, wo viele Bauteile zusammenkommen: Wand, Gesims, Dachgesims, Gewände, Lisenen, Fenster, Türen usw.
- Farbproben im Schatten und in der Sonne. Bei Sonne und bei Regen überprüfen. Größte Intensität der Farbigkeit bei Regen, geringste bei Sonneneinstrahlung
- Farbproben gewissenhaft überprüfen mit genügend Abstand vom Gebäude, um die Wirkung im Ensemble und in der Landschaft abschätzen zu können
- bei zwei Anstrichen immer den ersten als Annäherung anbringen und nach der Gesamtwirkung den letzten modifizieren. Dies gilt nicht bei Lasurtechniken
- beim Anstrich im Detail sorgfältig vorgehen, vor allem bei Anschlüssen und Materialwechsel.

2 Bauliche Gliederung und Plastizität durch Farbgebung.

Farben mischen, Farbproben

Farben mischen kann man aus Büchern lernen, aber man muß es üben. Zuerst benötigt man mehrere saubere Behältnisse, die nötigen Pinsel und Stöcke zum Umrühren. Proben werden in kleinen Mengen gemischt. Vorsicht mit dunklen Tönen, da zum Aufhellen viel Weiß benötigt wird. Farbe mit sauberem Holz entnehmen und nicht mit dem Pinsel. Die Farbe sieht im Eimer anders aus als auf dem Pinsel und auf der Wand in feuchtem Zustand anders als im trockenen. Die meisten Anstrichmittel dunkeln beim Abtrocknen! Mineralfarben hellen in der Regel auf. Farbproben immer auf der besonnten und auf der Schattenseite anbringen. Wenn möglich, vor der endgültigen Entscheidung einen Regentag abwarten (stärkere Farbintensität).

Möglichst naturhelle Pigmente, möglichst wenig Weiß verwenden, dann werden die Farbtöne strahlender. Bei lasierenden Techniken kann auf Weiß im letzten Anstrich eventuell ganz verzichtet werden (reines Pigment). Abdunkeln von Farbproben nicht mit Schwarz, wird rußig und stumpf, sondern mit dunklen Pigmenten je nach gewünschter Farbgebung. Grüne und braune Umbra sind besonders geeignet. Es empfiehlt sich, grüne Umbra auch immer in kleinen Mengen zum Brechen von Weiß und anderen hellen Tönen zu verwenden. Zu aufdringliche Farbtöne sind ebenfalls mit grüner Umbra erdiger zu gestalten. Schwarz ist in geringen Mengen brauchbar, um Gelb- oder Ockertöne ins Grünliche zu brechen.

Das Farbkonzept für alle Bauteile muß stehen, bevor man sich für eine Farbe im einzelnen entscheidet bzw. sie aufbringt. Deshalb soll man sich eine Stelle heraussuchen, wo möglichst viele Bauelemente beieinander liegen, etwa Dachgesims, Eckquaderung, Gewände, Fenster, Putzfläche usw. Farbproben sind immer bis zum Schluß zu erhalten, um prüfen zu können, ob der gewünschte Farbton auch wirklich aufgetragen wurde.

3 Das Farbkonzept für alle Bauteile muß stehen, bevor man sich für eine Farbe im einzelnen entscheidet.

Farbbefund

Architektonische Form und Farbgebung waren bei Altbauten meist eine Einheit. In historischen Innenräumen diente die Farbgebung u.a. der Feinabstimmung der Raumproportionen. Auch wenn es sich um keine ausdrückliche Restaurierung handelt, sind wir dem Erbauer eines Bauwerks eine Befunduntersuchung schuldig. Zumindest sollte man sich ein Bild vom ursprünglichen Farbkonzept machen, bevor man sich leichtfertig zu einer anderen Farbgebung entschließt.

Abgesehen von Spezialuntersuchungen an wertvoller historischer Substanz, die von Fachleuten, Spezialmalerfirmen bzw. Kirchenmalern durchgeführt werden sollten und für die man Spezialbestecke und eine Lupe benötigt, reicht normalerweise ein gutes Taschenmesser aus. Man sucht immer dort, wo Wetter und Handwerk nicht gut hinkommen, in Ecken und Winkeln zu Mauern und Gesimsen, unter späteren Putzen und Anstrichen, bei Anbauten im Holz und in Putzritzen. Bei schwachen, verstaubten Farbresten empfiehlt es sich, Fixativ aufzusprühen. Das läßt die Farben leuchtender hervortreten. Befundstellen sollten immer erhalten werden. Der Farbbefund an Fassaden und hohen Innenräumen kann häufig nicht zur Bestandsaufnahme, sondern erst nach der Stellung des Gerüsts vorgenommen werden.

4 Mittelalterlicher Wehrturm vor der Instandsetzung.

6 Wehrturm nach der Restaurierung nach historischem Befund.

5 Deutlich sichtbarer Farbbefund an den geschützten Bereichen des Rundbogenfrieses.

7 Rundbogenfries nach der Restaurierung mit gleichfarbig sandsteinrotem Begleitstrich, schwarzem Ritzer und mörtelgrauer Fugung. Alle Farben wurden auf weißem Untergrund bzw. unbehandeltem Naturstein lasierend aufgetragen.

8 Gotisches Kirchenschiff nach Befund restauriert.

9 Freskotechnik an gotischer Säule, nur durch gelernte Kirchenmaler auszuführen (Malerei in feuchten Kalkputz).

11 Neuer Fugenschnitt auf Backsteinsäule.

12 Barocker Innenanstrich eines Fachwerkhauses mit taubengrauem Begleitstrich und braunem Ritzer.

10 Ausschnitt Kreuzrippengewölbe mit ornamentaler Bemalung. Die Farbgebung steigert die architektonische Idee.

13 Farbige Gestaltung auf die natürlichen Holztöne abgestimmt.

Farb- und Materialwechsel

Ein Farbwechsel sollte in der Regel zugleich auch ein Materialwechsel sein. Wechselt man die Farbe der Wandflächen dennoch an einem Gebäuceteil, dann immer an einer Gebäuceinnenecke. Außeneckenfarbwechsel hebt die Architektur optisch auf. Das Haus wirkt wie aus Pappe. Naturbelassene Materialien haben in sich immer verschiedene Farbtöne. Deshalb sollten verschiedene Materialien immer verschiedenfarbig gestrichen werden. Die Grundanregung für den Farbton gibt in der Regel das Material selbst.

14 Materialwechsel = Farbwechsel.

Farbwechsel an Werksteinteilen

Der Farbwechsel an Gewänden oder Gesimsen wie Dachgesimsen wird nicht genau an der Innenecke vorgenommen, weil der Anschluß an den Putz nie eine gerade Linie darstellt, sondern große Unebenheiten aufweist. Das Auge ist für solche Ungenauigkeiten sehr empfindlich. Hier kann man abhelfen.

15 Farbig abgesetzte Werksteinteile.

Man bringt je nach optischer Höhe und Entfernung des Gesimses freihändig 1 – 3 cm starke Begleitstriche im Farbton des Gesimses auf die Putzfläche auf und hebt damit optische Unregelmäßigkeiten auf. Begleitstriche, Farbkanten, Linien und Ritzer werden nie mit dem Lineal, sondern freihändig, nie mit der Wasserwaage, sondern mit dem Augenmaß aufgetragen. Lotrecht oder horizontal gezogene Striche unter einem schiefen Gesims wirken schief. Bei der Arbeit immer zwischenhinein Abstand nehmen und die Wirkung überprüfen.

Fenstergewände

Sohbänke sind oft putzbündig mit dem Gewände zusammen eingebaut. Hier ist darauf zu achten, daß sie je höher an der Fassade, auch um so höher gemalt werden, weil sie sich von unten gesehen optisch verkürzen. Das gilt selbstverständlich auch bei aufgemalten Faschen. Letztere sollten mit einem umbragrauen Ritzer zur Hebung der plastischen Wirkung abgegrenzt werden. Wenn Fenstergewände über die Putzfläche hinausstehen, muß der Gewändeanstrich bis zum Putzanschluß und etwa 1 cm auf den Putz gestrichen werden.

16 Die Konturen zwischen Gewände und Putz müssen mit einem gleichfarbigen Begleitstrich sorgfältig abgesetzt werden.

Eckquaderung

Eckquaderungen treten verzahnt oder durchlaufend lisenenartig auf. Der Putz wird bündig herangezogen. Steht die Quaderung über die Putzfläche hinaus, besteht sie in der Regel aus gleichmäßig gezahnten Werksteinen. Oft werden jedoch die Werksteine in der Länge variiert, so, wie sie aus dem Steinbruch kommen (wilde Zahnung). In diesen Fällen empfiehlt sich, beim Anstrich Korrekturen vorzunehmen, um die Fassade zu beruhigen. Lange Steine werden mit Putzfarbe verkürzt, kurze Steine verlängert. Keine Seltenheit ist die komplette Übermalung der gegebenen Struktur mit einer neuen Fugung, die der konstruktiven nicht entspricht. Es war auch durchaus üblich, fehlende Eckquaderungen aufzumalen.

17 Oben richtige, unten falsche Lage der Fuge.

Fugen und Ritzer

Fugen von Werksteinbauten werden oft aufgemalt. Wenn sie auch häufig im Verlauf dem originären Gefüge nicht entsprechen, sollen sie dennoch auch farbig die Mauerfuge wiedergeben oder imitieren. Im Gegensatz dazu hat der sogenannte Ritzer mehr eine dekorative Aufgabe. Er wird im Zusammenhang mit einem Begleitstrich zu Werkstein oder Fachwerk als farbiger, meist dunkler Strich angebracht, um die Plastizität zu erhöhen oder einen Schattenwurf vorzutäuschen.
Die Fugung spielt für das optische Bild einer Fassade eine wichtige gliedernde Rolle. Hier wird beim Instandsetzen und Restaurieren viel falsch gemacht. Fugen dürfen nie im Steinton gestrichen oder mit farbigem Steinmehlmörtel verfugt werden, der den Ton des Gesteins hat. Sie sind in der Regel auch dann im Mörtelton zu streichen, wenn sie nicht dem natürlichen Verlauf der Fugen folgen.
Setzfugen sind immer stärker als Stoßfugen. Die Fugung wird mit der Quaderung zusammen an Sockeln, Lisenen, Pfeilern usw. oft anders aufgeteilt als das Mauerwerk es vorgibt. Auch wurden Putzsockel in Werksteinfarbe zum Teil mit Fugengliederung gestrichen.
Begleitstriche haben die Aufgabe, den ungenauen Anschluß von Werksteinteilen, Gesimsanschlüssen und sonstigen Bauteilen an die Putzfläche aufzuheben, um mehr optische Brillanz in die Fassadengliederung zu bringen. Dieser Effekt wird noch durch 1 oder 2 parallel laufende direkt angesetzte oder in der Putzfläche auf Distanz laufende Ritzer erhöht.

18 Barocker Werksteinsockel mit aufgemalter Mörtelfugung und weißgrauem Begleitstrich – nach Befund restauriert.

19 Fachwerkholzteile mit dunkelgrauem Begleitstrich, gegen Putzfläche abgesetzt zur Erhöhung der Plastizität.

20 Ritzer als beliebtes Gliederungselement für Fachwerkfelder.

Fachwerk

21 Felder und Balkenfarbe so aufeinander abgestimmt, daß ein harmonisches Netzwerk mit milden Übergängen entsteht.

Fachwerk war im allgemeinen regional viel farbenfreudiger als heute angenommen. Felder und Balkenwerk waren so aufeinander abgestimmt, daß ein harmonisches Netzwerk mit milden Übergängen entstand und nicht nur die oft anzutreffende Schwarz-Weiß-Wirkung.

Der Anstrich auf den Putzflächen war Kalk in den naturgegebenen hellen Ocker-, Umbra-, Terrakott- und Gelbtönen oder mit Erdfarben pigmentiert und im Inneren durch Zusatz von Quark oder Molke wischfest zubereitet. Die taubenblauen Begleitstriche und dunkelgrauen Ritzer fertigte man aus mit Ruß eingefärbtem Kalk, den man dünn auftrug. Regional wurden Fachwerkfelder auch prächtig ausgemalt: Ornamente oder bildliche Darstellungen in Freskotechnik (Farben in den feuchten Untergrund), Kratzputz- oder Stupftechnik.

Das Holzwerk wurde regional sehr verschieden behandelt. Häufigste Farben waren Braun bis Dunkelbraun und Rot. Es beruht auf einem Irrtum, daß Ochsenblut für den Anstrich von Fachwerkholz verwendet wurde. Es handelt sich dabei um eine Flüssigkeit, die sich über abgestandenem Blut absondert und als Bindemittel für Pigmente geeignet ist (Blutserum). Aber auch olivgrün und andere Farben – in Norddeutschland Kalkweiß gegen das Rot der Ziegel – wurden als Anstriche für das Holzwerk verwendet. Im Kapitel B 2.3/4.2 wurde über den Putzaufbau von Fachwerkgefachen aus Lehm und Mauerwerk detailliert gesprochen, auch über die anzuwendenden Anstrichmittel. In jedem Fall sind für Fachwerkfelder und Holzflächen stark diffusionsfähige Materialien zu verwenden.

Lasuren

Lasuren entstehen, wenn man einen meist dunkleren durchscheinenden stark verdünnten oder nicht homogen aufgetragenen Farbton über einen Farbuntergrund zieht. Die Lasurtechniken sind vielfältig, je nach Art des Auftrages (mit dem Lappen aufgerollt, gestupft, gewickelt, gezogen usw.). Lasierend aufgebrachte Wandanstriche bringen innen und außen eine lebendige Wirkung und setzen sich wohltuend ab von den papierenen, homogenen Farboberflächen moderner hautbildender Anstriche.
Bei Kalkanstrichen ist die Lasurwirkung eine natürliche Folge der richtigen Verarbeitung. Kalk wird dünn (in relativ flüssiger Konsistenz) in mehreren Schichten mit der Quaste kreuz und quer aufgetragen. Bei Mineralfarben ist eine Lasur nicht so einfach herzustellen, weil sie durch ihre Farbleuchtkraft stark deckend wirken. Hier empfiehlt es sich, zuerst einen rein weißen Anstrich aufzubringen und den dann mit einem pigmentierten, stark mit Wasserglas verdünnten mineralischen Farbanstrich oder reinem Pigment, das mit Wasserglas gemischt ist, zu überstreichen. Der Auftrag muß schnell erfolgen und darf nur einmal vorgenommen werden. Übereinander gestrichene Lasuranstriche wirken deckend und nicht mehr durchscheinend.
Es empfiehlt sich, mit dem Malermeister die gewünschte Lasurtechnik an Probeflächen hinreichend zu üben, bevor die Gesamtfassade oder der Innenraum in Angriff genommen wird, da die notwendige Handfertigkeit meist verlorengegangen ist.

Fenster

22 Gestalterische Einheit – Architektur und Fenster.

23 Holzwerk und Sprossen der Fenster sollen die Lichtöffnung netzartig überbrücken.

Fenster spielen eine wichtige Rolle in der Fassade. Einerseits sollen sie den Innenraum belichten, andererseits die Außenhaut erhalten. Fenster ohne Sprossen wirken blind. Bemalt man Fenster mit zu dunklen Farb- oder Grautönen, führt dies zu einem ähnlichen Effekt. Das Glas wird in seinen reflektierenden Grautönen vom Auge nicht mehr wahrgenommen. Zu dunkle Farbtöne sind wegen der starken Temperaturspannungen für das Holzfenster nicht geeignet. Fenster sollen sich nicht zu hell oder zu dunkel von der Fassade abheben, aber ihre eigene Leuchtkraft erhalten. Es empfehlen sich hellgraue, silbergraue, braungraue und ähnliche Töne. Fenstergewände haben meist eine konstruktiv gliedernde Bedeutung in der Fassade. Holzgewände an Fachwerkfassaden kamen erst im letzten Jahrhundert auf als Nachahmung von Werksteingewänden. Sie können deshalb stärker farbig behandelt werden.

Bei der 3jährigen Arbeit an diesem Buch ist uns noch deutlicher geworden, daß der sorgfältige, liebevolle Umgang mit alten Häusern die beste Schule für Architekten ist. Wenn wir richtig hinsehen, hinfühlen, hinhören, können wir vieles erfahren, lernen und in uns aufnehmen, was Baumeister, Künstler und Handwerker früher beherrschten, und vieles, was verschüttet ging, entdecken wir neu: die Wirkung von Form und Raum, Detail, differenzierte Farbigkeit, saubere Verbindungen zwischen Materialien und Bauteilen, baubiologische Anregungen, Einordnen in die Umgebung, sparsames Verwenden örtlicher Baustoffe und vor allem ein Gefühl für das, was uns heute oft fehlt – die sich einordnende Vielfalt.

A 1 Ökonomische Aspekte der Bauerhaltung
A 2 Kulturhistorische Aspekte der Bauerhaltung

A 1/A 2–**1** Bode „Unser Lebensraum braucht Schutz – Denkmalschutz", Dreieichenhain 1975
A 1/A2–**2** Eberl, Schiedermair, Petzet „Bayerisches Denkmalschutzgesetz" Kommentar, Wiesbaden 1975
A 1/A 2–**3** Gerner „Instandsetzung und Erhaltung historischer Häuser", Wiesbaden 1978
A 1/A 2–**4** Hermann, Wiechmann „Modernisierungshandbuch für Architekten", Karlsruhe 1981
A 1/A 2–**5** Institut für Bauforschung „Altbaumodernisierung", Schriftenreihe der Rationalisierungs-Gemeinschaft Bauwesen
A 1/A 2–**6** Landzettel „Häuser und Straßen", Wiesbaden 1979
A 1/A 2–**7** Landzettel „Wege und Orte", Wiesbaden 1977
A 1/A 2–**8** Müller-Menckens „Neues Leben für alte Bauten", Stuttgart 1977
A 1/A 2–**9** Niedersächsisches Denkmalschutzgesetz HPC Weidner „Steuerliche und rechtliche Hinweise für Denkmalbesitzer", Hannover 1980
A 1/A 2–**10** Nordrhein-Westfalen „Gesetz zum Schutz und zur Pflege der Denkmäler im Land NRW. Denkmalpflege im Rheinland aktuell" Heft 1, Bonn 1981
A 1/A 2–**11** Prorenova „Handbuch – Methode zur Ermittlung von Sanierungskosten", Rüschlikon 1981
A 1/A 2–**12** Rau „Innenrenovierung einer Kirche" DBZ 6/81, 9/81
A 1/A 2–**13** Rau „Methodisches Planen – ein Weg zum wirtschaftlichen Wohnungsbau" i.A. des BmBau 1981
A 1/A 2–**14** Rau „Rationalisierung im Wohnungsbau aus der Sicht der Bauleitplanung" i.A. d. Innenministeriums NRW 1980
A 1/A 2–**15** Saarländisches Denkmalschutzgesetz – SDschG – Bericht d. staatl. Denkmalpflege im Saarland 1977
A 1/A 2–**16** Sasse „Baustoffhandbuch der Altbausanierung", Darmstadt 1980
A 1/A 2–**17** Schiedermair „Zur Denkmalschutzgesetzgebung in der BRD" Schriftenreihe BmBau 02.003., 1975
A 1/A 2–**18** Schmitz „Altbaumodernisierung – Konstruktions- und Kostenvergleiche", Köln 1979
Schmitz „Altbaumodernisierung – praxisbezogen", Duisburg 1981
A 1/A 2–**19** Simons (Hrsg.) „Dorffibel", Stuttgart 1979
A 1/A 2–**20** Wieland „Bauen und Bewahren auf dem Lande" Deutsches Nationalkomitee für Denkmalschutz 1978

A 3 Historische Materialien

A 3–**1** Sasse „Baustoffhandbuch der Altbausanierung", Darmstadt 1980
A 3–**2** Scholz „Baustoffkenntnis", Düsseldorf 1980
A 3–**3** Schuler „Das große Buch vom Holz", München 1977
A 3–**4** Wendehorst „Baustoffkunde", Hannover 1975
A 3–**5** Grützmacher „Reet- und Strohdächer", München
A 3–**6** Niemeyer „Der Lehmbau und seine praktische Anwendung", Grebenstein
A 3–**7** Volhard „Leichtlehmbau: alter Baustoff – neue Technik", Köln

A 4 Baubiologie

A 4–**1** Bachler „Erfahrungen einer Rutengängerin", Linz 1981
A 4–**2** „Bauen und Biologie", db 2/82
A 4–**3** Braune „Baubiologische Aspekte der Altbauerneuerung", DBZ 3/82
A 4–**4** Brodener „Mikrowellen – die verheimlichte Gefahr", München 1980
A 4–**5** Capra „Der kosmische Reigen", München 1982
A 4–**6** Charpentier „Die Geheimnisse der Kathedrale von Chartres", Köln 1981
A 4–**7** Danielewski „Geschäfte mit der Angst"
A 4–**8** Dietrich „Symbiotische Architektur", db 2/82
A 4–**9** Dittrich „Bauphysikal. Problemlösungen bei der Altbaumodernisierung", Köln 1981
A 4–**10** Eble, Hollwich, Schutte, Wekker, Frank „Baubiologie" aus: Das Haus spezial
A 4–**11** Endrös „Die Strahlung der Erde und ihre Wirkung auf das Leben", Remscheid 1978
A 4–**12** Ferguson „Die sanfte Verschwörung", Basel 1982
A 4–**13** Furchner „Bioklimatische Einflußfaktoren", DBZ 12/81
A 4–**14** „Gesundes Bauen – Gesundes Wohnen" Forschungskreis Geobiologie e.V., Eberbach 1978
A 4–**15** Hartmann „Krankheit als Standortproblem", Heidelberg 1976
A 4–**16** Hollwich „Licht und Farbe – Einfluß des Lichtes auf Stoffwechsel und Hormone", db 2/82
A 4–**17** König „Unsichtbare Umwelt", München 1977
A 4–**18** Kügler „Medizin-Meteorologie nach den Wetterphasen", München 1972
A 4–**19** Kükelhaus „Organismus und Technik", Olten 1971
A 4–**20** Lehmann „Die Kleidung, unsere zweite Haut", Dreieich
A 4–**21** Lotz „Zivilisationskrankheiten der Architektur", Vortrag vom 3–4–1970 Trier
A 4–**22** Lübkert „Biologisch bauen und wohnen", Düsseldorf 1982
A 4–**23** Mathey „Umweltbewußtes Bauen", TH Darmstadt Juli 1982
A 4–**24** Ottel „Baubiologische Standortfaktoren", DBZ 4/80
A 4–**25** Palm „Das gesunde Haus", Dettingen 1975
A 4–**26** v. Pohl „Erdstrahlen als Krankheits- und Krebserreger"
A 4–**27** Prokop, Wimmer „Wünschelrute, Erdstrahlen Radiästhesie", Stuttgart 1977
A 4–**28** Schleifer „Hochfrequenz- und Mikrowellen-Meßtechnik in der Praxis", Heidelberg 1981
A 4–**29** Vitruvius „Zehn Bücher über Architektur", Baden-Baden 1974
A 4–**30** Wachsmuth „Erde und Mensch", Doernach 1980
A 4–**31** Wendehorst „Baustoffkunde", Hannover 1975
A 4–**32** König „Praktische Baubiologie"
A 4–**33** Merz „Orte der Kraft", Chardonne 1984
A 4–**34** Rose „Wohngifte", Oldenburg 1984
A 4–**35** Wagner „Naturwissenschaftl. Grundlagen zur biologischen Wirkung des Bauens"
A 4–**36** Pennick „Die alte Wissenschaft der Geomantie", München

A 5 Energieeinsparung
(siehe B 3.1)

B 2.1 Bauteile im Erdreich

B 2.1–**1** Arendt „Altbauerneuerung", Stuttgart 1977
B 2.1–**2** Barwaldski u. a. „Sicherung historischer Bauten" 1977
B 2.1–**3** Doll „Natursteinbauten", DBZ 4/77, 8/77, 10/77, 12/77, 3/78, 12/78
B 2.1–**4** Rau „Instandsetzung von Altbauten", DBZ 6/79

B 2.2 Außenwand
B 2.3 Fassade

B 2.2/3–**1** Arendt „Altbauerneuerung", Stuttgart 1977
B 2.2/3–**2** Arendt „Das Fenster in der Altbaumodernisierung", Deutsche Bauzeitung 5/77, 6/81
B 2.2/3–**3** Barwaldski u. a. „Sicherung historischer Bauten" 1977
B 2.2/3–**4** Braun, Neue Heimat Werkstattbuch „Techniken der Instandsetzung und Modernisierung", Berlin 1981

B 2.2/3–**5** Doll „Natursteinbauten" DBZ 4/77, 8/77, 10/77, 12/77, 3/78, 12/78

B 2.2/3–**6** Förderkreis alte Kirchen „Fachwerkkirchen in Hessen", Marburg 1978

B 2.2/3–**7** Gerner „Checkliste Fachwerk", Deutsche Bauzeitung 1/76, 5/76

B 2.2/3–**8** Gerner „Fachwerk", Stuttgart 1982

B 2.2/3–**9** Gerner „Fachwerk", DBZ 5/76, 8/76, 12/76

B 2.2/3–**10** Helm „Das Bürgerhaus in Nordhessen", Tübingen 1967

B 2.2/3–**11** Hoffmann „Statik von Fachwerkbauten", DBZ 3/80

B 2.2/3–**12** Klöckner „Alte Fachwerkbauten", München 1978

B 2.2/3–**13** Meyer-Bohe „Fenster", Kiel

B 2.2/3–**14** Nachtigall „Alte Bauernhäuser in Mittelhessen", Gießen 1982

B 2.2/3–**16** Nebel „Holzbau" Bauhandbuch 1/82

B 2.2/3–**17** Nebel u.a. „Sanieren und Modernisieren von Fachwerkbauten" Schriftenreihe des BmBau 04.069., Bonn 1981

B 2.2/3–**18** Rau „Instandsetzung von Altbauten", DBZ 6/79

B 2.2/3–**19** Rau „Instandsetzung von Fachwerkfassaden", DBZ 9/78

B 2.2/3–**20** Sasse „Baustoffhandbuch der Altbausanierung", Darmstadt 1980

B 2.2/3–**21** Schafft „Altbauerhaltung", Flensburg 1979

B 2.2/3–**22** Schild „Schwachstellen Außenwände und Öffnungsanschlüsse", Wiesbaden 1981

B 2.2/3–**23** Schild „Schwachstellen Fenster und Außentüren", Wiesbaden 1981

B 2.2/3–**24** Schmitz „Altbaumodernisierung – Konstruktions- und Kostenvergleiche"

B 2.2/3–**25** Schild „Schwachstellen Außenwände und Öffnungsanschlüsse", Wiesbaden 1981

B 2.2/3–**26** Snethlage „Steinreinigung", Baudetail 81

B 2.2/3–**27** Schuler „Das große Buch vom Holz", London 1976

B 2.2/3–**28** Thiede „Deutsche Bauernhäuser", Leipzig 1941

B 2.2/3–**29** Thinius „Raum und Konstruktion bäuerlicher Wohnbauten", Karlsruhe 1979

B 2.2/3–**30** Walbe „Das hessisch-fränkische Fachwerk", Gießen 1954

B 2.2/3–**31** Winter „Das Bürgerhaus zwischen Rhein, Main und Neckar", Tübingen 1961

B 2.2/3–**32** Wendehorst „Baustoffkunde", Hannover 1975

B 2.2/3–**33** Scholz „Baustoffkenntnis", Düsseldorf 1980

B 2.4 Dach

B 2.4–**1** Arbeitsgemeinschaft Ziegeldach „Ziegeldach", Bonn 6/82

B 2.4–**2** Arbeitsgruppe Bautechnik in der Arbeitsgemeinschaft historischer Fachwerkstädte, Heft 1 „Schieferdeckerarbeiten", Hann.-Münden 1982

B 2.4–**3** Braun u.a. „Techniken der Instandsetzung und Modernisierung im Wohnungsbau", Wiesbaden 1981

B 2.4–**4** Dachdeckerfachschule Waldkirchen „Eingebundene Ziegelkehle", DDH Heft 6/82

B 2.4–**5** Hofmann und Zipf „Das Ziegeldach", Bundesverband der Deutschen Ziegelindustrie, 1968

B 2.4–**6** Nebel „Sanieren und Modernisieren von Fachwerkbauten" Schriftenreihe des BmBau 04.069, Bonn 1981

B 2.4–**7** Ott „Holzschindeln in Vergangenheit und Gegenwart", DDH 5/82

B 2.4–**8** Rau „Instandsetzung von Altbauten", DBZ 6/79

B 2.4–**9** „Sicherung historischer Bauten" Fachtagung des Instituts für Tragkonstruktionen, Universität Karlsruhe, Juni 1977

B 2.4–**10** Fingerhut „Schieferdächer" 1982

B 2.4–**11** Grützmacher „Reet- und Strohdächer", München

B 2.5 Geschoßdecke

B 2.5–**1** „Baukunde des Architekten", Berlin 1900

B 2.5–**2** Braun, Neue Heimat Werkstattbuch „Techniken der Instandsetzung und Modernisierung", Berlin 1981

B 2.5–**3** Dittrich „Bauphysikalische Problemlösungen bei der Altbausanierung", Köln 1981

B 2.5–**4** Goesele „Der Luftschallschutz von Wohnbauten. Derzeitige Grenzen und künftige Verbesserungsmaßnahmen" BBaubl. Heft 3/82

B 2.5–**5** Hess. Brandversicherungskammer „Brandschutz in der Altstadt", Darmstadt 1982

B 2.5–**6** Hofmann „Gefüge und Statik von Fachwerkhäusern", B + B 1/81

B 2.5–**7** Maniecki „Umbau alter Häuser", Köln 1983

B 2.5–**8** Schild u.a. „Schwachstellen Band IV Innenwände, Decken, Fußböden", Wiesbaden 1980

B 2.6 Innenwand

B 2.6–**1** Arendt „Altbauerneuerung", Stuttgart 1977

B 2.6–**2** Braun, Neue Heimat, Werkstattbuch „Techniken der Instandsetzung und Modernisierung", Berlin 1981

B 2.6–**3** Schild u.a. „Schwachstellen, Band IV Innenwände, Decken, Fußböden", Wiesbaden 1980

B 2.6–**4** Schmitz „Altbaumodernisierung – Konstruktions- und Kostenvergleiche", Köln 1979

B 2.7 Treppe

B 2.7–**1** Arendt „Altbauerneuerung", Stuttgart 1977

B 2.7–**2** Braun, Neue Heimat, Werkstattbuch „Techniken der Instandsetzung und Modernisierung", Berlin 1981

B 2.7–**3** Malon, Paschen, Steinert „Zum Schallschutz bei Treppen", Bauingenieur 57/82

B 2.7–**4** Reitmayer „Holztreppen", Stuttgart 1982

B 2.7–**5** Schafft „Altbauerhaltung", Flensburg 1979

B 2.7–**6** Schmitz „Altbaumodernisierung – Konstruktions- und Kostenvergleiche", Köln 1979

B 2.8 Haustechnik

B 2.8–**1** Arendt „Heizung", Deutsche Bauzeitung 2/1977

B 2.8–**2** Arendt „Architektur und Haustechnik", Deutsche Bauzeitung 9/1978

B 2.8–**3** Arendt „Sanitäranlagen", Deutsche Bauzeitung 3/1977

B 2.8–**4** Arendt „Altbau-Erneuerung", Stuttgart 1977

B 2.8–**5** Das Haus, Spezial „Alles über Haustechnik"

B 2.8–**6** Dittert, Haag „Planen, Bauen und Energie", Wolfenbüttel 1981

B 2.8–**7** Eisenschink „Falsch geheizt ist halb gestorben", München 1975

B 2.8–**8** Forstwirtschaftliche Zentralstelle Schweiz „Holzenergie als Alternative", Solothurn

B 2.8–**9** Gebhard „Kachelöfen", München 1981

B 2.8–**10** Grützmacher „Kachelofenbau", München 1982

B 2.8–**11** Mielke „Kachelöfen selbst gebaut", Köln 1981

B 2.8–**12** Münz „Schornsteine für energiesparende Feuerstätten", Sonderdruck „Das Schornsteinhandbuch" 10/81

B 2.8–**13** RG-Bau „Altbaumodernisierung", 10/78 u.a.

B 2.8–**14** Rieper „Altbaumodernisierung" Expandierende Märkte 77/7

B 2.8–**15** Schmidt „Beheizung von Kirchen", DBZ 6/82

B 2.8–**16** Schmitz, Meisel, Fleischmann „Altbaumodernisierung – Praxisbezogene Anleitung", Dortmund 1981

B 2.8–**17** Schmitz „Altbaumodernisierung – Konstruktions- und Kostenvergleiche", Köln 1979

B 2.8–**18** Stiftung Warentest „Energie sparen", 1/1983

B 2.8-**19** Streben (Hrsg.) „Kachelöfen, offene Kamine, Kaminöfen“, Energiesparberater Nr. 2, Fellbach

B 2.8-**20** Volger „Haustechnik“, Stuttgart 1971

B 2.8-**21** Ebert „Mit Holz richtig heizen“, Ravensburg

B 2.8-**22** Bredow „Regenwasser-Sammelanlage“, Grebenstein

B 2.8-**23** Martin „Biologische Abwasserreinigung im Haus“

B 2.8-**24** Pfestorf „Kachelöfen handwerksgerecht gebaut“, Wiesbaden

B 2.8-**25** Rabanus „Regenwassernutzung“, Marburg

B 3.1 Wärmeschutz; A 5 Energieeinsparung

B 3.1-**1** Dittert „Möglichkeiten der Energieeinsparung im Gebäudebestand“ Bauen mit Kunststoffen, 1/77

B 3.1-**2** Dittrich „Bauphysikalische Problemlösungen bei der Altbaumodernisierung“, Köln 1981

B 3.1-**3** Franke „Wärmeverbrauch und Gradtagzahlen besonnter Räume in Abhängigkeit von Fensterrichtung und Fenstergröße“, HLH, 1/1981

B 3.1-**4** Gesetz zur Förderung der Modernisierung von Wohnungen und von Maßnahmen zur Einsparung von Heizenergie, Bonn 1978

B 3.1-**5** Goesele, Schüle „Schall, Wärme, Feuchtigkeit“, Wiesbaden 1977

B 3.1-**6** Hebgen „Energieeinsparung und baulicher Wärmeschutz“, DBZ 12/79

B 3.1-**7** Lovins „Sanfte Energie“, Reinbek 1978

B 3.1-**8** Moog „Energieeinsparung bei Sanierung und Modernisierung“ aus: Leben in der Stadt: Stadterneuerung 1/81

B 3.1-**9** natur Heft 2/82

B 3.1-**10** Ohlwein „Energiebedarf und Gebäudeform“, DBZ 11/79

B 3.1-**11** Schild u.a. „Wärme, und Feuchtigkeitsschutz im Hochbau“, Essen 1981

B 3.1-**12** Scholz „Baustoffkenntnis“, Düsseldorf 1980

B 3.1-**13** Schule und Seunig „Bauen und Energiesparen“ (pass. Nutzung d. Sonnenenergie), Baumeister 1/82 und 2/82

B 3.1-**14** Timmerberg „Zum aktuellen Stand der Energietechnik im Hochbau“, Detail 4/80

B 3.1-**15** Wendehorst „Baustoffkunde“, Hannover 1975

B 3.1-**16** Wilke „Energiemehrverbrauch durch fugendichte Fenster“, Bauen + Wohnen 9/80

B 3.1-**17** DIN 4108 „Wärmeschutz im Hochbau“

B 3.1-**18** Wärmeschutzverordnung Bonn 2/82 (in Kraft seit 1. 1. 1984)

B 3.1-**19** Ery „Methangärgrube“

B 3.1-**20** Hofmann „Bauanleitung für einen Windgenerator“

B 3.1-**21** v. König „Energiealternativen“, Ravensburg

B 3.2 Holzschutz

B 3.2-**1** Cymorek „Schäden durch Pilze und Insekten“, Vortrag Fachtagung Instandsetzung historischer Fachwerkbauten, Limburg 1980

B 3.2-**2** „Handwerkliche Holzschutzverfahren“ Deutsche Gesellschaft für Holzforschung Merkheft 10, Stuttgart 1980

B 3.2-**3** Sacherer „Bauholzzerstörungen“, BDZ 12/79

B 3.2-**4** Siegmund „Schäden durch Pilze und Insekten – vorbeugende Maßnahmen und Bekämpfung“, Der Maler- und Lackierermeister 9/81

B 3.2-**5** Sasse (Hrsg.) „Baustoffhandbuch der Altbausanierung“, Darmstadt 1980

B 3.2-**6** DIN 52175 „Holzschutz – Grundlagen und Begriffe“

B 3.2-**7** DIN 68800 „Holzschutz“

B 3.2-**8** Weissenfeld „Holzschutz ohne Gift?“

B 3.2-**9** Rose „Wohngifte“, Oldenburg 1984

B 3.3 Lebensraum Haus und Garten

B 3.3-**0** Beck „Pflanzen als Mittel zur Lärmbekämpfung“, 1982

B 3.3-**1** Beisel „Vom Grau zum Grün“, natur 1982

B 3.3-**2** Beisel, Ganser „Chic im grünen Hauskleid“, natur 1982

B 3.3-**3** Bernatzki „Bäume in der Stadt“, Garten und Landschaft 10/74

B 3.3-**4** Braune „Natürliche Grundlagen der Siedlungsplanung“ – unveröffentl. Manuskript, Karlsruhe 1975

B 3.3-**5** Carson „Der stumme Frühling“, München 1965

B 3.3-**6** Doernach, Heid „Das Naturhaus“, Frankfurt 1982

B 3.3-**7** Jorek „Leben im Naturgarten“, Niedernhausen 1982

B 3.3-**8** Krusche, Althaus, Gabriel „Ökologisches Bauen“, Wiesbaden 1982

B 3.3-**9** Lorenz „Die acht Todsünden der zivilisierten Menschheit“, München 1973

B 3.3-**10** Minke, Witter „Häuser mit grünem Pelz“, Frankfurt 1982

B 3.3-**11** Nowak-Nordheim „Freude am Bauerngarten“, München 1982

B 3.3-**12** Schreiber (Hrsg.) „Arche Noah 2000“, Frankfurt 1980

B 3.3-**13** Schreiber (Hrsg.) „Rettet die Wildtiere – wir brauchen sie“, Stuttgart 1980

B 3.3-**14** Schreiber (Hrsg.) „Rettet die Vögel – wir brauchen sie“, München 1978

B 3.3-**15** Wieland „Bauen und Bewahren auf dem Lande“, Dt. Nationalkomitee für Denkmalschutz, Stuttgart 1978

B 3.4 Farbgebung und Anstrichtechnik

B 3.4-**1** Erfurth „Farbige Fassadenbeschichtung“, Der Maler- und Lackierermeister 9/81

B 3.4-**2** Keim „Informationen“, Industriewerke Lohwald

B 3.4-**3** Rau „Instandsetzung von Fachwerkfassaden“, DBZ 9/78

B 3.4-**4** Rau „Innenrestaurierung einer Kirche“, DBZ 6/81 und 9/81

B 3.4-**5** Scholz „Baustoffkenntnis“, Düsseldorf 1980

B 3.4-**6** Sasse „Baustoffhandbuch der Altbausanierung“, Darmstadt 1980

B 3.4-**7** Simons „Dorffibel“, Stuttgart 1979

B 3.4-**8** Wendehorst „Baustoffkunde“, Hannover 1975

Fotonachweis

Wenn nicht anders vermerkt, stammen die Aufnahmen von den Verfassern.

Fotos zum Thema „Holzschutz“ wurden freundlicherweise von Herrn Dr. F. A. Sacherer, Liederbach, die Gewölbe- und Innenaufnahmen der Marienkirche in Lübeck vom Evangelischen Kirchenbauamt, Lübeck, zur Verfügung gestellt.